René
Derome

Économique de l'ingénieur

deuxième édition

Presses internationales
Polytechnique

Économique de l'ingénieur, deuxième édition
René Derome

Gestion éditoriale et production : Presses internationales Polytechnique
Couverture : Cyclone Design

Pour connaître nos distributeurs et nos points de vente, veuillez consulter notre site Web à l'adresse suivante : www.polymtl.ca/pub

Courriel des Presses internationales Polytechnique : pip@polymtl.ca

Courriel de l'auteur : rderome@polymtl.ca

Nous reconnaissons l'aide financière du gouvernement du Canada par l'entremise du Programme d'aide au développement de l'industrie de l'édition (PADIÉ) pour nos activités d'édition.

Gouvernement du Québec – Programme de crédit d'impôt pour l'édition de livres – Gestion SODEC.

Réimpression, automne 2009

Dépôt légal: 3e trimestre 1997
Bibliothèque et Archives nationales du Québec
Bibliothèque et Archives Canada

ISBN 978-2-553-00630-2
Imprimé au Canada

Certains problèmes du livre proviennent des examens annuels de la Société des comptables en administration industrielle du Canada et de l'Institut canadien des comptables agréés. L'auteur a adapté ces problèmes et obtenu les autorisations de reproduction auprès de ces organismes.

Par souci de lisibilité et pour éviter d'alourdir le texte, nous avons utilisé le masculin comme générique dans cet ouvrage.

Avant-propos de la première édition

S'il existe de nombreux livres en anglais qui traitent d'économique de l'ingénieur, il en est tout autrement en français. Cet ouvrage est même le premier en français qui étudie l'économique utilisée en ingénierie tout en intégrant des notions de comptabilité.

C'est l'expérience que j'ai acquise depuis 25 ans en enseignant à plus de 6000 personnes inscrites aux divers programmes en génie offerts par l'École Polytechnique de Montréal qui m'a amené à écrire ce livre. Outre ma carrière dans l'enseignement, j'ai offert plusieurs sessions de formation professionnelle et des consultations dans des ministères et de grandes entreprises.

Dans toutes les facultés de génie au Canada et aux États-Unis, on reconnaît aujourd'hui l'importance d'un cours en économique de l'ingénieur, et c'est pourquoi un tel cours est obligatoire dans les programmes de baccalauréat. D'ailleurs, la revue *Engineering Economist* soulignait récemment (1991, vol. 36, n° 3) que toutes les écoles de génie enseignent l'économique de l'ingénieur et que des ingénieurs de toutes les spécialités se servent de leurs connaissances en économique dans leur pratique. De plus, le Bureau canadien d'accréditation des programmes d'ingénierie émettait des normes en juin 1992 selon lesquelles tout programme de formation en génie devait inclure obligatoirement un cours en économique de l'ingénieur. Ce manuel s'adresse donc aux futurs ingénieurs, qu'ils soient en génie électrique, industriel, mécanique, civil, minéral, informatique, physique, chimique, métallurgique ou autres.

Mais pourquoi l'ingénieur doit-il posséder des notions en économique? Parce qu'il conçoit, planifie, gère et réalise des projets. Il développe plusieurs solutions à un problème et ne peut pas s'attarder aux seules considérations techniques. L'efficacité technologique, bien qu'elle soit nécessaire, ne suffit plus. On attend maintenant de l'ingénieur qu'il tienne compte également des considérations économiques. Il doit mesurer les coûts et les bénéfices de chaque solution envisagée, en vue de recommander la meilleure, qu'il s'agisse de projets d'investissement en immeubles, en produits, en services, en équipements, en matériaux ou en main-d'oeuvre. C'est bel et bien l'ingénieur qui fera l'analyse économique des projets, parce qu'il est souvent le seul à en maîtriser tous les aspects techniques. Par ailleurs, l'ingénieur ne peut travailler en vase clos. Il devra bien saisir les objectifs poursuivis par l'entreprise qui l'emploie et comprendre comment elle évalue et classe les projets. S'il veut éviter les frustrations et les déceptions, l'ingénieur doit être convaincant lorsqu'il expose ses projets à ses collaborateurs et aux décideurs.

Le manuel *Économique de l'ingénieur* comporte trois grandes parties. Dans la première, nous présentons des notions générales de comptabilité et d'économie. Dans la deuxième, nous expliquons six méthodes d'analyse économique des projets d'ingénierie, dans leur plus simple expression. Dans la troisième partie, nous raffinons ces méthodes pour tenir compte de l'impôt, de l'analyse de sensibilité (facilitée par l'utilisation des chiffriers électroniques), du coût global sur le cycle de vie d'un bien et finalement de l'analyse du risque. L'approche adoptée est essentiellement pratique. Tous les concepts sont illustrés par de nombreux exemples, des études de cas et un grand nombre de problèmes placés à la fin de chaque chapitre.

René Derome, juin 1993

Avant-propos de la deuxième édition

En préparant la première édition d'*Économique de l'ingénieur,* nous voulions présenter les principes d'évaluation économique des projets d'ingénierie dans un contexte de prise de décisions. Avec l'épuisement du premier tirage du livre, nous avons jugé nécessaire de faire des ajouts et des corrections sous forme d'explications et d'exemples qui permettront aux lecteurs de mieux comprendre certains concepts de base essentiels à la réalisation d'études économiques.

Dans la première partie du livre, nous avons repris le chapitre 1 afin d'ajouter, en guise d'introduction, une description des tâches des ingénieurs qui sont liées aux aspects économiques et financiers des entreprises et qui ont un effet direct sur leur rentabilité. Ce chapitre contient également une nouvelle section traitant de la notion de prix de revient par activité. Nous avons modifié le chapitre 4 de façon à intégrer la notion de constantes hypothécaires lors de la détermination du taux effectif d'intérêt des projets immobiliers.

Trois chapitres de la deuxième partie ont été revus et augmentés. Premièrement, le chapitre 6 comporte de plus amples précisions sur les méthodes du taux de rendement interne et de la valeur actuelle nette. Il contient aussi des explications additionnelles sur le rôle de l'intérêt lors des calculs des flux monétaires requis pour la détermination du taux de rendement interne, du taux de rendement Baldwin et de la valeur actuelle nette des projets d'ingénierie. Deuxièmement, dans le chapitre 7, nous avons ajouté des informations concernant, d'une part, les coûts à utiliser pour comparer les options de remplacement et, d'autre part, l'effet des changements technologiques sur le choix et le remplacement des équipements. Troisièmement, le chapitre 8 renferme de nouvelles explications sur la façon dont les entreprises japonaises se servent des méthodes du délai de recouvrement et du taux de rendement comptable pour évaluer leurs projets d'investissement.

Dans la troisième partie, nous avons ajouté l'approche du calcul des flux monétaires annuels dans le chapitre 9. Nous avons traité ce concept de façon à faire ressortir davantage le rôle de l'amortissement fiscal lors de la détermination des flux monétaires après impôt. Le logiciel Écono.xls, utilisé dans les laboratoires des cours d'économique à l'École Polytechnique, fait l'objet d'une présentation dans le chapitre 10.

Enfin, le livre propose une nouvelle annexe qui donne la procédure à suivre afin de tenir compte des effets de l'inflation lors de l'évaluation économique des projets.

René Derome, mai 1997

Remerciements

Comme on le sait, l'édition d'un livre est toujours le résultat de l'apport de plusieurs personnes. Je me permets donc de remercier, en premier lieu, le personnel de l'École Polytechnique qui a contribué à la publication de cet ouvrage. Aussi, je désire remercier en particulier les personnes suivantes:

- Louis Lefebvre, professeur titulaire au Département de génie industriel, pour son apport et sa participation à l'élaboration de certains textes;
- Louis Perron, attaché de recherche au Département de génie industriel, pour son travail relatif aux tables d'actualisation et ses suggestions touchant le chapitre sur le chiffrier électronique;
- Pierre Beaudet, adjoint administratif au Service des études supérieures, pour sa participation à la préparation du chapitre sur le chiffrier électronique;
- Marcel Pidgeon, Marcel Chaussé et Dang Quoc Thinh, chargés du cours «Économique de l'ingénieur», pour leurs suggestions et leur participation à l'élaboration de certains problèmes;
- Jean Dulude, directeur du Service pédagogique, pour avoir rendu possible la publication de mon manuscrit par les Éditions de l'École Polytechnique;
- Louise Régnier, Diane Ratel et Martine Aubry, des Éditions de l'École Polytechnique, pour les efforts soutenus et la qualité de leur travail tout au long du processus d'édition;
- Mohamed Kalfoun, pour le travail professionnel constant qu'il a apporté à la mise au point du logiciel Écono.xls afin d'en faire un outil de formation complet et facilement utilisable par les étudiants.

En dernier lieu, je dois des remerciements très spéciaux à Nicole, mon épouse, qui a préparé la première version de l'ouvrage sur traitement de texte, pour la patience, les heures de ski, de tennis, de vélo et de musique classique sacrifiées, de même que pour le support constant qu'elle a manifesté au cours de la très longue période qui a précédé la publication de ce livre.

René Derome

Table des matières

PARTIE 1

Notions de comptabilité et d'économie

Chapitre 1

Notions de base

INTRODUCTION

Nous consacrons ce premier chapitre à l'étude de notions de base à l'économique de l'ingénieur. Nous décrivons tout d'abord les tâches des ingénieurs reliées aux aspects économiques et financiers des entreprises. Nous établissons ensuite la terminologie. Nous définissons quelques termes généraux et nous expliquons plus en détail deux notions très utilisées dans l'analyse économique des projets d'ingénierie: l'amortissement comptable et le prix de revient. Enfin, nous expliquons deux méthodes d'évaluation des coûts et des bénéfices d'un projet: la méthode du flux monétaire et la méthode comptable.

1.1 RÔLE DES INGÉNIEURS DANS LES ENTREPRISES

Les ingénieurs doivent participer à un grand nombre de prises de décision dans tous les secteurs d'activités des entreprises. Ces secteurs sont principalement la conception, l'approvisionnement, la fabrication, la mise en marché et le financement.

Les ingénieurs sont appelés à agir comme membres d'une équipe qui doit réaliser des projets de génie ou bien à gérer des projets au sein d'une équipe pluridisciplinaire. Même les écoles françaises d'ingénieurs ont pris conscience de cette réalité. Dans un article de la revue *Usine nouvelle* (18 novembre 1993) intitulé «Enseignement de la gestion : les écoles d'ingénieurs s'y mettent», Romain Gubert mentionne: «À l'école centrale, les étudiants des deux premières années reçoivent un enseignement général sur les mécanismes économiques fondamentaux et les problèmes comptables et financiers.» Dans les usines, les ingénieurs interviennent à toutes les étapes de la fabrication d'un produit, depuis la conception jusqu'à la livraison aux clients. Les décisions qu'ils prennent représentent de 70 à 90 % de tous les coûts des produits fabriqués.

Les ingénieurs sont responsables de l'acquisition d'immeubles, de systèmes informatiques, d'équipements et de véhicules performants. Ainsi, dans une usine, ils ont la responsabilité de faire l'acquisition de pièces individuelles d'équipements telles que les robots et les machines à commande numérique. Ce sont eux qui doivent organiser des cellules de fabrication qui font appel à des équipements et à de la main-d'oeuvre. Ils doivent également gérer et organiser des systèmes intégrés de fabrication tels que la fabrication intégrée par ordinateur (CIM) et des mini-usines.

Le rapport annuel de Bombardier inc., pour l'exercice clos le 31 janvier 1996, donne les informations suivantes:

> «Les acquisitions d'immobilisations ont totalisé 294,5 millions de dollars, comparativement à 173,9 millions de dollars en 1994-1995 et la note 20 des états financiers consolidés en détaille la répartition par secteur d'activité. Ainsi, dans le secteur du matériel de transport, les acquisitions d'immobilisations se sont élevées à 36,9 millions de dollars en 1995-1996, comparativement à 44,2 millions l'an dernier. Elles ont porté essentiellement sur les programmes habituels d'investissement, à l'exception d'un projet majeur en voie de réalisation chez ANF-Industrie et visant la réfection de la chaîne de production des bougies. Dans le secteur des produits de consommation motorisés, les acquisitions d'immobilisations se sont élevées à 97,6 millions de dollars en 1995-1996, comparativement à 37,8 millions l'an dernier. Les investissements importants de l'exercice ont porté sur de nouvelles installations de peinture à Valcourt et sur l'augmentation de la capacité de production des motomarines Sea-Doo et des bateaux à propulsion par jet Sea-Doo. Dans le secteur de l'aéronautique, les acquisitions d'immobilisations se sont élevées à 151,2 millions de dollars en 1995-1996, comparativement à 89,2 millions l'an dernier. Les principaux investissements ont été consentis pour la modernisation de l'atelier de traitement de surface à l'usine de Saint-Laurent, pour l'augmentation de la cadence de production de l'appareil Regional Jet à l'usine de Dorval, pour l'acquisition de matériaux composites à l'usine de Belfast et pour le réaménagement des usines et bureaux de Havilland».

Toutes ces tâches, qui doivent être assumées par les ingénieurs, exigent qu'ils prennent des décisions relatives au choix des investissements. Ces choix doivent permettre aux entreprises de concevoir et fabriquer des produits de façon économique.

Lorsqu'ils font l'acquisition d'immobilisations tels des outillages, des équipements ou des véhicules, les ingénieurs doivent en estimer les bénéfices de façon à les comparer avec leurs coûts estimés d'acquisition et d'exploitation. Ce processus suppose également qu'ils estiment leur durée de vie utile et qu'ils établissent un programme d'entretien. Des erreurs importantes à cette étape-ci pourront entraîner de graves conséquences pour les entreprises et même provoquer leur fermeture.

1.1.1 Approbation des projets et participation à la prise de décision

Les projets proposés, qui reposent sur des études d'ingénierie, doivent recevoir l'approbation de la haute direction des entreprises.

Un projet qui comporte des dépenses d'investissement en vue d'accroître la production de produits ou de fabriquer un nouveau produit requiert toujours une analyse économique très détaillée. La décision de le réaliser ou non sera prise à un niveau élevé de la structure organisationnelle, et ce après un examen critique de l'analyse. Par contre, la décision de réaliser un projet de réparation de l'outillage ou de l'équipement endommagé ou non performant peut être prise à un niveau inférieur de la structure organisationnelle et même par l'ingénieur qui propose le projet.

1.1.2 Effet des projets d'ingénierie sur les états financiers

Il est nécessaire que les ingénieurs comprennent l'environnement économique des entreprises qui doivent prendre des décisions concernant la réalisation ou non des projets qu'ils proposent.

En général, un projet d'ingénierie doit générer un minimum de bénéfice ou de profit pour que les décideurs en cautionnent la réalisation. Le bénéfice annuel net que réalisent les entreprises sur l'ensemble de ces projets constitue le critère d'évaluation le plus important de leur performance à long terme, tant du point de vue des propriétaires que de celui des prêteurs de fonds. Ces informations figurent dans les états financiers. Il faut préparer ces derniers sur une base régulière; les lois de l'impôt sur le revenu et des compagnies exigent qu'on les prépare au moins une fois par année financière. Les investissements futurs des entreprises dépendent de l'évaluation en profondeur des états financiers par les gestionnaires et les investisseurs.

En outre, les ingénieurs doivent savoir que le système d'information comptable représente la base de données la plus fiable en ce qui concerne l'identification et la mesure des coûts et des bénéfices des projets qu'ils vont proposer.

1.1.3 Types de projets dans lesquels les ingénieurs jouent un rôle déterminant

On peut regrouper sous les cinq catégories suivantes les projets conçus et réalisés par les ingénieurs dans les entreprises:

1. Choix d'un matériau ou d'un procédé. Les ingénieurs qui travaillent dans des usines doivent prendre plusieurs décisions ayant trait aux matériaux à utiliser, aux aménagements des équipements à l'intérieur de l'usine, au type de procédé à adopter, au choix des méthodes de manutention et enfin au choix du personnel à affecter aux différentes tâches dont les ingénieurs sont responsables. De plus, ils doivent déterminer s'il est plus avantageux pour les entreprises de fabriquer une des composantes d'un produit ou bien de l'acheter complètement usinée. Toutes ces décisions exigent une analyse économique comparative de l'ensemble des options réalisables sur le plan technique.

2. Remplacement d'équipements ou de véhicules. Soucieux d'optimiser l'utilisation des actifs de leur entreprise, les ingénieurs font souvent face à des décisions qui concernent le remplacement des équipements de l'usine ou des véhicules utilisés par le service de distribution. À intervalles réguliers, ils doivent décider s'il vaut mieux conserver un équipement ou un véhicule, lui effectuer une réparation majeure ou bien le remplacer. Dans tous les cas, ce type de projet nécessite une analyse comparative du coût global de chaque option proposée.

3. Lancement d'un nouveau produit et accroissement de la production d'un produit existant. Pour ce type de projet, il faut évaluer les investissements nécessaires afin d'accroître la capacité actuelle de production. Les responsables des ventes et de la mise en marché fournissent leurs estimations des revenus que le projet est en mesure de réaliser. Les spécialistes effectuent une étude de marché pour mesurer, le plus précisément possible, les revenus additionnels que le projet peut rapporter. Pour leur part, les ingénieurs doivent, en plus d'évaluer les débours d'investissements requis par ces projets d'expansion, mesurer les coûts additionnels d'entretien et d'exploitation que ces investissements vont occasionner au cours du cycle de vie du produit.

4. Les réductions de coûts. Dans un contexte de concurrence, toutes les entreprises privées ou gouvernementales tentent de réduire leurs coûts. Ainsi, une entreprise de fabrication peut envisager de mécaniser le procédé de fabrication d'un ou plusieurs produits de façon à réduire ses coûts de production. Par ailleurs, puisque 80 % des coûts d'un produit sont déterminés dès sa conception[1], elle peut également songer à réduire les coûts de conception à l'aide de l'informatique.

Dans son rapport annuel de 1995, la compagnie BCE expose ses projets de réduction de coûts:

> «Des ressources importantes ont été consacrées au programme de transformation de l'entreprise - une redéfinition des processus opérationnels qui permettra à Bell Canada d'alléger considérablement sa structure de coûts tout en trouvant des moyens plus rapides et plus efficaces de servir ses clients. À cette fin, un montant de 1,7 milliard de dollars est affecté sur trois ans à l'optimisation des processus, aux dépenses en capital au titre d'équipements et de logiciels et à la réduction de l'effectif. Il résultera de cette transformation des gains sous la forme de réductions des dépenses d'exploitation, de plates-formes permettant d'augmenter les revenus et de réductions des dépenses en capital.»

5. Amélioration d'un service informatique ou de télécommunication. Toutes les entreprises recherchent des moyens d'améliorer leurs services. Par exemple, une grande entreprise de télécommunication, soit Bell Canada, une filiale de BCE, a décidé de développer les technologies du téléphone sans fil et d'implanter des réseaux cellulaires dans toutes les régions du Canada et dans d'autres pays. Dans le secteur de l'alimentation, une entreprise a informatisé le processus de préparation des commandes de ses 350 succursales. Les ingénieurs responsables du projet ont dû considérer la faisabilité sur les plans technique et économique des trois options qu'ils avaient retenues.

1.2 TERMINOLOGIE

1.2.1 Termes généraux

Définissons tout d'abord 10 termes généraux constamment utilisés en analyse économique. Il s'agit des termes coût, débours, dépense, dépense de capital, dépense d'exploitation, bénéfice, recette, revenu, revenu net et affectation des fonds. Certaines définitions sont tirées ou adaptées de l'ouvrage suivant: *Dictionnaire de la comptabilité et des disciplines connexes*, Fernand Sylvain, I.C.C.A., 1982.

Coût. Montant des ressources engagées à des fins spécifiques ou pour réaliser un projet.

Débours. Également appelé décaissement, sortie d'argent, coût d'achat, prix coûtant, le débours est la somme d'argent nécessaire pour acquérir un bien ou un service correspondant à sa juste valeur au moment de l'acquisition.

---

1. Daniel Chabbert, *Usine nouvelle*, «L'informatique relance la productique», 18 novembre 1993, p. 67 à 71.

Débours d'investissement. Sorties d'argent nécessaires à la réalisation d'un projet. Elles comprennent principalement les immeubles, les terrains, les équipements, les systèmes d'exploitation, les véhicules et le fonds de roulement.

Dépense. Coût des biens et des services utilisés au cours d'une période comptable. Une dépense constitue une diminution de l'avoir des propriétaires d'une entreprise. Les biens et les services considérés comme dépenses au cours d'une période comptable, également appelée exercice financier, peuvent avoir été payés avant, pendant ou après cette même période.

Dépense de capital. Sommes engagées en vue d'acquérir un bien qui va procurer à une entreprise des bénéfices au cours de plusieurs périodes comptables.

Dépense d'exploitation. Sommes engagées qui vont procurer des bénéfices pour une seule période comptable.

Bénéfice. Également appelé profit, le bénéfice est le gain ou l'avantage pécuniaire que l'on retire de la réalisation d'un projet.

Recette. Également appelée encaissement ou rentrée d'argent, une recette est une somme d'argent reçue pour la vente de biens ou de services. On déclare la recette au moment où l'entreprise est effectivement payée pour la vente de ces biens ou de ces services. La recette est l'opération inverse du débours.

Revenu. Montant d'argent qui provient de la vente d'un bien ou d'un service à un client. Un revenu constitue une augmentation de l'avoir des propriétaires d'une entreprise. On déclare le revenu au cours de la période pendant laquelle le bien est livré ou pendant laquelle le service est fourni. Cette période ne correspond pas nécessairement au moment où l'entreprise est effectivement payée pour la vente de ce bien ou de ce service.

Revenu net. Également appelé bénéfice net, bénéfice net de l'exercice, profit net et résultat net, le revenu net est le résultat de l'équation comptable qui consiste à soustraire les dépenses des revenus.

Affectation des fonds. Inscription comptable du coût des biens et des services acquis au cours d'une période comptable.

Comparaison des termes. Un coût est soit une dépense, c'est-à-dire une somme engagée par une entreprise pour assurer son fonctionnement, soit un débours. Un bénéfice est un avantage que l'on retire de la réalisation d'un projet et qui se traduit soit par une augmentation des revenus, soit par une diminution des dépenses. Un revenu est un montant obtenu de la vente de produits ou de services *avant* déduction des dépenses d'exploitation. Le revenu net est un montant obtenu de la vente de produits ou de services *après* déduction des dépenses d'exploitation.

1.2.2 Amortissement comptable

L'amortissement comptable est une dépense d'exploitation qui est la constatation systématique d'un amoindrissement de la valeur d'un bien résultant de son usure physique ou technologique au cours des années. L'amortissement comptable devra être déduit des revenus de chaque année où le bien aura été utilisé de façon à en répartir la perte de valeur sur sa durée d'utilisation.

En vertu des principes comptables, on doit capitaliser et regrouper en fonction de leur nature les biens sujets à amortissement, et ce dès que les entreprises les utilisent; on les considère alors comme des dépenses de capital, ou dépenses d'investissement, et non comme des dépenses d'exploitation. On ne peut pas déduire directement des revenus des entreprises les dépenses de capital, alors qu'on peut le faire pour les dépenses d'exploitation. Les dépenses de capital peuvent être déduites uniquement sous forme d'amortissement comptable. L'amortissement comptable ne constitue pas en soi un débours, mais il affecte les débours.

Exemple 1.1 *Dépenses de capital, dépenses d'exploitation, amortissement comptable, bénéfice et revenu net*

L'acquisition d'une machine à commande numérique de 75 000 $ constitue une dépense de capital. Supposons que la durée de vie utile de ce bien soit de 10 ans et qu'on prévoie le vendre 5000 $ à la fin de cette période. Supposons, par ailleurs, que les coûts annuels d'entretien et d'exploitation de cette machine soient de 6000 $. Examinons maintenant l'hypothèse selon laquelle la machine est l'objet, du point de vue comptable, d'un amortissement linéaire, ou constant. L'amortissement comptable annuel serait alors calculé de la manière suivante:

$$\text{amortissement comptable annuel} = \frac{75\,000 - 5000}{10}$$
$$= 7000\ \$$$

Supposons à présent que la machine permette de réaliser des bénéfices sous la forme d'économies de salaires de 26 000 $ par année au cours des 10 prochaines années. On peut dire que ces salaires non versés équivalent à des rentrées d'argent, ou encaissements. Les bénéfices nets de ce projet peuvent alors être identifiés comme des recettes nettes annuelles de 20 000 $ (26 000 $ de salaires non versés *moins* 6000 $ de coûts d'entretien et d'exploitation) ou comme un revenu net annuel de 13 000 $ (20 000 $ *moins* 7000 $ en amortissement).

1.2.3 Prix de revient

Le prix de revient est l'ensemble des frais engagés pour fabriquer un produit ou rendre un service. Il comporte le coût d'achat des matières premières, le coût de la main-d'oeuvre et les frais généraux. Le prix de revient est également appelé coûts de fabrication ou coûts de production. C'est la source de données la plus importante lorsqu'on veut effectuer l'analyse économique d'un projet. La revue *Engineering Economist* du printemps 1991 (vol. 36, n° 3) l'a d'ailleurs confirmé dans son éditorial sur le nouveau paradigme de l'économique de l'ingénieur; on y affirme que le prix de revient par activité est un outil indispensable pour les ingénieurs qui doivent effectuer des études ou calculs économiques. Le prix de revient est associé à un système d'information comptable qui enregistre des données économiques et statistiques relatives aux coûts de fabrication. C'est la source d'information interne la plus fiable, étant donné qu'elle doit respecter certains principes, communément admis, d'inscription des données comptables. L'analyse des coûts et des bénéfices d'un projet de fabrication repose sur la valeur et la précision du système d'information comptable qu'est le prix de revient.

Le prix de revient enregistre les coûts des divers facteurs de production selon leur valeur monétaire au moment de leur entrée dans le système d'information. Lorsqu'on utilise ces coûts de production pour évaluer économiquement un projet, on doit les ajuster de manière à tenir compte des fluctuations de la valeur de l'argent entre le moment de l'étude du projet et le moment où on comptabilise les coûts. Les coûts de fabrication comportent toujours les trois éléments suivants: le coût des matières premières, le coût de la main-d'oeuvre directe et les frais généraux.

Coût des matières premières. Coût des objets, matériaux, matières ou composantes incorporés aux produits finis. Ce coût, qui dépend du nombre d'unités fabriquées, est considéré comme un coût variable (chap. 2).

Coût de la main-d'oeuvre directe. Coût des salaires payés à ceux qui participent directement à la transformation des matières premières en produits finis. Traditionnellement, on considérait ce coût comme un coût variable étant donné qu'il dépendait du nombre d'unités fabriquées. Toutefois, à cause des nouvelles méthodes de fabrication, on a tendance aujourd'hui à le considérer comme un coût fixe. En outre, signalons qu'il s'agit souvent de l'élément des coûts de fabrication qui est le moins important. En effet, l'automatisation des processus de fabrication a eu pour effet, au fil des ans, de réduire la part de la main-d'oeuvre humaine et d'augmenter la part de la machinerie dans la fabrication des produits.

Par exemple, au cours des années 50, le personnel d'une usine était habituellement constitué de plusieurs centaines d'ouvriers de la production dirigés par quelques contremaîtres et un directeur d'usine. Aujourd'hui, dans la même usine, on retrouve en plus du directeur d'usine qui est un ingénieur plusieurs programmeurs, plusieurs ingénieurs affectés à la conception et à la fabrication des produits, des techniciens en robotique et en maintenance et quelques ouvriers de la production.

Frais généraux. Coûts de fabrication autres que le coût des matières premières et celui de la main-d'oeuvre directe. Les principaux frais généraux sont les suivants:

- l'amortissement comptable des équipements et des immeubles;
- le chauffage et l'éclairage des immeubles;
- l'entretien des équipements et des immeubles;
- les assurances;
- l'impôt foncier;
- l'électricité et la force motrice;
- la main-d'oeuvre indirecte: les salaires des contremaîtres, des responsables de la production, y compris celui du directeur de l'usine, des employés de bureau, des ingénieurs, des programmeurs, etc.;
- les fournitures et les petits outils;

- les primes accordées pour les heures supplémentaires;
- les ateliers de service: entrepôt, entretien des immeubles, etc.;
- la cafétéria et le service médical, s'il y a lieu.

Notons également que les frais généraux peuvent être fixes ou variables selon les activités de production.

Pour calculer le prix de vente et évaluer la rentabilité d'un produit, on doit répartir ces frais généraux entre les divers produits fabriqués par l'entreprise à l'aide d'un taux de répartition des frais généraux, appelé taux d'imputation. On établit ce taux à partir d'une mesure budgétisée d'activité, généralement associée à l'un des facteurs de production choisi en raison de sa forte incidence sur les frais généraux. On calcule donc le taux d'imputation à l'aide de l'équation suivante:

$$\text{taux d'imputation} = \frac{\text{budget annuel des frais généraux de fabrication (fixes et variables)}}{\text{base d'imputation (estimation)}}$$

Les principales bases d'imputation, ou méthodes de répartition, utilisées sont les suivantes:

- le nombre d'unités produites;
- le coût des matières premières;
- les heures travaillées par la main-d'oeuvre directe;
- le coût de la main-d'oeuvre directe;
- le temps-machine (nombre d'heures pendant lesquelles les machines fonctionnent);
- le nombre de mises en route (mises en production);
- le nombre de produits différents.

Évidemment, aucune de ces bases d'imputation n'est parfaite puisqu'on ne peut pas trouver une seule mesure d'activité avec laquelle l'ensemble des frais généraux de fabrication ait une relation directe. En effet, plusieurs des frais généraux de fabrication sont fixes étant donné qu'ils dépendent du temps plutôt que d'une mesure d'activité.

Prix de revient par activité. Système comptable qui établit et mesure les relations entre les activités d'une entreprise et les ressources qu'elle utilise, puis qui rattache le coût de ces activités aux produits qu'elle fabrique et aux services qu'elle rend.

1.3 DEUX MÉTHODES D'ÉVALUATION DES COÛTS ET DES BÉNÉFICES

Avant d'entreprendre l'analyse économique d'un projet où l'on comparera les coûts et les bénéfices de diverses options ou solutions, on doit établir, dès le départ, la méthode qu'on utilisera pour dégager ces coûts et ces bénéfices. Or, deux méthodes s'offrent à nous: la méthode du flux monétaire et la méthode comptable.

1.3.1 Méthode du flux monétaire

Dans la méthode du flux monétaire, également appelée mouvements de trésorerie, mouvements de l'encaisse et *cash flow*, on considère les coûts et les bénéfices d'un projet pour ce qui est des rentrées, ou encaissements, et des sorties d'argent, ou décaissements. Bien sûr, les rentrées d'argent sont positives et les sorties d'argent, négatives. On considère généralement trois étapes dans la vie d'un projet quand on utilise la méthode du flux monétaire pour en calculer les coûts et les bénéfices: le démarrage ou la mise en service, la durée de vie ou l'exploitation et la fin ou la cession des actifs. À chacune de ces étapes correspondent les mouvements de trésorerie suivants.

Débours d'investissement. Il s'agit de tous les montants requis initialement pour réaliser un projet.

Recettes et débours annuels. Il s'agit des rentrées et des sorties d'argent qui découlent de l'exploitation du projet. Habituellement, on les calcule sur une base annuelle pour toute la durée du projet, mais, à l'occasion, on peut choisir une autre base.

Recettes provenant de la valeur de récupération. Ces recettes représentent les sommes d'argent encaissées à la suite de la cession des actifs qui sont récupérés à la fin du projet. Toutefois, on doit déduire des recettes les coûts ou débours relatifs à cette cession.

Examinons deux exemples qui illustrent la méthode du flux monétaire.

Exemple 1.2 *Évaluation des coûts et des bénéfices par la méthode du flux monétaire*

La compagnie Micro-Génie a acheté, le 1er janvier 1993, un micro-ordinateur portatif qu'elle a payé 4000 $ comptant. Elle prévoit l'utiliser pendant 3 ans et être en mesure de le revendre à 10 % de sa valeur, soit 400 $, après cette période. On prévoit que le micro-ordinateur permettra d'économiser annuellement 3000 $, montant qui représente le salaire versé à un employé à temps partiel pour la préparation des factures envoyées aux clients de la compagnie. On peut considérer que les sorties d'argent évitées équivalent à des rentrées d'argent et qu'elles constituent de ce fait des bénéfices annuels réalisés pendant les 3 ans d'utilisation prévus. Le tableau 1.1 présente les coûts et les bénéfices de ce projet suivant la méthode du flux monétaire.

Tableau 1.1 Analyse des coûts et des bénéfices d'un projet selon la méthode du flux monétaire

	Début	**Année 1**	**Année 2**	**Année 3**
Bénéfices (rentrées d'argent)	–	3000 $	3000 $	3400 $
Coûts (sorties d'argent)	4000 $	–	–	–
Bénéfice net (flux monétaire net)	-4000 $	3000 $	3000 $	3400 $

Le projet de Micro-Génie occasionne, d'une part, un débours d'investissement de 4000 $ dès le début de la première année et, d'autre part, des rentrées d'argent de 3000 $ par année pour les 3 années de la durée du projet. Une autre rentrée d'argent de 400 $ réalisée à la suite de la revente du micro-ordinateur vient également s'ajouter à la fin de la troisième année. On doit noter ici qu'on ne tient pas compte de l'amortissement comptable étant donné qu'il ne s'agit pas d'une sortie d'argent, le débours d'investissement ayant eu lieu au début.

Dans la méthode du flux monétaire, c'est le moment du décaissement ou de l'encaissement qui importe lorsqu'il s'agit d'analyser les coûts et les bénéfices d'un projet. En effet, une compagnie ne considère avoir engagé ses ressources financières que lorsqu'il y a sortie d'argent et que ces ressources ne peuvent plus, alors, être utilisées à d'autres fins. On raisonne de la même façon dans le cas des rentrées d'argent, car on tient pour acquis que ce n'est qu'au moment de l'encaissement qu'une compagnie peut utiliser ailleurs les ressources financières nouvellement acquises.

Exemple 1.3 *Limite de la méthode du flux monétaire: différence entre revenu et recette*

La même compagnie Micro-Génie vend ses produits à crédit. Des fonds sont chaque fois gelés dans des comptes clients, fonds qui ne pourront être utilisés que lorsque les clients paieront leur dû. On inscrit donc dans le système comptable de la compagnie d'abord un *revenu*, lorsque les produits sont livrés aux clients, et ensuite une *recette* lors des encaissements, chaque fois qu'un paiement est effectué par un client. Dans la méthode du flux monétaire, on ne tiendra compte que de la recette au moment où elle sera enregistrée. Pour tenir compte du revenu, il faudra utiliser la méthode comptable.

Quels avantages y a-t-il à utiliser la méthode du flux monétaire dans l'analyse des coûts et des bénéfices d'un projet? Cette méthode est simple. Elle permet d'éviter certains problèmes difficiles reliés au calcul des dépenses et des revenus, problèmes considérés dans la méthode comptable. En voici quelques-uns:

- À quel moment les revenus peuvent-ils être considérés comme réellement gagnés?
- S'agit-il de dépenses de capital ou de dépenses d'exploitation?
- Quelle méthode d'amortissement doit-on choisir?
- Quelle méthode doit-on utiliser pour évaluer les inventaires?
- Quels coûts doit-on inclure dans les inventaires (coûts fixes, coûts variables)?

Toutes ces considérations ne sont pas prises en compte dans la méthode du flux monétaire pour laquelle, rappelons-le, seules les rentrées et les sorties d'argent importent.

1.3.2 Méthode comptable

Une autre méthode permet d'analyser les coûts et les bénéfices d'un projet. Il s'agit de la méthode comptable. Celle-ci consiste à enregistrer les résultats économiques d'un projet pour ce qui est des revenus et des dépenses.

Dans cette méthode, on considère qu'il y a revenu dès qu'il y a transfert de marchandises ou service rendu, et pas seulement lorsqu'il y a rentrée d'argent. De même, on considère qu'il y a dépense dès qu'il y a diminution de la valeur des actifs de la compagnie, et non lorsqu'il y a sortie d'argent. En fait, la détermination des revenus et des dépenses dépend de principes et de conventions comptables selon lesquels le coût ne correspond pas nécessairement à un décaissement et le bénéfice n'est pas obligatoirement identifié à un encaissement.

Par ailleurs, la notion de *cycle comptable* (fig. 1.1) permet de saisir l'intérêt de la méthode comptable. Voyons en quoi cela consiste. Un produit fini est fabriqué à partir de plusieurs intrants, ou facteurs de production, soit des matières premières, de la main-d'oeuvre et une usine avec de l'équipement. Un produit peut aussi être acheté sans qu'il ait subi de transformation. Les achats de matières premières ou de produits finis peuvent être effectués en payant comptant ou à crédit. Les achats à crédit sont réglés selon des délais accordés par les fournisseurs. De plus, l'usine et les équipements sont généralement acquis grâce à du financement à moyen ou à long terme. Ce mode de financement entraîne l'étalement des paiements sur plusieurs années. Les dépenses dites d'amortissement permettent de répartir le coût d'acquisition de l'usine et des équipements. Or, comme nous l'avons vu, l'amortissement comptable ne constitue pas un débours. Par ailleurs, un produit peut être vendu comptant ou à crédit. La vente d'un produit réduit les stocks de marchandises.

Une vente à crédit entraîne l'ouverture d'un compte client qui sera acquitté par l'acheteur après un certain temps. On comprend alors que les résultats économiques ne dépendent pas seulement des rentrées et des sorties d'argent. Dans la méthode comptable, on enregistre toutes les transactions, qu'il y ait ou non des rentrées et des sorties d'argent.

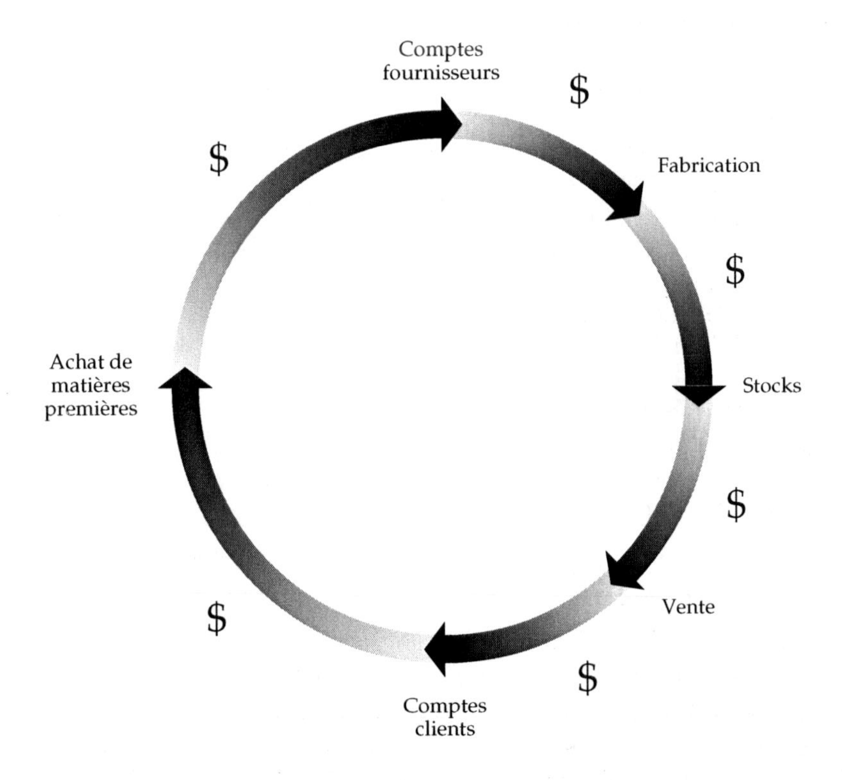

Figure 1.1 Cycle comptable.

Exemple 1.4 *Évaluation des coûts et des bénéfices par la méthode comptable*

Reprenons le cas de la compagnie Micro-Génie présenté à l'exemple 1.2. Analysons maintenant les coûts et les bénéfices du projet selon la méthode comptable. Les économies annuelles de 3000 $ représentent alors les revenus du projet alors que les dépenses vont prendre la forme de l'amortissement comptable du micro-ordinateur. Cet amortissement linéaire annuel est obtenu en divisant le coût net d'achat du micro-ordinateur, soit 4000 $ *moins* sa valeur de revente de 400 $, par le nombre d'années du projet. La dépense liée à l'amortissement linéaire annuel équivaut ainsi à 1200 $, soit 1/3 × (4000 $ – 400 $). Le tableau 1.2 résume les coûts et les bénéfices de ce projet en fonction des revenus (3000 $) et des dépenses (1200 $) annuels.

Tableau 1.2 Analyse des coûts et des bénéfices d'un projet, selon la méthode comptable

	Début	**Année 1**	**Année 2**	**Année 3**
Bénéfices (revenus)	–	3000 $	3000 $	3000 $
Coûts (dépenses)	–	1200	1200	1200
Bénéfice net (revenu net)	–	1800 $	1800 $	1800 $

1.3.3 Conciliation des deux méthodes

Comme le montre la figure 1.2, les deux méthodes – flux monétaire et comptable – représentent des façons différentes de concevoir les coûts et les bénéfices d'un projet.

Est-il possible de concilier ces deux approches? Oui, car on peut calculer le flux monétaire à partir du bénéfice net annuel que donne la méthode comptable. Les opérations à effectuer sont les suivantes:

On *ajoute* au bénéfice net:

- Les dépenses d'amortissement. L'amortissement comptable est une dépense qui n'entraîne pas de sortie d'argent. On doit donc ajouter au bénéfice net un montant équivalent à la dépense d'amortissement qui en avait été soustraite.
- L'augmentation des comptes fournisseurs. Ces comptes représentent les dépenses qui sont déduites dans le calcul du bénéfice net d'une année donnée, mais qui ne correspondent pas à un débours lors de cette même période.

On *déduit* du bénéfice net:

- L'augmentation des comptes clients. Ces comptes représentent des revenus qui sont inclus dans le bénéfice annuel d'une période donnée sans avoir été encaissés durant cette période. Une diminution des comptes clients entraîne évidemment un calcul en sens contraire.

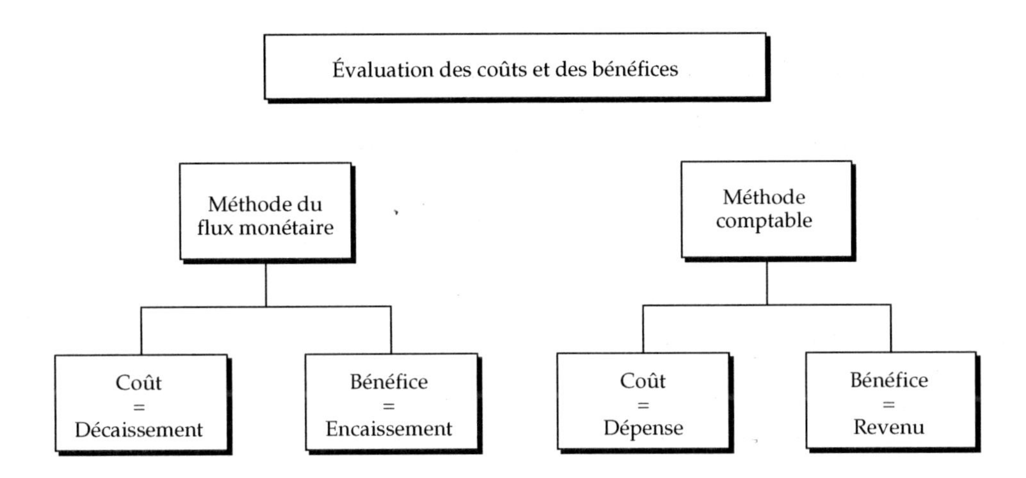

Figure 1.2 Deux méthodes d'évaluation des coûts et des bénéfices: la méthode du flux monétaire et la méthode comptable.

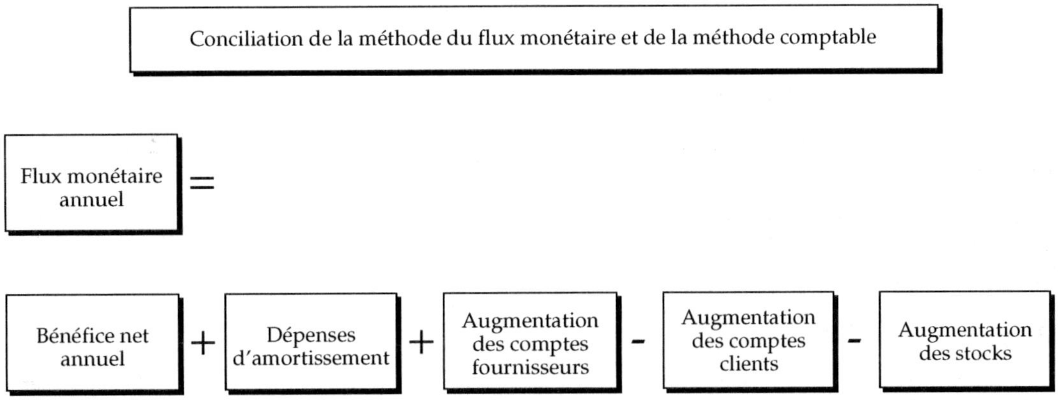

Conciliation de la méthode du flux monétaire et de la méthode comptable

Flux monétaire annuel =

Bénéfice net annuel + Dépenses d'amortissement + Augmentation des comptes fournisseurs - Augmentation des comptes clients - Augmentation des stocks

Figure 1.3 Conciliation de la méthode du flux monétaire et de la méthode comptable.

– L'augmentation des stocks. Une augmentation des stocks augmente les bénéfices. Ainsi, pour annuler les effets d'une augmentation des stocks sur les bénéfices, il faut réduire ceux-ci d'un montant équivalent. Ici aussi, une diminution entraîne un calcul en sens contraire.

Ces ajustements permettent d'obtenir le flux monétaire annuel à partir du bénéfice net annuel. La figure 1.3 résume cette conciliation.

Exemple 1.5 *Méthode du flux monétaire et méthode comptable*

À la suite du lancement d'un nouveau produit, les services comptables d'une entreprise prévoient les résultats annuels présentés au tableau 1.3.

Tableau 1.3 Prévision des résultats annuels

Ventes	1 000 000 $
Coûts de fabrication	
matières premières	150 000 $
main-d'oeuvre directe	150 000
frais généraux: amortissement	100 000
frais généraux: autres	100 000
Dépenses	
ventes	90 000 $
administration	125 000
intérêts (emprunt pour financer l'investissement)	75 000
impôt sur le revenu	50 000

Ces données apparaîtront à l'état des résultats couvrant la première année de commercialisation du nouveau produit. L'état des résultats est un état financier où figurent les revenus et les dépenses survenus au cours d'un exercice. Par ailleurs, l'entreprise estime que le projet aura aussi les effets suivants à la fin de la première année d'exploitation:

- une augmentation de 25 000 $ des comptes fournisseurs;
- une augmentation de 65 000 $ des comptes clients;
- une augmentation de 35 000 $ des stocks.

On demande:

1. d'analyser les coûts et les bénéfices du projet selon la méthode comptable et de déterminer le bénéfice net annuel;
2. de déterminer le flux monétaire net annuel pour la première année de vie du produit, à partir de la conciliation de la méthode du flux monétaire et de la méthode comptable.

Solution

1. Pour trouver le bénéfice net annuel, il faut établir l'état des résultats de l'entreprise pour la première année de commercialisation du produit (tabl. 1.4).

2. Le flux monétaire net annuel peut être calculé à l'aide de l'équation de la figure 1.3.

flux monétaire annuel	=	bénéfice net annuel	+	dépenses d'amortis-sement	+	augmentation des comptes fournisseurs	–	augmentation des comptes clients	–	augmentation des stocks
	=	195 000 $	+	100 000 $	+	25 000 $	–	65 000 $	–	35 000 $
	=	220 000 $								

Il importe de souligner que pour les calculs d'actualisation (chap. 4), il faut exclure des débours les intérêts et le remboursement du capital emprunté pour financer ce projet.

Tableau 1.4 État des résultats de la première année

Ventes		1 000 000 $
Coûts des ventes		
stock au début de la période	0 $	
coûts de fabrication	500 000	
moins: stock à la fin de la période	35 000	465 000
Bénéfice brut		535 000
Dépenses		
ventes	90 000 $	
administration	125 000	
intérêts	75 000	290 000
Bénéfice net avant impôt		245 000
Impôt sur le revenu		50 000
Bénéfice net après impôt		195 000 $

CONCLUSION

Dans ce chapitre, nous avons défini quelques notions essentielles à l'analyse économique des projets d'ingénierie et décrit deux méthodes d'évaluation des coûts et des bénéfices d'un projet, la méthode du flux monétaire et la méthode comptable. Nous avons sommairement défini le terme coûts. Au chapitre 2, nous élaborerons ce concept. Nous verrons plusieurs types de coûts et la façon dont ces types exercent une influence sur les décisions dans l'analyse économique des projets.

QUESTIONS

1. Donner une définition de la méthode du flux monétaire.
2. Définir les trois types de mouvements de l'encaisse dans la méthode du flux monétaire.
3. Expliquer les principaux avantages de la méthode du flux monétaire.
4. Définir ce que sont les dépenses d'investissement.
5. Définir la méthode comptable.
6. Expliquer ce qui caractérise les dépenses d'amortissement comptable.
7. Expliquer l'importance du prix de revient dans l'analyse économique d'un projet.
8. Nommer les trois principaux éléments qui composent les coûts de fabrication.
9. Nommer quatre types de coûts considérés comme des frais généraux de fabrication.
10. Expliquer brièvement la notion de taux d'imputation.

PROBLÈMES

1. Calculus ltée, une PME québécoise, a terminé ses prévisions budgétaires pour sa première année d'activité. Elle prévoit réaliser des ventes de 10 000 unités du seul produit qu'elle fabrique, une calculatrice de poche. Une étude de marché indique qu'elle pourra vendre les calculatrices 25 $ l'unité. L'ingénieur responsable de la production estime les coûts de production de la façon suivante:

matières premières	8 $/unité
main-d'oeuvre directe	4 $/unité
frais généraux de fabrication	
– variables	2 $/unité
– fixes	40 000 $/année

La moitié des frais fixes de fabrication (20 000 $) représente l'amortissement comptable de l'équipement et du petit atelier de fabrication que la compagnie a déjà payés comptant. Les frais fixes de vente et d'administration de la première année seront de l'ordre de 50 000 $.

On demande:

a) d'analyser les coûts et les bénéfices du projet selon la méthode comptable et de préparer un état prévisionnel des revenus et des dépenses de Calculus pour la prochaine année;

b) d'analyser les coûts et les bénéfices du projet selon la méthode du flux monétaire et de préparer un état prévisionnel du flux monétaire net de Calculus pour la prochaine année. Supposer que 90 % des revenus seront encaissés au cours de cette période et que 80 % des dépenses seront payées au cours de la même période;

c) de concilier le flux monétaire net annuel et le bénéfice net annuel de Calculus pour la prochaine année.

2. La compagnie Logi-Ciel envisage de commercialiser un nouveau logiciel qui permettrait aux PME de gérer leurs activités de fabrication et de distribution. Le directeur général de la compagnie demande conseil à un ingénieur qui procède à une cueillette de données sur la mise en marché de ce nouveau logiciel. Le tableau 1.5 reproduit ces données.

Tableau 1.5 Données sur la commercialisation du nouveau produit de la compagnie Logi-Ciel, pour la première année

Revenus des ventes	450 000 $
Coûts de fabrication (matières premières, main-d'oeuvre directe et frais généraux directs)	225 000 $
Frais de vente et d'administration (frais d'intérêt non inclus)	85 000 $
Amortissement (calculé selon le taux d'utilisation et inclus dans les frais généraux)	40 000 $
Achat de 2 micro-ordinateurs (montant payable au début de la deuxième année, car il s'agit d'un investissement et non d'une dépense d'exploitation)	25 000 $
Intérêts annuels (débours durant l'année, sur les obligations émises pour financer les investissements requis)	35 000 $
Dépenses initiales de publicité (pour faire connaître le nouveau logiciel; ces dépenses ont été déboursées et sont considérées comme un investissement)	17 500 $
Augmentation des stocks (les coûts de fabrication de la première année devront être diminués d'un montant équivalent à la valeur de ces stocks; on suppose ici que la valeur des stocks ne contient aucun amortissement)	35 000 $
Augmentation des comptes clients	30 000 $
Augmentation des comptes fournisseurs (incluant le montant de 25 000 $ payable pour l'achat de 2 micro-ordinateurs)	65 000 $

On demande:

a) de calculer le flux monétaire net annuel provenant de l'exploitation du projet pour la première année du projet;

b) de calculer le bénéfice net annuel provenant de l'exploitation du projet pour la même période;

c) de concilier les résultats obtenus en a) et en b).

Chapitre 2

Analyse des coûts

INTRODUCTION

Ce chapitre tente de fournir des outils d'analyse essentiels à ceux qui doivent évaluer les coûts d'un projet. Nous reviendrons sur une définition générale du concept de coût. Par ailleurs cette définition, encore trop large pour servir à la solution de cas concrets, nous entraînera immédiatement à examiner certaines notions particulières liées à ce concept général. Nous verrons alors comment identifier et mesurer les coûts jugés pertinents à la réalisation d'un projet. Pour chacune des notions, nous allons proposer une définition illustrée par des exemples.

2.1 DÉFINITION DU CONCEPT DE COÛT

Faire l'analyse économique d'un projet, c'est en déterminer les coûts et les bénéfices. Les coûts sont des sommes d'argent versées en contrepartie de biens et de services utilisés en vue de réaliser un projet qui rapportera des bénéfices.

On doit évaluer les ressources engagées dans un projet au moyen d'une unité de mesure commune. L'unité de mesure la plus appropriée est l'unité monétaire du pays, ici le dollar. Il y a néanmoins des difficultés inhérentes à cette méthode de mesure: d'une part, l'inflation entraîne une perte de valeur de l'argent ou du pouvoir d'achat, ce qui rend difficile la mesure des coûts en dollars constants; d'autre part, tous les coûts ne peuvent être mesurés en dollars. Par exemple, l'effet, sur le moral des employés, d'une modification apportée à une chaîne de montage est difficilement mesurable en dollars.

Les bénéfices représentent l'autre facette de l'évaluation économique d'un projet. Nous avons défini précédemment (chap. 1) un bénéfice comme l'avantage pécuniaire découlant de la réalisation d'un projet. Dans ce chapitre, nous allons mesurer les bénéfices et les coûts à l'aide de la même méthode. En fait, la mesure des bénéfices présente les mêmes difficultés que celle des coûts et peut même devenir plus complexe, comme dans le cas d'un projet du secteur public.

Généralement, on ne peut pas quantifier toutes les facettes d'un projet parce que certaines comportent des coûts et des bénéfices dont on ne peut déterminer la valeur. On appelle ces facettes des impondérables. En pratique, les facettes dites impondérables peuvent même représenter l'élément déterminant d'une décision. Ceci est particulièrement vrai, encore une fois, pour les projets qui touchent le secteur public, car on doit alors envisager non seulement les coûts et les bénéfices économiques, mais aussi les coûts et les bénéfices sociaux. Par exemple, on sait que les travaux qui réduisent la pollution de l'air ou de l'eau ont des bénéfices certains parce qu'ils améliorent la santé de la population; toutefois, ce sont là des bénéfices difficiles à évaluer. Certains chercheurs tentent de préciser les coûts associés à la détérioration de notre environnement et leurs résultats servent de point de départ dans la tentative de quantifier les aspects qualitatifs des projets à caractère social.

Les coûts dépendent de plusieurs facteurs, et nous ne pouvons songer à faire des analyses de coûts suffisamment précises sans au préalable déterminer ce qui les influence. Les principaux facteurs dont il faut tenir compte sont les suivants:

- le prix des facteurs de production: le prix des matériaux, le prix de la main-d'oeuvre, le prix à payer pour obtenir les capitaux nécessaires;
- la technologie: acquisition et remplacement d'équipements;
- l'efficacité et la productivité: ratio d'utilisation des usines et de l'équipement.

Pour bien analyser les coûts d'un projet, il faut procéder en deux étapes essentielles: d'abord identifier les coûts pertinents aux décisions à prendre et ensuite mesurer ces coûts. La figure 2.1 illustre les principales notions liées à ces deux étapes. On y distingue les coûts pertinents aux décisions à prendre des coûts non pertinents. On y voit également les deux étapes d'identification et de mesure.

2.2 IDENTIFICATION DES COÛTS

Pour prendre de bonnes décisions, l'ingénieur doit établir clairement la pertinence des coûts liés à chaque projet. Pour ce faire, il lui faut tout d'abord distinguer les coûts différentiels des coûts stables; parmi les coûts différentiels, il doit ensuite distinguer les coûts futurs des coûts passés; finalement, parmi les coûts différentiels futurs, il doit distinguer les coûts d'opportunité des coûts engagés. Voyons ces notions plus en détail.

2.2.1 Coûts différentiels et coûts stables

La première distinction que l'analyste doit faire est celle entre coûts différentiels et coûts stables. Lorsqu'on désire évaluer divers projets en vue de n'en choisir qu'un, on ne tient compte que de la différence de coûts par rapport à la situation existante plutôt que du coût total de chaque projet. Les *coûts différentiels* sont donc ceux qui sont spécifiques à la réalisation

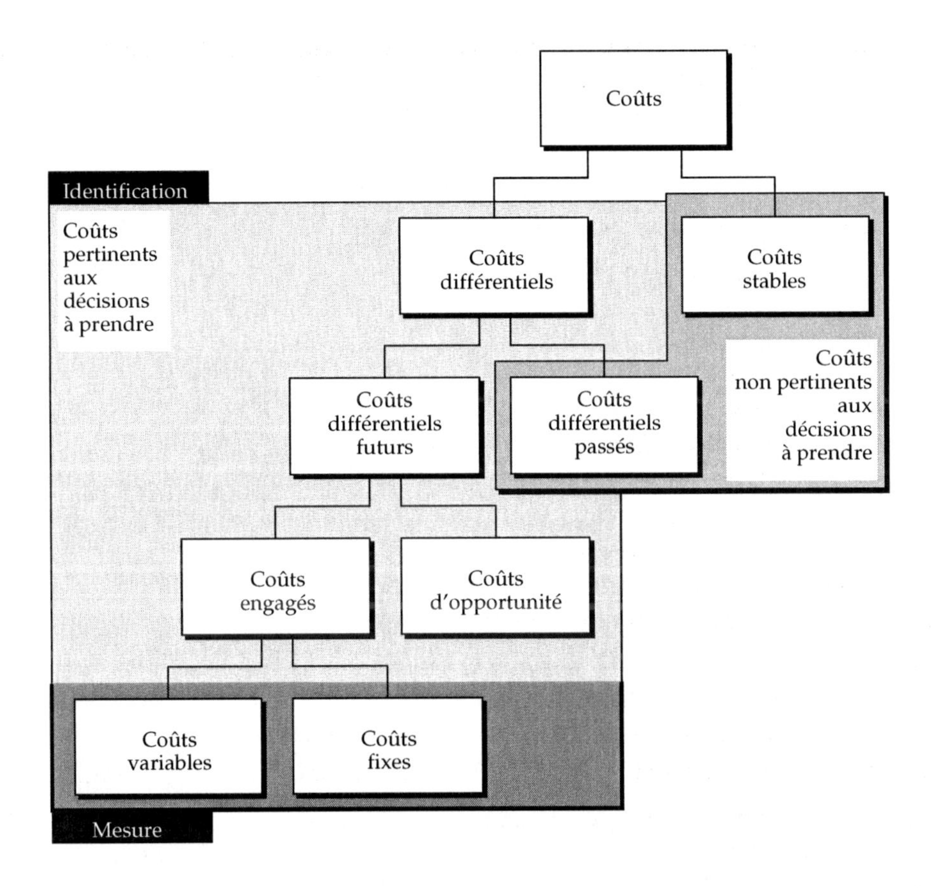

Figure 2.1 Identification et mesure des coûts pertinents aux décisions à prendre.

d'un projet en particulier. Ainsi, il s'agit de coûts qui seront évités si on ne retient pas ce projet. Les coûts différentiels sont soit des coûts additionnels résultant de l'augmentation du volume d'activité, soit des coûts réduits résultant d'une baisse du volume d'activité ou de la suppression d'un secteur d'activité.

Par ailleurs, on appelle *coûts stables* les coûts qui ne sont pas spécifiques à la réalisation d'un projet en particulier. Les coûts stables ne changent pas, quel que soit le projet retenu. Ce sont donc des coûts non pertinents aux décisions à prendre.

L'amortissement comptable fait partie des coûts stables. En effet, comme nous l'avons vu précédemment (chap. 1), il résulte d'un processus d'étalement des débours d'investissement sur la période de temps au cours de laquelle l'investissement est productif. L'amortissement comptable découle en quelque sorte de décisions antérieures et fait dès lors partie des coûts d'une entreprise, quel que soit le projet retenu. On ne doit donc pas le considérer dans l'analyse des coûts d'un projet même si on le retrouve dans des périodes comptables ultérieures.

Lorsqu'on analyse les coûts d'un projet, il ne faut tenir compte que des coûts pertinents, c'est-à-dire de ceux qui sont directement liés au choix d'un projet en particulier. Si une entreprise doit encourir des coûts peu importe que le projet soit retenu ou non, l'ingénieur n'a pas à considérer ceux-ci dans son analyse. L'exemple 2.1 illustre le concept de coûts différentiels. On y revient sur la méthode du flux monétaire (chap. 1) et on présente les données économiques d'une entreprise sous une forme couramment utilisée en comptabilité, l'état des résultats. L'état des résultats est un état financier qui présente les revenus lorsqu'ils sont gagnés et les dépenses lorsqu'elles sont engagées.

Exemple 2.1 *Coûts différentiels et état des résultats*

La compagnie de peinture Arc-en-ciel agit comme sous-traitant pour d'importants fabricants de meubles de bureau. Elle vient d'acquérir une machine semi-automatique de 35 000 $. Les frais annuels d'exploitation de cette machine, basés sur une production de 2000 meubles par an, s'établissent à 22 000 $, excluant l'amortissement. La machine a une durée de vie de 5 ans et on prévoit la revendre 5000 $ à la fin de cette période.

Après avoir utilisé la machine pendant quelques semaines, le responsable des achats se voit offrir un robot susceptible de faire le même travail avec des frais annuels d'exploitation de 10 000 $, excluant l'amortissement. Le robot coûte 48 000 $ et son installation, 2000 $. Il a également une durée de vie de 5 ans avec une valeur de revente de 10 000 $ à la fin de cette période. Quant à la machine semi-automatique déjà achetée, elle pourrait être vendue 15 000 $ et les frais de déménagement seraient à la charge de l'acheteur éventuel.

Les ventes, toutes au comptant, sont estimées à 1 000 000 $ par année. Les frais généraux, comprenant les salaires, l'entretien, l'électricité, le chauffage ainsi que le loyer de l'immeuble où se trouve l'atelier, sont évalués à 900 000 $.

On demande:

1. de préparer un état des résultats pour chacune des 5 prochaines années et pour chacune des options. Il faut en faire ressortir les différences, tout en considérant la durée du projet;

2. d'analyser les 2 options avec la méthode du flux monétaire, c'est-à-dire de préparer un état financier des rentrées et des sorties d'argent pour chacune des 5 prochaines années et pour chacune des options. Établir ensuite les différences nettes d'encaisse entre ces options pour la durée du projet;

3. de faire une analyse des coûts différentiels et de recommander la meilleure option.

Le tableau 2.1 présente les données du problème.

Tableau 2.1 (ex. 2.1) Données relatives aux 2 options de la compagnie Arc-en-ciel

	Option A Machine semi-automatique actuelle	**Option B** Robot proposé
Coûts d'achat et d'installation	35 000 $	50 000 $
Frais annuels d'exploitation (amortissement exclu)	22 000 $	10 000 $
Durée de vie	5 ans	5 ans
Valeur de revente dans 5 ans	5 000 $	10 000 $
Prix de vente au moment de la prise de décision	15 000 $	–
Amortissement linéaire (coûts – valeur de revente ÷ 5 ans)	6 000 $	8 000 $

Solution

1. Les tableaux 2.2 et 2.3 présentent l'état des résultats de chacune des options. Ainsi, le bénéfice net total est de 360 000 $ pour l'option A et de 390 000 $ pour l'option B, soit une différence de 30 000 $ en faveur de l'option B, l'achat du robot. Le robot proposé augmentera donc les bénéfices de la compagnie Arc-en-ciel de 30 000 $ pour la durée du projet.

Tableau 2.2 (ex. 2.1) État des résultats de la compagnie Arc-en-ciel pour l'option A

État des résultats
Arc-en-ciel
Option A
(pour 5 ans)

Ventes		1 000 000 $
Dépenses		
frais généraux	900 000 $	
frais d'exploitation de la machine	22 000	
amortissement	6 000	
		928 000 $
Bénéfice net annuel		72 000 $
Bénéfice net total (72 000 $ × 5 ans)		360 000 $

Tableau 2.3 (ex. 2.1) État des résultats de la compagnie Arc-en-ciel pour l'option B

État des résultats
Arc-en-ciel
Option B
(pour 5 ans)

	Année 1		Années 2 à 5		Total
Ventes		1 000 000 $		1 000 000 $	
Dépenses					
frais généraux	900 000 $		900 000 $		
frais d'exploitation du robot	10 000		10 000		
amortissement	8 000		8 000		
perte sur cession de la machine actuelle	20 000		–		
		938 000 $		918 000 $	
Bénéfice net annuel		62 000 $		82 000 $	
Bénéfice net total [62 000 $ + (4 × 82 000 $)]					390 000 $

2. Établissons maintenant, au tableau 2.4, un état du flux monétaire pour chacune des options. On y voit la différence nette d'encaisse pour les 5 ans que doit durer le projet.

Tableau 2.4 (ex. 2.1) État du flux monétaire de la compagnie Arc-en-ciel pour les options A et B

	Option A	Option B
Rentrées d'argent		
ventes (1 000 000 $ × 5)	5 000 000 $	5 000 000 $
valeur de revente de la machine	5 000	15 000
valeur de revente du robot	–	10 000
	5 005 000 $	5 025 000 $
Sorties d'argent		
frais généraux (900 000 $ × 5)	4 500 000 $	4 500 000 $
frais d'exploitation (22 000 $ × 5); (10 000 $ × 5)	110 000	50 000
coûts d'achat et d'installation	35 000 $	35 000
		50 000 $
	4 645 000 $	4 635 000 $
Excédent des rentrées sur les sorties d'argent	360 000 $	390 000 $

On voit que, comme pour l'état des résultats, l'état du flux monétaire indique une différence de 30 000 $ en faveur de l'option B, l'achat du robot.

3. L'analyse des coûts différentiels, présentée au tableau 2.5, permet de prendre rapidement une décision.

Tableau 2.5 (ex. 2.1) Analyse des coûts différentiels des options A et B pour la compagnie Arc-en-ciel

Coûts différentiels	Option A	Option B	Différences en fonction de l'option B
Frais d'exploitation	22 000 $	10 000 $	+60 000 $*
Valeur de revente	5 000 $	10 000 $	+5 000 $
Débours d'investissement	15 000 $**	50 000 $	-35 000 $
Excédent des bénéfices sur les coûts			30 000 $

* (22 000 $ – 10 000 $) × 5 ans.
** La machine vaut 15 000 $ au moment de l'achat prévu du robot. Il s'agit en fait de coûts d'opportunité (art. 2.2.3).

La différence, pour 5 ans, est donc de 30 000 $ en faveur de l'option B, l'achat du robot.

2.2.2 Coûts futurs et coûts passés

Pour établir les coûts pertinents aux décisions à prendre, une deuxième distinction s'impose entre les coûts futurs et les coûts passés. Par exemple, supposons qu'une société de transport public, qui possède d'importants ateliers de réparations, désire faire l'acquisition d'autobus supplémentaires pour répondre à une hausse de l'utilisation de ce service. La société doit d'abord établir le coût des ressources qu'elle devra engager pour acquérir et exploiter ces nouveaux autobus. Étant donné qu'elle exploite déjà des véhicules semblables, elle pourra se référer aux coûts passés pour prévoir les coûts futurs. Cependant, ces coûts déjà engagés sont le résultat de décisions passées et ne peuvent servir tels quels. On doit les ajuster pour tenir compte des changements dans le coût des divers facteurs de production, des fluctuations de la productivité et des changements technologiques. L'estimation des coûts futurs repose sur les dépenses que la société compte encourir si elle fait l'acquisition des nouveaux véhicules.

Les *coûts futurs* sont donc des coûts que l'on prévoit encourir dans l'avenir, mais il s'agit en fait d'estimations de coûts. Au contraire, les *coûts passés* sont des coûts historiques et comptabilisés.

L'ingénieur qui planifie tient davantage compte des coûts futurs, tandis que celui qui gère apporte une attention particulière aux coûts passés. Les coûts passés ne sont pas pertinents quand il s'agit de prendre la décision de poursuivre un projet ou d'y mettre fin. L'ingénieur qui en tient compte fera presque toujours un mauvais choix. À titre d'exemple, les gouvernements français et anglais ont été incapables d'ignorer les coûts passés et ils ont continué à développer le Concorde, qui est une merveille technique mais une faillite économique. Cependant, les coûts passés servent de référence dans l'estimation des coûts futurs. Enfin, ils sont très souvent irrécupérables.

Exemple 2.2 *Coûts futurs et coûts passés*

Il y a 3 ans, vous avez fait l'achat d'un terrain pour la construction éventuelle d'une maison. Les termes du contrat étaient les suivants:

- un prix d'achat de 16 000 $;
- un versement comptant de 2000 $ à l'achat;
- des versements annuels de 2000 $;
- un taux d'intérêt de 10 %;
- des taxes annuelles de 500 $;
- le transfert du titre de propriété à l'acheteur seulement après le paiement complet de l'emprunt.

Vous avez présentement une occasion d'acheter, pour 6000 $, un second terrain identique au premier, aux mêmes conditions, mais vous n'avez besoin que d'un seul terrain. Vous considérez alors 2 options. Suivant l'option A, vous conservez le terrain actuel. L'option B consiste à abandonner totalement le premier terrain, à perdre ce que vous avez déjà investi et à acheter le deuxième terrain.

Solution

La figure 2.2 représente les coûts d'achat et d'emprunt, à l'exclusion des paiements d'intérêt, pour les 2 options. Puisque le taux d'intérêt et les taxes sont les mêmes pour chacune des options, on ne les considère pas, car ce ne sont pas des coûts pertinents. Les coûts passés ne sont pas non plus pertinents au moment de la prise de décision. Les coûts futurs de l'option A, conservation du terrain actuel, s'élèvent à 8000 $ (2000 $ par année pendant 4 ans) et ceux de l'option B, achat du nouveau terrain, à 6000 $ (2000 $ par année pendant 3 ans), soit une différence de 2000 $ en faveur de l'option B. Il est donc plus avantageux d'acheter le nouveau terrain que de conserver le terrain actuel.

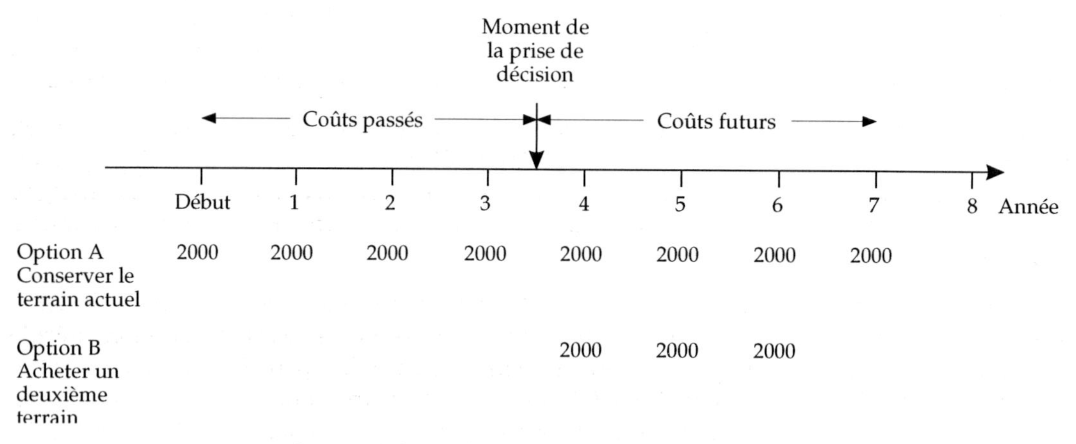

Figure 2.2 (ex. 2.2) Coûts futurs et coûts passés.

2.2.3 Coûts engagés et coûts d'opportunité

L'analyse des coûts consiste jusqu'ici à ne tenir compte que des coûts différentiels et des coûts futurs, puisqu'ils sont les seuls pertinents en regard des décisions à prendre. Il importe maintenant de réaliser que ces coûts différentiels futurs comportent à leur tour deux types de coûts: les coûts engagés et les coûts d'opportunité.

Les *coûts engagés* sont ceux qui se traduisent immédiatement ou plus tard par un débours pour l'entreprise qui acquiert un bien, fabrique un produit ou s'engage dans un projet. Ils résultent d'engagements contractuels.

Par ailleurs, certains des coûts les plus importants dans l'évaluation d'un projet proviennent des occasions que l'on sacrifie en choisissant une option plutôt qu'une autre. Ce sont les *coûts d'opportunité,* ou coûts de renonciation. Ils représentent des bénéfices perdus. C'est ce que coûtent en fait les occasions mises de côté lorsqu'on a un choix à faire. Une expression anglaise résume en quelques mots ce que sont les coûts d'opportunité: *If you choose, you lose.* Il s'agit donc de la valeur des bénéfices de l'option sacrifiée en faveur de l'option retenue.

En effet, une entreprise qui met de l'avant un projet doit réaliser qu'il faut faire des choix: si des ressources financières et humaines sont investies dans un certain projet, ces ressources ne sont évidemment plus disponibles. Il importe alors d'évaluer les bénéfices potentiels de tout autre projet qu'il a fallu laisser tomber pour pouvoir affecter les ressources disponibles au projet choisi.

Les coûts d'opportunité sont beaucoup plus difficiles à évaluer que les coûts engagés, car ils sont impossibles à retracer dans le système d'information comptable et ils exigent que l'on détermine le flux monétaire net qui aurait pu être gagné si le projet rejeté avait été choisi. De ce fait, ils n'apparaissent jamais dans les registres historiques de coûts. On oublie même de tenir compte des coûts d'opportunité en plusieurs occasions. Ainsi, lorsqu'il s'agit pour une entreprise d'évaluer le coût du capital, les bénéfices réinvestis donnent l'impression de ne rien coûter. Or, même si l'entreprise n'a aucun intérêt ou dividende à payer pour ces fonds, ceux-ci ont en fait un coût d'opportunité. En effet, il faut considérer le rendement que les actionnaires pourraient obtenir de ces fonds s'ils les avaient à leur disposition et s'ils avaient la possibilité de les investir ailleurs ou même de les réinvestir dans leur propre entreprise.

Par ailleurs, les coûts d'opportunité dépendent de la situation de celui qui évalue un projet. Par exemple, deux individus x et y ont la possibilité d'acheter des obligations d'épargne du Québec à 10 %. Or les fonds disponibles pour ce faire sont, pour x, dans un compte d'épargne à 6 % et, pour y, dans un coffret de sûreté. Donc, les coûts d'opportunité de y sont nuls tandis que ceux de x sont de 6 %.

Les coûts d'opportunité peuvent devenir un élément crucial, par exemple dans la décision suivante: est-il préférable de fabriquer ou d'acheter un produit? Dans le cas où on décide d'acheter plutôt que de fabriquer, il faut se demander ce qu'on peut faire avec l'espace et les équipements inutilisés. Pourrait-on fabriquer d'autres produits? Ou pourrait-on louer l'espace et les équipements à d'autres entreprises? Si oui, ces revenus potentiels constituent des coûts d'opportunité à considérer dans l'analyse des coûts de l'autre option, la fabrication du produit.

Exemple 2.3 *Coûts d'opportunité*

Un ingénieur industriel gagne un salaire annuel de 35 000 $ et possède des épargnes de 30 000 $ qui lui rapportent des intérêts à un taux de 10 %. Il désire acquérir sa propre entreprise au prix de 30 000 $, ce qui lui procurerait un revenu net annuel de 55 000 $. Quels sont les coûts d'opportunité de ce projet d'achat?

Solution

Les coûts d'opportunité reliés à l'acquisition de l'entreprise sont les suivants:
- salaire perdu: 35 000 $;
- revenus de placement perdus (10 % × 30 000 $): 3000 $.

Les coûts d'opportunité sont donc de 38 000 $ annuellement.

Toutefois, s'il choisit de se lancer en affaires, l'ingénieur doit également tenir compte des impondérables. Il doit évaluer le risque et en particulier la possibilité que ses revenus soient inférieurs au montant de 55 000 $ anticipé. Il doit aussi envisager la perte de son investissement de 30 000 $ dans le cas d'une faillite toujours possible.

Exemple 2.4 *Coûts engagés et coûts d'opportunité*

Votre frère doit choisir entre acheter ou louer une maison unifamiliale de 6 pièces située dans une grande ville du Québec et vous demande conseil. Les données relatives à chaque option sont les suivantes. Vous devez choisir l'option la plus économique.

Option achat. Le prix de la maison unifamiliale est de 112 000 $. Une somme de 32 000 $ serait versée lors de la signature du contrat d'achat. Le solde de 80 000 $ serait financé au moyen d'une première hypothèque consentie par une caisse populaire au taux de 13,5 % pour une période de 5 ans. Votre frère devrait alors effectuer des versements mensuels de 900 $ pour rembourser cette hypothèque. Ce montant ne couvre que le remboursement des intérêts dus sur le capital emprunté. Les taxes foncières et scolaires s'élèvent à 200 $ par mois et les coûts de chauffage à 120 $ par mois. D'autres coûts mensuels sont prévus: 48 $ pour l'entretien, 60 $ pour l'électricité et l'eau et 32 $ pour l'assurance-incendie.

S'il décide d'acheter la maison, votre frère devra prendre les 32 000 $ à même les fonds qu'il a investis à la banque sous forme de certificats d'épargne. Ceux-ci lui donnent actuellement un rendement moyen de 11 %, mais il prévoit qu'il passera à 9 % au cours des prochaines années, ce qui équivaudra à un revenu mensuel d'environ 240 $. En outre, dans 5 ans, la maison pourrait être revendue 200 000 $. Par ailleurs, si les revenus d'intérêt étaient réinvestis à 9 %, le capital et les intérêts accumulés s'élèveraient à 49 235 $ dans 5 ans.

Option location. Le loyer de la même maison de 6 pièces est de 900 $ par mois et ce sont les seuls frais que votre frère aurait à encourir.

Solution

1. Faisons tout d'abord l'analyse des coûts mensuels de chaque option. Le tableau 2.6 présente ces coûts.

Tableau 2.6 (ex. 2.4) Coûts mensuels des options achat et location

Option achat		**Option location**	
Coûts engagés		Coûts engagés	
intérêts	900 $	loyer	900 $
taxes foncières et scolaires	200		
chauffage	120		
entretien	48		
électricité, eau	60		
assurance-incendie	32		
Total	1360 $		
Coûts d'opportunité			
(9 % × 32 000 $) ÷ 12 mois	240 $		0 $
Coûts mensuels totaux	1600 $		900 $

2. Considérons maintenant les débours d'exploitation pour les 5 prochaines années à l'aide d'un diagramme de flux monétaire présenté à la figure 2.3. Comme il s'agit de flux monétaire, on ne tient compte que des débours, c'est-à-dire, pour l'option achat, que des coûts engagés.

3. Faisons maintenant l'étude comparative de l'ensemble des coûts sur une période de 5 ans. Cette analyse est présentée au tableau 2.7.

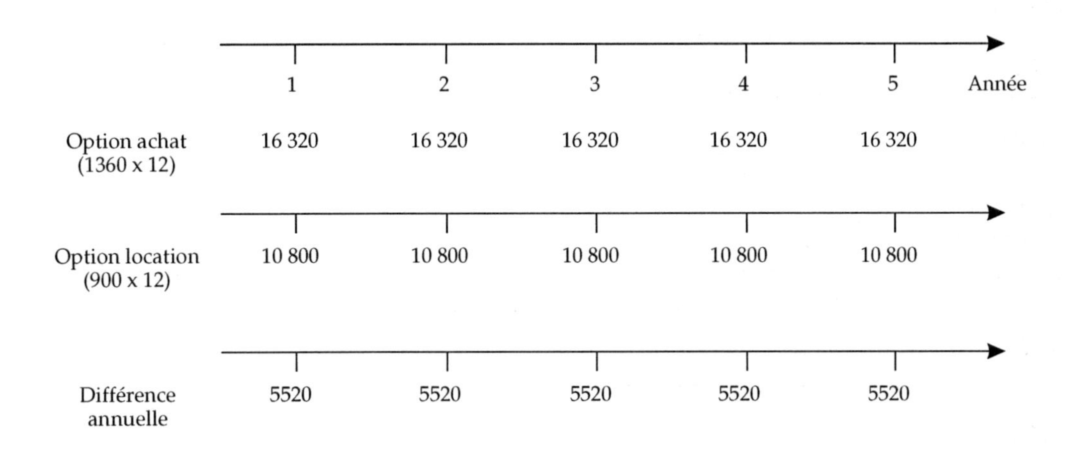

Figure 2.3 (ex. 2.4) Diagramme de flux monétaire des options achat et location.

Tableau 2.7 (ex. 2.4) Analyse des coûts totaux des options achat et location pour une période de 5 ans

Option achat		Option location		
Coûts d'opportunité capital et revenus perdus à la suite de l'investissement de l'épargne dans la maison	49 235 $	Coûts d'opportunité valeur de revente de la maison après 5 ans	200 000 $	
		moins: remboursement d'hypothèque	80 000 $	
				120 000 $
Coûts engagés différence annuelle de débours (5520 $ × 5)	27 600 $			
Coûts totaux	76 835 $			

L'option la plus économique est donc l'option achat, qui permet à votre frère d'économiser 43 165 $ (120 000 $ – 76 835 $).

4. Il y a aussi des impondérables à considérer. Si votre frère est père de famille, ses enfants pourront profiter de plus d'espace pour jouer s'il choisit l'option achat. En outre, le fait d'être propriétaire constitue pour plusieurs un avantage psychologique important. Par contre, il devra consacrer du temps à l'entretien de sa maison.

   Si votre frère choisit de louer la maison plutôt que de l'acheter, il n'aura pas à se préoccuper de réparer son logement, d'enlever la neige ou encore de tondre le gazon. L'option location comporte toutefois des éléments d'incertitude. Le locataire risque de devoir quitter le logement ou de subir des augmentations de loyer.

   Signalons finalement que l'inflation risque d'affecter davantage l'option location que l'option achat et que nous avons volontairement ignoré les fluctuations de la valeur de l'argent dans le temps.

2.3 MESURE DES COÛTS

Pour mesurer les coûts pertinents à une décision, il est absolument nécessaire de connaître le comportement des coûts relativement aux principaux facteurs dont ils dépendent et qui sont:

- le volume d'activité;
- les changements technologiques (nouveaux produits ou nouveaux procédés de fabrication);
- le prix des facteurs de production;
- le prix des produits ou des services rendus;
- le type d'organisation;

- le type de produits ou de services rendus;
- la productivité;
- l'inflation.

Cependant, le facteur qui a le plus d'influence sur les coûts demeure le volume d'activité. Donc, à toutes fins utiles, c'est la relation entre le volume d'activité et les coûts qui intéresse tout particulièrement l'ingénieur qui doit mesurer les coûts pertinents à la décision à prendre. Dans le cadre de ce rapport entre les coûts et le volume d'activité, il faut pouvoir distinguer les coûts fixes des coûts variables et mesurer les deux puisque les coûts fixes sont indépendants du volume d'activité alors que les coûts variables y sont directement reliés.

2.3.1 Coûts variables et coûts fixes

L'étude du comportement des coûts en fonction du volume d'activité d'une entreprise permet de les départager en coûts variables et coûts fixes. Pour chacun de ces types de coûts, nous allons faire intervenir les notions de coût global et de coût unitaire. Nous verrons ensuite un troisième type de coûts, de nature hybride, appelés coûts semi-variables.

Pour bien saisir le comportement des coûts, on utilise souvent un graphique cartésien où on porte en abscisse le volume d'activité et en ordonnée les coûts correspondants. Lorsqu'on trace une courbe de coûts fixes ou variables, on suppose que le prix des intrants, celui des extrants, de même que la structure organisationnelle de l'usine et le type de produits demeureront constants à court terme.

Coûts variables. Les coûts variables sont ceux qui augmentent au total lorsque le volume d'activité augmente et qui diminuent au total lorsque le volume d'activité diminue.

Exemple 2.5 *Coûts variables: coûts de l'essence*

Prenons l'exemple de la consommation d'essence et considérons les données suivantes:

Volume d'activité (kilomètres parcourus)	Coûts variables (coûts de l'essence)
1	0,05 $
10	0,50
50	2,50
100	5,00
150	7,50
200	10,00

Chaque kilomètre parcouru entraîne une augmentation de 0,05 $ du coût de l'essence; ceci peut être exprimé mathématiquement par une relation linéaire entre le volume d'activité, ici la distance parcourue en kilomètres, et le coût de l'essence utilisée. Ainsi, il y a une relation directement proportionnelle entre le coût de l'essence et le nombre de kilomètres, chaque kilomètre additionnel parcouru entraînant une augmentation de 0,05 $ du coût total de l'essence, considéré dès lors comme un coût variable.

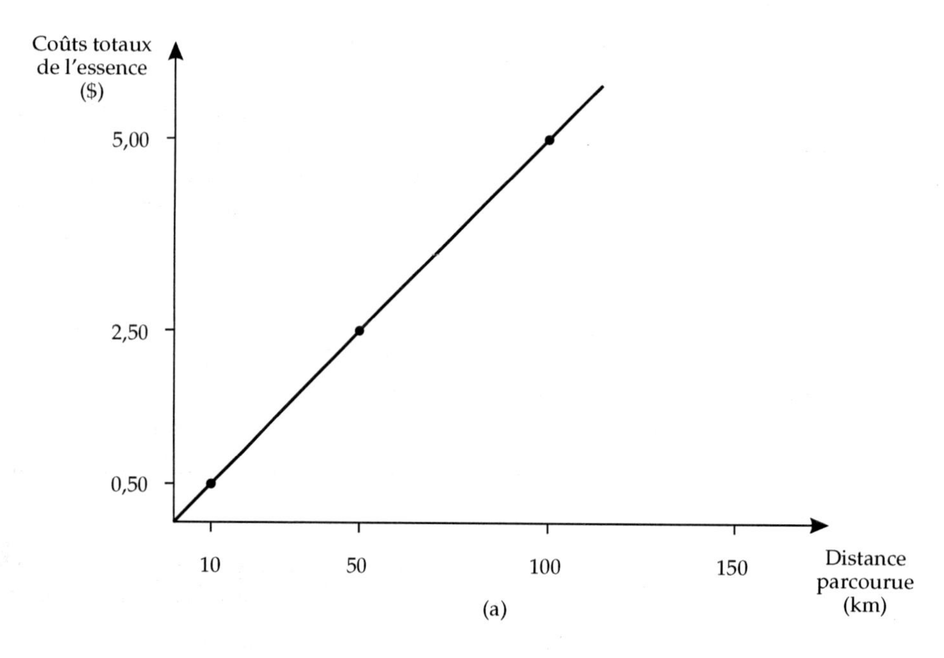

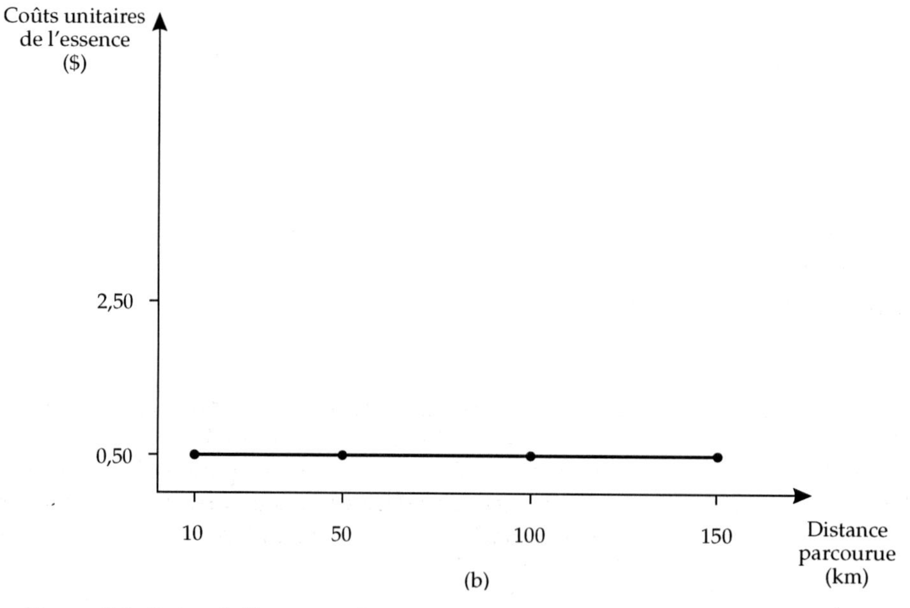

Figure 2.4 Coûts de l'essence: a) coûts variables au total; b) coûts fixes à l'unité.

Les exemples les plus courants de coûts variables dans une entreprise sont les suivants:

- les matières premières et les matériaux;
- la main-d'oeuvre directe;
- les pièces d'usine;
- les primes payées pour les heures supplémentaires.

Les coûts qui sont variables lorsqu'on les considère globalement deviennent fixes une fois considérés à l'unité. Ainsi, les coûts de l'essence sont variables lorsqu'ils sont pris globalement, puisqu'ils dépendent du nombre de kilomètres parcourus. Par contre, ils sont fixes si on les considère à l'unité; en effet, le coût de l'essence par kilomètre parcouru est le même quelle que soit la distance parcourue. La figure 2.4 présente les coûts de l'essence, variables au total et fixes à l'unité.

Coûts fixes. Les coûts fixes sont ceux qui, entre des limites bien définies du volume d'activité de l'entreprise, demeurent toujours les mêmes au total quel que soit le volume d'activité. Il faut remarquer ici qu'il s'agit d'une analyse à court terme.

Exemple 2.6 *Coûts fixes: coûts de l'assurance-automobile*

Un automobiliste a payé 1000 $ pour son assurance-automobile pour l'année en cours. Ces coûts sont fixes, quel que soit le nombre de kilomètres qu'il parcourt durant l'année.

Les principaux exemples de coûts fixes d'une entreprise sont les suivants:

- l'amortissement;
- l'administration;
- les taxes;
- les frais généraux;
- les assurances;
- la main-d'oeuvre indirecte;
- le loyer.

À l'inverse des coûts variables, les coûts fixes au total sont variables à l'unité et deviennent très significatifs quand le volume d'activité d'une entreprise varie sensiblement. Il en est ainsi des coûts de l'assurance-automobile. Ils sont fixes quel que soit le nombre total de kilomètres parcourus. Par contre, si on les considère en fonction de chaque kilomètre parcouru, ils varient selon le nombre de kilomètres parcourus. La figure 2.5 illustre les coûts de l'assurance, fixes au total et variables à l'unité.

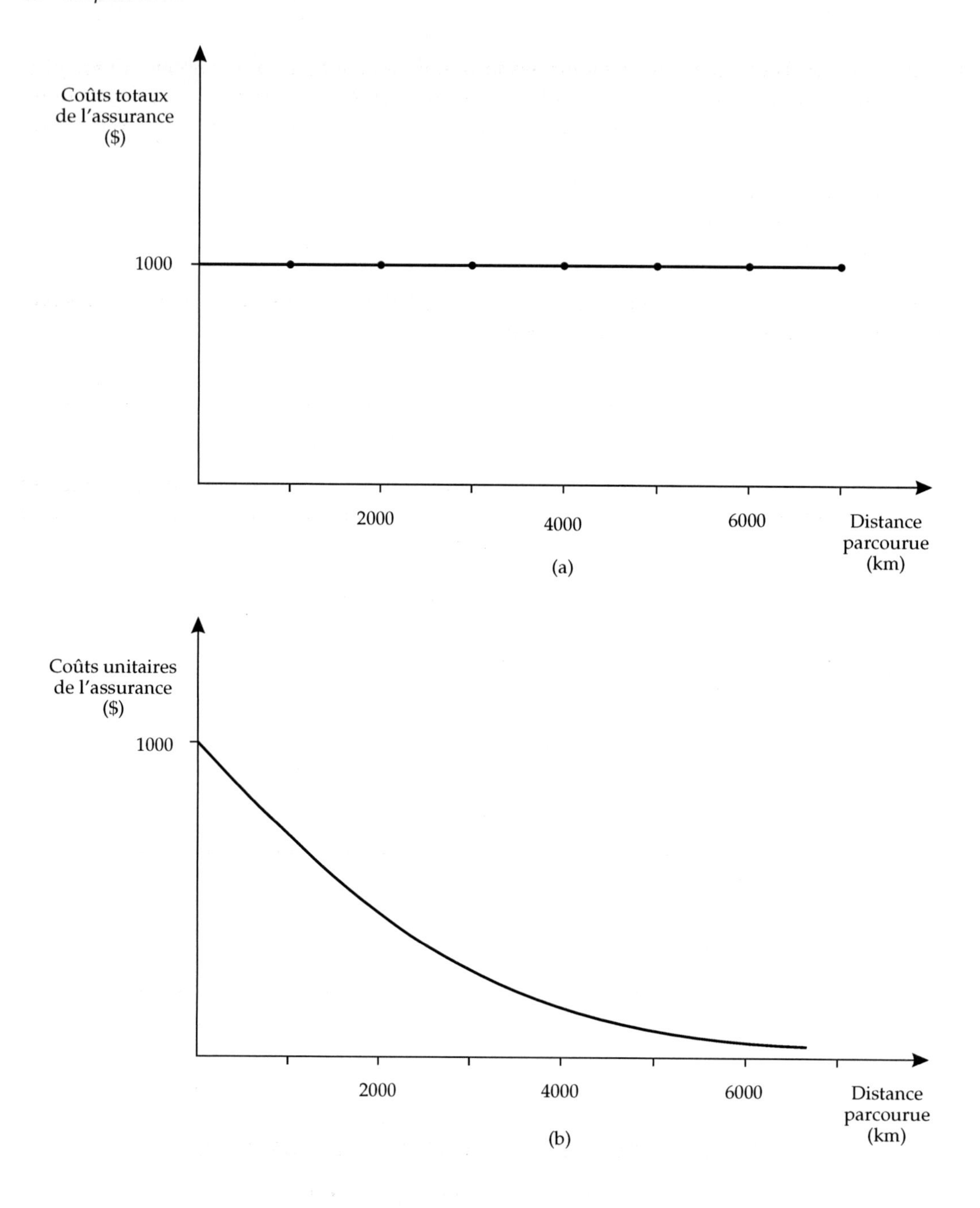

Figure 2.5 Coûts de l'assurance-automobile: a) coûts fixes au total; b) coûts variables à l'unité.

Coûts semi-variables. Les coûts ne sont pas tous entièrement fixes ou entièrement variables; plusieurs comportent à la fois des éléments fixes et des éléments variables. On peut rencontrer 3 catégories de coûts semi-variables, également appelés coûts semi-fixes ou coûts mixtes, soit:

- les coûts linéaires;
- les coûts en escalier;
- les coûts curvilignes.

Les coûts linéaires comportent une partie fixe incompressible et une partie qui varie de façon proportionnelle avec l'augmentation de l'activité.

Exemple 2.7 *Coûts semi-variables linéaires: coûts de l'électricité*

Les coûts de l'électricité comportent des coûts fixes, le tarif de base, plus des coûts qui varient selon la consommation. On retrouve à la figure 2.6 une illustration des coûts de l'électricité d'une usine de production qui dépendent de son volume d'activité.

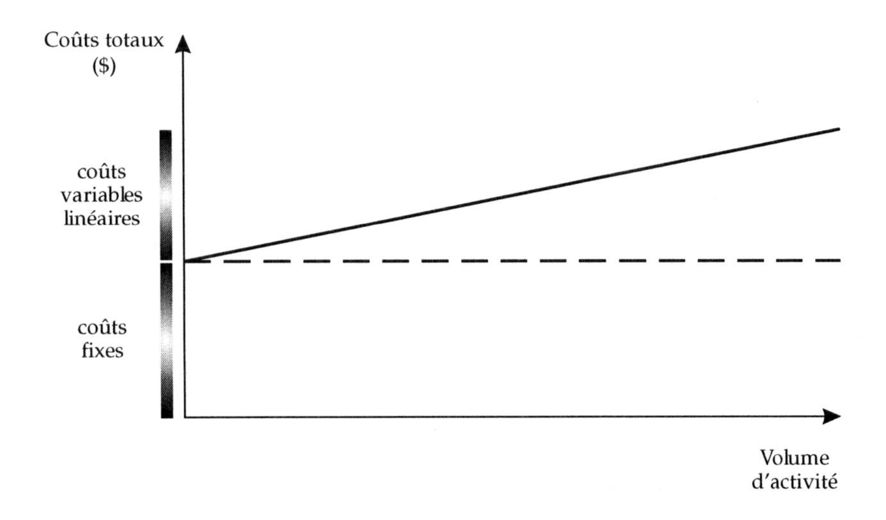

Figure 2.6 (ex. 2.7) Coûts semi-variables linéaires: coûts de l'électricité.

Les coûts semi-variables en escalier varient par paliers à la suite d'une augmentation d'activité qui nécessite l'engagement de frais qu'il avait été possible de contenir jusqu'alors.

Exemple 2.8 *Coûts semi-variables en escalier: coûts des salaires des contremaîtres*

Les salaires payés à des contremaîtres constituent des coûts semi-variables en escalier. En effet, l'augmentation d'un volume de production entraîne l'ajout d'un contremaître et augmente par paliers la masse salariale des contremaîtres. Ainsi, pour un nombre d'employés donné, disons 40 ouvriers, l'entreprise a besoin d'un contremaître; dès que le nombre d'employés dépasse 40, il faut engager un deuxième contremaître; lorsque le nombre d'employés excède 80, il faut engager un troisième contremaître, etc.

On retrouve à la figure 2.7 une illustration des coûts des salaires des contremaîtres en fonction du nombre d'ouvriers.

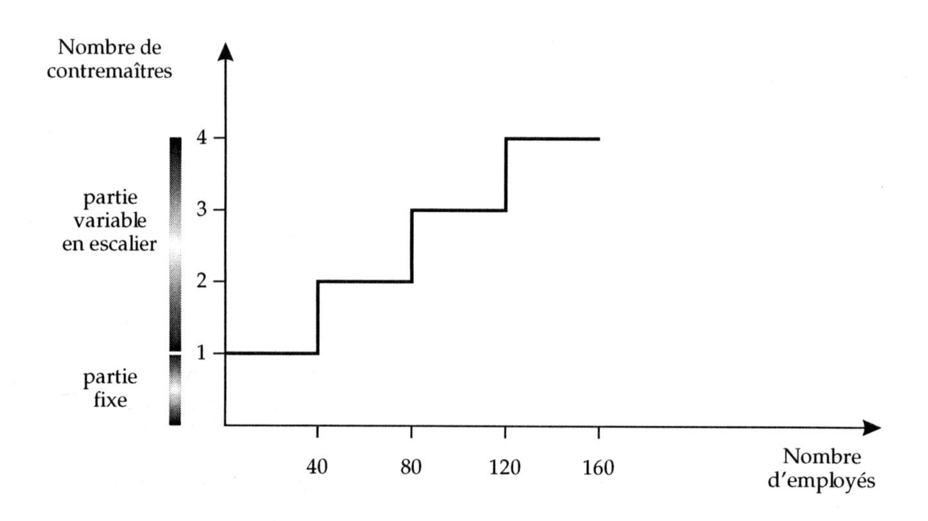

Figure 2.7 (ex. 2.8) Coûts semi-variables en escalier: coûts des salaires des contremaîtres.

Les coûts curvilignes constituent le troisième type de coûts semi-variables. Ils ont une relation non linéaire avec le volume d'activité. La plupart du temps, le graphique de ce type de coûts adopte soit une forme convexe, soit une forme concave.

Exemple 2.9 *Coûts semi-variables curvilignes: coûts de la main-d'oeuvre directe*

Les coûts de la main-d'oeuvre directe constituent des coûts semi-variables curvilignes. On retrouve à la figure 2.8 une illustration du coût de la main-d'oeuvre directe en fonction du volume de production d'une usine.

Le modèle concave représenté à la figure 2.8 correspond à la situation suivante. Le coût de la main-d'oeuvre augmente plus que proportionnellement au volume de production. Ce modèle s'applique aux entreprises qui voient le coût de la main-d'oeuvre augmenter plus rapidement que sa productivité. Quant au modèle convexe, il correspond à un coût de la main-d'oeuvre qui n'augmente pas autant que le volume de production. Ce modèle s'applique aux entreprises qui font des efforts pour réduire le coût de la main-d'oeuvre ou pour en accroître la productivité.

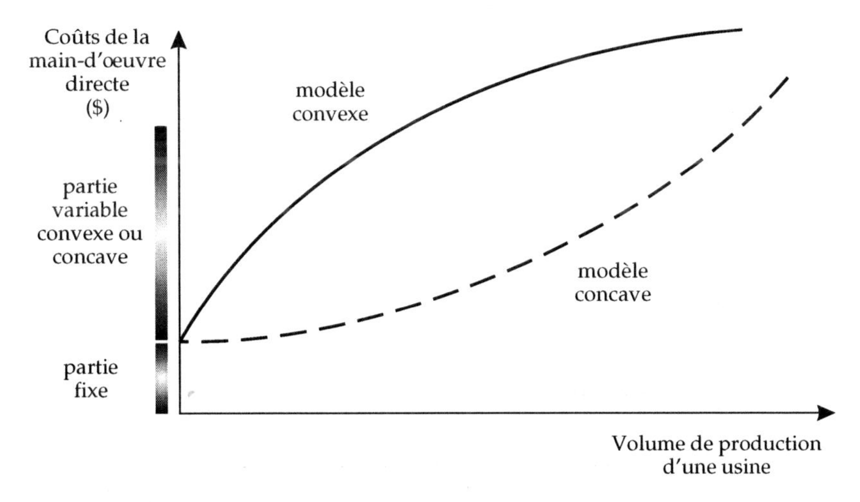

Figure 2.8 (ex. 2.9) Coûts curvilignes: coûts de la main-d'oeuvre directe.

Représentations algébriques de la relation coûts-volume. Outre un graphique cartésien, on peut utiliser une équation algébrique pour représenter la relation entre les coûts et le volume d'activité. Cette équation peut être celle d'une droite, dans le cas des coûts semi-variables linéaires:

$$y = ax + b$$

où y = coût total
x = volume d'activité
a = coût unitaire
ax = coûts variables
b = coûts fixes

En théorie, la relation entre les coûts et le volume d'activité pourrait être modélisée par un polynôme du deuxième degré ou même d'un degré supérieur dans le cas des coûts semi-variables curvilignes. Toutefois, en pratique, de tels modèles sont rarement utilisés.

2.3.2 Méthodes de séparation des coûts fixes et des coûts variables

On peut utiliser différentes méthodes pour séparer les coûts fixes des coûts variables. Les trois principales méthodes sont:

- la méthode des points extrêmes;
- la méthode de la droite approximative;
- la méthode des moindres carrés.

Méthode des points extrêmes. L'ingénieur détermine tout d'abord une période d'analyse au cours de laquelle un ensemble représentatif des situations de l'entreprise se sont produites. La période d'analyse est généralement de 12 à 24 mois. Il s'agit ensuite d'identifier les 2 volumes d'activité extrêmes enregistrés au cours de cette période ainsi que les coûts correspondants. En supposant que les coûts sont linéaires, ces données sur les points extrêmes suffisent à déterminer une relation entre le coût et le volume d'activité. Cette relation peut être représentée graphiquement ou algébriquement. Dans les 2 types de représentations, les coûts fixes et les coûts variables peuvent facilement être séparés. Graphiquement, les coûts fixes sont identifiés par l'ordonnée à l'origine de la droite des coûts totaux et les coûts variables, par la droite elle-même. Algébriquement, les coûts fixes correspondent à b tandis que les coûts variables sont représentés par ax.

Lorsque le système d'information comptable ne peut fournir les données requises, il faut soit établir un système de cueillette de données, soit utiliser ses connaissances en génie sur la capacité physique de l'équipement et sur l'observation de la main-d'œuvre. Ces observations vont comporter des études de temps et de mouvements, et des analyses des postes de travail.

Méthode de la droite approximative. L'ingénieur qui utilise cette méthode doit tracer sur un graphique coûts-volume la droite qui, selon son jugement, illustre le mieux le comportement des coûts totaux en fonction du volume d'activité. Il inscrit sur le graphique tous les points correspondant aux données dont il dispose. Il doit avoir un échantillon de 12 à 24 périodes d'observation de coûts et de volumes. Cependant, contrairement à la méthode des points extrêmes qui ne prend en considération que 2 points, on tiendra compte ici des 12 à 24 points représentés sur le graphique pour tracer la droite des coûts totaux.

En effet, l'ingénieur trace ensuite une droite de façon à ce qu'elle sépare les points en 2 parties égales, de part et d'autre de la droite. La figure 2.9 illustre la méthode de la droite approximative. Le point d'intersection de cette droite avec l'axe des y représente la partie fixe b des coûts totaux étudiés et, pour un volume d'activité x, la droite représente la partie variable ax des coûts.

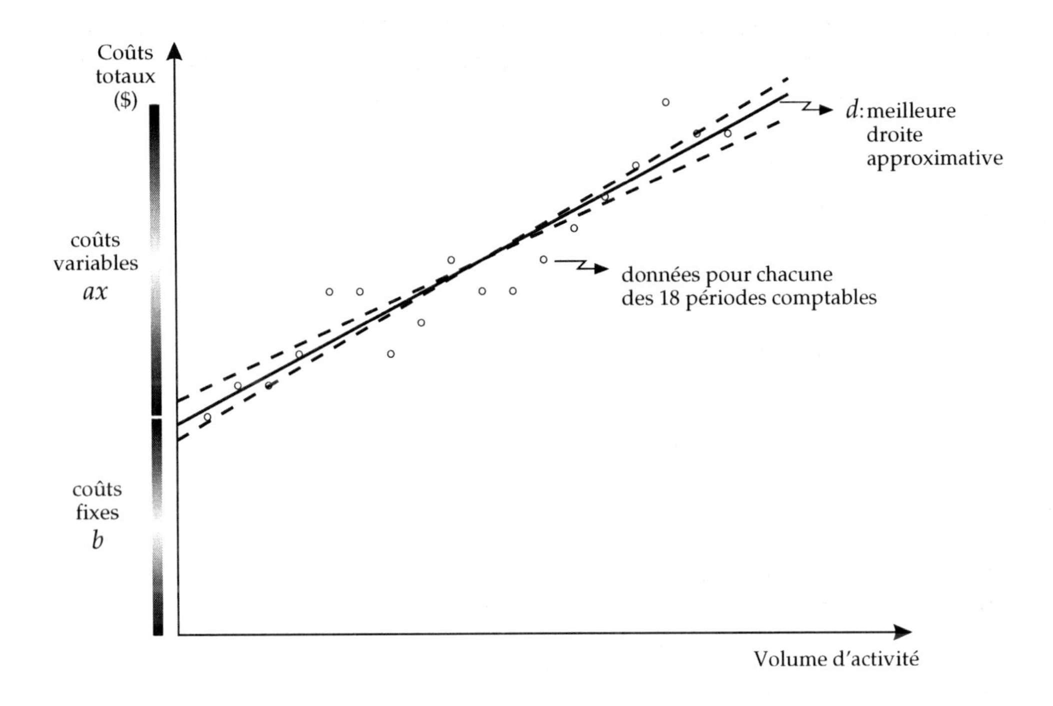

Figure 2.9 Méthode de la droite approximative.

Méthode des moindres carrés. La méthode des moindres carrés est une méthode mathématique qui permet d'obtenir les valeurs *a* et *b* de l'équation d'une droite représentant la relation entre le volume d'activité et les coûts totaux. Cette droite a la caractéristique suivante: la somme des carrés des distances entre cette droite et chaque observation de coûts et de volume est à son minimum. La figure 2.10 illustre la méthode des moindres carrés.

Cette méthode n'est valable que si la relation coûts-volume est linéaire. Or, on peut poser l'hypothèse selon laquelle cette relation est généralement linéaire à l'intérieur de certaines limites sur le volume d'activité. L'équation de la droite des moindres carrés est la suivante:

$$y = ax + b + e$$

où y = coûts totaux

a = coûts unitaires

b = coûts fixes

e = écart entre la valeur réelle des coûts et la valeur calculée à partir d'un nombre limité de points, appelé écart résiduel

x = volume d'activité

ax = coûts variables

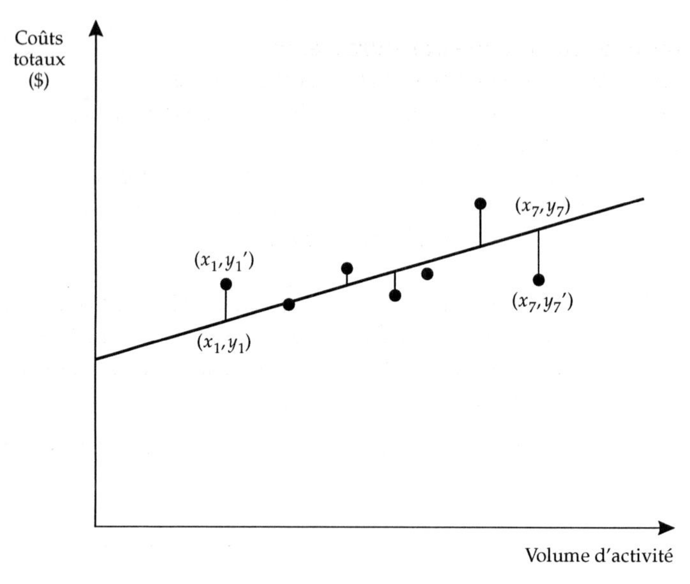

où y_n' = la valeur observée des coûts d'entretien
où y_n = la valeur calculée des coûts d'entretien

Figure 2.10 Méthode des moindres carrés.

Il s'agit donc de trouver les valeurs respectives de a et de b. Ces valeurs peuvent être obtenues à partir des équations suivantes, issues de calculs statistiques de base que nous considérons connus:

$$a = \frac{N \sum_{i=1}^{N} x_i y_i - \sum_{i=1}^{N} x_i \sum_{i=1}^{N} y_i}{N \sum_{i=1}^{N} x_i^2 - \left(\sum_{i=1}^{N} x_i \right)^2}$$

Après avoir calculé a, la valeur de b peut être obtenue à l'aide de l'expression suivante:

$$b = \overline{y} - a\overline{x}$$

$$= \frac{\sum_{i=1}^{N} x_i^2 \sum_{i=1}^{N} y_i - \sum_{i=1}^{N} x_i \sum_{i=1}^{N} x_i y_i}{N \sum_{i=1}^{N} x_i^2 - \left(\sum_{i=1}^{N} x_i \right)^2}$$

où N = le nombre de données observées

$$\overline{y} = \sum_{i=1}^{N} y_i + \overline{x} = \sum_{i=1}^{N} x_i / N$$

(x_i, y_i) = chacune des données observées

Les modèles de régression linéaire sous-jacents à la méthode des moindres carrés reposent sur les hypothèses suivantes:

- il doit y avoir une relation linéaire entre x et y;
- l'espérance mathématique des écarts résiduels est nulle;
- l'écart type et la variance des écarts résiduels sont constants;
- les écarts résiduels sont indépendants les uns des autres;
- les valeurs réelles de y sont distribuées normalement autour de la droite de régression;
- avec le modèle de régression multiple, il faut qu'il y ait absence de multicolinéarité: les variables explicatives doivent être indépendantes entre elles.

L'ingénieur qui utilise la méthode des moindres carrés doit toujours vérifier si ces hypothèses s'appliquent à la situation étudiée. Cette méthode permet d'établir le degré de corrélation entre 2 ou plusieurs variables. Elle n'indique pas qu'une variable est la cause de l'autre, mais plutôt que les 2 variables fluctuent en même temps.

L'exemple 2.10 va nous permettre d'illustrer l'utilisation des 3 méthodes de séparation des coûts fixes et des coûts variables.

Exemple 2.10 *Trois méthodes de séparation des coûts fixes et des coûts variables*

Un service d'entretien d'une compagnie prépare ses prévisions budgétaires pour l'année à venir et essaie d'estimer ses coûts à partir de la relation passée entre les coûts d'entretien et le volume d'activité. On suppose que les prix de l'année à venir demeureront les mêmes que ceux de l'année qui se termine. Une analyse des coûts historiques de l'année qui se termine, coûts passés inscrits dans le système comptable, fournit les données reproduites au tableau 2.8.

Tableau 2.8 (ex. 2.10) Coûts d'entretien pour l'année qui se termine

Mois	**Volume d'activité (unités)**	**Coûts d'entretien ($)**
Janvier	3 900	3 510
Février	3 300	3 270
Mars	3 600	3 390
Avril	3 000	3 120
Mai	3 000	3 090
Juin	2 700	2 910
Juillet	2 400	2 790
Août	2 100	2 640
Septembre	3 000	3 120
Octobre	4 500	3 810
Novembre	6 000	4 590
Décembre	7 500	5 340
	45 000	41 580

On demande:

de calculer la relation qui existe entre les coûts d'entretien et le volume d'activité de cette compagnie au moyen des 3 méthodes suivantes:

1. la méthode des points extrêmes;
2. la méthode de la droite approximative;
3. la méthode des moindres carrés.

Solution

1. *Méthode des points extrêmes.* Il faut déterminer le changement dans les coûts d'entretien correspondant au volume d'activité le plus haut et au volume d'activité le plus bas. Le tableau 2.9 fournit les données pour cette méthode.

Tableau 2.9 (ex. 2.10) Méthode des points extrêmes: calcul des coûts unitaires

	Volume d'activité (unités)	**Coûts d'entretien ($)**
Plus haut volume (décembre)	7500	5340
Plus bas volume (août)	2100	2640
Différence entre les points extrêmes	5400	2700

Il faut diviser l'augmentation dans les coûts d'entretien par l'augmentation du volume d'activité pour obtenir les coûts unitaires:

$$\frac{2700\ \$}{5400\ \text{unités}} = 0{,}50\ \$/\text{unité}$$

En calculant la différence entre les coûts totaux et les coûts variables pour différents volumes d'activité, on peut déterminer les coûts fixes, ce que montre le tableau 2.10.

Tableau 2.10 (ex. 2.10) Méthode des points extrêmes: séparation des coûts fixes et des coûts variables

	Novembre	**Mai**	**Octobre**
Volume	6000	3000	4500
Coûts totaux	4590 $	3090 $	3810 $
Coûts variables (0,50 $/unité × nombre d'unités)	3000	1500	2250
Coûts fixes	1590 $	1590 $	1560 $

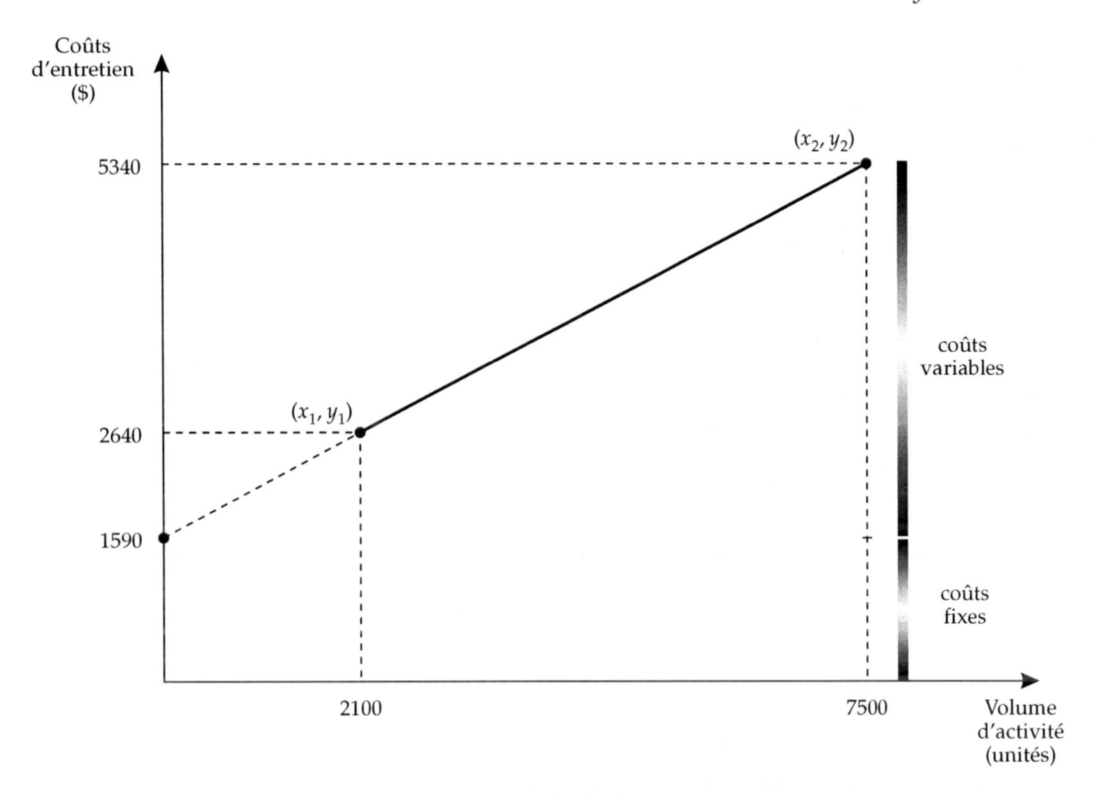

Figure 2.11 (ex. 2.10) Méthode des points extrêmes.

Les coûts fixes en octobre sont différents des autres. Il est improbable, en effet, que les coûts fixes soient exactement les mêmes à toutes les périodes. On présente à la figure 2.11 les résultats obtenus sous forme de graphique cartésien.

On porte sur ce graphique les deux points extrêmes, soit (2100 unités, 2640 $) et (7500 unités, 5340 $). On trace ensuite, jusqu'à l'axe des y, la droite qui unit ces 2 points. Appelons y_1 les coûts totaux correspondant au volume d'activité le plus bas et y_2 ceux reliés au volume d'activité le plus haut. Les valeurs de x_1 et de x_2 représentent leur volume d'activité respectif. Nous pouvons alors calculer les valeurs de a, coûts unitaires, et de b, coûts fixes, de la droite:

$$a = \frac{y_2 - y_1}{x_2 - x_1} = \frac{5340 - 2640}{7500 - 2100} = 0{,}50$$

$$b = y_2 - ax_2 = 5340 - 0{,}5\ (7500) = 1590$$

2. *Méthode de la droite approximative.* Cette méthode fait appel au graphique cartésien dans le but de distinguer visuellement les coûts fixes des coûts variables constituant les coûts totaux d'entretien. L'axe des x correspond au volume d'activité et l'axe des y, aux coûts d'entretien. On place sur ce graphique les points correspondant aux données historiques relatives à l'entretien. On trace ensuite une droite en vue de dégager une tendance de

l'ensemble des points. Le point auquel cette droite coupe l'axe vertical, là où le volume est zéro, indique les coûts fixes d'entretien; la pente de la droite représente les coûts unitaires d'entretien. La figure 2.12 présente la méthode de la droite approximative pour les données de l'exemple 2.10.

La méthode de la droite approximative est simple et elle donne une image claire des relations entre les coûts et le volume d'activité. Sa principale faiblesse réside dans le manque de précision dans le tracé de la droite de la tendance. Il n'y a pas 2 analystes qui traceront exactement la même droite. C'est pourquoi on l'appelle droite approximative: c'est la droite qui réunit approximativement le plus de points.

3. *Méthode des moindres carrés.* Établissons les valeurs de a et de b nécessaires au calcul des coûts d'entretien à partir de la méthode des moindres carrés. On a:

$$y = ax + b$$

où y = coûts totaux d'entretien
a = coûts unitaires
x = volume d'activité
ax = coûts variables
b = coûts fixes

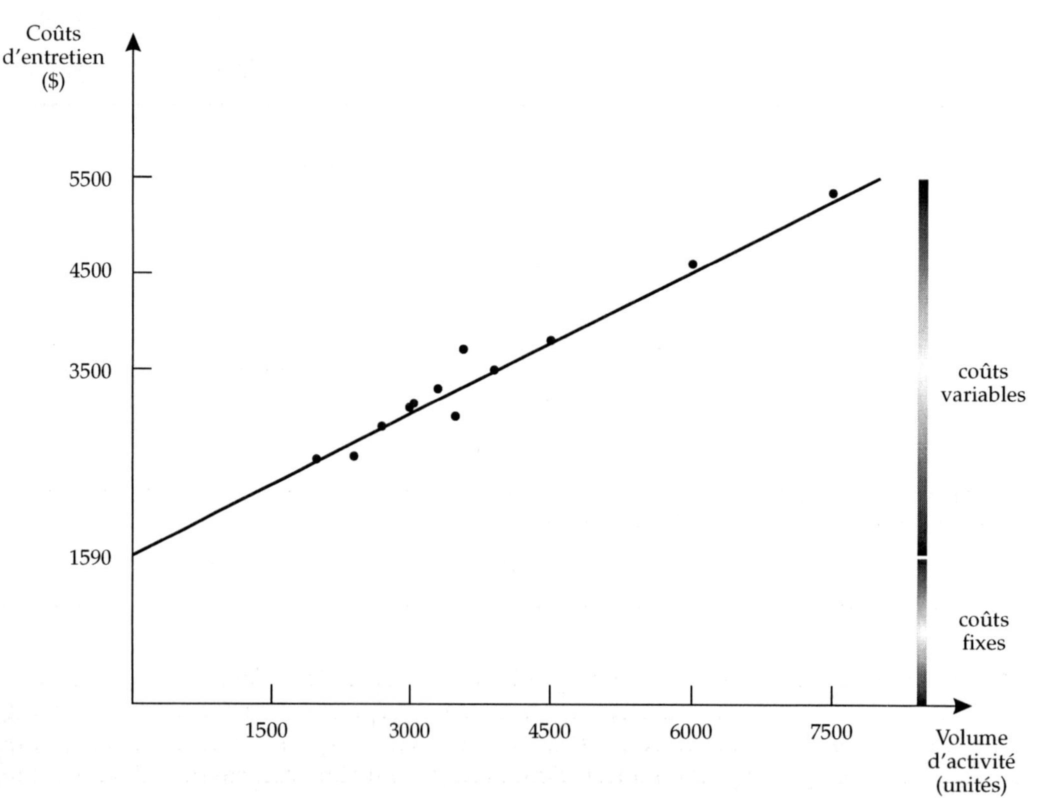

Figure 2.12 (ex. 2.10) Méthode de la droite approximative.

Le tableau 2.11 fournit les valeurs nécessaires au calcul de a et de b par la méthode des moindres carrés.

Tableau 2.11 (ex. 2.10) Méthode des moindres carrés

n	**Mois**	**Volume d'activité** x **(unités)**	**Coûts d'entretien** y **($)**	$xy \times 1000$ **($)**	$x^2 \times 1000$
1	Janvier	3 900	3 510	13 689	15 210
2	Février	3 300	3 270	10 791	10 890
3	Mars	3 600	3 390	12 204	12 960
4	Avril	3 000	3 120	9 360	9 000
5	Mai	3 000	3 090	9 270	9 000
6	Juin	2 700	2 910	7 857	7 290
7	Juillet	2 400	2 790	6 696	5 760
8	Août	2 100	2 640	5 544	4 410
9	Septembre	3 000	3 120	9 360	9 000
10	Octobre	4 500	3 810	17 145	20 250
11	Novembre	6 000	4 590	27 540	36 000
12	Décembre	7 500	5 340	40 050	56 250
	Total	45 000	41 580	169 506	196 020

Les données du tableau 2.11 permettent de calculer les valeurs de a et de b:

$$a = \frac{12\,(169\,506\,000) - (45\,000 \times 41\,580)}{12\,(196\,020\,000) - (45\,000)^2}$$

$$= 0{,}4980$$

$$b = \frac{(196\,020\,000 \times 41\,580) - (45\,000 \times 169\,506\,000)}{12\,(196\,020\,000) - (45\,000)^2}$$

$$= 1599$$

La relation entre les coûts d'entretien et le volume d'activité peut donc s'exprimer algébriquement par l'équation linéaire suivante:

$$y = 0{,}4980x + 1599$$

....

Nous nous sommes attardés dans l'exemple 2.10 aux détails des calculs des valeurs de a et de b pour rappeler au lecteur les notions d'analyse de régression qu'il a déjà vues ailleurs. Nous aurions pu éviter de tels calculs fastidieux et ne montrer que les résultats finaux puisque des calculatrices de poche programmées, dont l'usage est maintenant courant, donnent directement la valeur des coefficients a et b.

CONCLUSION

Une décision éclairée nécessite qu'un problème soit bien défini et que diverses solutions soient envisagées. Elle exige aussi que les coûts pertinents soient bien établis. Dans ce chapitre, nous avons mis l'accent sur l'identification et la mesure des coûts pertinents aux décisions à prendre, que celles-ci concernent la recherche, le génie, le marketing, la production, la finance ou toute autre fonction de l'organisation. Enfin, les concepts de coûts fixes et de coûts variables que nous avons vus vont nous permettre de saisir le concept de point mort et l'approche de l'analyse marginale qui sont l'objet du prochain chapitre.

QUESTIONS

1. Donner une définition des coûts différentiels.
2. Comparer coûts différentiels et coûts stables à l'aide d'un exemple.
3. Comment devons-nous considérer l'amortissement comptable dans une analyse de coûts?
4. Faire la comparaison entre coûts engagés et coûts d'opportunité. Donner un exemple.
5. Est-ce que tous les coûts futurs sont pertinents à une décision?
6. À quoi servent les coûts futurs? Quelle est la principale utilité des coûts passés?
7. Donner un exemple de coûts fixes et de coûts variables.
8. Commenter l'affirmation suivante: «Les frais généraux de fabrication sont tous des frais fixes.»
9. Indiquer 3 facteurs qui influencent les coûts fixes et les coûts variables.
10. Nommer 3 types de coûts semi-variables et donner un exemple de chaque cas.
11. Définir la méthode des points extrêmes.
12. Définir la méthode des moindres carrés.
13. Comment peut-on modéliser la relation entre les coûts et le volume d'activité?
14. Qu'entend-on par les éléments impondérables d'un projet?

PROBLÈMES

1. Pierre Laliberté utilise son automobile pour aller travailler dans le centre-ville de Montréal. Il habite à 20 kilomètres de son lieu d'emploi et travaille en moyenne 230 jours par année. Il estime que les coûts quotidiens d'entretien et d'opération de son automobile sont les suivants:

– essence (10 litres par 100 kilomètres)	2,40 $
– stationnement	5,00
– entretien et réparations	1,10
Total	8,50 $

Il évalue sur une base annuelle les autres coûts de possession et d'opération de son automobile. Ces coûts sont les suivants:

- coûts d'achat — 15 000 $
- coûts annuels des intérêts payés sur un emprunt de 10 000 $ effectué pour financer l'achat de l'automobile à un taux de 12 %. Ce prêt est remboursable sur une période de 5 ans — 1 200 $
- coûts d'assurances et frais d'immatriculation — 800 $
- autres coûts — 750 $

Pierre a acheté son automobile il y a 2 ans et il a l'intention de la conserver encore 3 autres années. Il prévoit qu'elle aura une valeur de revente de 20 % du prix d'achat après 5 années d'utilisation. Il parcourt en moyenne 16 000 kilomètres par année avec son véhicule.

Pierre envisage la possibilité d'utiliser les services de transport en commun, pour lesquels un abonnement mensuel coûte 50 $, afin de se rendre au travail. Un de ses collègues de travail lui a également offert de partager, en parts égales, les coûts quotidiens d'entretien et d'opération de son véhicule. Ce dernier exige toutefois que Pierre s'engage à partager ces coûts pour tous les jours de travail de l'année.

On demande:

a) d'établir l'option la plus économique qui s'offre à Pierre pour aller à son travail. Vous devez effectuer une analyse comparative annuelle;

b) d'établir deux facteurs impondérables associés à l'option «covoiturage».

2. À la fin d'une année d'exploitation, la direction de la compagnie Laplante examine diverses possibilités quant à la production et à la distribution de son unique produit, un engrais en sac. Les résultats d'exploitation de cette année sont donnés au tableau 2.12.

Tableau 2.12 (probl. 2) Données d'exploitation de la compagnie Laplante

	Usine de l'est	Usine du centre	Usine de l'ouest	Total
Revenus des ventes (5 $ l'unité)	500 000 $	600 000 $	700 000 $	1 800 000 $
Coûts variables	250 000	300 000	350 000	900 000
Coûts fixes directs	80 000	100 000	90 000	270 000
Coûts fixes indirects*	20 000	24 000	28 000	72 000
Total des coûts	350 000	424 000	468 000	1 242 000
Bénéfice avant impôt	150 000 $	176 000 $	232 000 $	558 000 $

* Les coûts fixes indirects sont occasionnés par le siège social.

Le renouvellement du bail de l'usine du centre entraînera une augmentation de 50 000 $ du loyer annuel. De plus, une augmentation de 10 % des coûts de la main-d'oeuvre directe de cette usine entrera en vigueur le 1er janvier de l'année suivante. Si on se base sur la production de cette usine pendant la première année, l'augmentation pour la deuxième année des coûts de la main-d'oeuvre directe sera de 12 000 $. L'usine du centre est utilisée pour desservir le marché américain. Si on la ferme, on pourra répondre à la demande américaine au moyen de l'une des options suivantes:

Option A: *expansion de la capacité de l'usine de l'est.* Les coûts fixes augmenteraient de 50 % et les coûts d'expédition des ventes aux entreprises américaines augmenteraient de 0,50 $ l'unité.

Option B: *entente à long terme avec un manufacturier concurrent.* Un concurrent accepterait de remplir les engagements de la compagnie Laplante relativement aux ventes aux entreprises américaines et de verser à Laplante une commission de 18 % sur la valeur brute de ces ventes.

On doit poser comme hypothèse que l'entreprise veut conserver sa part de marché actuelle.

On demande:

a) de présenter un tableau montrant les bénéfices nets avant impôt de la compagnie Laplante dans l'hypothèse où elle ferme son usine du centre, et ce selon chacune des options. On peut poser l'hypothèse selon laquelle les coûts de fermeture de cette usine équivalent exactement aux revenus de la cession des actifs de l'usine;

b) de considérer une troisième option qui consiste à continuer l'exploitation de l'usine du centre pendant l'année à venir et à augmenter le prix de vente à l'exportation aux États-Unis. Si on tient compte des coûts d'exploitation de l'usine du centre et des augmentations de coûts prévues pour l'année à venir, quel prix de vente à l'unité faudrait-il prévoir pour obtenir un bénéfice net égal à 30 % des revenus des ventes, avant impôt, et en excluant les coûts occasionnés par le siège social?

3. La compagnie Poly fabrique un composant utilisé pour la fabrication d'imprimantes dans une petite usine de Montréal. Il s'agit d'une production en série, automatisée, qui emploie une main-d'oeuvre peu spécialisée travaillant de 6 à 8 heures par jour à 5 $/h. La petite usine ne fonctionne qu'avec une seule équipe de travail par jour et sa capacité de production annuelle est de 80 000 heures, en temps régulier de main-d'oeuvre directe. Le tableau 2.13 présente l'état des résultats de la compagnie pour l'année qui se termine.

Tableau 2.13 (probl. 3) État des résultats de la compagnie Poly pour l'année qui se termine

Ventes		
(4 $ l'unité × 500 000 unités)		2 000 000 $
Coûts variables		
matières premières	400 000 $	
main-d'oeuvre directe		
(5 $/h × 100 000 h)	500 000	
primes d'heures supplémentaires		
(2,50 $/h × 20 000 h)	50 000	
autres coûts variables	224 000	1 174 000 $
Contribution marginale		826 000 $
Coûts fixes		700 000 $
Bénéfice net		126 000 $

On s'attend à une augmentation des ventes de 20 % pour l'année à venir. Une seconde équipe de travail exigerait l'embauche d'un contremaître supplémentaire au salaire de 20 000 $ par année et l'attribution d'un boni d'équipe de 0,50 $ par heure de travail effectué le soir.

On demande:

a) de déterminer si le bénéfice de la compagnie Poly aurait été plus élevé pour l'année qui se termine, si elle avait employé une seconde équipe pour effectuer 20 000 heures de travail le soir;

b) de décider si la compagnie devrait employer une seconde équipe de travail pour l'année à venir.

4. Une compagnie possède un stock de matériaux dont les coûts d'achat ont été de 7000 $. La valeur de remplacement, ou valeur marchande, de ce stock est présentement de 8000 $. Cependant, la compagnie ne pourrait revendre ce stock sur le marché actuel qu'au prix de 4500 $, et ce après avoir encouru des coûts de vente additionnels de 500 $.

   Cette compagnie a la possibilité d'accepter une commande spéciale, travail n° 1, qui rapporterait des revenus de ventes bruts de 16 000 $ et pour laquelle elle utiliserait son stock de matériaux. Les autres coûts qui devraient être engagés pour réaliser ce travail s'élèveraient à 14 200 $ dont 3800 $ de frais généraux d'administration. Ces coûts de 3800 $ représentent des coûts fixes pour la compagnie. Les autres coûts ne seraient encourus que si la commande était exécutée.

   D'autre part, la compagnie peut utiliser le même stock de matériaux pour remplir une autre commande, travail n° 2. Normalement, les matériaux requis pour cette deuxième commande coûteraient 6000 $ s'ils devaient être achetés. Ce travail n° 2 devrait rapporter un bénéfice net additionnel de 11 000 $, comme les dirigeants l'ont prévu lors de l'acceptation de la commande.

On demande:

a) d'identifier et de décrire clairement chaque option, puis d'analyser en détail les coûts et les bénéfices de chacune d'elles;

b) de recommander l'option la plus rentable.

5. Un ingénieur d'un département de production appelé «usinage» attribue à une section les 2 éléments de coûts suivants: les fournitures et la main-d'oeuvre de montage. Le tableau 2.14 présente les données sur les coûts de cette section pour l'année qui se termine.

Tableau 2.14 (probl. 5) Données sur les coûts

Mois	Nombre d'heures de marche des machines	Coûts des fournitures	Coûts de la main-d'oeuvre
Janvier	25 000	1 500 $	3 600 $
Février	26 000	1 750	4 300
Mars	28 000	1 800	4 600
Avril	21 000	1 550	3 400
Mai	20 000	1 450	2 600
Juin	18 000	1 400	2 400
Juillet	15 000	1 000	2 300
Août	20 000	1 250	2 450
Septembre	23 000	1 600	3 350
Octobre	28 000	1 650	4 400
Novembre	30 000	1 850	4 500
Décembre	22 000	1 300	3 600

On demande:

a) de déterminer à l'aide de graphiques le type de coûts dont il s'agit;

b) d'établir une formule générale pour prédire les coûts des fournitures.

6. Le directeur d'une chaîne de magasins d'alimentation reçoit la proposition suivante de la part d'un grossiste: acheter d'un seul coup 10 000 caisses de poisson congelé à 7,30 $ la caisse, ce qui représente un escompte de 14 % par rapport au prix de gros courant. La situation de cette chaîne est la suivante.

   L'an dernier, par l'intermédiaire de ses magasins, elle a vendu 12 000 caisses de ce produit acheté à un prix moyen de 8 $ la caisse. Les prévisions pour la prochaine année sont aussi de 12 000 caisses.

   Évidemment, si elle achète les 10 000 caisses aujourd'hui, elle devra les entreposer immédiatement. Or, il se trouve que l'entreprise possède un entrepôt frigorifique qui n'est présentement utilisé qu'aux trois quarts de sa capacité, laissant un espace libre plus que satisfaisant pour entreposer les 10 000 caisses de poisson congelé. L'an dernier, l'entrepôt d'une surface de 25 000 pieds carrés a occasionné des frais de 4,25 $ le pied carré. L'entreposage des 10 000 caisses nécessitera une surface de 5000 pieds carrés.

   La chaîne de magasins d'alimentation paie présentement un taux d'intérêt de 12 % sur ses emprunts bancaires lorsqu'elle a besoin de financement temporaire à court terme. On sait par ailleurs que le directeur de cette chaîne n'aura pas besoin d'emprunter pour faire cet achat. Par contre, le grossiste est dans une situation financière délicate et il a épuisé presque toutes les sources de financement auxquelles il peut avoir accès. Enfin, le grossiste doit louer l'espace d'entreposage dont il a besoin aux coûts de 5,50 $ le pied carré.

On demande:

a) de décider si l'achat des 10 000 caisses est une bonne affaire;

b) de déterminer si la compagnie prendrait la même décision dans le cas où il serait possible de louer l'espace libre à 3 $ le pied carré.

7. Le propriétaire d'un camion-tracteur acheté il y a 2 ans a préparé son budget des coûts d'exploitation pour la prochaine année à partir des données financières dont il dispose et des effets anticipés de la situation économique sur ses activités de transport. À des fins de planification et de contrôle, il a séparé ses coûts fixes et ses coûts variables. Ceux-ci varient en fonction du nombre de kilomètres qu'il prévoit parcourir au cours de la prochaine année, soit 90 000 kilomètres. Le tableau 2.15 présente ce budget.

Tableau 2.15 (probl. 7) Budget des coûts d'exploitation

Coûts fixes		
amortissement linéaire		
$\frac{\text{coût} - \text{valeur de revente}}{\text{durée}} = \frac{38\ 000 - 5000\ \$}{6\ \text{ans}}$		5 500 $
emprunt pour l'achat du camion-tracteur		
versement comptant	7 600 $	
intérêts de 9 % sur le solde de l'emprunt		
(9 % de 38 000 – 7600)		2 736 $
licences		520 $
permis		185 $
taxes		380 $
assurances:		
feu, vol, accidents		1 500 $
responsabilité civile		1 550 $
Total des coûts fixes		12 371 $
Coûts variables		
essence		
(4,5 kilomètres au litre; prix moyen estimé pour un litre: 0,53 $; 90 000/4,5 × 0,53 $)		10 600 $
entretien		
(changement d'huile tous les 10 000 kilomètres; 44 litres par changement; ajout de 4 litres d'huile tous les 1000 kilomètres; prix moyen estimé pour un litre: 0,63 $; [(44 × 9) + (4 × 90)] 0,63 $)	476 $	
filtres	64 $	
lubrifications	70 $	610 $
réparations		
châssis, embrayage, etc.	4 980 $	
accidents	325 $	5 305 $
pneus		
réparations	214 $	
achat de 8 pneus à 165 $	1 320 $	
achat de 8 chambres à air à 15 $	120 $	1 654 $
lavage et nettoyage		324 $
service sur route		120 $
Total des coûts variables		18 614 $

On demande:

a) d'établir le budget des coûts d'exploitation si le véhicule devait parcourir 100 000 kilomètres;

b) de déterminer les coûts d'un voyage spécial, en fin de semaine, de Montréal à Trois-Rivières, d'une distance de 350 kilomètres;

c) de vérifier que tous les coûts ont été prévus au budget et de mentionner les coûts oubliés, le cas échéant;

d) de déterminer les conséquences sur les coûts, de l'achat d'un deuxième véhicule au coût de 45 000 $ avec une valeur de revente estimée à 9000 $ après 6 ans d'utilisation. Ce deuxième véhicule serait opéré à temps partiel par le fils du propriétaire qui est étudiant. Le kilométrage total annuel prévu pour les 2 véhicules serait le même que pour le premier véhicule. Le taux d'un éventuel emprunt serait de 14 %;

e) de comparer une option de location avec l'option de demeurer propriétaire du véhicule. La valeur marchande du véhicule actuel est de 25 000 $. Le loyer mensuel pour un contrat de location de 36 mois serait de 850 $. Le locataire devrait payer tous les coûts d'exploitation à l'exclusion des coûts de lubrification.

8. Le gérant général d'une usine vous demande de lui faire une recommandation quant à la décision suivante qu'il doit prendre: doit-on continuer à fabriquer la pièce A qui constitue une partie de la matière première utilisée dans la fabrication des produits de l'usine ou est-il mieux de l'acheter, déjà usinée, d'un fournisseur? Le tableau 2.16 présente les données recueillies après analyse de la requête du gérant.

On demande:

a) de recommander au gérant l'une des options, l'achat ou la fabrication de la pièce A, et d'appuyer cette recommandation par une analyse des coûts;

b) de souligner 4 facteurs autres que les coûts qui pourraient exercer une influence sur la décision finale.

Tableau 2.16 (probl. 8) Données relatives à la décision à prendre

La compagnie utilise annuellement 9000 pièces A.	
La soumission la plus basse obtenue d'un fournisseur est de 9 $ l'unité.	
Jusqu'à ce jour, la compagnie fabriquait la pièce A dans le département de machinage de précision. Si les pièces A étaient achetées à l'extérieur, la machinerie servant exclusivement à fabriquer cette pièce serait vendue 50 000 $. Cette machinerie peut encore être utilisée pendant 10 ans. Elle n'aura plus aucune valeur après cette période.	
Les coûts du département de machinage de précision qui s'appliquent directement à la fabrication des pièces A sont les suivants:	
matière première	40 000 $
main-d'œuvre directe (incluant les avantages sociaux)	60 000 $
main-d'œuvre indirecte (incluant les avantages sociaux)	30 000 $
électricité	2 500 $
autres coûts directs	1 500 $
La vente de la machinerie utilisée pour fabriquer les pièces A réduirait ainsi les coûts indirects:	
amortissement	5 000 $
taxes et assurances	4 000 $
Les coûts additionnels qui seraient encourus si les pièces A étaient achetées à l'extérieur sont:	
frais de livraison	1 $ l'unité
main-d'œuvre indirecte (livraison, inspection, etc.)	17 000 $
Le coût d'intérêt sur le capital moyen investi par l'entreprise est de 12 %.	

Chapitre 3

Point mort et analyse marginale

INTRODUCTION

Nous avons vu dans le chapitre 2 comment identifier les coûts pertinents aux décisions à prendre, comment les mesurer et comment séparer les coûts fixes des coûts variables. Cette analyse des coûts est nécessaire tant pour des activités de planification stratégique que pour des activités de contrôle des opérations.

Dans ce chapitre, nous allons voir les techniques du point mort et de l'analyse marginale. Ces techniques d'analyse économique permettent de dégager les relations entre les coûts, les bénéfices et le volume d'activité.

3.1 UTILITÉ DES TECHNIQUES DU POINT MORT ET DE L'ANALYSE MARGINALE

La technique du point mort est surtout utilisée pour étudier les risques inhérents à un projet. La technique de l'analyse marginale, quant à elle, sert surtout à l'étude des bénéfices d'un projet. Elle permet en outre d'identifier la contribution des revenus à l'absorption des coûts variables d'un projet.

Voici, à titre d'exemple, des situations où ces deux techniques d'analyse économique s'avèrent utiles. Une entreprise veut:

a) préparer et comparer les budgets pour différents volumes d'activité;

b) décider si elle doit:
   - abandonner ou non un secteur d'activité,
   - ajouter ou non un secteur d'activité,
   - accepter ou non une commande spéciale,
   - acheter ou fabriquer un produit,
   - acheter ou louer de l'équipement;

c) analyser des projets d'investissement tels que:
   - faire une expansion,
   - remplacer de l'équipement,
   - automatiser la production,
   - appliquer une nouvelle réglementation sur la protection de l'environnement,
   - augmenter la sécurité dans les ateliers;

d) déterminer le prix de vente d'un produit.

3.2 PRÉSENTATION DES DEUX TECHNIQUES

3.2.1 Point mort

Le point mort, également appelé seuil de rentabilité, est un des outils de gestion à court terme les plus utilisés dans la pratique. La technique du point mort est simple à comprendre et donne rapidement des renseignements essentiels à partir de données peu nombreuses.

Définition comptable du point mort. Le point mort est le volume d'activité requis pour que les revenus d'une entreprise soient égaux au total de ses coûts fixes et de ses coûts variables. Au point mort, on a:

$$\text{revenus} = \text{coûts fixes} + \text{coûts variables} + \text{bénéfice nul}$$

$$\underset{\text{unitaire}}{\text{prix de vente}} \times \underset{\text{vendues}}{\text{nombre d'unités}} = \text{coûts fixes} + \left(\underset{\text{unitaires}}{\text{coûts variables}} \times \underset{\text{vendues}}{\text{nombre d'unités}}\right) + 0 \qquad (3.1)$$

Comme on veut connaître un volume d'activité, c'est le nombre d'unités vendues qui nous intéresse. On obtient cette valeur à partir de l'équation 3.1. Au point mort, on a:

$$\text{nombre d'unités vendues} = \frac{\text{coûts fixes}}{\text{prix de vente unitaire} - \text{coûts variables unitaires}} \qquad (3.2)$$

Le volume d'activité correspondant au point mort est également appelé le chiffre d'affaires critique.

Représentation graphique du point mort. La figure 3.1 présente le graphique du point mort. Sur ce graphique, l'axe des x représente le volume d'activité et l'axe des y, des montants d'argent. On y porte la droite des coûts totaux et la droite des revenus totaux.

Le point mort, par définition, correspond à l'intersection de ces deux droites, c'est-à-dire au point où les coûts totaux sont égaux aux revenus totaux et où on enregistre un volume d'activité x_2. En deçà du point mort, c'est une zone de perte puisque les coûts totaux y sont supérieurs aux revenus totaux; c'est le cas, par exemple, au volume d'activité x_1. Au-delà du point mort, au contraire, il y a bénéfice puisque les revenus totaux dans cette zone sont supérieurs aux coûts totaux; c'est le cas au volume d'activité x_3.

Le graphique du point mort porte également le nom de graphique coûts-volume-bénéfices puisqu'il met en relation ces 3 paramètres. Étant donné qu'on suppose que les revenus et les coûts variables croissent de façon constante, c'est-à-dire qu'ils sont directement proportionnels au volume d'activité, on dira qu'il s'agit d'un modèle linéaire du point mort.

Limites du modèle linéaire du point mort. Pour utiliser la technique du point mort à bon escient, il faut en connaître les limites. En effet, cette technique repose sur les hypothèses suivantes:

a) La technique n'est valable qu'à l'intérieur d'un volume d'activité maximal donné.

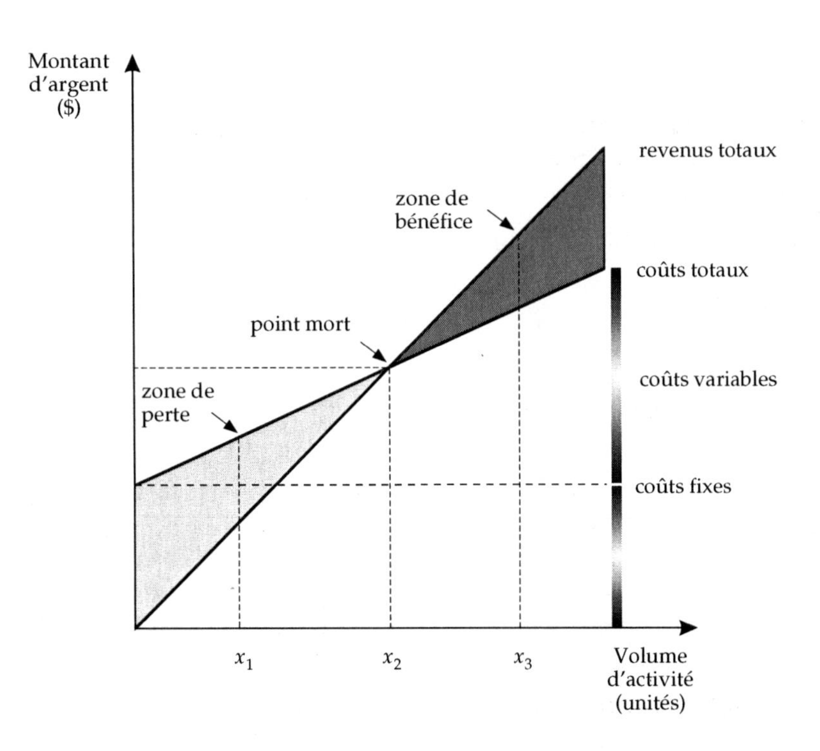

Figure 3.1 Graphique du point mort.

b) La technique n'est valable que pour des prévisions à court terme des relations entre les coûts, le volume d'activité et les revenus.
c) Le prix de vente unitaire doit demeurer constant pour toute la période analysée.
d) Le coût unitaire doit également demeurer constant. Ceci implique que les coûts de la main-d'oeuvre directe et des matières premières doivent demeurer constants pour toute la période analysée.
e) Lorsque plusieurs produits sont en cause, la combinaison des produits doit demeurer constante pour toute la période analysée.
f) Il n'y a aucune variation dans le volume des stocks du début et de la fin de la période qui fait l'objet de l'analyse; en d'autres termes, toutes les unités produites sont vendues.
g) On néglige l'effet de l'impôt puisque les coûts en impôt dépendent du profit et non du volume d'activité.
h) On néglige également les coûts et les revenus qui ne constituent pas l'activité principale de l'entreprise. Ainsi, on ne tient pas compte de revenus tels que les intérêts de placement, les dividendes reçus, les bénéfices réalisés sur la vente de placements ni des dépenses correspondantes.

Exemple 3.1 *Point mort*

Une entreprise, qui ne vend qu'un seul produit, prépare son budget pour la prochaine année à partir d'un prix de vente unitaire de 60 $ et de ventes estimées à 27 500 unités. On évalue le coût unitaire du produit à 33,50 $. Quant aux coûts fixes prévus, ils sont de 583 000 $. Le tableau 3.1 montre le détail de ces données budgétées. La directrice de l'entreprise veut connaître le point mort.

Tableau 3.1 (ex. 3.1) Données budgétées

Coût unitaire	
matières premières	9,75 $
main-d'oeuvre directe	14,50
frais généraux de fabrication	6,25
commission des vendeurs (5 % du prix de vente)	3,00
Total	33,50 $
Coûts fixes	
loyers	100 000 $
salaires	250 000
amortissement de l'équipement	75 000
publicité	130 000
autres	28 000
Total	583 000 $

À partir de l'équation 3.2, on a:

$$\text{nombre d'unités vendues} = \frac{\text{coûts fixes}}{\text{prix de vente unitaire} - \text{coût unitaire}}$$

$$= \frac{583\,000}{60 - 33{,}5}$$

$$= 22\,000 \text{ unités}$$

Modèle curviligne du point mort. Jusqu'ici, nous avons utilisé un modèle linéaire pour le point mort puisque nous avons supposé que les fonctions de coûts et de revenus étaient linéaires. Cependant, il arrive souvent que le coût unitaire et le prix de vente unitaire varient au cours de la période analysée. En effet, les coûts des matières premières et de la main-d'oeuvre peuvent changer au cours d'une période. Ils peuvent même varier selon le volume d'activité. Dans ces cas, le modèle curviligne du point mort (fig. 3.2) reflète mieux la réalité que le modèle linéaire (fig. 3.1).

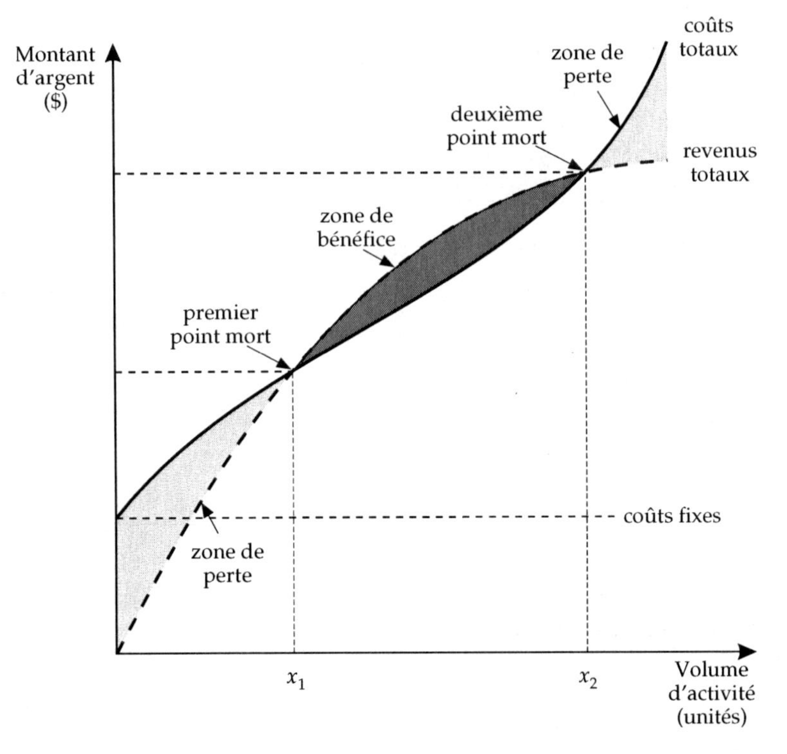

Figure 3.2 Graphique du point mort suivant un modèle curviligne.

La figure 3.2 présente 2 points morts entre lesquels l'entreprise réalise des bénéfices. En deçà du premier et au-delà du deuxième, l'entreprise subit des pertes. Même si le modèle curviligne du point mort est plus fidèle à la réalité, il est rarement utilisé en pratique à cause d'un manque de données sur les volumes d'activité, sur les coûts de production et sur les revenus des ventes. En outre, déterminer les fonctions de coûts et de revenus du deuxième et du troisième degré exige des calculs mathématiques plus complexes que dans le cas de fonctions linéaires. Il est généralement suffisant de faire une approximation de ces fonctions par des droites.

Point mort et point d'équivalence. Le concept de point d'équivalence est une extension du concept de point mort. Le point d'équivalence permet de comparer des projets entre eux. Pour faire une analyse économique comparative de 2 projets, l'ingénieur s'intéresse à un seul facteur, commun aux 2 projets, fixe tous les autres et étudie la variation de ce facteur particulier en fonction des revenus ou des coûts. Ainsi, l'axe des x correspond au facteur étudié et l'axe des y, à des montants d'argent, tandis qu'une droite représente le projet A et l'autre droite, le projet B. L'intersection de ces droites donne le point d'équivalence des 2 projets. C'est le point où, pour le facteur considéré, les 2 projets sont équivalents.

Grâce à la technique du point d'équivalence, on peut étudier plusieurs facteurs qui influencent la rentabilité d'un projet dans une variété de situations. Par exemple:

- établir le taux de rendement qui rend 2 projets équivalents;
- déterminer les ventes annuelles et les volumes de production nécessaires pour que 2 options d'achat d'équipement, de capacité différente, soient équivalentes;
- déterminer la durée de vie requise afin que les coûts totaux de 2 projets soient équivalents.

Exemple 3.2 *Points d'équivalence entre deux projets*

La station d'épuration des eaux de la CUM fait appel aux services d'un ingénieur pour la conseiller dans le choix d'un moteur. Il s'agit du moteur d'une pompe qui retire les eaux usées d'un tunnel et les rejette dans un bassin de décantation. Le nombre d'heures durant lequel la pompe fonctionne dépend de l'abondance des pluies. La durée de vie de la pompe est estimée à 6 ans. L'ingénieur doit faire l'analyse économique des 2 projets suivants et en recommander un.

Projet A. Il s'agit d'acheter un moteur électrique et de construire une ligne d'électricité au coût total de 27 000 $. À la fin de la vie utile du moteur, qui est de 6 ans, on prévoit le revendre 3000 $. On estime les coûts d'électricité à 10 $ l'heure et les coûts d'entretien à 1500 $ par année. Le fonctionnement du moteur électrique n'exige aucune main-d'oeuvre.

Projet B. Le projet B consiste à acheter un moteur à essence de 10 000 $ ayant une durée de vie de 4 ans. Le moteur vaudra 2000 $ après ces 4 ans d'utilisation. On estime les coûts de l'essence et de l'huile nécessaires au fonctionnement du moteur à 5,50 $ l'heure et les coûts d'entretien à 2,50 $ l'heure. Le taux horaire de salaire de l'opérateur sera de 12 $. On pourra remplacer ce moteur au même prix à la fin de sa vie utile.

Solution

L'ingénieur décide de considérer le facteur heures de fonctionnement et d'établir le point d'équivalence des projets A et B pour ce facteur.

Il ignore les effets de l'inflation de même que les coûts d'intérêt sur le capital investi. Au départ, il fait l'analyse des coûts. Pour ce faire, il identifie les coûts pertinents et sépare les coûts fixes des coûts variables pour chacun des projets.

Le tableau 3.2 présente son analyse de coûts.

Tableau 3.2 (ex. 3.2) Analyse de coûts

	Projet A	Projet B
Coûts fixes annuels		
amortissement constant		
(27 000 – 3000) ÷ 6; (10 000 – 2000) ÷ 4	4000 $	2000 $
entretien	1500	–
Total	5500	2000
Coûts variables		
électricité (10 $/h × xh)	$10x$	–
salaire horaire (12 $/h × xh)	–	$12{,}0x$
entretien (2,50 $/h × xh)	–	$2{,}5x$
essence et huile (5,50 $/h × xh)	–	$5{,}5x$
Total	$10x$	$20{,}0x$
Coûts totaux	$10x + 5500$	$20x + 2000$

Les coûts totaux annuels de chacun des projets dépendent d'une variable commune, x, soit le nombre d'heures de fonctionnement annuel des moteurs. Il s'agit de trouver la valeur de x qui rend les projets équivalents en termes de coûts, c'est-à-dire leur point d'équivalence. L'égalité des coûts totaux annuels est donnée par l'équation suivante:

$$10x + 5500 = 20x + 2000$$

d'où

$$x = 350 \text{ h}$$

Ainsi, si les moteurs fonctionnent 350 h/an, les projets A et B sont équivalents. La figure 3.3 présente le graphique du point d'équivalence de ce cas. On place sur l'axe des x les heures de fonctionnement des moteurs et, sur l'axe des y, les coûts.

Lorsque le nombre d'heures annuel de marche du moteur est inférieur à 350 heures, le moteur à essence est moins coûteux et lorsque le nombre d'heures excède 350 heures, le moteur électrique devient moins coûteux. Le choix du type de moteur variera donc selon que le nombre prévu d'heures de fonctionnement est inférieur ou supérieur à 350.

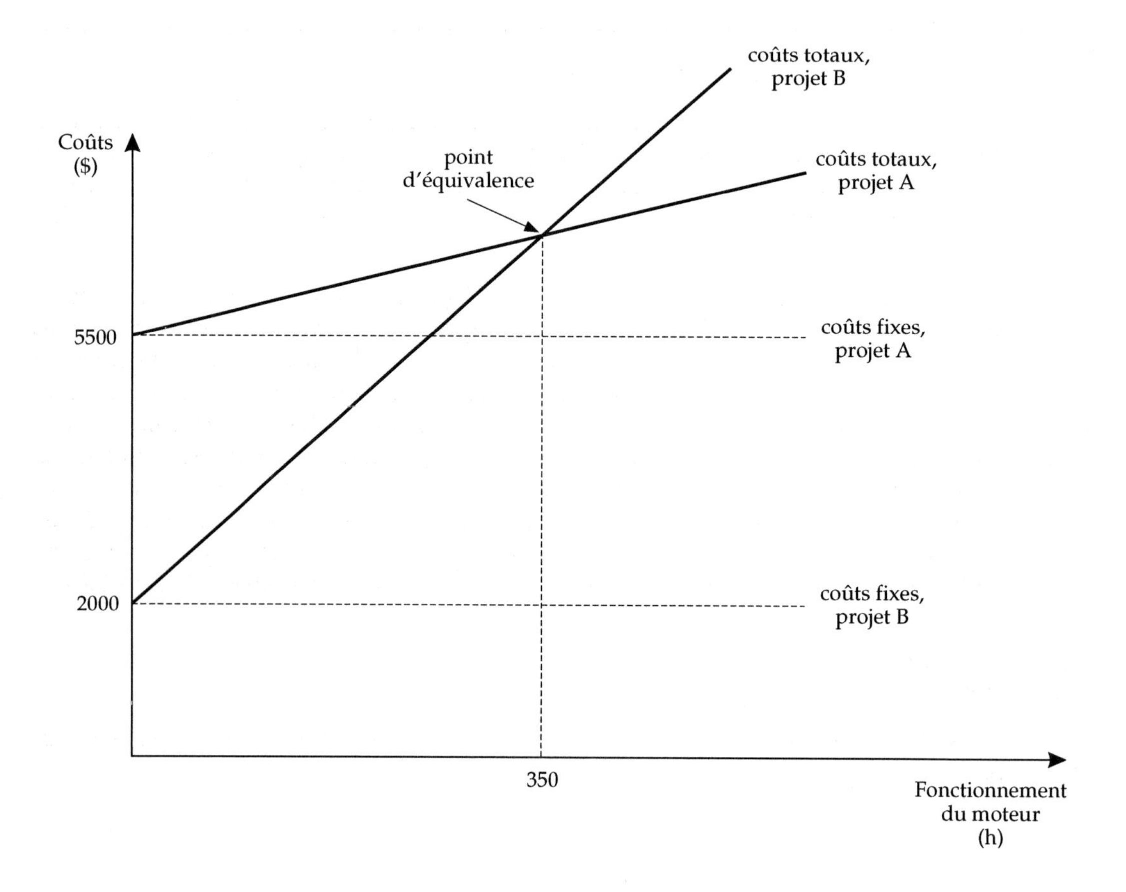

Figure 3.3 (ex. 3.2) Point d'équivalence des projets A et B.

Point d'équivalence et incertitude. Lorsqu'on doit évaluer des projets qui supposent la construction d'installations ou l'acquisition d'équipements dont la capacité de production ne peut être modifiée avant plusieurs années, la technique du point d'équivalence devient un outil précieux. Par exemple, doit-on construire toutes les installations en une seule phase ou en plusieurs? Comment choisir entre 2 types d'équipement de capacité différente? La technique du point d'équivalence aide à prendre de telles décisions. En effet, ce type de projet comporte des incertitudes quant à la demande future d'un produit ou d'un service ou encore quant aux changements technologiques susceptibles d'affecter l'équipement qu'on considère acheter. Comment peut-on faire un choix rationnel entre 2 projets comportant de telles incertitudes? Simplement en déterminant le point d'équivalence entre 2 projets. Il s'agit d'établir la période de temps requise pour que les 2 projets soient équivalents du point de vue économique.

Exemple 3.3 *Point d'équivalence et incertitude*

Un projet nous oblige à faire un choix entre 2 types de machines ayant des capacités de production et des coûts différents. La machine proposée dans l'option A coûte 100 000 $ à l'achat et a une capacité de production annuelle de x unités. Ses coûts annuels d'entretien et d'exploitation sont fixes et sont estimés à 8500 $ par année. La durée de vie de cette machine est de 25 ans.

La machine proposée dans l'option B coûte 60 000 $ à l'achat et a une capacité de production équivalente à la moitié de celle de la machine de l'option A. Cette machine comblerait les besoins de production des 10 premières années. Par la suite, il faudrait acheter une deuxième machine identique de même capacité afin de répondre à l'augmentation de la demande prévue pour les 15 années suivant l'achat. Les coûts annuels d'entretien et d'exploitation des machines de l'option B sont fixes et sont estimés à 5000 $ par année pour chacune d'elles. La durée de vie des machines de l'option B est également de 25 ans. Les valeurs de revente des machines d'une option comme de l'autre sont négligeables. On ne les considère donc pas. Par ailleurs, les revenus provenant de la vente des produits fabriqués par les 2 types de machine seront identiques; ce sont donc des bénéfices stables qui ne sont pas pertinents à la décision à prendre.

On demande:

de déterminer la période de temps requise pour que les options A et B soient équivalentes en ce qui concerne les coûts totaux annuels.

Solution

Posons l'hypothèse selon laquelle le cycle de vie des produits fabriqués avec ces machines se situe entre 15 et 25 ans. Ainsi, la durée de vie des machines de chaque option coïncide avec la durée de vie des produits fabriqués; il n'y aura donc pas lieu de remplacer les machines. Calculons les coûts totaux annuels des options A et B pour les périodes suivantes: 5 ans, 10 ans, 15 ans, 20 ans et 25 ans. Le tableau 3.3 présente ces coûts.

Nous retrouvons à la figure 3.4 l'effet du choix de la période d'étude sur les coûts totaux annuels des options étudiées ainsi que le point d'équivalence de ces options.

Les calculs démontrent que la durée d'étude a une influence déterminante sur le choix de l'option. En effet, l'option B coûte moins cher que l'option A lorsque la période d'étude est inférieure à 20 ans. Les coûts totaux annuels des 2 options deviennent équivalents pour une période d'étude de 20 ans. Enfin, l'option A s'avère moins coûteuse que l'option B pour une période d'étude de 25 ans. Le choix de l'option dépendra donc de la durée de vie des produits fabriqués avec ces machines. Si on estime celle-ci à moins de 20 ans, on choisira l'option B; si on l'estime à plus de 20 ans, l'option A sera meilleure.

Tableau 3.3 (ex. 3.3) Coûts totaux annuels pour les options A et B, pour différentes périodes

	Option A		Option B
Période de 5 ans			
amortissement de l'investissement (100 000 ÷ 5)	20 000 $	(60 000 ÷ 5)	12 000 $
entretien et exploitation	8 500		5 000
Total	28 500 $		17 000 $
Période de 10 ans			
amortissement de l'investissement (100 000 ÷ 10)	10 000 $	(60 000 ÷ 10)	6 000 $
entretien et exploitation	8 500		5 000
Total	18 500 $		11 000 $
Période de 15 ans			
amortissement de l'investissement (100 000 ÷ 15)	6 667 $	(2 × 60 000 ÷ 15)	8 000 $
entretien et exploitation	8 500	– machine 1	5 000
		– machine 2 (25 000 ÷ 15)	1 667
Total	15 167 $		14 667 $
Période de 20 ans			
amortissement de l'investissement (100 000 ÷ 20)	5 000 $	(2 × 60 000 ÷ 20)	6 000 $
entretien et exploitation	8 500	– machine 1	5 000
		– machine 2 (50 000 ÷ 20)	2 500
Total	13 500 $		13 500 $
Période de 25 ans			
amortissement de l'investissement (100 000 ÷ 25)	4 000 $	(120 000 ÷ 25)	4 800 $
entretien et exploitation	8 500	– machine 1	5 000
		– machine 2 (75 000 ÷ 25)	3 000
Total	12 500 $		12 800 $

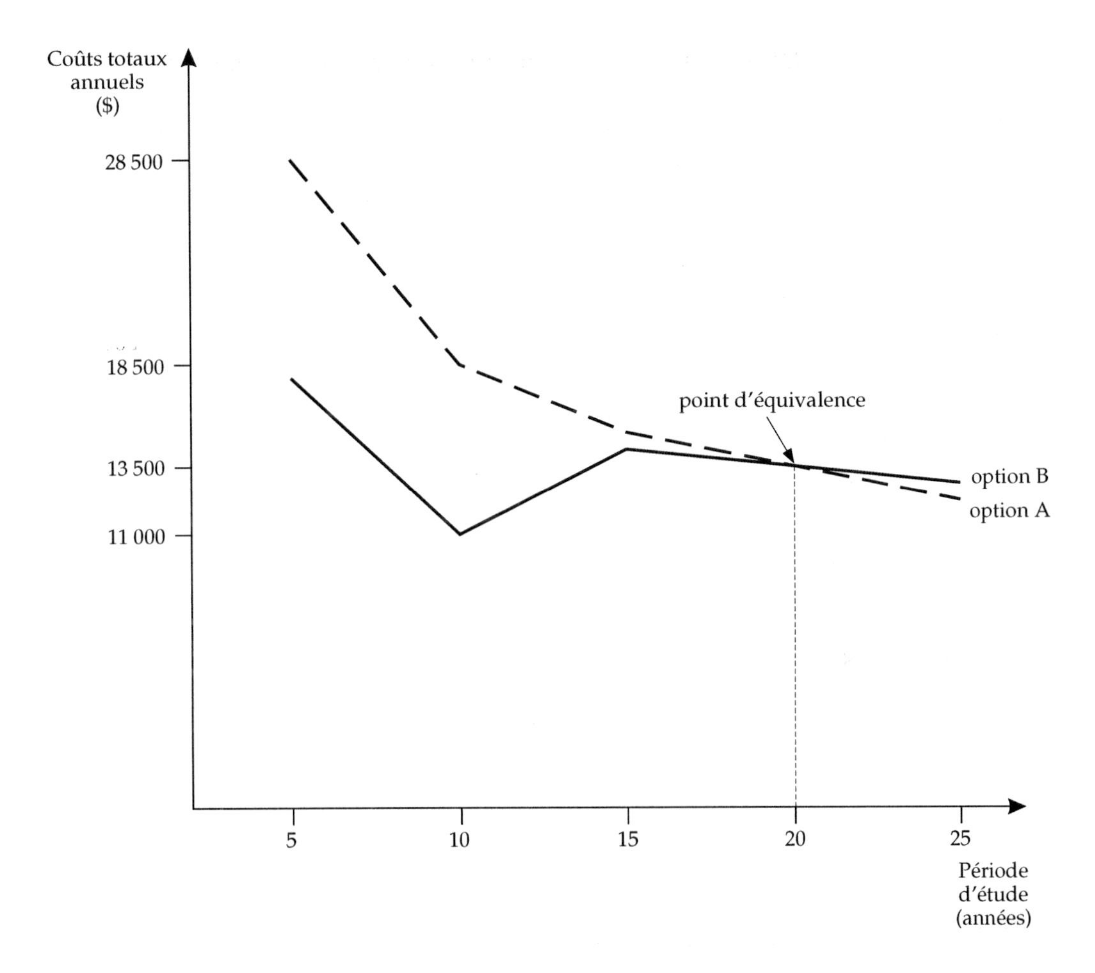

Figure 3.4 (ex. 3.3) Point d'équivalence des options A et B.

3.2.2 Analyse marginale

Ainsi, on peut analyser les coûts et les revenus en fonction du volume d'activité par la technique du point mort. On peut aussi les analyser à l'aide d'une technique plus complète et plus flexible qu'on appelle l'analyse marginale.

Définitions. Voyons, au départ, quelques définitions à connaître pour bien utiliser cette technique d'analyse.

Contribution marginale. Différence entre les revenus totaux des ventes et les coûts variables totaux.

Contribution marginale unitaire. Contribution marginale calculée sur une base unitaire.

Pourcentage de contribution marginale. Rapport, multiplié par 100, entre la contribution marginale et les revenus totaux. Il indique immédiatement la contribution marginale en cents, par dollar de revenu des ventes. Par exemple, un pourcentage de marge brute de 45 % indique que, pour chaque dollar de revenu des ventes, la contribution marginale est de 45 cents.

Marge de sécurité. Différence entre les revenus totaux prévus et les revenus au point mort.

Pourcentage de sécurité. Rapport, multiplié par 100, entre la marge de sécurité et les revenus totaux prévus.

Graphique bénéfice net-volume. L'analyse marginale est l'analyse de la contribution marginale et de la marge de sécurité. On l'utilise pour faire ressortir les effets de la variation du volume d'activité sur le bénéfice net (fig. 3.5).

L'axe des y représente le bénéfice net positif ou négatif; dans ce dernier cas, on parle plutôt de perte nette. De son côté, l'axe des x représente le volume d'activité, soit le volume de ventes ou de production. La droite qui représente la contribution marginale part de l'axe des y en un point négatif correspondant aux coûts fixes pour venir couper l'axe des x au point mort. Au-delà de ce volume d'activité, une entreprise réalise des bénéfices nets.

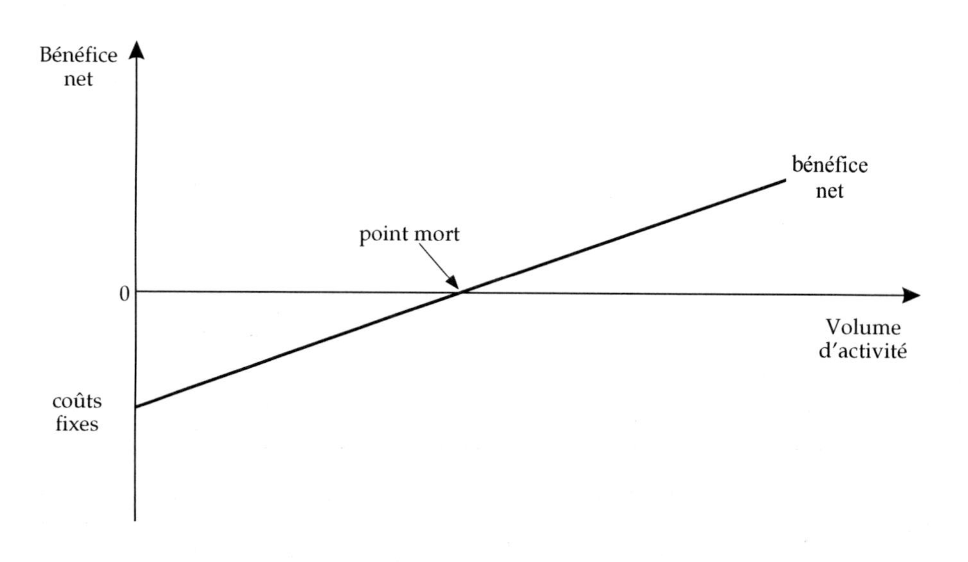

Figure 3.5 Graphique bénéfice net-volume.

3.3 ÉTUDES DE CAS

3.3.1 Une entreprise d'embouteillage

Jeannine Larose possède sur sa ferme une source d'eau minérale qui aurait des propriétés curatives. Elle envisage sérieusement la possibilité d'embouteiller et de vendre l'eau de sa source, d'autant plus que les revenus des récoltes ont été très décevants au cours des dernières années.

Jeannine Larose démarre une petite entreprise d'embouteillage. Elle s'enquiert au magasin général du prix des cruches et découvre qu'elles lui coûteront 0,50 $ chacune. Elle fait part de son projet à une voisine, Marie Dupré, une artiste amateur, qui lui offre de remplir les cruches à la source et de peindre des étiquettes au prix de 0,50 $ l'unité. Mme Larose va ensuite trouver Oscar Lesage, le restaurateur. Il lui assure qu'il peut vendre ses cruches d'eau minérale 3,30 $ la cruche et qu'il est prêt à les acheter 2 $ chacune; de plus, il en prendra livraison lui-même à la ferme. L'affaire s'annonce bien et Jeannine Larose décide de fonder une petite entreprise d'embouteillage.

Peu de temps après, elle est à la tête d'une PME. Marie embouteille et peint les étiquettes et Oscar vend environ 40 cruches par jour. Jeannine reçoit 2 $ la cruche, soit 80 $ par jour. Elle paie 0,50 $ la cruche à Marie, soit 20 $ par jour. Ses cruches lui coûtent 0,50 $ chacune, soit encore 20 $ par jour. Elle réalise donc un bénéfice de un dollar par cruche, soit 40 $ par jour. Il s'agit d'un bénéfice net avant impôt sur le revenu. Mme Larose a vendu en moyenne 40 cruches par jour et son entreprise a fonctionné 350 jours au cours de la première année d'activité. Le tableau 3.4 présente l'état des résultats de l'entreprise de Jeannine pour cette première année.

Tableau 3.4 (étude de cas 3.3.1) État des résultats pour la première année

Revenus des ventes		28 000 $
Coûts variables		
achat de cruches	7 000 $	
main-d'oeuvre	7 000	14 000
Contribution marginale		14 000 $
Coûts fixes		nil
Bénéfice net avant impôt		14 000 $

Jeannine Larose découvre les coûts fixes. Dès le début de sa deuxième année d'activité, Jeannine se rend compte qu'il n'est pas aussi facile qu'elle croyait d'exploiter son entreprise. En effet, un matin, le représentant local du ministère de la Santé lui ordonne de cesser d'embouteiller et de vendre son eau minérale parce que ses cruches ne sont pas stérilisées. Jeannine trouve à louer au prix de 20 $ par jour une laveuse à vapeur alimentée par un geyser qui se trouve à proximité de sa source. Le ministère de la Santé accepte ce procédé après une inspection et donne la permission à Jeannine de reprendre ses opérations.

L'entreprise de Mme Larose devient plus complexe. Elle peut maintenant calculer ses bénéfices de 2 façons. Si elle continue à vendre 40 cruches par jour, le coût additionnel par cruche par jour sera de 20 $ ÷ 40 = 0,50 $ par cruche. Donc, son bénéfice se trouve réduit de 0,50 $ par cruche, soit de 20 $ par jour. Il s'agit du calcul du bénéfice selon la méthode comptable traditionnelle. Cependant, Jeannine envisage la situation d'une façon différente, c'est-à-dire suivant la technique de l'analyse marginale. Sa contribution marginale unitaire reste toujours à un dollar, la différence, par cruche, entre son revenu de vente de 2 $ et ses coûts variables de un dollar. Les 20 premières cruches vendues servent à payer le loyer de sa laveuse à vapeur et Jeannine réalise un profit de un dollar sur chaque cruche vendue après ces 20 premières.

En d'autres mots, le point mort est de 20 cruches par jour. Si elle en vend moins, elle ne couvre pas les coûts fixes de location de sa laveuse et perd de l'argent. Si elle en vend plus, elle réalise un bénéfice net de un dollar par cruche. En calculant de cette façon, Jeannine peut facilement déterminer ses bénéfices et ses pertes pour tous les volumes d'activité envisagés.

Supposons qu'au cours de sa deuxième année d'activité, l'entreprise réalise le même volume de ventes que pendant la première année. Le tableau 3.5 présente l'état des résultats pour cette deuxième année.

Tableau 3.5 (étude de cas 3.3.1) État des résultats pour la deuxième année

Revenus des ventes		28 000 $
Coûts variables		
achat de contenants	7 000 $	
main-d'oeuvre	7 000	14 000
Contribution marginale		14 000 $
Coûts fixes		
location d'une laveuse à vapeur		7 000
Bénéfice net avant impôt		7 000 $

Mme Larose veut augmenter son chiffre d'affaires. Jeannine n'est pas satisfaite de son bénéfice de 20 $ par jour. Elle tente de convaincre Oscar d'augmenter ses ventes. Il lui revient avec une proposition. Si Jeannine peut lui fournir des bouteilles de 200 mL, format commode pour son réfrigérateur, il pourra en vendre 1000 par jour à 0,20 $ la bouteille. Il est prêt à les acheter à Jeannine à 0,12 $. De son côté, Jeannine peut se procurer les bouteilles au prix unitaire de 0,06 $ et la soeur de Marie, Lucie, s'est offerte pour laver et remplir ces bouteilles pour 0,02 $ chacune. Il n'y aura pas d'étiquettes pour ces bouteilles de 200 mL, mais Marie s'engage à fournir chaque jour une nouvelle enseigne peinte à la main, qu'elle vendra 4 $ à Mme Larose et qui sera placée au-dessus du réfrigérateur d'Oscar. Mme Larose s'assoit et analyse les coûts, les bénéfices et le volume d'activité. Le tableau 3.6 présente les données du problème, par bouteille.

Tableau 3.6 (étude de cas 3.3.1) Données pour la distribution et la vente d'eau, par bouteille

Revenu unitaire des ventes		0,12 $
Coûts variables unitaires		
achat de la bouteille	0,06	
main-d'oeuvre	0,02	0,08
Contribution marginale unitaire		0,04 $
Coûts fixes additionnels		4,00 $/jour

D'après ces données, Jeannine devra vendre 100 bouteilles par jour pour couvrir les coûts fixes additionnels. L'affaire est intéressante et Mme Larose décide de réaliser ce projet. Les coûts fixes s'établissent maintenant à 24 $ par jour, soit 20 $ pour la laveuse à vapeur et 4 $ pour l'enseigne. Pour simplifier l'analyse, les coûts fixes ont été calculés sur une base quotidienne en supposant que les termes des contrats de location de laveuse et de fourniture de l'enseigne le permettent.

La contribution marginale unitaire est donc de un dollar pour les cruches et de 0,04 $ pour les bouteilles. Le point mort de l'entreprise de Jeannine est maintenant de 20 cruches et de 100 bouteilles par jour, ou toute autre combinaison lui assurant une contribution marginale de 24 $ par jour.

La technique d'analyse marginale que Jeannine utilise pour calculer son bénéfice comporte un avantage. En considérant ses coûts fixes quotidiens et sa contribution marginale au lieu de répartir ses coûts fixes sur chaque produit, elle peut facilement calculer son bénéfice pour n'importe quelle combinaison de ventes. Par exemple, si elle vend 40 cruches et 1000 bouteilles par jour, situation A, son bénéfice net quotidien sera de 56 $ (tabl. 3.7). Si le volume de ventes s'élève plutôt à 30 cruches et à 1500 bouteilles par jour, situation B, le bénéfice net quotidien sera de 66 $. Ainsi, la relation entre le bénéfice net et le volume d'activité s'établit clairement avec cette technique.

Tableau 3.7 (étude de cas 3.3.1) Bénéfices nets quotidiens en fonction du volume d'activité

	Situation A			**Situation B**	
Contribution marginale					
cruches (40 × 1 $)	40 $		cruches (30 × 1 $)	30 $	
bouteilles (1000 × 0,04 $)	40		bouteilles (1500 × 0,04 $)	60	
Total		80 $	Total		90 $
Coûts fixes totaux		24 $			24 $
Bénéfice net quotidien		56 $			66 $

Supposons maintenant que l'entreprise a réalisé au cours de sa troisième année d'activité, toujours d'une durée de 350 jours, le volume des ventes prévu dans la situation B, soit 30 cruches et 1500 bouteilles par jour. Le tableau 3.8 montre l'état des résultats qui correspondrait à cette période.

Tableau 3.8 (étude de cas 3.3.1) État des résultats pour la troisième année

	Cruches	Bouteilles	Total
Revenus des ventes	21 000 $	63 000 $	84 000 $
Coûts variables			
achat de contenants	5 250	31 500	36 750
main-d'oeuvre	5 250	10 500	15 750
Total	10 500	42 000	52 500
Contribution marginale	10 500	21 000	31 500
Pourcentage de contribution marginale	50 %	33 1/3 %	37 1/2 %
Coûts fixes			
location d'une laveuse à vapeur	7 000	–	7 000
enseigne	–	1 400	1 400
Total	7 000	1 400	8 400
Bénéfice net avant impôt	3 500 $	19 600 $	23 100 $

Si Mme Larose s'en était tenue à l'approche comptable traditionnelle, elle aurait réparti les coûts fixes de la laveuse entre les cruches et les bouteilles dans une proportion correspondant au temps de nettoyage de chaque produit. Elle aurait ensuite réparti à nouveau ces montants sur chaque unité. Si les quantités réellement vendues avaient différé de ses estimations, elle aurait eu une surimputation ou une sous-imputation des coûts fixes. En distinguant ses coûts fixes et en calculant sa contribution marginale unitaire, Jeannine Larose peut au contraire calculer facilement son bénéfice pour n'importe quel volume de ventes et n'importe quelle combinaison d'unités vendues.

Les coûts de la main-d'oeuvre augmentent. L'entreprise d'embouteillage se porte bien pour un certain temps. Jeannine fait un bénéfice de 66 $ par jour, Marie gagne 19 $ par jour et Lucie, 30 $. Un jour, cependant, Marie se plaint auprès de Jeannine d'être fatiguée et de se sentir exploitée. Elle exige maintenant un dollar par cruche et 6 $ par enseigne. Puisque Marie est la seule artiste de la région, Jeannine se rend à ses exigences. Le tableau 3.9 présente les nouvelles données.

Tableau 3.9 (étude de cas 3.3.1) Nouvelles données financières à la suite de la hausse des coûts de la main-d'oeuvre

Contribution marginale par cruche		
Revenus des ventes		2,00 $
Coûts variables des ventes		
achat de contenants	0,50 $	
main-d'oeuvre	1,00	1,50
Contribution marginale		0,50 $
Bénéfice net par jour		
Contribution marginale		
cruches: 30 × 0,50 $	15 $	
bouteilles: 1500 × 0,04 $	60	
Total		75 $
Coûts fixes		
laveuse	20	
enseignes	6	
Total		26
Bénéfice net		49 $

Jeannine Larose décide d'augmenter ses prix. De nouveau, Jeannine n'est plus satisfaite de son bénéfice. Elle annonce à Oscar qu'elle lui vendra ses cruches 0,50 $ plus cher à l'avenir, en raison de l'augmentation des coûts de la main-d'oeuvre. Oscar accepte de payer 2,50 $ pour les cruches, mais l'informe qu'il devra augmenter le prix de vente à 3,50 $ la cruche et que cela réduira peut-être le volume de ses ventes. Après une petite enquête auprès des clients d'Oscar, Jeannine se rend compte que le volume baissera tout au plus à 20 cruches par jour. Elle calcule à nouveau son bénéfice net. La contribution marginale actuelle, qui est de 15 $ (30 × 0,50 $), passera à 20 $ (20 × 1 $). Les coûts fixes ne changent pas. Son bénéfice net augmente donc de 5 $.

Jeannine décide de courir le risque et hausse ses prix. Soulignons que si elle avait considéré les coûts totaux unitaires avec les coûts fixes répartis sur chaque produit, elle aurait eu beaucoup de difficulté à prendre cette décision. Par contre, son approche par l'analyse marginale lui permet de voir rapidement les conséquences financières d'une telle décision.

Supposons que l'augmentation du prix de vente des cruches est entrée en vigueur au début de la quatrième année d'activité. Le tableau 3.10 présente l'état des résultats de l'entreprise pour cette période en vertu d'un volume de ventes quotidien de 20 cruches et de 1500 bouteilles.

Tableau 3.10 (étude de cas 3.3.1) État des résultats pour la quatrième année

	Cruches	Bouteilles	Total
Revenus des ventes	17 500 $	63 000 $	80 500 $
Coûts variables			
achat de contenants	3 500	31 500	35 000
main-d'oeuvre	7 000	10 500	17 500
Total	10 500	42 000	52 500
Contribution marginale	7 000	21 000	28 000
Pourcentage de contribution marginale	40 %	33,5 %	34,78 %
Coûts fixes			
location d'une laveuse	7 000	–	7 000
enseigne	–	2 100	2 100
Total	7 000	2 100	9 100
Bénéfice net avant impôt	0 $	18 900 $	18 900 $

Le bénéfice net provenant de la vente des cruches est nul étant donné que le volume des ventes annuelles de celles-ci correspond au point mort.

3.3.2 Une entreprise de fabrication de produits variés en aluminium

Aluminix, une entreprise de fabrication de produits en aluminium, vend 4 produits différents sur le marché canadien. Un ingénieur a préparé l'état prévisionnel des résultats pour la prochaine année financière. Le tableau 3.11 en résume les principaux éléments.

Tableau 3.11 (étude de cas 3.3.2) État prévisionnel des résultats (en milliers de dollars)

	Produit A	Produit B	Produit C	Produit D	Total
Revenus des ventes	10 000	6 000	4 000	5 000	25 000
Coûts variables	6 000	3 000	2 750	2 000	13 750
Contribution marginale	4 000	3 000	1 250	3 000	11 250
Pourcentage de contribution marginale unitaire	40 %	50 %	31 %	60 %	45 %
Pourcentage des ventes totales	40 %	24 %	16 %	20 %	100 %
Coûts fixes					6 750
Bénéfice net avant impôt					4 500 $

On demande:

de déterminer le point mort de l'entreprise pour la prochaine année.

Comme Aluminix fabrique et vend 4 produits différents, il faut d'abord calculer la contribution marginale unitaire moyenne pour une combinaison préétablie de produits afin de déterminer son point mort. Ici, l'état prévisionnel des résultats montre une contribution marginale unitaire moyenne de 0,45 $ par dollar de vente, calculée ainsi:

$$\begin{aligned}\text{contribution marginale unitaire moyenne} &= \sum \left(\text{contribution marginale unitaire}\right)\left(\text{pourcentage des ventes totales}\right) \\ &= (0{,}40)(0{,}40) + (0{,}50)(0{,}24) + (0{,}31)(0{,}16) + (0{,}60)(0{,}20) \\ &= (0{,}45)\end{aligned}$$

Le point mort de la prochaine année se détermine de la façon suivante:

$$\frac{\text{coûts fixes}}{\text{contribution marginale unitaire moyenne}} = \frac{6\,750\,000\ \$}{0{,}45} = 15\,000\,000\ \$$$

En effet, dans l'équation 3.2 sur le point mort, la différence entre le prix de vente unitaire et les coûts variables unitaires représente en fait la contribution de chaque unité vendue à l'absorption des coûts fixes. En d'autres termes, la contribution indique la partie du prix de vente qui contribue à payer les coûts fixes totaux d'une entreprise. Lorsqu'une entreprise ne vend qu'un seul produit, on établira la contribution unitaire pour ce produit. Si elle en vend plusieurs, on établira une contribution unitaire moyenne pour l'ensemble des produits, qui sera égale à la somme des contributions unitaires de chaque produit, pondérée par leur pourcentage respectif des ventes totales.

Il faut cependant se rappeler que ce point mort repose sur l'hypothèse selon laquelle la combinaison des produits A, B, C et D respecte les proportions suivantes: 40 %, 24 %, 16 % et 20 % des ventes totales. Si dans les faits ces proportions changent, le point mort change également.

3.3.3 Point mort et cycle de vie d'un produit

Le concept de point mort peut servir comme outil de planification et de contrôle d'un projet de lancement d'un nouveau produit. En effet, il est devenu vital, pour les entreprises, de contrôler et de réduire le temps nécessaire au développement d'un nouveau produit ainsi que le temps requis pour recouvrer tous les investissements en études, développements, installations et équipements nécessaires à la fabrication et à la mise en marché.

Pour ces nouveaux produits, il faut établir les prix de vente de même que les coûts variables et les coûts fixes annuels. Ces derniers constituent des coûts fixes additionnels qui sont différents des coûts d'investissement relatifs aux études, au développement et aux débours qu'on doit effectuer pour agrandir des installations et acheter des équipements nécessaires à la fabrication d'un nouveau produit.

Exemple 3.4 *Point mort et cycle de vie d'un produit*

Le Service de conception et d'ingénierie de l'entreprise 340-4919 Québec inc. propose de mettre au point un nouveau produit baptisé LRC. Il prévoit qu'il faudra débourser 150 000 $ afin d'effectuer une étude servant à estimer les coûts de fabrication et de vente du produit ainsi que le prix cible que l'entreprise devra viser. De plus, le Service estime à 450 000 $ les coûts d'une étude de marché et les coûts reliés à la détermination des éléments et composantes de base du produit, au développement des procédés de fabrication et aux simulations de la production de masse du produit.

Les sommes à investir en installations, en équipements, en systèmes de manutention et en stock de matières premières sont les suivantes:

Terrain	100 000 $
Agrandissement de l'usine	1 300 000
Équipements et systèmes de manutention	850 000
Stock de matières premières	250 000
Total	2 500 000 $

Une première étude de marché et des coûts a permis d'établir les prévisions suivantes:

Prix de vente unitaire	120 $
Coût variable unitaire	67 $
Coûts fixes additionnels annuels	125 000 $

Ventes prévues:

Année 1	25 000 unités
Année 2	40 000
Année 3	60 000

On peut établir les contributions marginales totales prévues pour chacune des trois premières années du cycle de vie du produit LRC (tabl. 3.12).

Tableau 3.12 (ex. 3.4) Contribution marginale

	Montant de l'année	Montants cumulatifs
Année 1:		
25 000 × 53 $	1 325 000 $	1 325 000 $
Année 2:		
40 000 × 53 $	2 120 000	3 445 000
Année 3:		
60 000 × 53 $	3 180 000	6 625 000

Les bénéfices annuels nets seront alors:

Année 1:	1 325 000 $	–	125 000 $	=	1 200 000 $
Année 2:	2 120 000 $	–	125 000 $	=	1 995 000 $
Année 3:	3 180 000 $	–	125 000 $	=	3 055 000 $

À l'aide de ces données, il est possible de tracer le graphique du point mort et du cycle de vie du produit LRC (fig. 3.6). Ce graphique permet d'illustrer la contribution de l'équipe responsable de la réalisation du projet en ce qui concerne les investissements, les ventes et le bénéfice net que l'entreprise devrait réaliser. Cependant, l'élément clef demeure évidemment le point mort du projet, c'est-à-dire le moment (temps) où l'entreprise va récupérer les investissements relatifs aux études, au développement, aux installations et aux équipements. Ce graphique contient également les renseignements suivants:

A: le temps d'arrivée au point mort;

B: le temps de développement du produit;

C: le temps d'arrivée au point mort après le développement du produit;

D: la rentabilité du produit.

On fera l'étude de marché pendant le 1er trimestre et on développera le produit pendant les 2e, 3e et 4e trimestres. La fabrication et la vente débuteront à la fin du 4e trimestre.

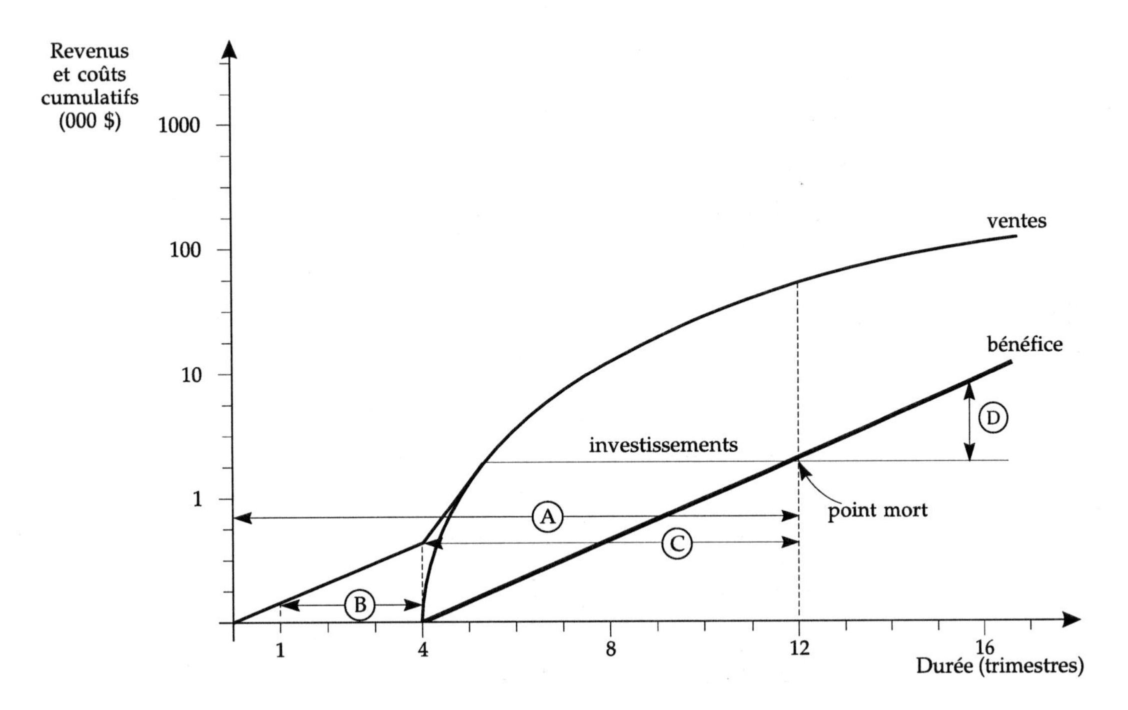

Figure 3.6 Point mort et cycle de vie d'un produit.
(Échelle logarithmique, base 10)

CONCLUSION

La technique du point mort est sans contredit la technique d'analyse économique la plus utilisée en pratique, car elle permet d'anticiper les effets, sur les résultats financiers, des modifications qu'une entreprise désire apporter à ses opérations et des projets qu'elle envisage. Même si cette technique a été conçue pour servir à la prise de décision à court terme, elle est également valable quand il s'agit de prendre des décisions à plus long terme telles que l'analyse de grands projets d'investissement ou de projets d'ingénierie. Toutefois, il faut retenir qu'elle repose sur des hypothèses de travail très simplificatrices. Quant à la technique d'analyse marginale, elle permet de résoudre un plus grand nombre de problèmes.

Dans les 3 premiers chapitres, nous avons défini les concepts nécessaires à l'analyse économique des projets. Nous avons proposé des méthodes qui permettent de faire l'analyse des coûts et des bénéfices des projets. Nous avons jusqu'à présent négligé les coûts de l'argent ainsi que sa valeur fluctuante dans le temps lors de l'évaluation économique des projets. Dans le chapitre 4, nous aborderons ces sujets.

QUESTIONS

Pour chacune des questions suivantes, on demande de choisir la meilleure réponse parmi les 4 options proposées.

1. Un des ateliers d'une entreprise manufacturière apporte une contribution marginale de 38 000 $. L'atelier s'est vu imputer 40 000 $ de frais généraux dont 36 000 $ ne peuvent être éliminés. Si l'atelier était fermé, l'effet sur le bénéfice net avant impôt serait:
   a) une diminution de 2000 $;
   b) une augmentation de 2000 $;
   c) une diminution de 34 000 $;
   d) une diminution de 38 000 $.

2. Soit des ventes au point mort de 270 000 unités, une contribution marginale unitaire de 0,90 $ et un pourcentage de contribution marginale de 45 %; en conséquence:
   a) les coûts fixes sont de 243 000 $;
   b) les coûts directs sont de 490 909 $;
   c) les coûts fixes sont de 121 500 $;
   d) la marge de sécurité est de 121 500 $.

3. Deux entreprises se font concurrence sur le même marché en vendant un produit identique au même prix. Elles ont le même point mort, soit 12 500 unités. La première entreprise a des coûts fixes annuels de 10 000 $ tandis qu'ils sont de 5000 $ pour la seconde. Comme elles fabriquent leur produit sur commande, les 2 entreprises n'ont aucun produit en inventaire. La première réalise un bénéfice net supérieur à la deuxième lorsqu'elle vend:
   a) 10 000 unités;
   b) 12 000 unités;
   c) 12 500 unités;
   d) 15 000 unités.

4. Un directeur de production exerce un si bon contrôle sur les coûts qu'au cours d'un exercice financier une dépense s'élève à 72 000 $ plutôt qu'à 80 000 $ comme prévu. On peut en déduire que cette dépense représente:
   a) des coûts variables, mais que la production réelle a été de 90 % de la production prévue;
   b) des coûts variables, mais que la production réelle a été de 80 % de la production prévue;
   c) des coûts d'amortissement réduits par la mise au rancart d'une machine;
   d) des coûts variables, mais que la production réelle a été égale à la production prévue.

5. La technique d'analyse du point mort est très importante pour déterminer:
   a) le volume d'activité nécessaire pour atteindre le point mort;
   b) les revenus des ventes nécessaires pour absorber les coûts fixes;
   c) la relation entre les revenus et les dépenses pour divers volumes d'activité;
   d) les revenus des ventes nécessaires pour absorber les coûts variables.

PROBLÈMES

1. Deux entreprises concurrentes, une québécoise et une japonaise, fabriquent le même produit. Elles ont fait leurs prévisions de ventes pour le prochain exercice financier et prévoient réaliser le même chiffre d'affaires de 200 000 $, en vendant 10 000 unités à un prix unitaire de 20 $. L'entreprise québécoise considère ses coûts de main-d'oeuvre directe comme des coûts variables de production tandis que l'entreprise japonaise les considère comme des coûts fixes. Dans les deux cas, les coûts par unité vendue sont estimés à 4 $ pour la main-d'oeuvre, à 8 $ pour les matières premières et à 6 $ pour les coûts généraux fixes de fabrication.

On demande:

a) de calculer le point mort, la contribution marginale et la marge de sécurité en unités de chaque entreprise;
b) d'expliquer comment la classification des coûts de la main-d'oeuvre directe en coûts fixes ou en coûts variables peut exercer une influence sur les stratégies de chaque entreprise.

2. L'entreprise manufacturière Aurora ltée fabrique et vend un seul produit, des lampes de bureau. Pour l'année qui se termine, elle en a fabriqué et vendu 50 000 à 25 $ l'unité. Sa capacité totale de production est de 60 000 unités par année. Au cours de la préparation du budget de l'année à venir, la direction doit prendre plusieurs décisions concernant le nombre d'unités et le prix de vente. On dispose des renseignements suivants:
   – une étude de marché révèle que le volume des ventes est très relié au prix de vente. Pour toute baisse de un dollar du prix de vente, le volume des ventes augmente de 10 000 unités;
   – pour l'année à venir, on estime les coûts fixes à 360 000 $ et les coûts variables, incluant les coûts de production, de vente et d'administration, à 16 $ l'unité;

- pour porter sa capacité annuelle de 60 000 à 90 000 unités, l'entreprise devrait investir 200 000 $ dans des bâtiments, des machines, des équipements, etc. Ces nouveaux actifs auraient une durée de vie de 10 ans. Une augmentation de la capacité de production inférieure à 30 000 unités exigerait à peine moins de 200 000 $;
- les coûts d'intérêt sur le capital investi sont de 15 %.

On demande:

de déterminer, avec calculs à l'appui, le volume de production et le prix de vente pour l'année à venir si la compagnie approuve l'expansion. On ignore les effets de l'impôt et de l'actualisation.

3. Le président de Impériale ltée prévoit, à partir du 1er janvier de la nouvelle année financière, une augmentation de 10 % des salaires des employés d'usine. Il ne prévoit aucune autre hausse des coûts et croit que le volume d'activité sera le même que pour l'année qui se termine et dont les données sont présentées au tableau 3.13.

Tableau 3.13 (probl. 3) Données de l'exercice financier de l'année qui se termine

Prix de vente unitaire	80 $
Coûts variables unitaires	
matières premières	30 $
main-d'oeuvre directe	12 $
coûts généraux de fabrication et de vente	6 $
Ventes réelles	5 000 unités
Coûts fixes totaux	51 000 $

Note: Il n'y a aucun stock de produits en cours ni de produits finis au début et à la fin de l'année prochaine.

On demande:

a) de déterminer le point mort, en unités, pour l'année qui se termine;

b) de calculer le point mort, en dollars, pour la nouvelle année;

c) de déterminer le nombre d'unités à vendre pendant la nouvelle année pour obtenir le même bénéfice que pour l'année qui se termine sans augmenter le prix de vente;

d) de calculer le pourcentage de sécurité pour la nouvelle année si on vend 6000 unités;

e) de déterminer la meilleure des 2 options suivantes, pour un volume d'activité de 6000 unités, sachant que la machine de chaque option a une vie utile de un an seulement:

Option A: se procurer la machine A, qui réduirait les coûts unitaires en main-d'oeuvre directe de 2,50 $ et entraînerait des coûts fixes additionnels de 15 000 $; *Option B*: se procurer la machine B, qui réduirait les coûts unitaires en main-d'oeuvre directe de un dollar et entraînerait des coûts fixes additionnels de 5000 $.

4. Une entreprise doit déterminer le prix de vente qui produira le bénéfice net le plus élevé. On dispose des renseignements suivants:
   - une étude de marché révèle que le prix de vente fait varier le nombre d'unités vendues de la façon suivante. On prévoit vendre 200 000 unités si le prix de vente est de 1,25 $, 175 000 unités pour un prix de vente de 1,50 $, 110 000 unités pour un prix de vente de 1,75 $ et 100 000 unités pour un prix de vente de 2 $;
   - lorsque le volume de production x se situe entre 0 et 150 000 unités, les coûts de fabrication varient suivant la droite $y = ax + b$. Lorsque ce volume se situe entre 150 000 et 200 000 unités, les coûts de fabrication varient suivant une autre droite, $y = a'x + b'$;
   - le lien entre les coûts de fabrication, calculés en dollars constants, et le volume de production a été le suivant au cours des 4 dernières années: 47 000 $ pour 70 000 unités, 50 000 $ pour 80 000 unités, 74 000 $ pour 160 000 unités et 77 000 $ pour 180 000 unités;
   - les coûts variables de vente et d'administration sont de 0,10 $ l'unité. Quant aux coûts fixes de vente et d'administration, ils sont de 5000 $ quand on vend moins de 150 000 unités et de 15 000 $ quand on vend de 150 000 à 200 000 unités.

On demande:

de déterminer le prix de vente qui produira le bénéfice net le plus élevé.

5. Un fabricant de motocyclettes envisage de faire l'acquisition d'un robot industriel pour effectuer certains travaux de soudure. On ignore les effets de l'impôt et de l'inflation dans ce problème. L'entreprise a le choix entre 2 types de robot. Le robot A coûte 46 000 $ et a une durée de vie de 6 ans. À la fin de cette période, on peut le revendre 7000 $. Ce robot exige un opérateur payé 20 $ l'heure, incluant les avantages sociaux. Sa capacité de production est de 16 véhicules à l'heure. Ses coûts annuels d'entretien et d'énergie sont de 9650 $. Le robot B, moins polyvalent, coûte 15 000 $ et a une durée de vie de 3 ans. À la fin de cette période, il n'a aucune valeur de revente. Ce robot exige le travail de 2 opérateurs, payés également 20 $ l'heure. Ses coûts annuels d'entretien et d'énergie sont de 3000 $. Sa capacité de production est de 10 véhicules à l'heure. Les coûts d'intérêt sur le capital investi sont de 15 %.

   Note: On suppose que les coûts de consommation d'énergie sont fixes.

On demande:

a) de déterminer le nombre de motocyclettes à produire chaque année pour justifier l'achat du robot A. Illustrer votre réponse à l'aide d'un graphique;
b) de recommander le robot le plus adéquat si l'entreprise envisage de fabriquer 7500 motocyclettes par année.

6. On vous demande de préparer une étude pour déterminer s'il est plus profitable, pour une administration municipale, de fournir une automobile aux employés qui doivent en utiliser une dans l'exercice de leurs fonctions ou de leur verser une allocation en leur demandant d'utiliser la leur. Le tableau 3.13 présente les données que vous avez recueillies à propos de 114 voitures de la ville, excluant les voitures de policiers et de pompiers.

Tableau 3.14 (probl. 6) Données sur les voitures appartenant à la municipalité

	Service des travaux publics	**Service des finances**	**Autres services**	**Total**
Total des automobiles	48	28	38	114
Automobiles utilisées par un seul employé	30	28	31	89
Automobiles garées au domicile de l'employé	21	25	30	76
Automobiles n'appartenant pas à la municipalité	14	10	18	42
Distance parcourue par mois				
de 601 à 700 km	5	–	1	6
de 701 à 800 km	2	–	–	2
de 801 à 900 km	1	3	2	6
de 901 à 1000 km	3	–	3	6
de 1001 à 1100 km	5	1	2	8
de 1101 à 1200 km	6	4	8	18
de 1201 à 1300 km	8	1	2	11
de 1301 à 1400 km	10	8	13	31
de 1401 à 1500 km	3	4	5	12
de 1501 à 1600 km	1	1	1	3
plus de 1600 km	4	6	1	11
Total	48	28	38	114

En outre, vous avez préparé une estimation des coûts totaux d'entretien et d'utilisation de la voiture la plus souvent utilisée par la municipalité, qui coûte 10 400 $ à l'achat et dont la valeur de revente, après 5 ans, est de 400 $. Une part de ces coûts totaux est fixe; ces coûts fixes s'élèvent à 3960 $ par année, répartis comme suit:

– Amortissement; réduction de la valeur marchande sur une durée de 5 ans	2000 $
– Entretien; les coûts moyens d'entretien sont de 750 $ pour la main-d'oeuvre directe et les matériaux, sans tenir compte des accidents. On a fixé le taux d'imputation à 33 1/3 % pour les frais généraux d'atelier de réparation de la municipalité	1000
– Lavage; 40 lavages par année à 4 $ chacun	160
– Intérêts sur le capital investi; le taux d'intérêt est estimé à 14 % du capital immobilisé chaque année dans le véhicule sur une durée de 5 ans	800
	3960 $

Quant aux coûts variables, ceux de l'essence et de l'huile, ils s'élèvent à 0,08 $ du kilomètre pour ce type de véhicule.

La municipalité néglige certains coûts quant à son parc de véhicules. Ainsi, on ne tient pas compte des facteurs suivants:

- le temps que perdent les employés pour se rendre aux ateliers et en revenir, pour l'entretien et les lavages;
- les coûts des accidents ou les frais légaux concernant le règlement des réclamations;
- les coûts du service de l'approvisionnement;
- la tenue de registres comptables concernant les voitures utilisées par la municipalité;
- les salaires des chauffeurs, dans les cas où des chauffeurs sont fournis;
- les coûts de possession et d'entretien des voitures empruntées durant les réparations;
- les frais généraux des ateliers en plus de ceux qui sont inclus dans les coûts d'entretien.

Quant à l'autre option, la municipalité paie actuellement une allocation de 0,30 $ par kilomètre aux employés qui utilisent leur propre voiture dans l'exercice de leurs fonctions.

On demande:

a) de déterminer le nombre de kilomètres à parcourir par mois, par voiture, pour qu'il soit plus économique pour la municipalité d'être propriétaire des voitures;

b) d'illustrer votre réponse à l'aide du graphique du point d'équivalence.

7. Dans un de ses ateliers, une entreprise fabrique un article composé de 2 pièces. L'article se vend 17 $. Son prix de revient pour l'année précédente est décomposé au tableau 3.15. Pendant cette période, l'entreprise a fabriqué 100 000 articles.

Tableau 3.15 (probl. 7) Prix de revient

	Pièce A	Pièce B	
Matières premières	1,00 $	0,50 $	
Main-d'oeuvre directe	2,00 $	0,25 $	
Coûts variables	4,00 $	2,25 $	
Coûts fixes	3,00 $	1,00 $	
Total	10,00 $	4,00 $	
Total (pièce A + pièce B)			14,00 $

L'entreprise pourrait acheter la pièce B pour 3,75 $ et économiser ainsi 50 000 $ en coûts fixes annuels. Ces coûts fixes représentent des salaires de contremaîtres. Ces derniers seraient alors mis à pied ou combleraient des postes vacants dans d'autres ateliers de l'entreprise. La capacité de production maximale de l'entreprise s'établit à 100 000 articles. Si on cesse de fabriquer la pièce B et qu'on l'achète, on pourra porter cette capacité à 125 000 articles.

On demande:

d'établir, à l'intérieur de 125 000 articles produits, le volume de production pour lequel il est plus intéressant de fabriquer la pièce B, et celui pour lequel il est plus intéressant de l'acheter.

8. Une compagnie fabrique et vend 3 produits. Le tableau 3.16 présente l'état sommaire des résultats pour une période de 6 mois.

Tableau 3.16 (probl. 8) État sommaire des résultats (en milliers de dollars) pour les 6 derniers mois de l'année 19XX

	Produit A	Produit B	Produit C	Total
Revenus des ventes	200	220	80	500
Coûts des marchandises vendues	148	136	48	332
Bénéfice brut	52	84	32	168
Coûts de vente	26	42	14	82
Coûts d'administration	20	20	20	60
Total	46	62	34	142
Bénéfice net avant impôt	6	22	(2)	26

En outre, on dispose des renseignements complémentaires suivants:

- les coûts des marchandises vendues incluent 120 000 $ de coûts fixes de fabrication, répartis comme suit entre les produits: A = 40 %, B = 40 %, C = 20 %;

- les coûts fixes de vente ont été répartis entre les 3 produits en fonction du nombre de commandes. Quant aux coûts variables de vente, ils représentent 10 % des revenus des ventes;
- tous les coûts d'administration sont fixes.

Au cours d'un entretien avec le directeur des ventes, le directeur général exprime son insatisfaction à l'égard des pertes occasionnées par le produit C. Un ingénieur industriel lui propose, à sa demande, 2 plans d'action pour les 6 prochains mois de l'année. *Plan A*: éliminer le produit C et réduire de 10 % les ventes du produit B. Utiliser les moyens de production ainsi libérés pour accroître de 50 % la production du produit A. Pour vendre ce volume accru de produits A, réduire son prix de vente de 5 %. *Plan B*: éliminer le produit C, maintenir les volumes actuels des produits A et B et louer les moyens de production non utilisés 10 000 $ par mois.

On demande:

d'évaluer les plans A et B et de faire une recommandation au directeur général.

9. Une compagnie se spécialise depuis plusieurs années dans la production d'un seul modèle de lampe électrique. Sa production annuelle varie entre 7000 et 12 000 unités. La compagnie ne fabrique que sur commande et ne maintient donc aucun stock de produits finis. Son budget de fabrication pour l'année qui se termine démontre des coûts généraux de fabrication de 296 180 $ pour 7000 unités et de 463 380 $ pour 12 000 unités.

   L'usine prend en moyenne 4 heures pour fabriquer une lampe et les employés de production gagnent 12 $ l'heure. En général, pour chaque lampe fabriquée, on utilise 48 morceaux de verre à 0,52 $ le morceau, du matériel électrique évalué à 19,40 $ par lampe et du matériel d'emballage de 3,20 $ par lampe. Quant aux coûts de vente et d'administration, également appelés coûts d'exploitation, ils sont classés en 2 catégories, selon qu'ils varient à l'unité ou à l'année. Les coûts à l'unité, de 39 $, se répartissent comme suit: 30 $ pour la commission du vendeur, 4 $ pour la livraison, 5 $ de coûts divers. Les coûts à l'année, d'un total de 427 900 $, se répartissent comme suit: 210 000 $ pour les salaires de vente et d'administration, 150 000 $ pour la publicité, 67 900 $ de coûts autres. Le taux d'impôt imputé à l'entreprise est de 40 %.

On demande:

a) de déterminer les coûts variables par unité et les coûts fixes totaux de l'entreprise. Fournir une solution détaillée;
b) de déterminer le point mort en unités et en dollars dans l'hypothèse où l'entreprise vend toute sa production à un prix unitaire de 238 $;
c) de déterminer son pourcentage de sécurité sur les ventes avant impôt en supposant que l'entreprise peut produire et vendre 10 000 unités au cours de la nouvelle année.

10. Celsius enr., une entreprise spécialisée dans la fabrication de thermomètres, a préparé ses prévisions budgétaires pour l'année à venir en fonction de 2 volumes d'activité. Le tableau 3.17 présente ces prévisions. Cette entreprise fonctionne suivant la philosophie de production «juste à temps» et n'aura donc aucun stock de produits finis ni de produits en cours au début et à la fin de l'année.

On demande:

a) de déterminer les coûts fixes totaux de production;
b) de déterminer les coûts variables totaux de production à l'unité;
c) de déterminer les coûts totaux fixes de vente et d'administration;
d) de déterminer les coûts variables de vente et d'administration par unité vendue;
e) d'établir le point mort, en unités et en dollars;
f) de déterminer la marge de sécurité, en pourcentage et en dollars, dans l'hypothèse où l'entreprise fabrique et vend 40 000 thermomètres.

Tableau 3.17 (probl. 10) Prévisions budgétaires de Celsius enr.

	Volume A	**Volume B**
Unités vendues	50 000 unités	60 000 unités
Revenus des ventes	1 250 000 $	1 500 000 $
Coûts des marchandises vendues		
matières premières	150 000 $	180 000 $
main-d'oeuvre directe	200 000	240 000
main-d'oeuvre indirecte d'usine	250 000	280 000
loyer de l'usine	75 000	75 000
fournitures d'usine	40 000	45 000
amortissement de l'équipement	27 000	27 000
entretien et réparation de l'équipement	55 000	65 000
électricité de l'usine	13 500	16 000
Coûts de vente		
salaires et commissions des vendeurs	55 000 $	58 000 $
coûts d'emballage des produits finis	10 000	12 000
coûts d'expédition	32 500	33 000
publicité	50 000	50 000
Coûts d'administration		
salaires des administrateurs	60 000 $	60 000 $
loyer des bureaux	40 000	40 000
frais divers de bureau	10 500	10 600
Bénéfice net avant impôt	181 500 $	308 400 $

Chapitre

4

Valeur de l'argent et intérêt

INTRODUCTION

Les personnes et les entreprises qui avancent les fonds requis pour le financement des projets exigent en retour une compensation qu'on appelle intérêt. L'intérêt représente des coûts pour les emprunteurs et des bénéfices pour les prêteurs. Il est calculé à partir d'un pourcentage, le taux d'intérêt, et sa valeur dépend du capital prêté, de la durée du prêt et de la perception qu'a le prêteur du risque encouru. Dans ce chapitre, nous allons traiter des sujets suivants: la valeur de l'argent, les composantes du taux d'intérêt, l'intérêt simple, l'intérêt composé et la valeur future d'un montant actuel. Nous allons expliquer les périodes de capitalisation de l'intérêt et la capitalisation continue. Nous verrons la différence entre un taux nominal et un taux effectif d'intérêt. Finalement, nous représenterons la fluctuation de la valeur de l'argent à l'aide d'un diagramme de flux monétaire.

4.1 VALEUR DE L'ARGENT ET INTÉRÊT

4.1.1 Valeur de l'argent

Lorsqu'une entreprise achète des équipements, elle investit des sommes d'argent pour plusieurs années au cours desquelles ces sommes ne peuvent servir à d'autres fins. Puis ces équipements produisent, au cours de leur vie utile, des bénéfices qu'on peut destiner à d'autres usages. Enfin, la revente ou la réutilisation des équipements à la fin de leur vie utile engendrent de nouveaux bénéfices qui sont aussi réutilisés à d'autres fins. Le moment où les sommes d'argent investies redeviennent disponibles est très important puisqu'elles peuvent alors servir de nouveau à produire des bénéfices. Le temps prend donc une importance très grande et la période requise pour récupérer les sommes d'argent investies affecte la rentabilité de l'entreprise. Autrement dit, un dollar reçu aujourd'hui a plus de valeur qu'un dollar reçu dans 5 ans.

4.1.2 Intérêt

Une entreprise qui dispose d'argent peut l'utiliser à plusieurs fins. Elle peut le placer dans un compte en banque; acheter des titres tels que des actions ou des obligations; le prêter sous forme d'hypothèque; l'utiliser pour rembourser des dettes contractées; acheter des biens durables tels que des terrains ou des immeubles, ou encore des biens non durables tels que des véhicules, de l'équipement ou des services. En résumé, elle peut utiliser son argent pour elle-même ou abdiquer son droit d'usage pour une certaine période de temps et le prêter à d'autres entreprises désireuses de l'utiliser.

Dans le système capitaliste où l'on vit, il est normal que l'entreprise qui prête son argent exige une compensation qu'on appelle intérêt. L'intérêt exigé varie selon le capital prêté, la durée du prêt, l'opinion qu'a le prêteur du risque de perdre son argent, les diverses possibilités d'investissement ou même selon les effets de l'inflation sur la valeur future de son argent. Le taux d'intérêt exigé par un prêteur comporte 3 éléments: un taux d'intérêt pur, un taux exigé comme prime au risque et un taux pour compenser la perte de pouvoir d'achat due à l'inflation. Examinons chacun de ces 3 éléments.

Le taux d'intérêt pur est un taux de base pour un prêt jugé sans risque et pour une période de temps où le prêteur n'anticipe aucune inflation. En outre, le prêteur exige une prime pour le risque encouru de ne pas être remboursé pour le capital prêté et de ne pas recevoir les intérêts dus. Plus le risque est élevé, plus la prime au risque est élevée. Finalement, le prêteur exige une autre prime pour la perte de pouvoir d'achat que représente la somme prêtée pour la durée du prêt. Plus l'inflation anticipée est élevée, plus la prime exigée pour couvrir l'inflation est élevée elle aussi. Dans l'annexe A, nous expliquons les notions d'inflation nécessaires aux calculs d'actualisation des flux monétaires d'un projet. Il existe 2 types d'intérêt: l'intérêt simple et l'intérêt composé.

4.2 INTÉRÊT SIMPLE ET INTÉRÊT COMPOSÉ

4.2.1 Intérêt simple

On calcule l'intérêt simple en multipliant le montant d'argent investi par le taux d'intérêt établi. Ainsi, le montant des intérêts est directement proportionnel au montant du capital prêté. L'intérêt simple est calculé et payé à toutes les périodes de la durée du prêt.

D'une façon générale, on a:

$$V_f = M_a + M_a \, i \, n$$

$$V_f = M_a \, (1 + i \, n) \qquad (4.1)$$

où V_f = valeur future d'une somme d'argent

M_a = montant actuel investi

i = taux d'intérêt par période de calcul d'intérêt

n = nombre de périodes de calcul d'intérêt

Voyons à l'aide d'un exemple comment calculer l'intérêt simple.

Exemple 4.1 *Calcul de l'intérêt simple*

Une personne dispose d'une somme de 1000 $ et la dépose à la banque, qui lui promet un taux d'intérêt annuel de 12 %. Un an après le dépôt, elle a droit de recevoir 120 $ d'intérêt et peut retirer la somme de 1000 $ déposée il y a un an. Elle retire alors les 120 $ d'intérêt et ne touche pas aux 1000 $. La banque promet de lui payer à nouveau 12 % d'intérêt par année pour chacune des 2 prochaines années. La personne retire chaque année le montant d'intérêt gagné. À la fin de la troisième année, la valeur totale de son investissement sera donc de 1000 $ + (1000 $ × 12 % × 3). Le tableau 4.1 présente, année par année, l'évolution du montant initial de 1000 $.

Tableau 4.1 (ex. 4.1) Évolution, pendant 3 ans, d'un montant de 1000 $ placé à 12 % d'intérêt simple

Année		V_f	
Début	M_a	$= M_a$	= 1000 $
1	$M_a + M_a \cdot i$	$= M_a(1 + i)$	= 1120 $
2	$M_a(1 + i) + M_a \cdot i$	$= M_a(1 + 2i)$	= 1240 $
3	$M_a(1 + 2i) + M_a \cdot i$	$= M_a(1 + 3i)$	= 1360 $

On peut calculer le montant de cette valeur future directement à partir de l'équation 4.1:

$$V_f = M_a\,(1 + i\,n)$$

$$V_f = 1000 + (1 + 12\,\% \times 3) = 1360\,\$$$

Éléments distinctifs de l'intérêt simple. Les caractéristiques de l'intérêt simple sont les suivantes:

- les intérêts sont versés à la fin de chaque période de calcul;
- le capital initial reste constant au cours de la durée du prêt;
- les montants d'intérêt sont les mêmes à chaque période de calcul.

4.2.2 Intérêt composé

Contrairement à l'intérêt simple, l'intérêt composé n'est pas encaissé à toutes les périodes; il s'ajoute plutôt au capital pour donner lieu également à de l'intérêt. Voyons à l'aide d'un exemple comment le calculer.

Exemple 4.2 *Calcul de l'intérêt composé*

Une personne dispose de 1000 $ qu'elle dépose dans une banque où elle reçoit un revenu d'intérêt composé de 12 %. Après un an, le montant original de 1000 $ devient 1120 $ si l'intérêt est calculé sur une base annuelle. Si la personne n'encaisse pas l'intérêt, mais le laisse avec le montant original, le montant devient 1254 $ à la fin de la deuxième année, soit 1120 $ + (12 % × 1120 $). L'intérêt gagné au cours de la première année produit donc un revenu d'intérêt de 14 $ à la fin de cette deuxième année. Après 3 ans, le montant devient 1405 $, soit 1254 $ + (12 % × 1254 $). L'intérêt gagné au cours des 2 premières années produit donc un revenu d'intérêt de 31 $ à la fin de cette troisième année. Ce processus d'accumulation du capital et de l'intérêt continuera jusqu'à ce que le montant accumulé soit retiré de la banque. Le tableau 4.2 présente, année après année, l'évolution du montant initial de 1000 $.

Tableau 4.2 (ex. 4.2) Évolution, pendant 3 ans, d'un montant de 1000 $ placé à 12 % d'intérêt composé

Année	Valeur initiale	Intérêt	Valeur finale
1	1000 $	1000 × 12 % = 120	1120 $
2	1120	1120 × 12 % = 134	1254
3	1254	1254 × 12 % = 151	1405

En reprenant les données de l'exemple 4.2, on peut donc dire que, pour un taux d'intérêt composé de 12 %, un montant de 1000 $ reçu aujourd'hui est équivalent à un montant de 1120 $ reçu dans un an, également équivalent à un montant de 1254 $ reçu dans 2 ans et à un montant de 1405 $ reçu dans 3 ans.

Éléments distinctifs de l'intérêt composé. Les caractéristiques de l'intérêt composé sont les suivantes:

- les intérêts ne sont payés que lorsque le prêt arrive à échéance;
- le capital augmente d'une période de calcul à l'autre;
- les intérêts augmentent d'une période de calcul à l'autre;
- les intérêts produisent eux-mêmes des intérêts.

4.3 VALEUR FUTURE D'UN MONTANT ACTUEL (Table 1)

On peut généraliser le calcul de l'exemple 4.2 et l'exprimer à l'aide de l'équation suivante:

$$V_f = M_a(1 + i)^n \tag{4.2}$$

où V_f = valeur future
M_a = montant actuel; on pourrait également avoir la valeur actuelle, V_a
i = taux d'intérêt
n = nombre de périodes du calcul d'intérêt
$(1 + i)^n$ = facteur de capitalisation discrète

La valeur future, notée V_f, peut également être notée au long (V_f / M_a, i, n), ce qui signifie la valeur future d'un montant actuel M_a à i % d'intérêt dans n périodes de temps. Le tableau 4.3 présente les données de l'exemple 4.2, exprimées suivant l'équation 4.2.

Tableau 4.3 Valeur future d'un montant actuel

n	$V_f/M_a, i, n$		V_f (\$)	
Début	M_a	$= M_a$		1000
1	$M_a + M_a\,i$	$= M_a(1 + i)$	$1000 + (1000 \times 12\ \%)$	= 1120
2	$M_a(1 + i) + M_a(1 + i)\,i$	$= M_a(1 + i)^2$	$1120 + (1120 \times 12\ \%)$	= 1254
3	$M_a(1 + i)^2 + M_a(1 + i)^2\,i$	$= M_a(1 + i)^3$	$1254 + (1254 \times 12\ \%)$	= 1405

Au lieu de suivre l'évolution année par année d'un montant actuel, on peut trouver la valeur future directement à l'aide de l'équation 4.2:

$$\begin{aligned} V_f &= M_a\,(1 + i)^n \\ &= 1000\,(1 + 12\ \%)^3 \\ &= 1000\,(1{,}12)^3 \\ &= 1405\ \$ \end{aligned}$$

On peut également trouver cette valeur à partir de la table 1 en annexe. Cette table contient les valeurs futures d'un montant actuel de 1 $ pour différents taux d'intérêt, i, et différentes périodes de temps, n. En consultant cette table, on trouve sous la colonne 12 % et vis-à-vis de la période 3, ici l'année 3, le nombre 1,405. Ce nombre représente la valeur de $(1{,}12)^3$, c'est-à-dire le capital accumulé à la fin de la troisième année au taux d'intérêt de 12 % lorsque le montant actuel est de 1 $. Si le prêt est de 1000 $, sa valeur future sera alors de 1000 $ × 1,405, soit 1405 $ après 3 ans pour un taux d'intérêt de 12 % composé une fois par année.

4.4 PÉRIODES DE CAPITALISATION DE L'INTÉRÊT

Les périodes de capitalisation de l'intérêt sont les moments où on calcule l'intérêt et où on le réinvestit dans le capital. Les calculs d'intérêt peuvent être effectués à des fréquences différentes:

- tous les ans: capitalisation annuelle;
- tous les 6 mois: capitalisation semestrielle;
- tous les 3 mois: capitalisation trimestrielle;
- tous les mois: capitalisation mensuelle;
- tous les jours: capitalisation quotidienne.

Ainsi, lorsque nous choisissons de capitaliser les intérêts plus d'une fois durant l'année, l'exposant n et le taux d'intérêt i de la formule $M_a\,(1 + i)^n$ doivent être ajustés selon le nombre de périodes m de capitalisation durant l'année. Les ajustements à effectuer sont:

- le nombre d'années: n_a;
- le nombre de périodes de capitalisation de l'intérêt durant l'année: m;

- le nombre de périodes de calcul d'intérêt: $n_a m$;
- le taux périodique = taux d'intérêt nominal, noté r (sect. 4.5), divisé par le nombre de périodes de capitalisation: r/m;

et l'équation 4.2 devient

$$V_f = M_a\,(1 + r/m)^{n_a m} \tag{4.3}$$

Par exemple, pour un montant actuel de 1000 $ et un taux d'intérêt nominal de 12 %, composé trimestriellement pendant 3 ans, l'équation 4.3 permet de calculer la valeur future correspondante. On obtient alors:

$$\begin{aligned} V_f &= (1000)\left(1 + \frac{12\ \%}{4}\right)^{3\times 4} \\ &= (1000)\ (1{,}03)^{12} \\ &= (1000)\ (1{,}4257) \\ &= 1425{,}70\ \$ \end{aligned}$$

D'après la table 1, la valeur future d'un montant actuel de 1 $ à un taux d'intérêt de 3 % composé pendant 12 périodes est de 1,4257. Il suffit alors de multiplier ce facteur par 1000 $ pour obtenir directement la réponse cherchée.

Exemple 4.3 *Capitalisation mensuelle de l'intérêt*

Vous désirez calculer la valeur future d'un montant actuel de 1 $ investi dans un dépôt à terme pour une période de 5 ans à un taux d'intérêt de 24 % capitalisé mensuellement. D'après l'équation 4.3, on a:

$$\begin{aligned} V_f &= 1\left(1 + \frac{24\ \%}{12}\right)^{5\times 12} \\ &= (1{,}02)^{60} \\ &= 3{,}2808\ \$ \end{aligned}$$

4.5 TAUX EFFECTIF ET TAUX NOMINAL D'INTÉRÊT

Les études économiques reposent toujours sur des calculs d'intérêt composé. Il faut maintenant distinguer le taux effectif d'intérêt du taux nominal d'intérêt. Cette distinction est nécessaire quand on a plusieurs périodes de capitalisation de l'intérêt au cours d'une année.

Taux nominal d'intérêt. Le taux nominal d'intérêt, noté r, est un taux d'intérêt annuel. Il doit être spécifié lors d'une convention d'emprunt. Il ne sera jamais utilisé pour les calculs d'intérêt et ne tient donc pas compte des périodes de capitalisation ni de la valeur de l'argent dans le temps.

Taux périodique. Le taux périodique est le taux nominal divisé par le nombre de périodes de capitalisation durant l'année. Le taux périodique de l'exemple 4.3 est de r/m, soit 24 % ÷ 12, soit 2 %.

Taux effectif. Le taux effectif est le taux d'intérêt annuel qu'on obtient en divisant le montant d'intérêt composé gagné au cours d'une année par le capital initial investi au début de l'année. Ce taux tient compte de la valeur de l'argent dans le temps pour le calcul des intérêts d'une période.

L'équation 4.4 nous permet d'établir la relation entre le taux nominal et le taux effectif d'intérêt:

$$i = \left(1 + \frac{r}{m}\right)^m - 1 \qquad (4.4)$$

où i = taux effectif d'intérêt
r = taux nominal d'intérêt
m = nombre de périodes de capitalisation d'intérêt dans une année

Le taux effectif d'intérêt de l'exemple 4.3 est donc:

$$\begin{aligned} i &= \left(1 + \frac{24\ \%}{12}\right)^{12} - 1 \\ &= 1{,}02^{12} - 1 \\ &= 0{,}26824 \end{aligned}$$

c'est-à-dire qu'un taux nominal de 24 % composé mensuellement est équivalent à un taux effectif de 26,824 % composé annuellement.

Toutes les équations des chapitres suivants sont basées sur des calculs d'intérêt composé et les taux d'intérêt utilisés dans ces équations sont des taux d'intérêt effectifs. En outre, dans les analyses, nous poserons toujours l'hypothèse de fin de période suivant laquelle les flux monétaires se produisent à la fin de chaque période de calcul d'intérêt. La période qui représente le début de la durée d'étude du projet peut aussi être considérée comme la fin de cette même période.

Taux d'intérêt sur prêt hypothécaire. On doit calculer le taux d'intérêt effectif d'un prêt hypothécaire en tenant compte de la loi fédérale canadienne de l'intérêt. Bien que les versements d'intérêt soient mensuels, cette loi exige le calcul de l'intérêt sur une base semi-annuelle. Ainsi, l'équation servant à déterminer le taux effectif d'intérêt mensuel devient:

$$\begin{aligned} i &= (1 + r/m)^{m/v} - 1 \\ &= (1 + r/m)^{2/12} - 1 \\ &= \sqrt[6]{1 + r/2} - 1 \end{aligned}$$

où v représente le nombre de versements dans une année.

Par exemple, le taux d'intérêt effectif mensuel d'une hypothèque dont le taux contractuel annuel d'intérêt est de 8 % est égal à 0,655 819 19 de 1 %:

$$i = \sqrt[6]{\left(1 + \frac{8\ \%}{2}\right)} - 1$$
$$= 0{,}006\ 558\ 191\ 9$$

4.6 TABLES À CAPITALISATION CONTINUE

L'ingénieur peut faire des analyses économiques basées sur l'hypothèse de la capitalisation continue de l'intérêt. Il considère alors un nombre infini de périodes de calcul de l'intérêt.

Les transactions réalisées par une entreprise affectent son flux monétaire. Certaines se reproduisent tous les jours, d'autres toutes les semaines et d'autres encore tous les mois. Les fonds d'une entreprise sont donc utilisés à différentes fréquences selon la nature des transactions. Ainsi, les coûts de main-d'oeuvre, les coûts de gestion des stocks et les coûts d'exploitation et de maintenance des équipements correspondent à des débours très fréquents au cours d'une année. C'est pourquoi, pour en tenir compte, on considérera un nombre infini de périodes de capitalisation; c'est ce qu'on appelle la capitalisation continue. Mathématiquement, on a:

$$i = e^r - 1$$

où i = taux effectif d'intérêt
r = taux nominal d'intérêt

Exemple 4.4 *Calcul d'un taux effectif pour une capitalisation continue*

Soit r, un taux nominal de 12 %, capitalisé d'une façon continue. Calculons i, le taux effectif d'intérêt. On a:

$$i = e^r - 1$$

$$i = e^{0,12} - 1$$

$$i = 12{,}7497\ \%$$

Dans la pratique, la capitalisation discrète et les tables qui lui sont associées sont beaucoup plus utilisées que la capitalisation continue et ses tables. En effet, les tables de capitalisation discrète sont plus faciles à comprendre et suffisamment précises pour effectuer des études économiques. Les différences entre l'intérêt composé calculé sur une base annuelle et l'intérêt composé calculé sur une base continue peuvent paraître importantes mais, ce qui importe davantage, c'est d'utiliser la même base de calcul quand on compare des projets. Par ailleurs, l'analyse économique est nécessairement faussée par l'hypothèse de fin de période et la capitalisation discrète. Par exemple, supposons une période de un an pendant laquelle on reçoit 2 montants de 1000 $, l'un après 6 mois et l'autre après un an. À la fin de cette période, les 2 montants ont la même valeur future alors qu'en fait la valeur du montant reçu après 6 mois est supérieure à l'autre.

4.7 DIAGRAMME DE FLUX MONÉTAIRES

L'évaluation des flux monétaires d'un projet, c'est-à-dire de ses bénéfices et de ses coûts pour ce qui est des recettes et des débours, peut être représentée par un diagramme de flux monétaires très utilisé dans les volumes d'économique de l'ingénieur. Les recettes et les débours d'un projet sont placés sur une échelle de temps horizontale divisée en périodes de temps égales, habituellement des années. Chacune des recettes et chacun des débours sont représentés par un trait vertical vis-à-vis duquel on inscrit le montant d'argent correspondant. Pour les recettes, le trait vertical est situé au-dessus de l'axe horizontal et le montant d'argent est précédé du signe +. Pour les débours, le trait vertical est situé en dessous de l'axe horizontal et le montant d'argent est précédé du signe –.

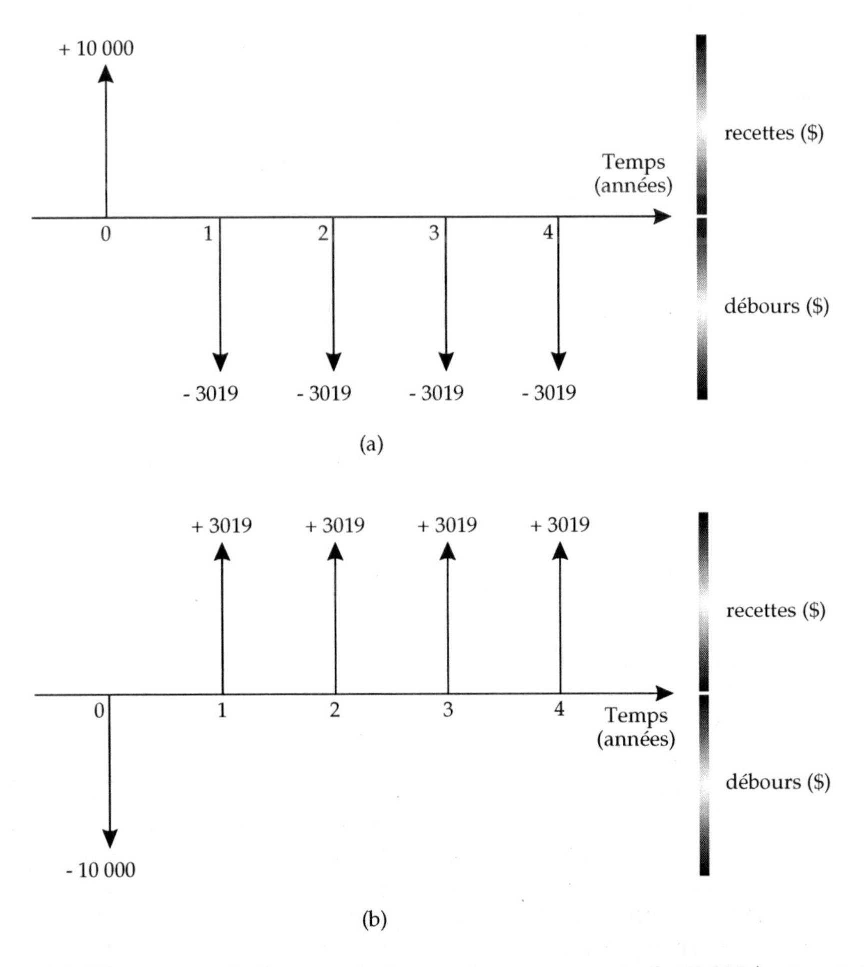

Figure 4.1 Diagramme de flux monétaire représentant un prêt de 10 000 $, récupéré en 4 versements égaux de 3019 $: a) du point de vue de l'emprunteur; b) du point de vue du prêteur.

Les figures 4.1a et 4.1b sont les diagrammes de flux monétaire pour la même transaction, un prêt à 8 % d'intérêt. La première fait ressortir le point de vue de l'emprunteur tandis que la seconde met en évidence le point de vue du prêteur. Ainsi, l'emprunteur reçoit au début un montant de 10 000 $ qu'il remet en 4 versements annuels de 3019 $. Quant au prêteur, au début, il débourse 10 000 $ qu'il récupère en 4 paiements annuels de 3019 $.

CONCLUSION

L'argent utilisé pour réaliser les projets d'ingénierie a un coût. Ce coût est basé sur les calculs d'intérêt composé. Dans ce chapitre, nous avons exposé comment calculer la valeur future d'un montant actuel à partir d'un certain taux d'intérêt effectif et d'un certain nombre d'années. La table 1, en annexe, comporte les facteurs correspondant à cette formule pour un montant actuel de 1 $. Cette formule est à la base de toutes celles qui sont présentées dans le chapitre 5. Dans cet ouvrage, comme c'est souvent le cas dans la pratique d'ailleurs, nous posons les hypothèses selon lesquelles les flux monétaires se produisent à la fin de chaque période ou de chaque année, la valeur de i correspond au taux effectif d'intérêt et l'intérêt est composé.

QUESTIONS

1. Définir l'intérêt.
2. Expliquer pourquoi le temps est tellement important dans la gestion des investissements.
3. Nommer les principaux éléments qui influencent la valeur du taux d'intérêt.
4. Expliquer ce qu'on entend par prime au risque dans l'établissement du taux d'intérêt.
5. Énumérer les 3 éléments distinctifs de l'intérêt simple.
6. Expliquer, à l'aide de l'exemple suivant, comment utiliser la table 1: prêt de 1000 $, à un taux d'intérêt de 10 % composé annuellement, durant 3 ans.
7. Énumérer les 4 éléments distinctifs de l'intérêt composé.
8. Expliquer ce qu'est une capitalisation mensuelle.
9. Définir le taux nominal d'intérêt.
10. Définir le taux effectif d'intérêt.
11. Définir la capitalisation continue.
12. Représenter la transaction suivante, selon le point de vue de l'emprunteur, à l'aide d'un diagramme de flux monétaire. Un emprunt de 10 000 $ remboursé en 2 ans par versements trimestriels égaux.
13. Sur quelle méthode de calcul d'intérêt repose la formule $V_f = M_a(1 + i)^n$?

PROBLÈMES

1. Une entreprise doit emprunter 10 000 $ au taux d'intérêt de 8 % capitalisé trimestriellement pendant 3 ans.

On demande:

de calculer la valeur future de cet emprunt à la fin des 3 ans.

2. Une compagnie a fait l'acquisition de 5 micro-ordinateurs d'une valeur totale de 25 000 $. Cet achat a été financé par un emprunt au taux de 12 % composé mensuellement.

On demande:

de calculer le taux d'intérêt effectif de cet emprunt.

3. Vous avez effectué un emprunt de 10 000 $ au taux d'intérêt de 12 % pour une durée de 2 ans. Votre contrat vous oblige à faire des versements d'intérêt tous les 6 mois. Le taux d'intérêt est de 12 % composé trimestriellement.

On demande:

de calculer le montant annuel d'intérêt payé sur cet emprunt.

4. Vous devez effectuer un emprunt de 25 000 $ pour financer l'achat d'une voiture. Une caisse populaire consent à vous prêter à un taux de 16 % capitalisé trimestriellement, alors qu'une banque vous prêterait à un taux effectif de 16,75 %.

On demande:

de choisir le prêt le plus avantageux pour vous.

5. Au début de l'année courante, une compagnie a prévu d'acheter dans 3 ans une machine à commande numérique pour son usine de la région de Montréal. Elle a alors décidé de verser une partie de ses bénéfices annuels dans des dépôts à terme en vue d'accumuler la somme requise pour cet investissement. La première année, elle place 50 000 $ au début de l'année et les 2 années suivantes, 100 000 $. Le taux d'intérêt prévu est de 10 % capitalisé annuellement pour la première année et de 12 % pour les 2 suivantes.

On demande:

de calculer le capital qui sera accumulé au début de la quatrième année.

6. Un placement de 50 000 $, effectué le 1er janvier de l'année en cours sous forme d'obligations garanties, doit rapporter un taux d'intérêt de 12 %. Ce placement est d'une durée de 4 ans et l'intérêt est composé semestriellement.

On demande:

de calculer la valeur du placement à la fin de la quatrième année en supposant:

a) que l'intérêt est payé à la fin de chaque année;

b) que l'intérêt n'est payé qu'à la fin de la quatrième année.

7. La période n de temps requise pour doubler la valeur d'une somme d'argent est donnée par l'équation suivante:

$$n = \frac{72}{i}$$

où n = nombre d'années
i = taux d'intérêt effectif

On demande:

de calculer le temps requis pour doubler la valeur d'un investissement de 1000 $ dans les conditions suivantes:

a) un taux d'intérêt de 9 % est capitalisé annuellement;

b) un taux d'intérêt de 12 % est capitalisé trimestriellement.

8. Vous avez déposé la somme de 1000 $ dans un fonds de pension à la fin de chaque année pendant 20 ans. La valeur du fonds accumulé à la fin de cette période dépend des taux de rendement réalisés par le fonds. On vous indique que le taux d'intérêt obtenu sur les placements effectués par les gestionnaires du fonds a été de 10 % au cours des 10 premières années, de 12 % pour les 5 années suivantes et de 15 % pour les 5 dernières années. L'intérêt est capitalisé à la fin de chaque année. Vous devez ignorer les frais de gestion du fonds de pension.

On demande:

de calculer la valeur accumulée dans le fonds de pension après 20 ans.

Chapitre 5

Formules et tables d'intérêt composé

INTRODUCTION

Nous avons vu au chapitre 4 que le temps est un facteur très important lorsqu'on doit emprunter ou utiliser des fonds pour financer des projets. Nous avons vu comment calculer l'intérêt composé et comment utiliser la table 1, une table d'intérêt composé qui donne la valeur future d'un montant actuel de 1 $.

Le chapitre 5 porte sur l'explication de plusieurs formules d'intérêt composé et sur l'utilisation de plusieurs autres tables d'intérêt composé. Il s'agit de tables qui nous permettent de calculer les valeurs suivantes: la valeur actuelle d'un montant futur, la valeur future d'annuités, la valeur actuelle d'annuités, l'annuité équivalente à un montant actuel, l'annuité équivalente à un montant futur, la valeur actuelle d'une série de montants à croissance arithmétique et l'annuité équivalente à cette série. Nous verrons que l'emploi de ces tables simplifie la résolution des problèmes d'intérêt composé. Nous expliquerons également la notion de série géométrique et nous reprendrons le concept d'équivalence abordé au chapitre 4. Finalement, nous présenterons en un seul tableau les formules à la base des 8 tables que l'on retrouve en annexe du volume.

5.1 VALEUR ACTUELLE D'UN MONTANT FUTUR (Table 2)

Au lieu de chercher à établir la valeur future d'un montant actuel comme nous le permettent l'équation 4.2, $V_f = M_a(1 + i)^n$, et les facteurs de la table 1, nous voulons plutôt déterminer ce que vaut aujourd'hui un montant futur. Pour ce faire, il suffit d'exprimer la valeur actuelle, V_a , en fonction du montant futur, M_f, à partir de l'équation 4.2, ce qui donne:

$$V_a = M_f(1 + i)^{-n} \tag{5.1}$$

où V_a = valeur actuelle

M_f = montant futur

i = taux d'intérêt

n = nombre de périodes

$(1 + i)^{-n}$ = facteur donné par la table 2, en annexe, noté $F_{T2}(i, n)$

ou encore:

$$V_a = M_f F_{T2}(i, n) \tag{5.1'}$$

Exemple 5.1 *Calcul de la valeur actuelle d'un montant futur*

Une personne désire avoir accumulé une somme de 1000 $ dans 5 ans. Le taux d'intérêt est de 12 % par année. Combien d'argent doit-elle déposer maintenant pour y arriver? On peut effectuer ce calcul en consultant la table 2, qui donne la valeur actuelle d'un montant futur de 1 $ pour différents taux d'intérêt et différentes périodes de temps. Il s'agit d'y trouver le facteur correspondant aux coordonnées 5 ans et 12 % et de le multiplier par la somme à accumuler. Ce facteur est 0,567. On a donc: $1000 \times 0{,}567 = 567$ $. Ce qui revient à dire que, au taux de 12 %, un montant de 1000 $ obtenu dans 5 ans est équivalent à un montant actuel de 567 $. Ainsi, pour avoir 1000 $ dans 5 ans au taux de 12 %, il faut déposer 567 $ maintenant.

5.2 VALEUR FUTURE D'ANNUITÉS (Table 3)

Une annuité, notée A, est l'un des paiements d'une série de paiements égaux effectués à des intervalles de temps égaux. Le premier paiement se produit à la fin du premier intervalle. Il s'agit de la première annuité. Supposons qu'une série de montants égaux sont investis à la fin de chaque année pendant n années; le montant total accumulé à la fin des n années est la valeur future des annuités. Ainsi, le montant investi à la fin de la première année, A, produit des intérêts pour $(n - 1)$ années et le montant accumulé à la fin des n périodes est $A(1 + i)^{n-1}$. Le deuxième investissement permet d'accumuler un montant de $A(1 + i)^{n-2}$; le troisième investissement, un montant de $A(1 + i)^{n-3}$ et ainsi de suite. Le dernier montant sera investi à la fin de la n^e année et ne rapportera aucun intérêt. On aura alors comme valeur future des annuités:

$$V_f = A\,[1 + (1 + i) + (1 + i)^2 + \ldots + (1 + i)^{n-1}]$$

ou encore:

$$V_f = A \sum_{t=1}^{n} (1 + i)^{t-1}$$

En multipliant les 2 membres de cette équation par $(1 + i)$, on obtient:

$$V_f (1 + i) = A \sum_{t=1}^{n} (1 + i)^t$$

En soustrayant la première équation de la deuxième, on obtient:

$$V_f i = A\,[(1 + i)^n - 1]$$

ou encore:

$$V_f = A\,\frac{(1 + i)^n - 1}{i} \qquad (5.2)$$

où V_f =valeur future
A =annuité
i =taux d'intérêt
n =nombre de périodes
$\frac{(1 + i)^n - 1}{i}$ =facteur d'annuité, donné par la table 3, noté $F_{T3}\,(i, n)$

ou encore:

$$V_f \text{ d'annuités} = A\,F_{T3}\,(i, n) \qquad (5.2')$$

Exemple 5.2 *Calcul de la valeur future d'annuités*

Nous désirons connaître la valeur future d'une série de versements annuels de 1000 $ placés pendant 5 ans au taux d'intérêt de 12 % par année. Le premier de ces paiements doit être effectué dans un an. Cette stratégie est illustrée à la figure 5.1.

À partir de l'équation 5.2 et de la table 3, on obtient:

$$V_f = 1000 \times 6{,}353 = 6353\ \$$$

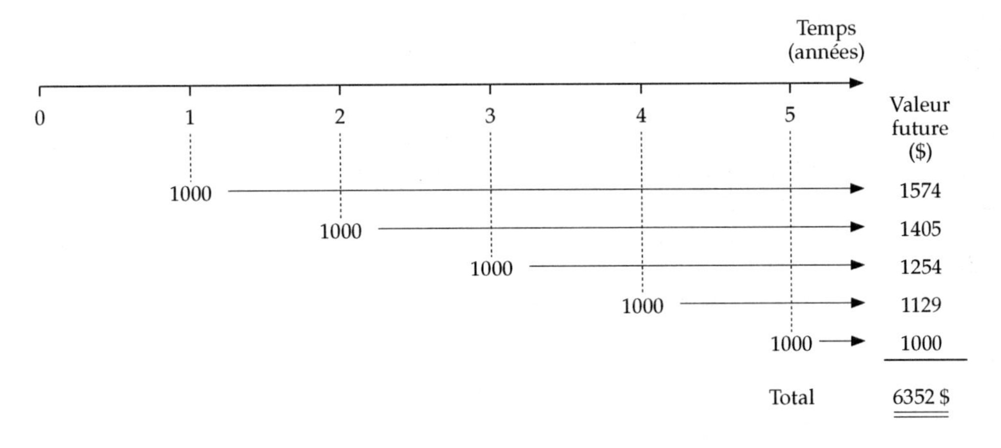

Figure 5.1 (ex. 5.2) Diagramme de la valeur future d'annuités de 1000 $ pour une période de 5 ans et à un taux d'intérêt de 12 %.

5.3 VALEUR ACTUELLE D'ANNUITÉS (Table 4)

Voyons à l'aide d'un exemple ce qu'est la valeur actuelle d'annuités et comment la calculer.

Exemple 5.3 *Calcul de la valeur actuelle d'annuités*

Nous devons toucher chaque année un montant de 1000 $ pendant 5 ans; ce montant comporte une partie en capital et une partie en intérêts à un taux de 12 % par année. Combien vaut actuellement cette série de montants égaux effectués à des intervalles de temps égaux? Pour répondre à cette question, on pourrait calculer la valeur actuelle d'un montant futur, et ce pour 5 périodes différentes, à partir des facteurs de la table 2. On aurait alors:

Valeur actuelle de 1000 $ reçus dans 1 an	= 1000 × 0,8929 =	893
Valeur actuelle de 1000 $ reçus dans 2 ans	= 1000 × 0,7972 =	797
Valeur actuelle de 1000 $ reçus dans 3 ans	= 1000 × 0,7118 =	712
Valeur actuelle de 1000 $ reçus dans 4 ans	= 1000 × 0,6355 =	636
Valeur actuelle de 1000 $ reçus dans 5 ans	= 1000 × 0,5674 =	567
Valeur actuelle totale		3605 $

Cependant, il est plus simple d'utiliser une autre table, la table 4, qui donne la valeur actuelle d'une série de montants égaux, une annuité A de 1 $, reçue à intervalles de temps égaux durant n périodes avec un taux d'intérêt i. Il s'agit de trouver dans la table 4 le facteur correspondant aux coordonnées 5 ans et 12 % et de le multiplier par la somme à toucher. Ce facteur est 3,605. On a donc:

$$\begin{aligned} V_a &= A\, F_{T4}\,(i, n) \\ &= 1000 \times F_{T4}\,(12, 5) \\ &= 1000 \times 3{,}605 \\ &= 3605\ \$ \end{aligned}$$

La formule à la base de la table 4 provient de l'équation 5.2 et prend la forme suivante:

$$V_a = A \frac{(1 + i)^n - 1}{i\,(1 + i)^n} \qquad (5.3)$$

où V_a =valeur actuelle

A =annuité

i =taux d'intérêt

n =nombre de périodes

$\dfrac{(1 + i)^n - 1}{i\,(1 + i)^n}$ =facteur donné par la table 4, noté $F_{T4}\,(i, n)$

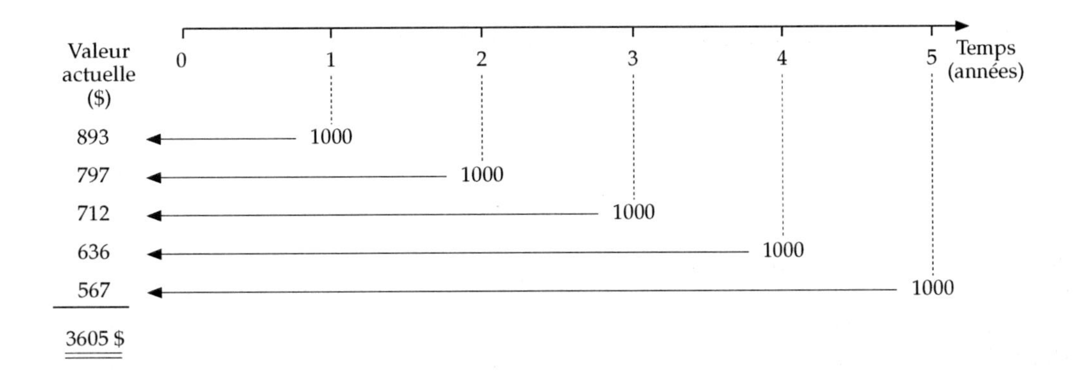

Figure 5.2 (ex. 5.3) Valeur actuelle d'annuités de 1000 $ pour une période de 5 ans et à un taux d'intérêt de 12 %.

ou encore:

$$V_a \text{ d'annuités } = A\, F_{T4}\,(i, n) \tag{5.3'}$$

Ainsi, un montant actuel de 3605 $ est équivalent à une série d'annuités de 1000 $ reçues pendant 5 ans dans l'hypothèse où les montants d'argent rapportent un intérêt de 12 %. Ce calcul d'actualisation est illustré à la figure 5.2.

5.4 ANNUITÉS ÉQUIVALENTES À UN MONTANT ACTUEL (Table 5)

Lorsqu'on désire déterminer le montant de chacun des n paiements égaux annuels dont la somme équivaut à un montant actuel, on a recours à une cinquième table calculée à partir de la table 4. Cette table permet d'obtenir un facteur qui donne l'annuité équivalente à un montant actuel qui pourrait représenter, par exemple, le remboursement d'un emprunt. La formule à la base de cette cinquième table est:

$$A = M_a \frac{i\,(1+i)^n}{(1+i)^n - 1} \tag{5.4}$$

où A = annuité

M_a = montant actuel

i = taux d'intérêt

n = nombre de périodes

$\frac{i\,(1+i)^n}{(1+i)^n - 1}$ = facteur donné par la table 5, noté $F_{T5}\,(i, n)$

ou encore:

$$A \text{ équivalente à un montant actuel} = M_a\, F_{T5}\,(i, n) \qquad (5.4')$$

Le facteur de la table 5 par lequel on multiplie le montant actuel est communément appelé facteur de recouvrement du capital. Les facteurs de la table 5 donnent l'annuité équivalente à un montant actuel de 1 $. Ces facteurs permettent de rendre équivalentes l'annuité et la valeur actuelle d'un montant, qu'il s'agisse d'un investissement ou d'un emprunt, pour différentes durées et différents taux d'intérêt. Le recouvrement du capital est un procédé par lequel on récupère l'argent investi dans un projet. Le recouvrement peut se faire de plusieurs façons, mais il doit tenir compte du capital et des intérêts calculés sur la partie non remboursée du capital.

Exemple 5.4 *Calcul d'annuités équivalentes à un montant actuel*

Un individu désire acheter à crédit un véhicule de 30 000 $. Il veut connaître le montant du versement annuel qu'il devra payer pour rembourser sa dette de 30 000 $ à un taux d'intérêt de 12 % sur une période de 5 ans.

Solution

À partir de l'équation 5.4' on a:

$$\begin{aligned} A \text{ équivalente à un montant actuel} &= M_a\, F_{T5}\,(i, n) \\ &= 30\,000 \times F_{T5}\,(12, 5) \\ &= 30\,000 \times 0{,}2774 \\ &= 8322\ \$ \end{aligned}$$

Ainsi, pour un taux d'intérêt de 12 %, un montant de 30 000 $ payé maintenant équivaut à une annuité de 8322 $ payée pendant 5 ans. Ce montant annuel comprend le remboursement du capital, montant emprunté, et de l'intérêt. Ceci est illustré à la figure 5.3.

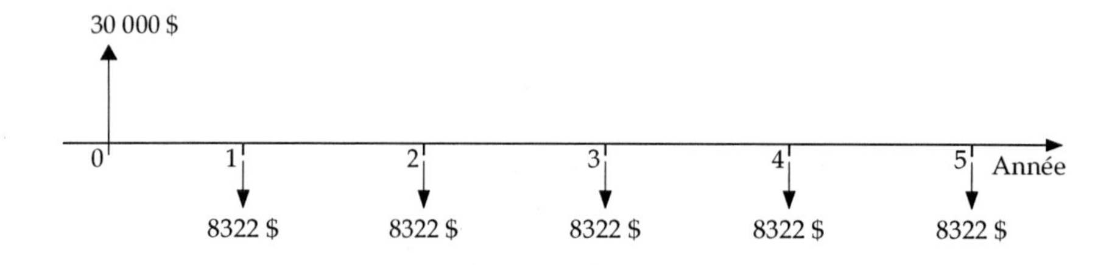

Figure 5.3 (ex. 5.4) Diagramme du montant annuel à rembourser sur un emprunt de 30 000 $ pour une période de 5 ans et à un taux d'intérêt de 12 % par année.

5.5 ANNUITÉS ÉQUIVALENTES À UN MONTANT FUTUR (Table 6)

Pour déterminer le montant de chacun des n paiements annuels dont le total équivaut à une valeur future à la fin de n années, on a recours à une sixième table. La formule à la base de cette table prend la forme suivante:

$$A = M_f \frac{i}{(1 + i)^n - 1} \tag{5.5}$$

où A = annuité

M_f = montant futur

i = taux d'intérêt

n = nombre de périodes

$\frac{i}{(1 + i)^n - 1}$ = facteur donné par la table 6, noté $F_{T6}\,(i, n)$

ou encore:

$$A \text{ équivalente à un montant futur} = M_f F_{T6}\,(i, n) \tag{5.5'}$$

Le facteur de la table 6 par lequel on multiplie le montant futur est souvent appelé le facteur de fonds d'amortissement. Il permet de rendre équivalents le montant futur et l'annuité une fois que les hypothèses de taux d'intérêt et de durée sont établies. Les facteurs de la table 6 donnent l'annuité équivalente à un montant futur de 1 $.

Exemple 5.5 *Calcul d'annuités équivalentes à un montant futur*

Un individu envisage d'acheter dans 5 ans un mobilier et voudrait avoir accumulé 5000 $ alors pour cet achat. S'il bénéficie d'un taux d'intérêt composé de 12 % par année, quel versement annuel doit-il faire pour y arriver?

Solution

À partir de l'équation 5.5', on a:

$$\begin{aligned} A \text{ équivalente à un montant futur} &= M_f F_{T6}\,(i, n) \\ &= M_f F_{T6}\,(12, 5) \\ &= 5000 \times 0{,}1574 \\ &= 787\ \$ \end{aligned}$$

Ainsi, pour un taux d'intérêt de 12 %, un montant de 5000 $ dans 5 ans équivaut à une série de montants de 787 $ par année pendant 5 ans. Ceci est illustré à la figure 5.4.

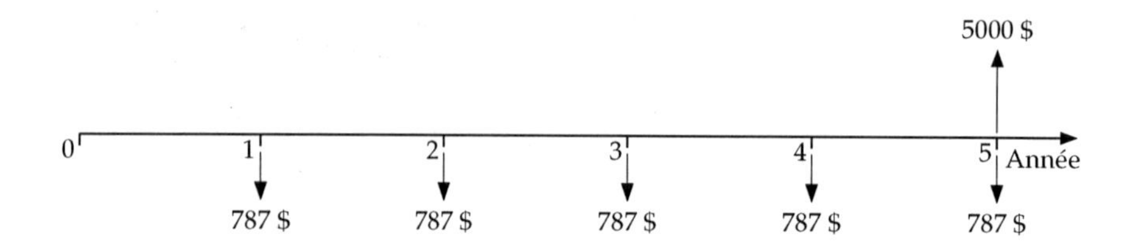

Figure 5.4 (ex. 5.5) Diagramme de l'équivalent annuel d'une somme de 5000 $ qui sera accumulée dans 5 ans, pour un taux d'intérêt de 12 % par année.

5.6 SÉRIE DE MONTANTS À CROISSANCE ARITHMÉTIQUE

Il arrive que certains projets comportent une série de montants qui augmentent ou qui diminuent de façon constante au cours d'un certain nombre de périodes. Il s'agit alors d'une série de montants à croissance arithmétique. Lorsqu'on prévoit que les coûts et les bénéfices annuels d'un projet vont varier d'une façon assez régulière, la croissance arithmétique devient une méthode valable pour estimer ces changements annuels. Comme le montant total est différent chaque année, l'utilisation des tables d'intérêt composé, basées sur des séries de paiements à croissance constante, devient un travail long et fastidieux lorsque les calculs sont faits à la main. L'utilisation de formules et de tables permet d'alléger ce travail.

5.6.1 Valeur actuelle d'une série de montants à croissance arithmétique (Table 7)

Soit un revenu A, reçu à la fin de la première période. À chacune des périodes subséquentes, le revenu augmente d'un montant de valeur constante. L'augmentation annuelle est appelée gradient et est notée G. Le paiement initial représente une annuité, A. La série de montants à croissance arithmétique prend alors l'allure générale suivante:

$$A, A + G, A + 2G, ..., A + (n - 1) G$$

où A = annuité

G = gradient

n = nombre de périodes

Cette série est représentée à la figure 5.5.

La valeur actuelle d'une série de montants à croissance arithmétique de gradient G, pour un taux d'intérêt i et n périodes, est donnée par:

$$V_a = G\left\{\frac{1}{i}\left[\frac{(1 + i)^n - 1}{i(1 + i)^n} - \frac{n}{(1 + i)^n}\right]\right\} \tag{5.6}$$

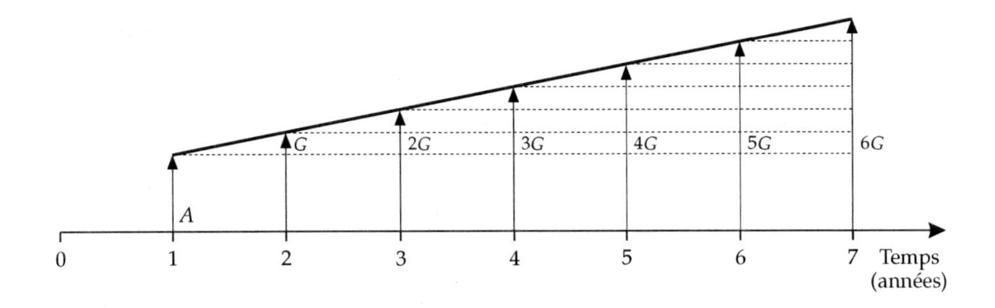

Figure 5.5 Diagramme de flux monétaire d'une série de revenus à croissance arithmétique qui augmentent de G par année.

ou encore:

$$V_a \text{ d'une série arithmétique } = G\, F_{T7}\,(i, n) \qquad (5.6')$$

La table 7, en annexe, contient les facteurs de conversion en valeur actuelle d'une série de montants à croissance arithmétique, de gradient G, pour 1 \$ et pour des taux d'intérêt i variant de 1 % à 50 %.

Exemple 5.6 *Calcul de la valeur actuelle d'une série de montants à croissance arithmétique*

Vous avez l'intention de déposer, dans un an, 500 \$ dans un compte d'épargne. Vous voulez également augmenter votre dépôt annuel de 100 \$ par année au cours des 9 années suivantes. Le taux d'intérêt anticipé est de 8 % par année. Quelle est la valeur actuelle de ces placements futurs?

Solution

Il faut effectuer le calcul en 2 étapes. On calcule d'abord la valeur actuelle d'une annuité de 500 \$ pendant 10 ans au taux d'intérêt de 8 %. À partir de l'équation 5.3', on a:

$$\begin{aligned} V_a \text{ d'annuités } &= A\, F_{T4}\,(i, n) \\ &= 500\, F_{T4}\,(8, 10) \\ &= 500 \times 6{,}71 \\ &= 3355\ \$ \end{aligned}$$

Ensuite, on calcule la valeur actuelle de la série de paiements au taux d'intérêt de 8 % et dont la croissance annuelle est de 100 \$ pour les 9 années qui suivent la première année du projet. À partir de l'équation 5.6', on a:

$$\begin{aligned} V_a \text{ d'une série arithmétique} &= G\,F_{T7}\,(i, n) \\ &= 100\,F_{T7}\,(8, 10) \\ &= 100 \times 25{,}977 \\ &= 2598\ \$ \end{aligned}$$

La valeur actuelle totale de la série de paiements devient:

$$\begin{aligned} V_a \text{ totale} &= V_a \text{ d'annuités} + V_a \text{ d'une série arithmétique} \\ &= 3355 + 2598 \\ &= 5953\ \$ \end{aligned}$$

5.6.2 Annuité équivalente à une série de montants à croissance arithmétique (Table 8)

L'annuité équivalente à une série de montants à croissance arithmétique, fréquemment appelée série arithmétique, de gradient G, pour un taux d'intérêt i et une durée de n années est:

$$A = G\left[\frac{1}{i} - \frac{n}{(1+i)^n - 1}\right] \tag{5.7}$$

ou encore:

$$A \text{ équivalente à une série arithmétique} = G\,F_{T8}\,(i, n) \tag{5.7'}$$

La table 8 contient les facteurs de conversion en annuité d'une série de montants à croissance arithmétique, de gradient G, pour 1 $ et pour des taux d'intérêt variant de 1 % à 50 %.

Exemple 5.7 *Calcul de l'annuité équivalente à une série de montants à croissance arithmétique*

Partant du projet de dépôt présenté à l'exemple 5.6, voyons comment calculer l'annuité équivalente à cette série de montants à croissance arithmétique, pour une durée de 10 ans et à un taux d'intérêt de 8 %.

Solution

Il faut ici aussi procéder en 2 étapes. D'abord, il faut tenir compte du fait que chaque paiement annuel contient une somme de 500 $, déjà identifiée comme une annuité. Ensuite, il faut établir l'annuité équivalente à la série de paiements qui augmentent de 100 $ pour les 9 années suivant la première année du projet. À partir de l'équation 5.7', on a:

A équivalente à une série arithmétique $= G\, F_{T8}\,(i, n)$
$= 100\, F_{T8}\,(8, 10)$
$= 100 \times 3{,}871$
$= 387\ \$$

L'annuité totale équivalente au projet de dépôt de l'exemple 5.6 est donc:

A totale $= A + A$ équivalente à une série arithmétique
$= 500 + 387$
$= 887\ \$$

....

5.7 SÉRIE DE MONTANTS À CROISSANCE GÉOMÉTRIQUE

La série de montants à croissance géométrique est une série de montants dont la valeur augmente ou diminue d'un pourcentage constant au cours d'un certain nombre de périodes. Ainsi, supposons que M_1 représente un montant reçu à la fin de la première année et que les montants des périodes subséquentes augmentent d'un taux g relativement au montant de la période précédente; la série de montants évolue ainsi:

Année 1: M_1

Année 2: $M_2 = M_1 + gM_1 = M_1\,(1 + g)$

Année 3: $M_3 = M_2 + gM_2 = M_1\,(1 + g)^2$

$\vdots$

Année n: $M_n = M_{n-1} + gM_{n-1} = M_1\,(1 + g)^{n-1}$

Cette série géométrique est présentée à la figure 5.6. On peut exprimer la valeur actuelle du montant total de cette série après n années à partir de l'équation 5.1 qui donne la valeur actuelle d'un montant futur. En supposant que le taux d'intérêt est i, on obtient:

$$V_a = M_1\,(1 + i)^{-1} + M_2\,(1 + i)^{-2} + \ldots + M_n\,(1 + i)^{-n}$$

Si on exprime tous les termes de cette somme en fonction de M_1, on obtient:

$$V_a = M_1\,(1 + i)^{-1} + M_1\,(1 + g)\,(1 + i)^{-2} + \ldots + M_1\,(1 + g)^{n-1}\,(1 + i)^{-n}$$

Pour simplifier ces calculs, on combine en un taux unique noté i^* le taux d'augmentation g avec le taux d'intérêt i. Trois cas peuvent se présenter.

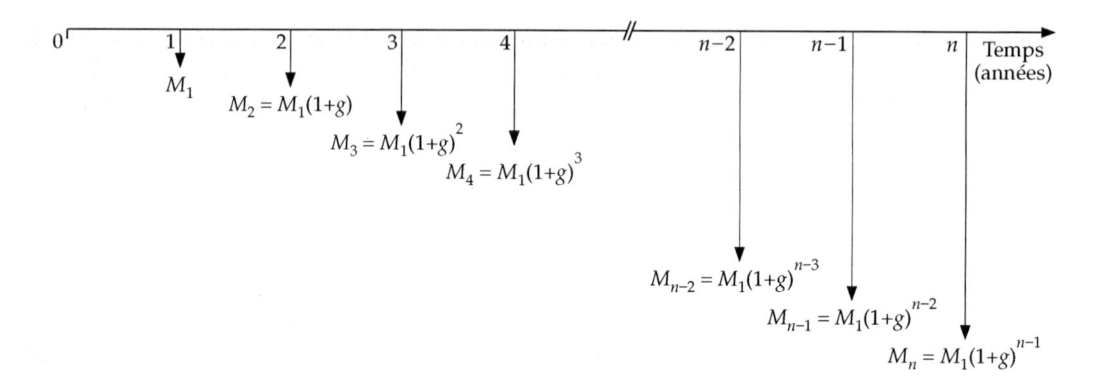

Figure 5.6 Diagramme de flux monétaire d'une série de coûts à croissance géométrique d'un taux g.

Premier cas: $g > i$. On pose:

$$i^* = \frac{1+g}{1+i} - 1$$

On a alors:

$$V_a = \frac{M_1}{1+i}\left(\frac{\left(1+i^*\right)^n - 1}{i^*}\right) \tag{5.8}$$

Deuxième cas: $g < i$. On pose:

$$i^* = \frac{1+i}{1+g} - 1$$

On a alors:

$$V_a = \frac{M_1}{1+g}\left(\frac{\left(1+i^*\right)^n - 1}{i^*\left(1+i^*\right)^n}\right) \tag{5.8'}$$

Troisième cas: $g = i$. On n'a pas besoin de i^*; on a, pour la valeur actuelle:

$$V_a = \frac{M_1 n}{1+g} \tag{5.8''}$$

La série de montants à croissance géométrique est souvent utilisée, à tort croyons-nous, pour tenir compte en même temps de l'effet de l'inflation sur les coûts et sur les bénéfices d'un projet. Suivant cette approche, on combine le taux d'inflation avec le taux d'intérêt en un facteur unique. Or, l'objectif premier de toute étude économique étant d'arriver à faire des choix entre diverses options, on se doit d'identifier clairement les hypothèses posées sur les changements de prix dus à l'inflation au cours de la durée d'étude des projets. Le fait de combiner les effets de l'inflation et les effets de l'intérêt en un facteur unique rend très difficile l'identification de ces hypothèses et, par conséquent, leur modification en vue de faire des choix plus éclairés. C'est pourquoi la série de montants à croissance arithmétique s'avère plus appropriée pour la plupart des études économiques.

Exemple 5.8 *Taux de croissance géométrique plus grand que le taux d'intérêt*

Les coûts annuels d'entretien d'un équipement sont estimés à 2500 $ pour la première année d'utilisation. On prévoit que ces coûts vont augmenter au taux de 15,6 % par année pendant 8 ans. Le taux d'intérêt est de 8 %. Quelle est la valeur actuelle des coûts totaux d'entretien de l'équipement?

Solution

Comme $g > i$, on a:

$$i^* = \frac{1+g}{1+i} - 1 = \frac{1+0{,}156}{1+0{,}08} - 1 = 7\ \%$$

On peut calculer la valeur actuelle des coûts d'entretien à partir de l'équation 5.8. On a:

$$V_a = \frac{M_1}{1+i}\left[\frac{\left(1+i^*\right)^n - 1}{i^*}\right]$$

$$= \frac{2500}{1{,}08}\left[\frac{(1+0{,}07)^8 - 1}{0{,}07}\right]$$

$$= 2314{,}81 \times 10{,}26$$

$$= 23\,750\ \$$$

Exemple 5.9 *Taux de croissance géométrique plus petit que le taux d'intérêt*

Reprenons l'exemple 5.8 en supposant un taux de croissance des coûts d'entretien de 3,75 %, au lieu de 15,6 %, et un même taux d'intérêt, soit 8 %. Quelle est la valeur actuelle des coûts totaux d'entretien de l'équipement?

Solution

Comme $g < i$, on a:

$$i^* = \frac{1+i}{1+g} - 1 = \frac{1+0{,}08}{1+0{,}0375} - 1 = 4\ \%$$

On peut calculer la valeur actuelle des coûts totaux d'entretien à partir de l'équation 5.8′. On a:

$$V_a = \frac{M_1}{1+g}\left[\frac{\left(1+i^*\right)^n - 1}{i^*\left(1+i^*\right)^n}\right]$$

$$= \frac{2500}{1{,}0375}\left[\frac{(1+0{,}04)^8 - 1}{0{,}04\,(1+0{,}04)^8}\right]$$

$$= 2409{,}64 \times 6{,}733$$

$$= 16\,224\ \$$$

Exemple 5.10 *Taux de croissance géométrique égal au taux d'intérêt*

Reprenons l'exemple 5.8 en supposant que les coûts d'entretien vont augmenter au même taux que le taux d'intérêt, soit 8 % par année. Quelle est la valeur actuelle des coûts totaux d'entretien?

Solution

Comme $g = i$, on peut calculer cette valeur à partir de l'équation 5.8″. On a:

$$V_a = \frac{M_1 n}{1+g}$$

$$= \frac{2500 \times 8}{1+0{,}08}$$

$$= 18\,519\ \$$$

5.8 RÉSUMÉ DES FORMULES ET DES TABLES

Les formules et les tables d'intérêt composé permettent de comparer entre elles des séries de paiements effectués à différentes périodes de temps. Elles permettent de ramener des flux monétaires sur une même base de temps. La résolution de tous les problèmes d'intérêt composé s'effectue soit à l'aide des formules, soit à l'aide des tables. Les formules sont plus utiles lorsqu'on utilise un micro-ordinateur tandis que les tables d'intérêt simplifient les calculs manuels.

On représente les différentes tables et formules par la notation suivante: x/y, i, n. La variable x représente la valeur recherchée et la variable y, la valeur connue. Le taux d'intérêt est noté i et n représente le nombre de périodes de calcul de l'intérêt. À titre d'exemple, la notation (V_a/M_f, 10 %, 5) indique qu'on désire obtenir le facteur qui permettra d'établir la valeur actuelle d'un montant futur reçu ou payé dans 5 périodes de temps, disons 5 ans, lorsque le taux d'intérêt est de 10 %.

Nous retrouvons dans le tableau 5.1 les formules générales qui servent aux calculs d'actualisation expliqués dans les chapitres 4 et 5. Ces formules contiennent les facteurs d'actualisation à la base des 8 tables à capitalisation discrète d'intérêt qu'on retrouve en annexe.

Tableau 5.1 Résumé des formules et des tables d'intérêt composé pour un taux d'intérêt i et pour n périodes

Table	Type de montant à calculer	Notation	Formule
1	Valeur future d'un montant actuel	$V_f/M_a, i, n$	$V_f = M_a(1+i)^n$
2	Valeur actuelle d'un montant futur	$V_a/M_f, i, n$	$V_a = M_f(1+i)^{-n}$
3	Valeur future d'une annuité	$V_f/A, i, n$	$V_f = A\dfrac{(1+i)^n - 1}{i}$
4	Valeur actuelle d'une annuité	$V_a/A, i, n$	$V_a = A\dfrac{(1+i)^n - 1}{i(1+i)^n}$
5	Annuité équivalente à un montant actuel	$A/M_a, i, n$	$A = M_a\dfrac{i(1+i)^n}{(1+i)^n - 1}$
6	Annuité équivalente à un montant futur	$A/M_f, i, n$	$A = M_f\dfrac{i}{(1+i)^n - 1}$
7	Valeur actuelle d'une série de montants à croissance arithmétique de gradient G	$V_a/G, i, n$	$V_a = G\dfrac{1}{i}\left[\dfrac{(1+i)^n - 1}{i(1+i)^n} - \dfrac{n}{i(1+i)^n}\right]$
8	Annuité équivalente à une série de montants à croissance arithmétique de gradient G	$A/G, i, n$	$A = G\left[\dfrac{1}{i} - \dfrac{n}{(1+i)^n - 1}\right]$
	Valeur actuelle d'une série de montants à croissance géométrique avec un taux de croissance g et un montant initial M_1	$V_a/g, i, n$	
	1er cas: $g > i$ et $i^* = \dfrac{1+g}{1+i} - 1$		$V_a = \dfrac{M_1}{1+i}\left(\dfrac{(1+i)^n - 1}{i^*}\right)$
	2e cas: $g < i$ et $i^* = \dfrac{1+i}{1+g} - 1$		$V_a = \dfrac{M_1}{1+g}\left(\dfrac{(1+i^*)^n - 1}{i^*(1+i^*)^n}\right)$
	3e cas: $g = i$		$V_a = \dfrac{M_1 n}{1+g}$

CONCLUSION

Dans ce chapitre, nous avons examiné et utilisé les formules et les tables d'intérêt composé qui permettent de ramener sur des bases équivalentes des séries de paiements, que ces derniers soient uniformes ou croissants. Le lecteur dispose maintenant de toutes les notions de comptabilité et d'économie nécessaires pour aborder la deuxième partie de ce manuel dans laquelle nous étudierons 6 méthodes d'analyse économique des projets d'ingénierie.

QUESTIONS

1. À quoi servent les tables d'intérêt composé?
2. Qu'est-ce qu'une annuité?
3. Qu'est-ce que l'actualisation?
4. À quoi peut servir la table permettant de déterminer l'annuité qui sert à rembourser un montant actuel?
5. À quoi sert la table permettant de déterminer l'annuité qui sert à accumuler un montant futur?
6. Dans une analyse économique, dans quelles circonstances utilisera-t-on les tables à capitalisation annuelle?
7. Calculer la valeur actuelle d'une annuité de 1000 $ à 10 % pour une période de 10 ans, mais qui a été différée de 4 ans.
8. Donner un exemple d'une série de montants à croissance arithmétique.
9. Établir la différence entre une série à croissance arithmétique et une série à croissance géométrique.

QUESTIONS À CHOIX MULTIPLES

Utiliser un taux d'intérêt de 10 % pour les questions à choix multiples.

10. Calculer la valeur actuelle des séries de montants suivantes:

    a) 1000 $ par an reçus pendant 4 ans, à la fin de chaque année;

    Réponses: 1. 3155 $ 2. 4329 $ 3. 3170 $

    b) 1000 $ par an reçus pendant 4 ans; le premier paiement est effectué maintenant, tandis que les 3 autres sont faits à la fin de chaque année.

    Réponses: 1. 2898 $ 2. 3487 $ 3. 4000 $ 4. 3261 $

11. Vous pourriez payer une dette de 1000 $ de 2 façons: soit en la remboursant immédiatement, soit en payant une somme x dans 5 ans. Quelle est la valeur maximale que x peut prendre pour que vous préfériez encore rembourser la dette dans 5 ans?

    Réponses: a) 1611 $ b) 1723 $ c) 1500 $

12. Quelle est la valeur actuelle d'une obligation qui rapporterait un intérêt simple de 100 $ par an, pendant 30 ans, et qui vaudrait 1000 $ à échéance?

    Réponses: a) 1350 $ b) 1000 $ c) 530 $

13. Vous avez emprunté 2500 $ à rembourser dans 5 ans. Vous avez ouvert un compte en banque dans lequel vous allez verser un montant annuel pour pouvoir vous acquitter de votre dette (sans les intérêts) le moment venu. Le compte en banque vous rapporte un intérêt de 10 %. Quel montant devez-vous y verser annuellement?

    Réponses: a) 659,50 $b) 409,50 $ c) 609,50 $ d) 850,50 $

14. Vous avez acheté à crédit un chalet d'été au prix de 100 000 $ et vous avez accepté d'amortir la dette sur une période de 10 ans, le premier paiement étant dû un an après l'achat. Vous devez payer un taux d'intérêt de 10 % par an. Quel montant devez-vous verser annuellement?

    Réponses: a) 16 270 $b) 13 270 $ c) 18 310 $ d) 15 000 $

15. Quel investissement actuel justifierait un projet qui réduirait les coûts annuels d'entretien de 25 000 $ pendant 5 ans en supposant un taux d'intérêt de 10 %?

    Réponses: a) 120 000 $ b) 155 225 $ c) 94 775 $

PROBLÈMES

1. Une entreprise veut réaliser un projet de construction sur une période de 4 ans. Le taux d'intérêt payé pour le financement durant la construction est de 10 %. Les coûts de construction prévus sont les suivants: 800 000 $ à la fin de la première année, 2 000 000 $ à la fin de la deuxième, 1 000 000 $ à la fin de la troisième, et 500 000 $ à la fin de la quatrième année.

On demande:

a) de calculer la valeur actuelle des coûts de construction à la fin de la première année;

b) de calculer la valeur future du projet à la fin de la quatrième année.

2. Une entreprise envisage la construction d'un atelier d'entretien centralisé dans la région de Montréal pour ses véhicules lourds. Les estimations des coûts de construction, d'aménagement et d'achats d'équipements, établies à partir de plans et devis, sont les suivantes:

8 000 000 $ à la fin de la première année, 10 000 000 $ à la fin de la deuxième, et 12 000 000 $ à la fin de la troisième année.

On prévoit utiliser cet atelier à partir du début de la quatrième année jusqu'à la fin de la vingt-troisième année. On prévoit également le revendre au prix de 5 000 000 $ à la fin de la vingt-troisième année. Les coûts annuels d'entretien et d'exploitation de l'atelier sont estimés à 2 000 000 $. L'entreprise peut aussi louer un atelier d'entretien construit récemment pour un loyer de 7 000 000 $ par année pendant 20 ans. Les coûts d'entretien et d'exploitation sont à la charge du locateur. Le taux d'intérêt annuel est de 10 %.

On demande:

d'établir s'il est plus économique de construire l'atelier ou de le louer. Présenter votre solution en comparant les coûts totaux actualisés à la troisième année, celle où on termine les travaux de construction; comparer également les coûts totaux d'investissement et d'exploitation sous forme d'annuités, de la quatrième année à la vingt-troisième.

3. La direction d'un immeuble à bureaux a pris la décision de repeindre l'intérieur de l'immeuble au cours de l'été. Elle doit choisir entre une peinture au latex qui coûte 18 $ le contenant de 4 litres et une peinture à l'huile à 36 $ le contenant de 4 litres. Chaque contenant peut couvrir une surface de 42 m^2. Le taux horaire d'un peintre est de 22,50 $ comprenant le salaire et les avantages sociaux. Un peintre peut peindre en moyenne une surface de 8,4 m^2 par heure de travail. La durée de vie d'une peinture au latex est de 5 ans et celle d'une peinture à l'huile, de 8 ans. Le coût de l'argent est de 12 %. La durée de vie de l'immeuble est estimée à 40 ans.

On demande:

de recommander un type de peinture. Justifier votre recommandation en calculant la valeur actuelle des coûts des 2 options.

4. Une compagnie envisage d'acheter de l'équipement dont la durée de vie est de 8 ans. On néglige ici l'effet de l'impôt. Les bénéfices nets annuels projetés sont de 10 000 $ pour chacune des 2 premières années et de 20 000 $ pour chacune des 6 autres. Le taux d'intérêt utilisé pour calculer les valeurs actuelles est évalué à 10 % pour les 4 premières années et à 12 % pour les 4 dernières. Le taux d'intérêt obtenu du réinvestissement des sommes d'argent, utilisé pour calculer les valeurs futures, est estimé à 10 % pour les 2 premières années et à 12 % pour les 6 dernières. L'équipement n'a aucune valeur de revente à la fin de la huitième année.

On demande:

a) de calculer le montant maximal que la compagnie doit investir dans ce projet pour réaliser des taux d'intérêt de 10 % pour les 4 premières années et de 12 % pour les 4 dernières années;

b) de calculer la valeur future, à la fin de la huitième année, des bénéfices du projet;

c) en tenant compte du fait qu'on peut vendre l'équipement 65 000 $ à la fin de la quatrième année, d'établir si cette option est plus avantageuse que l'option initiale.

5. Vous disposez actuellement de 40 000 $. Vous voulez fonder une entreprise de location de voitures. Vous visez un rendement de 14 % sur votre investissement, que vous obtiendrez par le réinvestissement des bénéfices. Le taux d'intérêt pour les 6 prochaines années sera de 12 % par année. Ce taux s'applique au réinvestissement des bénéfices à l'extérieur de l'entreprise. On néglige ici l'effet de l'impôt. Deux options doivent être analysées.

   Option 1: achat de 4 voitures à 10 000 $ chacune, de petite cylindrée. La durée du projet devra être limitée à 4 ans à cause de la qualité des voitures. Les recettes annuelles nettes de location seront de 5000 $ par voiture pour la première année, de 4000 $ pour la deuxième, de 3000 $ pour la troisième et de 2000 $ pour la quatrième. À la fin de la quatrième année, la valeur de revente de chaque voiture est de 1000 $.

   Option 2: achat de 2 voitures de 20 000 $ chacune, de moyenne cylindrée. La durée du projet est de 6 ans. Les bénéfices nets annuels de location par voiture seraient de 7000 $ à la fin de chacune des 2 premières années et de 4000 $ à la fin de chacune des 4 dernières années. La valeur de revente de chaque voiture à la fin de la sixième année est de 3000 $.

On demande:

a) d'établir la valeur actuelle nette des flux monétaires de chaque option;

b) d'établir la valeur future des flux monétaires de chaque option pour une durée d'étude de 6 ans;

c) de recommander l'option la plus rentable.

6. Un véhicule coûte 15 000 $ à l'achat et a une durée de vie de 7 ans. À la fin de cette période, la valeur résiduelle est nulle. Les coûts annuels d'entretien, de réparation et de consommation d'essence sont de 2000 $ la première année, de 2500 $ la deuxième année et de 3000 $ la troisième année. Ces coûts annuels augmentent à raison de 500 $ par année jusqu'à la fin de la durée de vie du véhicule.

On demande:

a) de calculer l'annuité correspondant aux coûts totaux annuels de ce véhicule en supposant un taux d'intérêt de 10 %;

b) de calculer la valeur actuelle des coûts du véhicule au taux d'intérêt de 10 %.

7. Une ville du Québec, dans sa politique d'entretien des véhicules lourds, effectue un entretien préventif tous les 5000 kilomètres pour chaque véhicule. Un entretien préventif coûte 150 $ en pièces et en main-d'oeuvre au cours de la première année de la vie utile de ce type de véhicule, qui est en moyenne de 10 ans. On anticipe que le taux de croissance annuel de ces dépenses sera de 5,75 %. Le taux d'intérêt est de 10 %. Chaque véhicule lourd parcourt en moyenne 25 000 kilomètres par année.

On demande:

a) de calculer la valeur actuelle des coûts d'entretien préventif au cours de la vie utile d'un véhicule lourd;

b) de calculer l'annuité correspondant aux coûts annuels de l'entretien préventif d'un véhicule lourd.

PARTIE 2

Six méthodes d'analyse économique des projets d'ingénierie

Chapitre 6

Taux de rendement interne, taux de rendement Baldwin et valeur actuelle nette

INTRODUCTION

Nous avons vu aux chapitres 4 et 5 les principales tables d'intérêt composé qui nous permettent de ramener sur une base équivalente des flux monétaires encaissés ou déboursés à des périodes de temps différentes. Dans ce chapitre, nous expliquerons 3 méthodes d'évaluation de la rentabilité des projets qui tiennent compte de la valeur de l'argent dans le temps et qui reposent sur l'emploi des tables d'intérêt composé: le taux de rendement interne, le taux de rendement Baldwin et la valeur actuelle nette. Parce qu'elles considèrent la valeur de l'argent dans le temps, on dit de ces méthodes qu'elles permettent d'actualiser l'analyse économique des projets ou encore que ce sont des méthodes d'actualisation. Comme le taux de rendement Baldwin n'est qu'une variante du taux de rendement interne, nous élaborerons davantage les méthodes du taux de rendement interne et de la valeur actuelle nette. Pour chacune nous donnerons une définition, nous expliquerons le calcul à l'aide d'exemples, nous énoncerons les règles de décision qu'elle préconise, nous analyserons ses avantages et ses limites et nous décrirons les situations où on l'utilise.

Ces 2 méthodes sont les méthodes d'actualisation les plus utilisées en pratique. En effet, une enquête* menée auprès des 168 plus grandes entreprises industrielles mondiales indique que 100 % des entreprises interrogées utilisent soit le taux de rendement interne, noté T_{ri}, soit la valeur actuelle nette, notée V_{an}, comme indices de rentabilité de leurs projets d'investissement. L'enquête révèle également que la méthode du taux de rendement interne est la plus

* HENDRICKS, J.A., «Factory Automation», dans *Management Accounting*, décembre 1988, p. 24 à 30.

utilisée. Des enquêtes similaires menées auprès d'entreprises américaines font ressortir les mêmes tendances. Il faut toutefois mentionner que ces grandes entreprises évaluent également leurs projets à l'aide des méthodes du délai de recouvrement et du taux de rendement comptable (chap. 8). Ces méthodes permettent en effet de considérer certains aspects de l'investissement projeté différents de ceux qui sont pris en compte par la méthode du taux de rendement interne et celle de la valeur actuelle nette.

Dans la partie 1, nous nous sommes attardés aux réalités économiques suivantes:

- l'utilisation de l'argent a un coût, appelé intérêt;
- les entreprises ont des objectifs de maximisation des bénéfices ou de minimisation des coûts;
- dans l'analyse économique des projets, il est essentiel de rendre équivalentes des sommes d'argent encaissées ou déboursées à des moments différents en calculant la valeur de ces montants à un temps donné, identique pour toutes les transactions.

Outre la rentabilité, d'autres critères peuvent influencer le choix des projets des entreprises. Ainsi, pour choisir entre divers équipements, on tiendra compte de la santé et de la sécurité du personnel; on considérera également la polyvalence, la compatibilité et l'entretien des équipements. Toutefois, même si les entreprises tiennent compte de multiples critères dans le processus de sélection de leurs projets, elles doivent toujours les subordonner à celui de la rentabilité pour l'ensemble des projets. Les dirigeants d'entreprises exigent maintenant que les ingénieurs tiennent compte des réalités économiques dans les projets qu'ils proposent. Examinons donc 3 méthodes qui prennent en considération ces réalités économiques:

- le taux de rendement interne;
- le taux de rendement Baldwin;
- la valeur actuelle nette.

6.1 TAUX DE RENDEMENT INTERNE, T_{ri}

On peut définir cette méthode de 2 façons. Le taux de rendement interne, noté T_{ri}, est un taux qui rend la valeur actuelle des recettes d'un projet égale à la valeur actuelle des débours d'investissement exigés par celui-ci (chap. 1). On peut également considérer le taux T_{ri} comme le pourcentage gagné sur le montant de capital investi, pour chacune des années de la durée du projet, après avoir tenu compte du remboursement du montant investi au départ.

6.1.1 Calcul du taux T_{ri}

Recettes uniformes. Considérons tout d'abord le cas où les recettes annuelles nettes anticipées sont uniformes pour toute la durée du projet. Calculer la valeur actuelle des recettes revient alors à calculer la valeur actuelle d'annuités et on recourra à la table 4. Ainsi, on cherche la valeur du taux T_{ri} telle que:

$$F_{T4}\left(T_{ri}, n\right) = \frac{V_a \left(\text{débours d'investissement}\right)}{A\left(\text{recettes annuelles nettes}\right)} \tag{6.1}$$

Dans une première étape, on calcule la valeur actuelle des débours d'investissement et des recettes annuelles nettes du projet qu'on divise ensuite l'une par l'autre pour obtenir le facteur d'actualisation F_{T4} (T_{ri}, n). Dans une deuxième étape, on consulte la table 4 pour déterminer le taux T_{ri}. En effet, la valeur du facteur d'actualisation F_{T4} est maintenant calculée et la durée du projet, n, est connue. Il s'agit alors de chercher sur la ligne correspondant à la durée du projet la valeur de ce facteur. Le taux d'intérêt correspondant au point d'intersection de la ligne et de la colonne ainsi identifiée représente le taux T_{ri} du projet. Lorsque le facteur obtenu ne se retrouve pas tel quel dans la table, le taux de rendement se détermine par interpolation.

Exemple 6.1 *Taux T_{ri} d'un projet avec recettes uniformes*

Une entreprise envisage de faire l'achat d'une machine au coût de 19 140 $ tous frais d'installation inclus. Cette machine permettra de réaliser des recettes annuelles nettes de 6000 $ pendant 12 ans. Après cette période, la machine n'aura aucune valeur résiduelle. Quel est le taux T_{ri} de ce projet?

Solution

À partir de l'équation 6.1, on a:

$$F_{T4}\left(T_{ri}, n\right) = \frac{V_a\left(\text{débours d'investissement}\right)}{A\left(\text{recettes annuelles nettes}\right)}$$

$$= \frac{19\,140}{6000}$$

$$= 3{,}190$$

Donc,

$$F_{T4}\,(T_{ri}, 12) = 3{,}190$$

D'où, après consultation de la table 4, sur la ligne 12, vis-à-vis du facteur 3,190, on trouve:

$$T_{ri} = 30\ \%$$

Si le projet ne produit des recettes annuelles nettes que pendant une seule année, calculer la valeur actuelle de ces recettes revient alors à calculer la valeur actuelle d'un montant futur; dans ce cas, on recourra à la table 2. Ainsi, on cherchera la valeur du taux T_{ri} telle que:

$$\begin{aligned} V_a\,(\text{débours d'investissement}) &= V_a\,(\text{recettes annuelles nettes}) \\ &= \text{recettes annuelles nettes} \times F_{T2}\,(T_{ri}, n) \qquad (6.2) \end{aligned}$$

Un autre cas peut se présenter. Si l'investissement se fait sur plusieurs années, plutôt qu'en une seule fois au début du projet, il faudra alors actualiser la valeur des débours d'investissement et procéder par essais et erreurs, comme dans le cas des recettes non uniformes. C'est le cas d'un projet non conventionnel (art. 6.1.4).

Recettes non uniformes. Si les recettes anticipées ne sont pas uniformes d'une année à l'autre, il faut procéder par essais et erreurs, c'est-à-dire faire l'hypothèse d'un certain taux T_{ri} et vérifier cette hypothèse. Ainsi on calcule, pour chaque année, la valeur actuelle des recettes et des débours d'investissement avec le taux à l'essai. Si la valeur actuelle des recettes excède celle des débours d'investissement, le taux à l'essai est trop faible; au contraire, si la valeur actuelle des recettes est inférieure à celle des débours, c'est que le taux choisi est trop élevé. Dans ces cas, on essaiera un autre taux. Si 2 taux à l'essai fournissent des valeurs actuelles nettes (recettes nettes actualisées – débours actualisés), notées V_{an}, de signe contraire, c'est que le taux T_{ri} se situe entre ces 2 taux. On peut alors le calculer par interpolation de la façon suivante:

$$T_{ri} = i_1 + \frac{(V_{an})_1}{(V_{an})_1 - (V_{an})_2}(i_2 - i_1)$$

où T_{ri} =taux de rendement interne
i_1 =taux d'intérêt utilisé au premier essai
i_2 =taux d'intérêt utilisé au deuxième essai
$(V_{an})_1$ =valeur actuelle nette calculée avec le taux i_1
$(V_{an})_2$ =valeur actuelle nette calculée avec le taux i_2

Il faut remarquer que, comme la fonction qui donne les valeurs numériques de la table 2 n'est pas linéaire, la précision de l'interpolation augmente avec la proximité des bornes utilisées. Pour éviter des essais inutiles, il faut en premier lieu faire la somme des flux monétaires, c'est-à-dire additionner les recettes nettes et les débours nets du projet. Un total négatif est une indication que le projet a un taux T_{ri} inférieur à zéro. Il est alors inutile de poursuivre les calculs de rentabilité. Lorsque le total des flux monétaires est positif, le premier taux T_{ri} à essayer est le taux de rendement comptable sur l'investissement moyen du projet. Nous verrons cette notion en détail au chapitre 8.

Exemple 6.2 *Taux T_{ri} d'un projet avec recettes non uniformes*

Une entreprise de service public désire informatiser une partie de son système de facturation. Ce projet requiert un investissement de 50 000 $ et on prévoit les recettes annuelles nettes suivantes: 20 000 $ pour chacune des 2 premières années; 17 500 $ pour la troisième année; 15 000 $ pour la quatrième année et 8000 $ pour la cinquième année. Le montant des recettes de la cinquième année inclut la valeur résiduelle du système de facturation. Quel est le taux T_{ri} de ce projet?

Solution

Calculons, au tableau 6.1, la valeur actuelle nette du projet avec les taux i_1 et i_2 de 20 % et de 22 %.

Tableau 6.1 (ex. 6.2) Valeur actuelle nette du projet

n	**Flux monétaire ($)**	**F_{T2} (i_1 = 20 %, n)**	**Valeur actuelle ($)**	**F_{T2} (i_2 = 22 %, n)**	**Valeur actuelle ($)**
0	- 50 000	1,000	- 50 000	1,000	- 50 000
1	+20 000	0,8333	+16 666	0,8197	+16 394
2	+20 000	0,6944	+13 888	0,6719	+13 438
3	+17 500	0,5787	+10 127	0,5507	+ 9 637
4	+15 000	0,4825	+ 7 238	0,4514	+ 6 771
5	+ 8 000	0,4019	+ 3 215	0,3700	+ 2 960
			$(V_{an})_1$ = 1 134		$(V_{an})_2$ = -800

Le taux T_{ri} se situe entre 20 % et 22 %. Calculons-le par interpolation. On aura:

$$T_{ri} = i_1 + \frac{(V_{an})_1}{(V_{an})_1 - (V_{an})_2}(i_2 - i_1)$$

$$= 0{,}20 + \frac{1134}{+1134 - (-800)}(0{,}22 - 0{,}20)$$

$$= 21{,}2\ \%$$

....

6.1.2 Règle de décision

Une fois le taux T_{ri} d'un projet établi, l'ingénieur doit évaluer si le projet est rentable pour l'entreprise. Pour ce faire, il devra comparer ce taux avec un taux de rendement minimal, noté T_{rm}, exigé par les dirigeants de l'entreprise en plus de tenir compte des montants requis pour l'investissement. On peut résumer ainsi la règle de décision à adopter:

- Si $T_{ri} > T_{rm}$, alors projet acceptable.
- Si $T_{ri} < T_{rm}$, alors projet non acceptable.
- Si $T_{ri} = T_{rm}$, alors indifférence, c'est-à-dire que la réalisation du projet ne change en rien la valeur de l'entreprise.

Lorsque les fonds disponibles sont insuffisants pour financer tous les projets dont le taux T_{ri} excède le taux T_{rm}, il faudra classer les projets par ordre décroissant de taux T_{ri} et cumuler les montants des investissements qu'ils exigent. On arrêtera de financer les projets lorsque la valeur cumulative des montants à investir atteindra les montants prévus au budget d'investissement.

Choix du taux T_{rm}. Pour les entreprises du secteur privé qui ont comme objectif prioritaire de maximiser la rentabilité de leurs projets, il devient essentiel à leur survivance et à leur croissance de n'accepter que les projets dont le taux T_{ri} excède le taux T_{rm} qu'elles se sont fixé, même si tous les fonds prévus au budget d'investissement ne sont pas utilisés. Le taux T_{rm} peut varier selon la nature de l'entreprise et celle du projet proposé. Une entreprise peut même établir des taux T_{rm} différents selon ses secteurs d'activité. Pour les entreprises du secteur gouvernemental ou public, on établit le taux T_{rm} exigé pour la réalisation des projets à partir principalement du taux d'intérêt payé sur les emprunts gouvernementaux.

Il n'y a pas de méthode universellement acceptée pour établir le taux T_{rm}. Cependant, la méthode la plus utilisée en pratique est celle du *coût actuel moyen pondéré du capital* d'une entreprise. Il s'agit de la somme, pondérée selon leur montant respectif, des coûts de la dette, du capital-actions ordinaire et du capital-actions privilégié. On peut obtenir plus d'information sur cette méthode de calcul en consultant le volume *Gestion financière***.

6.1.3 Avantages et limites de la méthode du taux T_{ri}

Les avantages de la méthode du taux T_{ri} pour analyser les projets sont les suivants:

- le taux T_{ri} indique la productivité de l'investissement;
- le taux T_{ri} se compare directement au taux T_{rm};
- le taux T_{ri} est pratique pour comparer entre eux les projets d'investissement et déterminer un ordre de priorité;
- le taux T_{ri} a une efficience cognitive, c'est-à-dire qu'il est plus facile à comprendre pour les non-initiés.

Les limites de la méthode sont les suivantes:

- la méthode est basée sur une hypothèse simplificatrice quant au réinvestissement des rentrées de fonds. On suppose que les rentrées d'argent sont réinvesties au taux T_{ri};
- le calcul du taux T_{ri} d'un projet donne des résultats qui portent à confusion lorsque l'investissement n'est pas entièrement effectué au début du projet. On retrouve alors des flux monétaires dont le signe change plus d'une fois au cours de la durée du projet. Il s'agit de projets d'investissement non conventionnels. C'est généralement le cas de projets dont le premier flux, correspondant à l'investissement initial, a un signe négatif et est suivi d'un ou de plusieurs flux ayant un signe positif; on revient ensuite à un flux de signe négatif, correspondant à un deuxième investissement, suivi encore une fois d'un ou de plusieurs flux de signe positif.

Exemple 6.3 *Choix de projets à partir du taux T_{ri}*

Une entreprise doit choisir un des 2 projets dont les données apparaissent au tableau 6.2. On vous demande de calculer le taux T_{ri} de chaque projet et de faire une recommandation aux dirigeants de l'entreprise quant au projet à retenir.

** CHAREST, LUSZTIZ et SCHWAB, *Gestion financière*, 2e édition, section «Coût pondéré du capital», Éditions du Renouveau pédagogique, 1990, p. 502 à 507.

Tableau 6.2 (ex. 6.3) Données économiques des projets A et B

	Projet A	Projet B
Débours d'investissement	10 000 $	10 000 $
Durée du projet	5 ans	5 ans
Valeur résiduelle de l'investissement	nil	nil
Recettes annuelles nettes		
Année 1	3 492 $	0
Année 2	3 492 $	0
Année 3	3 492 $	0
Année 4	3 492 $	0
Année 5	3 492 $	27 027 $

Solution

Projet A. Comme les recettes annuelles sont uniformes, elles correspondent à des annuités dont on cherche la valeur actuelle. Ainsi, à partir de l'équation 6.1, on a:

$$F_{T4}\left(T_{ri}, n\right) = \frac{V_a \text{ (débours d'investissement)}}{A \text{ (recettes annuelles nettes)}}$$

$$= \frac{10\,000}{3492}$$

$$= 2{,}864$$

Projet B. Comme le projet ne produit des recettes annuelles nettes que pendant une seule année, la cinquième, calculer la valeur V_a de ces recettes revient à calculer la valeur actuelle d'un montant futur. On partira alors de l'équation 6.2. On a:

$$F_{T2}\left(T_{ri}, n\right) = \frac{V_a \text{ (débours d'investissement)}}{M_f \text{ (recettes annuelles nettes)}}$$

$$= \frac{10\,000}{27\,027}$$

$$= 0{,}3700$$

En consultant la table 4 pour le projet A et la table 2 pour le projet B, on trouve un taux T_{ri} identique de 22 %. Il s'agit du taux correspondant aux facteurs calculés pour une durée de 5 ans.

Il faut recommander le projet A si l'entreprise s'attend à avoir des projets dont le taux T_{ri} sera supérieur à 22 % et le projet B dans le cas contraire. En effet, le montant de 27 027 $ représente la valeur future d'un montant actuel de 10 000 $ investi pendant 5 ans au taux d'intérêt de 22 %. Or, supposons que les recettes annuelles nettes du projet A sont réinvesties au taux d'intérêt de 25 % pour la durée du projet et calculons-en la valeur future. On a:

$$V_f = M_a (1 + i)^n$$

Pour les recettes annuelles nettes de l'année 1, réinvesties durant 4 ans, on aura:

$$V_f = 3492 (1 + 0{,}25)^4$$

Il en est de même pour chacune des années subséquentes. Ainsi, la somme des valeurs futures sera:

$$\Sigma V_f = 3492 [(1{,}25)^4 + (1{,}25)^3 + (1{,}25)^2 + (1{,}25)^1 + (1{,}0)]$$
$$= 28\,658 \$$$

Ce montant est supérieur au montant de 27 027 $ du projet B; il faut donc recommander le projet A.

Supposons par ailleurs que les recettes annuelles du projet A ne peuvent être réinvesties qu'au taux d'intérêt de 18 % pour la durée du projet. La somme des valeurs futures sera:

$$\Sigma V_f = 3492 [(1{,}18)^4 + (1{,}18)^3 + (1{,}18)^2 + (1{,}18) + (1{,}0)]$$
$$= 24\,982 \$$$

Ce montant est inférieur au montant de 27 027 $ du projet B; le choix du projet B s'impose alors.

Explication du taux de rendement interne du projet A. Supposons que l'entreprise a emprunté la somme de 10 000 $, au taux d'intérêt de 22 %, pour financer le projet qui exige un débours d'investissement de 10 000 $. Examinons, au tableau 6.3, la façon dont les recettes provenant du projet vont permettre de rembourser le montant de cet emprunt et les intérêts qu'il a occasionnés.

Tableau 6.3 Remboursement de l'emprunt relatif au projet A

Année *n*	Solde au début de l'année ($)	Intérêts ($)	Solde, y compris les intérêts ($)	Recettes provenant du projet ($)	Solde à la fin de l'année ($)
1	10 000	2 200	12 200	3 492	8 708
2	8 700	1 916	10 616	3 492	7 124
3	7 124	1 567	8 691	3 492	5 199
4	5 199	1 144	6 343	3 492	2 851
5	2 851	627	3 478	3 492	(14)*

* Le solde n'est pas égal à zéro étant donné que nous avons arrondi à 2,864 le facteur d'annuités utilisé pour le taux de rendement de 22 %. Dans la table 4, pour une durée de 5 ans, ce facteur est de 2,8636.

6.1.4 Projet non conventionnel

Quand un projet est non conventionnel, c'est-à-dire quand les débours d'investissement se font en 2 étapes, comme c'est le cas du projet présenté à l'exemple 6.4, on obtient 2 valeurs pour le taux T_{ri} du projet.

....

Exemple 6.4 *Deux valeurs du taux T_{ri} pour un projet non conventionnel*

Une municipalité envisage de restaurer son réseau d'aqueducs et d'égouts. Le projet consiste à effectuer, en deux temps, des réparations majeures pour les montants de 100 000 $ et de 220 000 $. Le premier débours sera effectué au début du projet alors que le second sera fait à la fin de la deuxième année. Ces travaux permettront de réaliser des économies de l'ordre de 310 000 $ à la fin de la première année. On retrouve, à la figure 6.1, le diagramme de flux monétaire de ce projet non conventionnel. Le taux T_{rm} établi par cette municipalité est de 8 %. Quel est son taux T_{ri}?

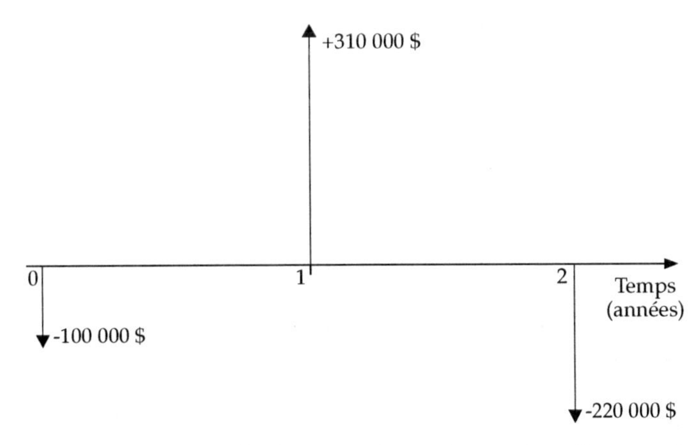

Figure 6.1 (ex. 6.4) Diagramme de flux monétaire du projet «Restauration du réseau d'aqueducs et d'égouts».

Solution

L'utilisation de la table 2 qui nous donne la valeur actuelle d'un montant futur nous permet d'obtenir 2 valeurs pour le taux de rendement interne de ce projet, soit 10 % et 100 %. En effet, des essais aux taux d'actualisation respectifs de 10 %, 50 % et 100 % nous donnent les valeurs actuelles nettes suivantes:

Premier essai: $T_{ri} = 10\ \%$

$$\begin{aligned} V_{an} &= -100\,000 \times 1{,}0 + 310\,000 \times 0{,}909\,05 - 220\,000 \times 0{,}826\,39 \\ &= -100\,000 + 281\,805 - 181\,805 \\ &= 0 \end{aligned}$$

Deuxième essai: T_{ri} = 50 %

$$\begin{aligned} V_{an} &= -100\,000 \times 1{,}0 + 310\,000 \times 0{,}6667 - 220\,000 \times 0{,}4444 \\ &= -100\,000 + 206\,677 - 97\,768 \\ &= +8909\ \$ \end{aligned}$$

Troisième essai: T_{ri} = 100 %

$$\begin{aligned} V_{an} &= -100\,000 \times 1{,}0 + 310\,000 \times 0{,}5 - 220\,000 \times 0{,}25 \\ &= -100\,000 + 155\,000 - 55\,000 \\ &= 0 \end{aligned}$$

Le fait d'obtenir 2 taux T_{ri} constitue une limite propre à cette méthode qu'on peut contourner de 2 façons. La première consiste tout d'abord à actualiser les débours d'investissement de l'année la plus lointaine, m, en fonction de l'année précédente, $m - 1$, et au taux T_{rm}. Puis, on calcule le flux monétaire net de l'année $m - 1$. S'il est positif, on aura alors converti le projet en projet conventionnel puisqu'il ne restera plus qu'un seul montant pour les débours d'investissement. On calcule alors le taux T_{ri} avec ces nouvelles valeurs. Si le flux monétaire net de l'année $m - 1$ est négatif, on recule encore d'une année et on l'actualise en fonction de l'année $m - 2$. On calcule à nouveau le flux monétaire net de l'année $m - 2$. S'il est positif, on peut calculer le taux T_{ri}. Sinon, on doit encore reculer d'une année. Et ainsi de suite.

Exemple 6.5 *Première façon d'éviter les 2 valeurs du taux T_{ri} dans un projet non conven-tionnel*

Reprenons l'exemple 6.4. On demande de calculer le taux T_{ri} et de juger de la rentabilité du projet.

Solution

Comme les débours d'investissement se font en 2 étapes, nous allons tout d'abord rendre ce projet conventionnel. Pour ce faire, on actualise les débours d'investissement de l'année 2 en fonction de l'année précédente, l'année 1, au taux T_{rm}. Cela revient à calculer la valeur actuelle d'un montant futur. On a donc:

$$\begin{aligned} V_a &= M_f \times F_{T2}(i, n) \\ &= -220\,000 \times F_{T2}(8\ \%, 1) \\ &= -220\,000 \times 0{,}9259 \\ &= -203\,700\ \$ \end{aligned}$$

Ensuite, on calcule le flux monétaire net de l'année 1. On a:

$$\begin{aligned} \text{flux monétaire net de l'année 1} &= 310\,000 - 203\,700 \\ &= 106\,300\ \$ \end{aligned}$$

Comme le flux monétaire net de l'année 1 est positif, on n'a plus qu'un seul débours d'investissement et on a rendu le projet conventionnel. Il reste à calculer le taux T_{ri} à partir de l'équation 6.2. On a:

$$F_{T2}\left(T_{ri}, n\right) = \frac{V_a \text{ (débours d'investissement)}}{M_f \text{ (recettes annuelles nettes)}}$$

$$= \frac{100\ 000}{106\ 300}$$

$$= 0{,}94$$

Il s'agit maintenant de trouver dans la table 2, pour $n = 1$, la valeur de i correspondant à un facteur de 0,94. On obtient alors:

$$T_{ri} = 6\ \%$$

Comme $T_{ri} < T_{rm}$, le projet devrait être rejeté.

Il y a une deuxième façon de contourner la difficulté du projet non conventionnel où les débours d'investissement se font en 2 étapes. On suppose qu'on réinvestit les flux monétaires positifs au taux T_{rm} en vue d'éliminer le flux monétaire négatif de l'année m où le deuxième débours d'investissement est réalisé. Ainsi, on calculera la valeur future des recettes de l'année $m - 1$ pour l'année m et on calculera ensuite le flux monétaire net de l'année m. S'il est positif, on aura alors converti le projet non conventionnel en projet conventionnel où on n'effectue qu'une seule fois des débours d'investissement. Si le flux monétaire net de l'année m est encore négatif, il faudra projeter la valeur future des recettes de l'année $m - 2$ à l'année m, et ainsi de suite jusqu'à ce que le flux monétaire net de l'année m soit positif. Dès lors, le problème revient à calculer le taux T_{ri} d'un projet conventionnel.

Exemple 6.6 *Deuxième façon d'éviter les 2 valeurs du taux T_{ri} dans un projet non conventionnel*

Reprenons encore une fois l'exemple 6.4. Nous allons calculer à nouveau le taux T_{ri}, mais en utilisant la deuxième façon de rendre conventionnel un projet non conventionnel.

Solution

On calcule la valeur future des recettes de l'année 1, pour l'année 2, au taux T_{rm} de 8 %. On a:

$$\begin{aligned} V_f &= M_a \times F_{T2}(i, n) \\ &= 310\ 000 \times F_{T2}(8\ \%, 1) \\ &= 310\ 000 \times 1{,}08 \\ &= 334\ 800\ \$ \end{aligned}$$

On calcule ensuite le flux monétaire net de l'année 2. On a:

$$\begin{aligned} \text{flux monétaire net de l'année 2} &= 334\ 800 - 220\ 000 \\ &= 114\ 800\ \$ \end{aligned}$$

Comme le flux monétaire de l'année 2 est positif, le projet est devenu conventionnel. On calcule alors le taux T_{ri} à partir de l'équation 6.2. On a:

$$F_{T2}\left(T_{ri}, n\right) = \frac{V_a \text{ (débours d'investissement)}}{M_f \text{ (recettes annuelles nettes)}}$$

$$= \frac{100\,000}{114\,800}$$

$$= 0{,}87$$

On cherche ensuite le taux T_{ri} tel que F_{T2} (T_{ri}, 2) = 0,87. Il s'agit de consulter la table 2 pour n = 2 et de trouver la valeur de i correspondant à un facteur de 0,87. On obtient alors:

$$T_{ri} = 7\ \%$$

Comme $T_{ri} < T_{rm}$, le projet devrait encore être rejeté.

....

6.1.5 Sélection de projets mutuellement exclusifs

La méthode du taux T_{ri} exige qu'on procède à une analyse des coûts et des bénéfices différentiels (chap. 2), également appelée analyse différentielle, lorsqu'on doit comparer entre eux des projets qui s'excluent mutuellement et qui exigent des débours d'investissement différents. Voyons, à l'aide de l'exemple 6.7, comment faire une telle analyse économique.

....

Exemple 6.7 *Sélection de projets mutuellement exclusifs par le taux T_{ri} et l'analyse différentielle*

Une entreprise envisage de construire un immeuble à bureaux sur un terrain qu'elle possède déjà. À partir des plans et devis qu'un bureau d'ingénieurs-conseils a préparés, l'entreprise doit choisir parmi 5 façons différentes de réaliser ce projet celle qui s'avère la plus rentable. On retrouve au tableau 6.4 le détail des débours d'investissement et des recettes annuelles nettes de ces options.

Tableau 6.4 (ex. 6.7) Données économiques de 5 options d'un projet de construction, en milliers de dollars

	Option 1	Option 2	Option 3	Option 4	Option 5
Débours d'investissement	2500	2750	3500	4500	5250
Recettes annuelles nettes	300	385	475	550	600

L'entreprise a établi son taux T_{rm} à 10 %. Ce taux représente le coût moyen pondéré des fonds disponibles, évalués à 5 250 000 $, pour financer les projets de cette entreprise qui, précisons-le, est également en mesure d'obtenir le montant maximal requis pour financer ce projet. Toutefois, si l'option choisie exige des débours d'investissement inférieurs à 5 250 000 $, l'entreprise réduira ses emprunts et ses émissions d'actions ordinaires puisqu'elle n'a pas d'autres projets susceptibles d'utiliser les fonds restants. Les impôts relatifs à ce projet ont été considérés dans le calcul des recettes annuelles nettes.

On demande:

de déterminer l'option la plus rentable pour cette entreprise. Faire une étude sur une durée de 20 ans et supposer que, pour chaque option, la valeur résiduelle de l'immeuble à bureaux à la fin de cette période est égale aux débours d'investissement.

Solution

Le tableau 6.5 présente les résultats pertinents à l'évaluation des 5 options du projet de construction. On considère l'option 1 comme l'option repère dans l'analyse différentielle, parce que c'est l'option qui nécessite le moins de débours d'investissement.

Tableau 6.5 (ex. 6.7) Évaluation des 5 options du projet de construction, en milliers de dollars

	Option 1	Option 2	Option 3	Option 4	Option 5
Taux de rendement interne sur l'investissement global	12 %	14 %	13,6 %	12,2 %	11,4 %
Analyse différentielle (taux de rendement interne modifié)					
Débours d'investissement additionnels	–	250	750	1000	750
Recettes additionnelles	–	85	90	75	50
Taux de rendement interne sur les débours d'investissement additionnels	–	34 %	12 %	7,5 %	6,6 %

L'option 3 est la plus rentable, étant donné qu'il s'agit de celle qui permet à l'entreprise de réaliser des bénéfices maximaux à partir des fonds disponibles de 5 250 000 $. En effet, il faut considérer, pour chaque option, que l'entreprise investira ailleurs l'argent inutilisé par le projet de construction. Considérons que cet argent inutilisé est placé à 10 %. Calculons les recettes annuelles nettes totales de chaque option. Le tableau 6.6 donne ces résultats.

Tableau 6.6 (ex. 6.7) Recettes totales des 5 options, en milliers de dollars

	Option 1	Option 2	Option 3	Option 4	Option 5
Recettes annuelles nettes du projet de construction	300	385	475	550	600
Recettes annuelles nettes du placement à 10 % de l'argent inutilisé par le projet de construction	275	250	175	75	0
Recettes annuelles nettes totales	575	635	650	625	600

L'option 3 permet donc de réaliser, pour un même investissement total de 5 250 000 $, les recettes annuelles nettes totales les plus élevées des 5 options étudiées. D'une façon générale, on arrive à identifier l'option qui maximise les bénéfices de la façon suivante. Après avoir classé les options dans l'ordre croissant des débours d'investissement, l'analyste calcule le taux T_{ri} sur les débours d'investissement additionnels, appelé également le taux T_{ri} différentiel, en choisissant comme option repère celle qui nécessite le moins de débours d'investissement. Il ne considère ensuite que les options dont le taux T_{ri} différentiel est supérieur au taux T_{rm} établi par l'entreprise et choisit celle qui comporte les recettes annuelles nettes totales les plus élevées.

Les options 4 et 5 doivent être rejetées même si leur taux T_{ri} sur l'investissement global est supérieur à 10 % parce que leur taux T_{ri} différentiel est inférieur au taux T_{rm} de 10 %. Enfin, les options 1 et 2 constituent de moins bons choix que l'option 3 parce que leurs recettes annuelles nettes totales sont inférieures à celles de l'option 3.

6.2 TAUX DE RENDEMENT BALDWIN, T_{rB}

Le taux de rendement Baldwin est une variante du taux T_{ri}. Dans le calcul de ce taux, on tient compte du réinvestissement des recettes au taux T_{rm} établi par l'entreprise. Le taux de rendement Baldwin, noté T_{rB}, est le taux d'intérêt qui rend équivalentes à la valeur actuelle des débours d'investissement les recettes nettes réalisées au cours de la durée du projet et converties en leur valeur future à l'aide du taux T_{rm} établi par l'entreprise.

On calcule ainsi le taux T_{rB}:

- on calcule la valeur actuelle des débours d'investissement au taux T_{rm};
- on calcule la valeur future des recettes totales provenant des recettes annuelles nettes, en supposant qu'on les réinvestit au taux T_{rm} ou à un autre taux prédéterminé, et provenant de la valeur résiduelle des investissements;
- on calcule le taux qui rend la valeur actuelle des recettes totales, transposées à leur valeur future, égale à la valeur actuelle des débours d'investissement. Ce taux est, par définition, le taux T_{rB}.

Tout comme pour le taux T_{ri}, un projet sera jugé rentable si $T_{rB} > T_{rm}$.

Exemple 6.8 *Calcul du taux T_{rB}*

Reprenons le projet A de l'exemple 6.3 où on avait des débours d'investissement de 10 000 $ et des recettes annuelles nettes de 3492 $ pendant 5 ans. Supposons un taux T_{rm} de 12 %. Quel est le taux T_{rB} de ce projet?

Solution

La valeur actuelle des débours d'investissement au taux T_{rm} de 12 % est de 10 000 $. En effet, ces débours sont actualisés puisque l'investissement a lieu au début du projet.

La valeur future des recettes totales est donnée par:

$$\begin{aligned} V_f\,(\text{recettes totales}) &= V_f\,(\text{recettes annuelles nettes}) + \text{valeur résiduelle} \\ &= 3492\,(1{,}574 + 1{,}405 + 1{,}254 + 1{,}120 + 1{,}000) + 0 \\ &= 22\,184\ \$ \end{aligned}$$

Le taux T_{rB} est tel que V_a (recettes totales calculées à leur valeur future) = V_a (débours d'investissement). Or on sait, grâce à l'équation 5.1 sur la valeur actuelle d'un montant futur, que:

$$V_a\,(\text{recettes totales calculées à leur valeur future}) = M_f\,(1 + i)^{-n}$$

Le taux T_{rB} est tel que:

$$\begin{aligned} T_{rB} &= 0{,}17 + \frac{118}{539} \times 0{,}01 = 0{,}172 \\ &= 17{,}2\% \end{aligned}$$

Maintenant, on trouve dans la table 2 le taux correspondant à ce facteur pour une période de 5 ans. Le facteur 0,4371 correspond au taux 18 % et le facteur 0,4561 correspond au taux 17 %. Par interpolation on obtient 17,2 %.

Le taux T_{rB} comporte tous les avantages du taux T_{ri} et contourne sa principale limite, puisqu'il tient compte du réinvestissement des recettes au taux T_{rm}.

6.3 VALEUR ACTUELLE NETTE, V_{an}

Une troisième méthode d'analyse économique des projets consiste à en déterminer la valeur actuelle nette. La valeur actuelle nette, notée V_{an}, est un montant qui indique la différence entre la valeur actuelle des recettes et la valeur actuelle des débours, pour un taux d'actualisation préétabli, le taux T_{rm}.

6.3.1 Calcul de la valeur V_{an}

Pour calculer la valeur actuelle nette d'un projet, il faut procéder suivant ces 4 étapes:

- déterminer le taux T_{rm};
- calculer la valeur actuelle des recettes du projet, notée V_{ar}. Pour ce faire, il faut utiliser le taux T_{rm} et se référer soit à la table 2 lorsque les recettes varient au cours de la période d'étude, soit à la table 4 lorsqu'elles sont constantes au cours de cette période;
- calculer la valeur actuelle des débours d'investissement du projet, notée V_{ad}. Dans le cas de projets conventionnels, nous avons vu à la section 6.1 que ces débours ont lieu au début du projet et sont donc actualisés. Dans le cas de projets non conventionnels, il faudra actualiser la partie des débours investis au cours de la période d'étude en utilisant le taux T_{rm} et en se référant à la table 2;
- calculer la valeur actuelle nette du projet en soustrayant la valeur actuelle des débours de la valeur actuelle des recettes. Ainsi, on a:

$$V_{an} = V_{ar} - V_{ad} \tag{6.3}$$

6.3.2 Règle de décision

Après avoir établi la valeur actuelle nette d'un projet, il faut décider d'accepter ou de rejeter ce projet. Le projet vaudra la peine d'être entrepris s'il est rentable et il le sera si la valeur actuelle nette est positive. Ceci se résume par la règle de décision suivante:

- Si $V_{an} > 0$, alors projet acceptable.
- Si $V_{an} < 0$, alors projet non acceptable.
- Si $V_{an} = 0$, alors indifférence, c'est-à-dire que la réalisation du projet ne change en rien la valeur de l'entreprise.

Un dirigeant d'entreprise devrait donc accepter tous les projets dont la valeur actuelle des recettes excède la valeur actuelle des débours d'investissement. Cependant, ce dirigeant dispose de fonds limités et doit étudier des projets qui s'excluent mutuellement. C'est pourquoi l'ingénieur qui soumet un projet et qui en calcule la valeur actuelle nette devra aussi en établir l'indice de rentabilité.

Indice de rentabilité. On détermine l'indice de rentabilité des projets dont la valeur actuelle nette est positive en vue de les classer suivant un ordre de priorité. Cet indice est donné par l'équation suivante:

$$\text{indice de rentabilité} = \frac{\text{valeur actuelle des recettes}}{\text{débours d'investissement actualisés}} \tag{6.4}$$

Classification et choix des projets. La valeur actuelle nette permet de déterminer les projets rentables à partir du critère $V_{an} > 0$. L'indice de rentabilité permet de classer les projets en fixant un ordre de priorité, c'est-à-dire en les classant par ordre décroissant d'indice de rentabilité. Le dirigeant d'entreprise calcule parallèlement la valeur cumulative des investissements requis pour l'ensemble des projets et la compare aux sommes prévues au budget d'investissement de l'entreprise de façon à faire le choix définitif des projets à réaliser.

Exemple 6.9 *Choix de projets à partir de la valeur V_{an}*

Une entreprise, ayant établi son taux T_{rm} à 12 %, doit choisir entre les projets A et B. Le projet A, d'une durée de 5 ans, nécessite des débours d'investissement de 10 000 $ n'ayant aucune valeur résiduelle et produit des recettes annuelles nettes de 3492 $. Le projet B, d'une durée de 5 ans également, nécessite des débours d'investissement de 15 000 $ ayant une valeur résiduelle de 5000 $ et produit des recettes annuelles nettes de 4250 $. Quelle est la valeur actuelle nette des projets A et B et lequel l'ingénieur devrait-il recommander?

Solution

Valeur actuelle nette. Calculons la valeur actuelle nette des projets A et B à partir de l'équation 6.3:

$$V_{an} = V_{ar} - V_{ad}$$

Dans les projets A et B, les débours d'investissement sont faits au début de la période d'étude et sont donc actualisés. Par contre, les recettes devront être actualisées. Dans le projet A, les recettes sont constantes pendant les 5 années de la période d'étude, tandis que, dans le projet B, elles varient d'une année à l'autre.

Projet A. Les recettes sont constantes. Il faut donc se référer à la table 4, qui donne la valeur actuelle d'annuités pour une période de 5 ans et un taux de 12 %. On a donc:

$$\begin{aligned} V_{an} &= V_{ar} - V_{ad} \\ &= (3492 \times 3{,}605) - (10\,000 \times 1) \\ &= 12\,589 - 10\,000 \\ &= 2589\ \$ \end{aligned}$$

Projet B. Les recettes sont constantes pour la durée du projet à l'exception de celles de la cinquième année où on doit ajouter la valeur résiduelle. Il faut donc se référer d'une part à la table 4, qui donne la valeur actuelle d'annuités pour une période de 5 ans et un taux de 12 % et, d'autre part, à la table 2 qui donne la valeur actuelle d'un montant futur reçu dans 5 ans au taux de 12 %. On a donc:

$$\begin{aligned} V_{an} &= (V_{ar})_1 + (V_{ar})_2 - V_{ad} \\ &= (4250 \times 3{,}605) + (5000 \times 0{,}5674) - (15\,000 \times 1) \\ &= 15\,321 + 2837 - 15\,000 \\ &= 3158\ \$ \end{aligned}$$

Indice de rentabilité. Comme les 2 projets ont une valeur actuelle nette positive, il faut en calculer l'indice de rentabilité à partir de l'équation 6.4:

$$\text{indice de rentabilité} = \frac{\text{valeur actuelle des recettes}}{\text{débours d'investissement initiaux}}$$

Projet A

$$\text{indice de rentabilité} = \frac{12\,589}{10\,000}$$

$$= 1{,}259$$

Projet B

$$\text{indice de rentabilité} = \frac{18\,158}{15\,000}$$

$$= 1{,}211$$

Comme le projet A a un indice de rentabilité supérieur à celui du projet B, l'ingénieur peut décider de recommander le projet A au dirigeant de cette entreprise. Cependant, dans l'hypothèse où cette dernière désire maximiser ses bénéfices, elle devrait retenir le projet B, étant donné que l'investissement additionnel de 5000 $ permettrait de réaliser une V_{an} additionnelle de +569 $ $(18\,158 - 12\,589 - 5\,000)$.

Explication de la valeur actuelle nette du projet A. Supposons que l'entreprise emprunte la somme de 12 589 $, au taux d'intérêt de 12 %, pour financer le projet qui nécessite un investissement de 10 000 $ et pour payer un bénéfice de 2589 $ sous forme de dividendes aux actionnaires.

Examinons, au tableau 6.7, la façon dont les recettes provenant du projet vont permettre de rembourser le montant de cet emprunt et les intérêts qu'il a occasionnés.

Tableau 6.7 Remboursement de l'emprunt relatif au projet A

Année *n*	Solde au début de l'année ($)	Intérêts ($)	Solde, y compris les intérêts ($)	Recettes provenant du projet ($)	Solde à la fin de l'année ($)
1	12 589	1 510	14 099	3 492	10 607
2	10 607	1 273	11 880	3 492	8 388
3	8 388	1 006	9 394	3 492	5 902
4	5 902	708	6 610	3 492	3 118
5	3 118	374	3 492	3 492	0

Si l'entreprise décide d'emprunter 10 000 $, au taux d'intérêt de 12 %, pour financer le projet et que tous les bénéfices de celui-ci servent à rembourser l'emprunt, on obtient un bénéfice de 4561 $ à la fin du projet (tabl. 6.8).

Tableau 6.8 Solde provenant des bénéfices du projet

Année *n*	**Solde au début de l'année** **($)**	**Intérêts** **($)**	**Recettes provenant du projet** **($)**	**Solde à la fin de l'année** **($)**
0	0	0	-10 000	-10 000
1	-10 000	-1 200	+3 492*	-7 708
2	- 7 708	-925	+3 492	-5 141
3	-5 141	-617	+3 492	-2 266
4	-2 266	-272	+3 492	+954
5	+954	+115	+3 492	+4 561

* Tous les bénéfices (recettes) du projet servent à rembourser l'emprunt:

$$\begin{aligned} V_a &= M_f(1+i)^{-n} \\ &= 4561\,(1{,}12)^{-5} \\ &= 4561\,(0{,}5674) \\ &= 2589\ \$ \end{aligned}$$

Si les 10 000 $ ne sont pas investis dans le projet A, mais plutôt prêtés au taux de 12 %, ces fonds deviennent, après 5 ans: 10 000 $ × 1,7623 = 17 623 $.

Si les recettes du projet sont réinvesties ou prêtées au taux de 12 %, on obtient alors les sommes suivantes:

3492 $ × (12 % × 4 ans) ou × 1,5735 = 5 495 $
3492 $ × (12 % × 3 ans) ou × 1,4049 = 4 906 $
3492 $ × (12 % × 2 ans) ou × 1,2544 = 4 380 $
3492 $ × (12 % × 1 an) ou × 1,1200 = 3 911 $
3492 $ × (12 % × 0 an) ou × 1,0000 = 3 492 $
22 184 $

La décision d'investir 10 000 $ dans le projet A permet de réaliser un bénéfice additionnel de 4561 $ (22 184 $ – 17 623 $) à la fin de la 5e année.

Il est donc préférable d'investir ces fonds dans le projet A plutôt que de les prêter à 12 %.

6.3.3 Avantages et limites de la méthode de la valeur V_{an}

Les avantages de la méthode de la valeur V_{an} sont les suivants:

- on utilise un taux d'actualisation explicite, le taux T_{rm}. Ce taux doit être établi avec précision, car il permet de déterminer les seuils de rentabilité;
- on suppose que les fonds disponibles dans l'entreprise sont investis au taux T_{rm}.

Les limites de cette méthode sont les suivantes:

- la méthode n'exprime pas directement la productivité du capital. Elle ne permet un classement des projets qu'avec l'aide d'un indice de rentabilité;
- il s'agit d'un concept plus difficile à comprendre que celui du taux T_{ri}.

6.3.4 Rôle de l'intérêt dans l'actualisation des flux monétaires

En général, les débours d'intérêt relatifs à un emprunt servant à financer en tout ou en partie l'investissement requis pour un projet sont exclus des calculs de flux monétaires qui concernent le projet. En effet, étant donné que les facteurs utilisés dans les calculs d'actualisation tiennent compte automatiquement des coûts d'intérêt, le fait de déduire les débours d'intérêt relatifs aux emprunts des flux monétaires annuels nets équivaut à les déduire une deuxième fois.

Ainsi, dans le cas du projet A, supposons qu'on ait financé tout le projet au moyen d'un emprunt de 10 000 $ à 12 %, que le remboursement annuel du capital de l'emprunt ait été de 2000 $ et qu'on ait déduit les débours d'intérêt, soit 1200 $, 960 $, 720 $, 480 $ et 240 $, du montant des revenus de 3492 $. De la sorte, la valeur actuelle nette aurait été de -202 $ au lieu de 2589 $. Le projet n'aurait donc pas été jugé rentable en raison de ce calcul inexact de la valeur actuelle nette.

CONCLUSION

Le taux T_{ri}, le taux T_{rB} et la valeur V_{an} sont des méthodes d'évaluation de la rentabilité des projets basées sur la prévision des bénéfices et des coûts, sous la forme de flux monétaires, pertinents à chaque projet. Ces méthodes tiennent compte de la valeur de l'argent dans le temps et font appel aux tables d'intérêt composé. Les taux T_{ri} et T_{rB} identifient un taux de rendement qui permet d'actualiser tous les flux monétaires de sorte que la valeur des rentrées d'argent équivale à celle des sorties d'argent. Le taux T_{ri} suppose que les recettes d'un projet sont réinvesties au taux de rendement obtenu, tandis que le taux T_{rB} suppose qu'elles le sont à un taux T_{rm} ou à un autre taux prédéterminé. La valeur V_{an}, pour sa part, procède à l'actualisation des flux monétaires en fonction du taux T_{rm}.

Dans la plupart des cas, ces 3 méthodes permettent d'identifier les projets les plus rentables et conduisent aux mêmes résultats. Si les projets sont mutuellement exclusifs, il faut, quelle que soit la méthode utilisée, les classer par ordre croissant des débours d'investissement et procéder à une analyse différentielle par rapport aux débours d'investissement additionnels.

Enfin, ces 3 méthodes servent à évaluer des projets qui entraînent des bénéfices mesurables. Pour l'étude de projets dont les bénéfices ne peuvent être évalués ou ne sont pas pertinents, il est préférable d'utiliser une autre méthode d'évaluation, la méthode des coûts annuels équivalents, présentée dans le prochain chapitre.

QUESTIONS

1. Donner 2 raisons qui incitent les entreprises à utiliser la valeur V_{an} et le taux T_{ri} pour analyser la rentabilité des projets.
2. Quelle table d'intérêt composé peut-on utiliser pour calculer le taux T_{ri} lorsque les recettes annuelles nettes d'un projet sont constantes pendant toute la durée du projet?
3. Quand doit-on utiliser la méthode des essais et erreurs pour calculer le taux T_{ri} d'un projet?
4. Quelle est la règle de décision qu'il faut établir lorsqu'on utilise la méthode du taux T_{ri}?
5. Énumérer 2 avantages de la méthode d'évaluation des projets par le taux T_{ri}.
6. Quelle hypothèse pose-t-on lorsqu'on utilise le taux T_{ri} pour évaluer les projets?
7. Quel type d'analyse doit-on effectuer lorsqu'il faut évaluer, à partir du taux T_{ri}, 2 projets qui s'excluent mutuellement?
8. Que représente la valeur V_{an} d'un projet?
9. Quel est le critère d'acceptation d'un projet évalué à l'aide de la valeur V_{an}?
10. Quand doit-on calculer un indice de rentabilité lors de l'évaluation de la rentabilité d'un projet?
11. Décrire un des avantages de l'évaluation des projets par la méthode de la valeur V_{an}.
12. Quel est le principal inconvénient de l'évaluation des projets par la méthode de la valeur V_{an}?
13. Décrire la différence fondamentale entre les taux T_{rB} et T_{ri}.
14. Est-ce que les méthodes d'évaluation des projets à partir des taux T_{ri} et T_{rB} supposent l'utilisation de la même règle de décision?

PROBLÈMES

Certains problèmes de ce chapitre contiennent des données relatives à l'effet de l'impôt sur les projets proposés, même si ces notions ne seront traitées qu'au chapitre 9 consacré aux questions d'impôt.

1. Une entreprise désire faire l'acquisition d'un robot au prix de 250 000 $. Elle prévoit l'utiliser pour une période de 5 ans. Le directeur de la production estime pouvoir réaliser des économies nettes de salaires de 50 000 $ par année au cours de cette période. On a calculé ce montant après avoir déduit le salaire annuel de 25 000 $ d'un jeune ingénieur qu'il faudra engager pour planifier et coordonner les travaux exécutés par le robot.

   La valeur résiduelle du robot après 5 ans est estimée à 50 000 $. Le taux T_{rm} avant impôt est de 20 %. Le projet a été soumis au comité du budget de l'entreprise, mais il a été refusé. Les ingénieurs du service de génie industriel sont très déçus, mais ils poussent plus loin leur analyse et identifient d'autres bénéfices:

   – la réduction du taux de rejet des produits défectueux et des coûts de retravail: 40 000 $;
   – l'augmentation du bénéfice annuel net résultant de l'augmentation du chiffre d'affaires occasionné par l'amélioration de la qualité des produits: 35 000 $.

On demande:

à l'aide de la valeur V_{an},

a) d'établir la rentabilité du projet en ne considérant que les économies annuelles de salaires comme bénéfices;

b) d'établir la rentabilité du projet en ajoutant les autres bénéfices aux économies annuelles de salaires.

2. M. Boisvert se propose de convertir le vieux système de chauffage au mazout de sa maison et hésite entre le gaz naturel et l'électricité. Il prévoit que les économies qu'il pourra réaliser seront suffisamment intéressantes pour justifier un tel investissement. M. Boisvert dispose d'un système de chauffage à eau chaude qui, de l'avis d'un spécialiste, est en excellent état. Il n'aura qu'à convertir sa vieille chaudière actuelle. Les coûts d'installation des 2 systèmes envisagés sont présentés au tableau 6.9.

Tableau 6.9 (probl. 2) Coûts d'installation des systèmes de chauffage à l'électricité et au gaz naturel

Électricité		Gaz naturel	
Boîte d'entrée 220 volts	1000 $	Entrée du gaz	900 $
Chaudière	900	Brûleur	700
Thermostat	200	Thermostat	200
Pompe de circulation	1000	Pompe de circulation	1000
Chauffe-eau	600	Chauffe-eau	500
Main-d'oeuvre	1500	Main-d'oeuvre	700
Total	5200 $	Total	4000 $

Le système électrique ne nécessite aucun entretien régulier; il est toutefois conseillé de le faire vérifier tous les ans par un spécialiste en chauffage résidentiel, ce qui coûte 100 $. Le système au gaz naturel exige un plan d'entretien annuel au coût de 200 $. L'examen des factures les plus récentes payées par M. Boisvert ainsi que l'étude des estimations fournies par les entrepreneurs en chauffage à l'électricité et au gaz permettent de prévoir les coûts annuels d'entretien et d'exploitation, présentés au tableau 6.10.

Tableau 6.10 (probl. 2) Coûts annuels d'entretien et d'exploitation des systèmes de chauffage au mazout, à l'électricité et au gaz naturel

	Mazout	Électricité	Gaz naturel
Coûts d'entretien	500 $	100 $	200 $
Coûts de chauffage	2000	1800	1400
Coûts d'assurance	200	100	100
Coûts totaux	2700 $	2000 $	1700 $

Le taux d'intérêt d'un emprunt nécessaire au financement de ce projet est de 12 %. La durée d'étude choisie est de 20 ans. Ignorer la valeur résiduelle des 3 systèmes de chauffage.

On demande:

a) d'évaluer, par le taux T_{ri} et par la valeur V_{an}, la rentabilité d'une conversion du système de chauffage actuel au système à l'électricité et au système au gaz naturel;

b) de faire une recommandation à M. Boisvert.

3. Une entreprise vous a demandé, en tant qu'ingénieur de projets, d'évaluer la rentabilité d'un projet d'isolation de la structure d'un entrepôt qui permettrait de réduire les pertes de chaleur et de réaliser des économies relatives aux coûts de chauffage de l'édifice. Vous avez étudié 4 options pour ce projet de conservation d'énergie. Les débours d'investissement de chaque option sont les suivants: 50 000 $ pour la première, 75 000 $ pour la deuxième, 100 000 $ pour la troisième et 150 000 $ pour la quatrième. Quant aux recettes annuelles nettes, elles sont évaluées ainsi: 10 000 $ pour la première option, 12 500 $ pour la deuxième, 15 000 $ pour la troisième et 27 500 $ pour la quatrième.

   Pour tenir compte de certaines politiques de l'entreprise, vous avez établi la même période d'étude pour les 4 options, soit 10 ans. Cette période correspond à la durée des garanties offertes par les différents fabricants. Aucune de ces options ne comporte de valeur résiduelle. Le taux T_{rm} de cette entreprise est de 10 %.

On demande:

a) de calculer la valeur V_{an} de chacune des options et de recommander l'option la plus rentable;

b) de calculer le taux T_{ri} de chacune des options et de recommander l'option la plus rentable.

4. Le directeur du budget d'investissement d'une grande entreprise de distribution d'électricité doit évaluer le projet suivant. Dans une région isolée du Québec qu'il n'est pas possible de relier aux lignes de transport d'électricité, une entreprise minière désire être alimentée en électricité. Sa consommation annuelle sera de 210 000 000 kW·h. Pour donner une garantie de service acceptable, il faut prévoir 10 000 kW supplémentaires.

   Pour répondre à cette demande, 3 solutions sont envisagées. La première consiste à construire une centrale hydraulique qui harnacherait une chute située à 80 km de la mine. Cette centrale, composée de 4 groupes de 10 000 kW chacun, coûte 96 000 000 $ à construire. Ces coûts sont répartis également durant les 5 années de la construction. L'exploitation et l'entretien demandent 800 000 $ par année. La ligne de transport d'énergie entre la centrale et le village coûte 12 000 000 $ et sera construite en un an. La durée de vie de la centrale est de 50 ans au terme desquels la valeur résiduelle est nulle.

   La deuxième solution consiste à construire une centrale diesel composée de 8 groupes de 5000 kW chacun. Ce projet demande un investissement de 24 000 000 $, soit 12 000 000 $ durant chacune des 2 années de la construction. Les coûts annuels d'exploitation et d'entretien sont de 4 800 000 $. Les moteurs sont alimentés au kérosène, combustible qui coûte 0,025 $/kW·h, incluant les coûts du transport; étant donné le rendement de ce combustible, celui-ci revient à 0,03 $/kW·h. La durée de vie de la centrale est de 20 ans au terme desquels la valeur résiduelle est nulle.

La troisième solution consiste à construire une centrale thermique à vapeur composée de 5 groupes de 8000 kW chacun. Cette centrale demande un investissement de 42 000 000 $ répartis également sur 3 ans. Les coûts d'exploitation et d'entretien de la centrale sont évalués à 2 100 000 $ par année. Le combustible, le mazout, coûte 0,80 $ par million de Btu, incluant les coûts du transport; étant donné le rendement du groupe, le combustible revient à 0,0092 $/kW·h. La durée de vie de la centrale est de 25 ans au terme desquels la valeur résiduelle est nulle.

Comme la centrale hydraulique a une durée de vie de 50 ans et qu'elle doit être construite en 5 ans, on prendra, aux fins de l'étude de rentabilité, un horizon de 55 ans. On prévoit donc, pour les 3 types de centrale, une mise en service dans 5 ans, même si la construction de la centrale diesel ne prend que 2 ans et celle de la centrale thermique, 3. De plus, comme la période d'étude est de 50 ans, il faut faire l'hypothèse du projet répété pour la centrale diesel dont la durée de vie n'est que de 20 ans. Ceci veut dire qu'on suppose la répétition du projet à la vingt et unième année et à la quarante et unième année, dans les mêmes conditions, soit un total de 3 centrales diesel. À la fin de la cinquantième année, la troisième centrale diesel, qui n'aura fonctionné que 10 ans, aura une valeur résiduelle de 12 500 000 $. On fait également l'hypothèse du projet répété pour la centrale thermique à la vingt-sixième année. Par ailleurs, comme les revenus sont les mêmes dans les 3 solutions, ils ne sont pas pertinents à l'étude. On ignorera de même les effets de l'impôt sur le revenu dans ce problème. En outre, le taux T_{rm} établi par l'entreprise de distribution d'électricité est de 10 %.

On demande:

de déterminer le type de centrale le plus rentable en utilisant la méthode de la valeur actuelle nette. Nous suggérons de tracer d'abord le diagramme de flux monétaire pour chacune des 3 solutions envisagées.

5. L'entreprise manufacturière Pomerol inc. fabrique divers produits dont le produit Vino. Toutes les unités du produit Vino sont usinées à la main par une équipe de 25 employés. On fabrique à pleine capacité, soit 100 000 unités par année. Des études de marché indiquent qu'on pourrait facilement vendre 3 fois plus de ce produit sans en diminuer le prix de vente. La contribution marginale, définie comme l'excédent du prix de vente sur les coûts variables unitaires, s'élève à 0,70 $ par unité produite. Le taux T_{rm} de l'entreprise Pomerol a été fixé à 10 %.

   La compagnie veut accroître sa capacité de production et envisage les 2 projets suivants. Le premier consiste à agrandir l'usine et à ajouter de l'équipement, à des coûts totaux de 150 000 $. La durée de vie est de 10 ans et la valeur résiduelle de cet investissement est de 30 000 $. Cet investissement porterait la capacité de production annuelle à 200 000 unités et la contribution marginale serait réduite à 0,50 $ par unité.

Le deuxième projet consiste à acheter de l'équipement entièrement automatique au prix de 220 000 $ comptant, ayant une durée de vie de 10 ans, sans valeur résiduelle. La capacité annuelle serait de 300 000 unités. La contribution marginale tomberait alors à 0,40 $ par unité. Cependant, ce montant de 0,40 $ est basé sur un coût moyen obtenu dans des conditions normales selon lesquelles 15 employés seulement seraient nécessaires de sorte que 10 autres employés devraient être remerciés. Le gérant de la production est préoccupé par cette dernière considération, car la majorité de ces employés sont au service de l'entreprise depuis plus de 10 ans. Devant cette situation, le président a décidé que les coûts du deuxième projet devraient tenir compte d'une compensation pour perte d'emploi de 3000 $ à chacun des employés remerciés. Ignorer les effets de l'impôt sur les projets.

On demande:

a) d'établir le projet le plus rentable pour l'entreprise:
   - selon la méthode du taux T_{ri};
   - selon la méthode de la valeur V_{an};
   - selon la méthode du taux T_{rB} ;

b) de mentionner d'autres facteurs pouvant influencer cette décision.

6. L'entreprise Multi-Produits ltée a de nombreuses divisions semi-autonomes ayant chacune un directeur divisionnaire. Le directeur divisionnaire a la responsabilité d'obtenir un taux T_{rm} de 15 % avant impôt ou de 10 % après impôt.

   En votre qualité d'ingénieur industriel à l'emploi de Multi-Produits ltée, vous venez de terminer votre visite annuelle de la division de Sainte-Augustine. La directrice de cette division, Mme Brunet, vous demande de revoir l'évaluation d'un projet d'investissement qu'elle a préparée et qu'elle compte soumettre à l'approbation du siège social. Mme Brunet se demande si sa division industrielle de Sainte-Augustine aurait intérêt à fabriquer elle-même la pièce AA qu'elle achète actuellement d'un fournisseur externe.

   Les données présentées au tableau 6.11 résument son analyse préliminaire et Mme Brunet vous donne aussi les renseignements suivants:

   - Elle considère que sa division devrait fabriquer la pièce AA non seulement parce que les coûts seront réduits mais aussi parce qu'il en résultera d'autres bénéfices, difficiles à quantifier, reliés à une meilleure qualité de la pièce AA et à une plus grande fiabilité quant à son approvisionnement.
   - De nouvelles directives du siège social exigent que toutes les études de projets d'investissement soient fondées sur l'actualisation des flux monétaires annuels nets.
   - Elle estime à 100 000 le nombre de pièces AA dont elle aura besoin chaque année.
   - La pièce AA n'est requise que pour les 5 années à venir, après quoi un nouveau produit, dont la mise au point est très avancée, la rendra désuète.

- La nouvelle machine devra être mise au rancart après 5 ans, car n'étant pas polyvalente, elle ne peut fabriquer d'autres produits. Elle aura alors une valeur de revente de 5000 $.
- La machine pourra être installée à un endroit de l'usine qui autrement ne serait pas utilisé.
- Pour alimenter régulièrement la production, la division de Sainte-Augustine devra avoir un stock de matières premières pour la pièce AA correspondant en moyenne à la moitié de la consommation annuelle.

On demande:

d'évaluer ce projet d'investissement en utilisant les 3 méthodes suivantes:

a) taux T_{ri},

b) valeur V_{an},

c) taux T_{rB}.

Tableau 6.11 (probl. 6) Données sur la fabrication de la pièce AA à la division de Sainte-Augustine

Prix d'achat actuel de la pièce AA			2,040 $
Prix de revient pour la fabrication de la pièce AA*			
matières premières		0,600	
main-d'oeuvre directe		0,700	
frais généraux de la division			
frais variables	0,240		
frais fixes			
amortissement	0,090		
divers	0,190	0,520	
frais généraux de la compagnie**		0,140	1,960 $
Économies			
avant impôt	0,080		
impôt, taux d'imposition de 40 %	0,032		
après impôt	0,048		
annuelles (0,048 × 100 000)			4 800 $
Débours d'investissement			50 000 $
Taux de rendement comptable*** (4800 ÷ 50 000)			9,6 %

* Prix de revient basé sur une production annuelle de 100 000 unités.

** Frais généraux de la compagnie imputés à la division, au taux de 20 % des coûts prévus de la main-d'oeuvre directe.

*** Taux de rendement comptable que nous verrons à la section 8.2.

7. Une entreprise gouvernementale a pris la décision de remplacer les 5 autobus actuels de son parc de véhicules par des autobus dont la conception révolutionnaire va lui permettre de réaliser des économies importantes de carburant. Elle signe alors un contrat avec un constructeur allemand de renommée internationale qui s'engage à lui livrer ces nouveaux autobus dans 4 ans. L'entreprise gouvernementale prévoit ne plus pouvoir utiliser les 5 autobus actuels après la livraison des nouveaux autobus. Une semaine après la signature de ce contrat, l'entreprise gouvernementale se voit offrir un contrat de vente-location par une compagnie de fiducie pour ses 5 autobus actuels aux conditions suivantes:
   - elle pourrait vendre chaque autobus 160 000 $;
   - elle pourrait ensuite louer chaque autobus 2000 $ par mois;
   - le bail, d'une durée de 4 ans, ne prévoit aucune option d'achat ni de clause de renouvellement;
   - l'entretien et les réparations demeureraient à la charge de l'entreprise gouvernementale.

   Le conseil d'administration de l'entreprise gouvernementale se demande s'il doit accepter l'offre de la compagnie de fiducie considérant que, dans 4 ans, l'entreprise pourrait vendre chacun de ces autobus 75 000 $ si elle en demeure propriétaire pendant les 4 prochaines années. Le taux T_{rm} de l'entreprise est de 15 %.

On demande:

de déterminer si l'entreprise gouvernementale doit accepter l'offre de la compagnie de fiducie. Utiliser la méthode de la valeur V_{an} pour justifier votre réponse.

8. Une entreprise qui se spécialise dans l'installation de satellites songe à acheter un mini-ordinateur afin de réduire les coûts du traitement de l'information. On dépense actuellement, chaque mois, les montants suivants pour le système manuel de tenue de livres: salaires, 15 000 $; avantages sociaux et autres contributions relatives à la paye, 3400 $; papeterie et autres fournitures, 1200 $. La valeur comptable de l'ameublement et de l'équipement actuels est nulle et il en est de même de sa valeur marchande.

   Les coûts du mini-ordinateur, y compris l'installation et les périphériques, sont de 200 000 $. Les coûts annuels d'exploitation du mini-ordinateur seraient les suivants: coûts de supervision, 30 000 $; autres salaires, 48 000 $; avantages sociaux et autres contributions relatives à la paye, 14 800 $; papeterie et autres fournitures, 14 400 $. On prévoit que l'ordinateur sera désuet dans 3 ans et que sa valeur résiduelle sera alors de 40 000 $. L'entreprise a l'habitude de traiter les valeurs résiduelles comme des recettes au moment où elle prévoit les encaisser. Par ailleurs, elle pourrait utiliser cet ordinateur à d'autres fins: mieux connaître les coûts de production et les marges bénéficiaires des différents produits, diminuer le niveau des stocks de pièces et des composantes et réduire ainsi l'espace d'entreposage qu'ils requièrent.

   L'entreprise a un taux d'imposition de 50 % et le taux T_{rm} est de 10 % après impôt et de 12 % avant impôt.

On demande:

de calculer la valeur V_{an} du projet.

Chapitre 7

Coûts annuels équivalents

INTRODUCTION

Au chapitre 6, nous avons étudié 3 méthodes d'analyse économique de projets, soit le taux T_{ri}, le taux T_{rB} et la valeur V_{an}. Ces méthodes supposent que l'analyste est en mesure de quantifier les bénéfices des projets étudiés. Cependant, il arrive qu'on doive comparer plusieurs projets qui, même si leurs bénéfices sont identiques et donc non pertinents, sont néanmoins nécessaires. C'est le cas, par exemple, des projets de choix et de remplacement d'équipements. Dans de telles situations, l'analyse économique des projets se limite à une analyse des coûts effectuée au moyen de la méthode des coûts annuels équivalents, notés $C_{aé}$, que nous verrons dans ce chapitre.

Nous procéderons ici de la même façon qu'au chapitre 6. Après une définition des coûts $C_{aé}$, nous expliquerons, à l'aide d'exemples, comment les calculer, puis nous énoncerons la règle de décision basée sur ces coûts de même que les avantages et les limites de la méthode. Nous aborderons ensuite le problème du choix et du remplacement d'équipements. Nous compléterons ce chapitre en expliquant ce qu'est la durée de vie économique à l'aide d'un exemple où les données ne sont pas actualisées au départ, mais qui le seront par la suite selon les notions d'actualisation inhérentes à la méthode des coûts $C_{aé}$.

7.1 PRÉSENTATION DE LA MÉTHODE DES COÛTS ANNUELS ÉQUIVALENTS, $C_{aé}$

Les coûts $C_{aé}$ sont un montant qui provient de la conversion en coûts annuels de la valeur actuelle totale, composée de la valeur actuelle des débours d'investissement, de la valeur actuelle de la valeur résiduelle et de la valeur actuelle de la somme de tous les coûts annuels d'entretien et d'exploitation pour toute la durée de vie du projet.

7.1.1 Calcul des coûts annuels équivalents, $C_{aé}$

La figure 7.1 présente en un diagramme cette méthode d'évaluation de projets. Pour calculer les coûts $C_{aé}$, l'analyste suivra les étapes 1 et 2.

Étape 1: Actualisation ou calcul de la valeur V_a totale

- Déterminer un taux d'intérêt approprié, soit le taux T_{rm}.
- Calculer la valeur V_a des débours d'investissement du projet. S'il s'agit d'un projet d'investissement conventionnel, les montants sont déjà actualisés. Si le projet est plutôt non conventionnel, on utilise alors la table 2 (V_a/M_f, i, n) pour actualiser les investissements futurs.
- Calculer la valeur V_a des coûts annuels d'entretien et d'exploitation du projet. Si ces coûts ne sont pas constants, on utilise ici aussi la table 2 (V_a/M_f, i, n), et ce pour chaque année de la durée de vie du projet. Si ces coûts sont constants, omettre ces calculs (voir étape 2).
- Calculer la valeur V_a de la valeur résiduelle des investissements. Il s'agit de la valeur actuelle d'un montant futur et on utilise ici aussi la table 2.
- Calculer la valeur V_a totale. Pour ce faire, additionner les valeurs V_a des débours d'investissement et de tous les coûts annuels d'entretien et d'exploitation, puis soustraire de ce montant la valeur V_a de la valeur résiduelle.

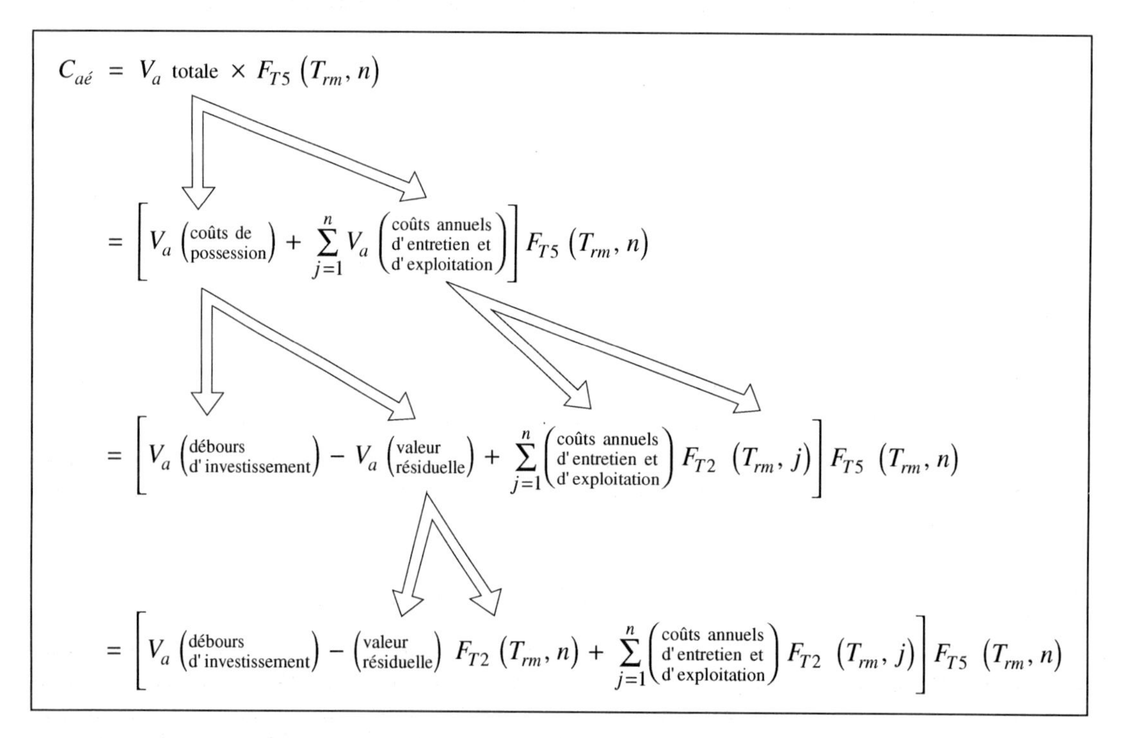

Figure 7.1 Calcul des coûts $C_{aé}$.

Étape 2: Conversion en coûts annuels

- Convertir la valeur V_a totale en annuités à partir de la table 5, annuités équivalentes à un montant actuel.
- Ajouter ensuite au montant d'annuités ainsi obtenu les coûts annuels d'entretien et d'exploitation, s'ils sont constants. La somme de ces montants annuels représente les coûts $C_{aé}$.

Au lieu de calculer, à l'étape 1, la valeur V_a de la valeur résiduelle des investissements, on peut aussi convertir en annuités cette valeur résiduelle à partir de la table 6, annuités équivalentes à un montant futur, et soustraire ce montant d'annuités des coûts $C_{aé}$ à l'étape 2.

7.1.2 Règle de décision

Lors de la comparaison de projets qui s'excluent mutuellement, on choisira le projet dont les coûts $C_{aé}$ sont les moins élevés. Par ailleurs, quand il faut choisir entre des projets indépendants, d'autres critères que la rentabilité interviendront tels les fonds disponibles, l'urgence de la situation ou la santé des travailleurs. Par exemple, une entreprise veut remplacer ses camions et ses ordinateurs. Ce sont là 2 projets indépendants. On évaluera le projet de remplacement des camions en établissant les coûts $C_{aé}$ des diverses options et on fera de même pour les ordinateurs. Mais ce ne sont pas les coûts $C_{aé}$ qui permettront à l'entreprise de déterminer quel projet entreprendre: le remplacement des camions ou des ordinateurs.

7.1.3 Avantages et limites de la méthode des coûts $C_{aé}$

La méthode des coûts $C_{aé}$ a les avantages suivants:

- elle permet de classer les projets en fonction des coûts annuels. Soulignons que la méthode des coûts $C_{aé}$ est une méthode de comparaison et non une méthode de détermination des coûts actualisés;
- elle utilise un taux d'intérêt explicite, le taux T_{rm};
- elle est facile à interpréter pour les non-initiés.

Elle a par ailleurs les limites suivantes:

- elle n'indique pas la période pendant laquelle les fonds seront gelés dans un projet;
- il y a un problème lorsqu'il faut comparer des projets ayant des durées de vie différentes. On peut toutefois contourner ce problème par l'hypothèse des projets répétés (art. 7.1.4).

7.1.4 Comparaison de projets ayant des durées de vie différentes

Plusieurs équipements pouvant effectuer le même travail ou la même fonction ont des durées de vie différentes. Comment peut-on les comparer étant donné qu'ils auront, de toute évidence, des coûts d'investissement et des coûts d'exploitation différents? Dans ce cas, la méthode des coûts $C_{aé}$ demeure valable à condition de poser l'hypothèse des projets répétés.

Il s'agit de comparer les équipements sur une même période de temps en utilisant le plus petit commun multiple des durées de vie. En vertu de cette hypothèse, l'ingénieur suppose, d'une part, que les équipements seront toujours nécessaires pendant la période d'étude et, d'autre part, qu'ils auront, à chaque répétition de la durée de vie, les mêmes coûts d'achat et d'installation, les mêmes coûts annuels d'entretien et d'exploitation, la même durée et la même valeur résiduelle. L'hypothèse des projets répétés se base sur la supposition que les conditions qui prévalent lors de l'étude des projets sont les plus susceptibles de se reproduire au cours de la durée d'étude choisie. En effet, lorsqu'il est impossible de faire des prévisions précises quant au développement technologique des équipements comparés, cette hypothèse nous apparaît comme la plus près de la réalité et la plus valable.

Lorsque le choix du décideur se porte sur l'équipement dont la durée de vie est la plus courte, le risque est moins grand étant donné que les fonds investis sont réduits et demeurent engagés pour une période plus courte. Ceci laisse au décideur une plus grande marge de manoeuvre face à des développements futurs non anticipés.

Exemple 7.1 *Coûts $C_{aé}$ de projets ayant des durées de vie différentes*

Une ingénieure responsable de la production doit choisir entre 2 types de réservoir de même capacité pour un atelier de production, dans une usine de produits chimiques. Le réservoir en aluminium coûte 20 000 $ à l'achat, incluant les coûts d'installation. Il a une durée de vie prévue de 10 ans au terme de laquelle il vaudra 2000 $. Il en coûte 3500 $ par année pour l'entretenir. Le réservoir en plastique coûte 40 000 $ à l'achat, incluant les coûts d'installation. Il a une durée de vie prévue de 20 ans, une valeur résiduelle de 4000 $ après 10 ans, de 2000 $ après 20 ans et des coûts annuels d'entretien de 500 $. Le taux T_{rm} est de 12 %. On ignore l'effet de l'impôt et de l'inflation. Quel réservoir devrait choisir l'ingénieure? Faire l'analyse économique par la méthode des coûts $C_{aé}$.

Solution

Considérons les diagrammes de flux monétaires des 2 projets représentés à la figure 7.2. Sur ces diagrammes, nous avons représenté en a) l'hypothèse des projets répétés pour le réservoir en aluminium.

Considérons tout d'abord une durée d'étude de 10 ans. Calculons la valeur V_a des débours d'investissement et la valeur V_a de la valeur résiduelle des 2 types de réservoir. Nous n'actualiserons pas les coûts annuels d'entretien puisqu'ils sont constants.

Réservoir en aluminium:

$$\begin{aligned} V_a \text{ totale} &= V_a \text{ (débours d'investissement)} - V_a \text{ (valeur résiduelle)} \\ &= (20\,000 \times 1{,}0) - [2000 \times F_{T2}(12\ \%, 10)] \\ &= 20\,000 - (2000 \times 0{,}3220) \\ &= 19\,356\ \$ \end{aligned}$$

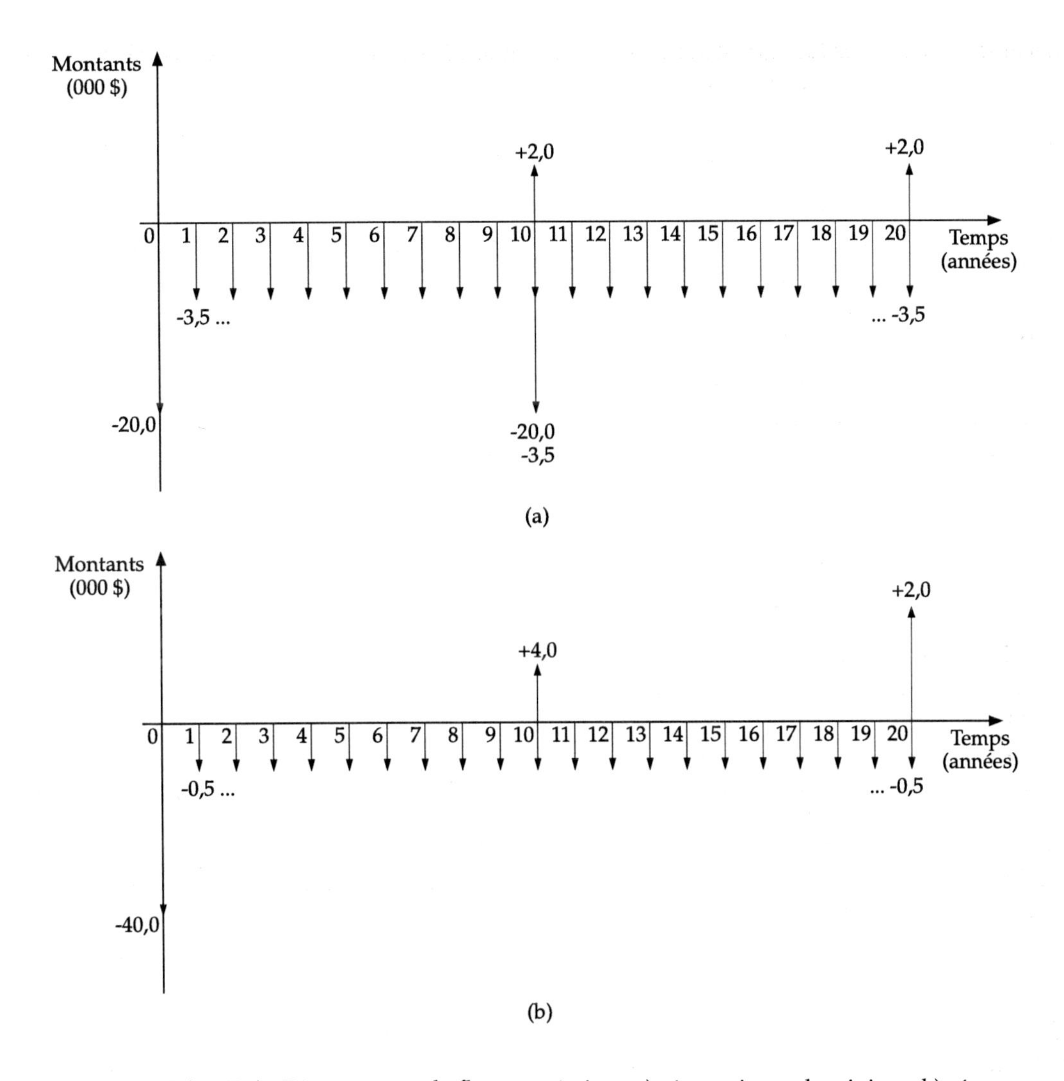

Figure 7.2 (ex. 7.1) Diagrammes de flux monétaires: a) réservoir en aluminium; b) réservoir en plastique.

Réservoir en plastique:

$$
\begin{aligned}
V_a \text{ totale } &= V_a \text{ (débours d'investissement)} - V_a \text{ (valeur résiduelle)} \\
&= (40\,000 \times 1{,}0) - [4000 \times F_{T2}\,(12\ \%, 10)] \\
&= 40\,000 - (4000 \times 0{,}3220) \\
&= 38\,712\ \$
\end{aligned}
$$

Convertissons en coûts annuels les coûts des 2 réservoirs.

Réservoir en aluminium:

$$\begin{aligned} \text{coûts } C_{aé} &= \text{annuité équivalente à la valeur actuelle totale} + \text{coûts annuels d'entretien} \\ &= 19\,356 \times F_{T5}\,(12\,\%, 10) + 3500 \\ &= (19\,356 \times 0{,}1770) + 3500 \\ &= 6926\ \$ \end{aligned}$$

Réservoir en plastique:

$$\begin{aligned} \text{coûts } C_{aé} &= \text{annuité équivalente à la valeur actuelle totale} + \text{coûts annuels d'entretien} \\ &= 38\,712 \times F_{T5}\,(12\,\%, 10) + 500 \\ &= 38\,712 \times 0{,}1770 + 500 \\ &= 7352\ \$ \end{aligned}$$

L'ingénieure devrait choisir le réservoir dont les coûts $C_{aé}$ sont les plus faibles, soit le réservoir en aluminium.

Comparons maintenant les 2 options pour une durée d'étude de 20 ans en posant l'hypothèse des projets répétés pour le réservoir en aluminium. Comme celui-ci a une durée de vie de 10 ans, il suffit de répéter une fois le projet et de considérer que, à la fin de la dixième année, on doit acheter et installer aux mêmes conditions un deuxième réservoir qu'on utilisera pendant une deuxième période de 10 ans. Calculons à nouveau la valeur V_a totale du réservoir en aluminium pour une durée de 20 ans.

Réservoir en aluminium:

$$\begin{aligned} V_a \text{ totale} &= V_a \text{ totale du réservoir acheté la première année} + V_a \text{ totale du réservoir acheté à la fin de la dixième année} \\ &= 19\,356 + V_a\,(\text{débours d'investissement}) - V_a\,(\text{valeur résiduelle}) \\ &= 19\,356 + [20\,000 \times F_{T2}\,(12\,\%, 10)] - [2000 \times F_{T2}\,(12\,\%, 20)] \\ &= 19\,356 + (20\,000 \times 0{,}3220) - (2000 \times 0{,}1037) \\ &= 19\,356 + 6440 - 207 \\ &= 25\,589\ \$ \end{aligned}$$

Convertissons maintenant en coûts annuels les coûts des 2 réservoirs en aluminium pour une durée de 20 ans.

$$\begin{aligned} C_{aé} &= \text{annuité équivalente à la valeur } V_a \text{ totale} + \text{coûts annuels d'entretien} \\ &= 25\,589 \times F_{T5}\,(12\,\%, 20) + 3500 \\ &= 25\,589 \times 0{,}1339 + 3500 \\ &= 6926\ \$ \end{aligned}$$

Calculons maintenant la valeur V_a totale du réservoir en plastique pour une durée de 20 ans.

Réservoir en plastique:

$$
\begin{aligned}
V_a \text{ totale} &= V_a \text{ (débours d'investissement)} - V_a \text{ (valeur résiduelle)} \\
&= (40\,000 \times 1{,}0) - [2000 \times F_{T2}\,(12\ \%, 20)] \\
&= 40\,000 - (2000 \times 0{,}1037) \\
&= 40\,000 - 207 \\
&= 39\,793\ \$
\end{aligned}
$$

Finalement, convertissons en coûts annuels la valeur V_a totale du réservoir en plastique pour une durée de 20 ans.

$$
\begin{aligned}
C_{aé} &= \text{annuité équivalente à la valeur } V_a \text{ totale} + \text{coûts annuels d'entretien} \\
&= V_a \text{ totale} \times F_{T5}\,(12\ \%, 20) + 500 \\
&= 39\,793 \times 0{,}1339 + 500 \\
&= 5828\ \$
\end{aligned}
$$

Ainsi, pour une période d'étude de 20 ans, l'ingénieure devrait choisir le réservoir en plastique dont les coûts $C_{aé}$ sont inférieurs à ceux du réservoir en aluminium. Cet exemple montre que la période d'étude peut faire varier le choix de l'équipement.

7.2 CHOIX ET REMPLACEMENT D'ÉQUIPEMENTS

Tout équipement se détériore et doit être remplacé un jour ou l'autre. La méthode des coûts $C_{aé}$ convient tout à fait à l'étude de la pertinence de remplacer de l'équipement. Par exemple, on peut remplacer un vieux camion par un nouveau modèle de camion de même capacité, utilisé de la même façon, mais qui possède de nouvelles composantes améliorant son efficacité et sa productivité. Toutefois, on peut aussi envisager l'utilisation d'un tout autre moyen de transport; un choix d'équipements s'impose alors.

7.2.1 Coûts pertinents au choix et au remplacement d'équipements

Le problème du remplacement d'équipements soulève les questions suivantes:

- Faut-il remplacer l'équipement ou le réparer?
- Faut-il remplacer l'équipement maintenant ou peut-on attendre?
- Faut-il remplacer l'équipement par un autre du même type ou est-il préférable d'acheter un autre type d'équipement?

Les principaux facteurs qui incitent à remplacer un équipement sont la réduction de sa fiabilité, sa désuétude technologique, la diminution de sa productivité et sa détérioration physique. En effet, ces facteurs résultent en des coûts d'entretien et d'exploitation excessifs. En pratique, on envisage le remplacement d'équipements lorsqu'il y a une réparation majeure à effectuer, lorsqu'il faut modifier une activité ou en commencer une nouvelle, lorsque de nouveaux modèles apparaissent sur le marché et, finalement, au moins une fois par année.

La décision de remplacer un équipement exige habituellement de calculer les 3 types de coûts suivants:

- les coûts d'entretien et d'exploitation de l'équipement actuel pendant une année additionnelle; on ne doit considérer que les coûts futurs puisque les coûts passés ne sont pas pertinents;
- la moyenne des coûts par année d'un nouvel équipement du même genre et de même capacité;
- la moyenne des coûts par année d'un nouveau type d'équipement; il s'agit soit d'un équipement différent, soit d'un équipement amélioré au point de vue technique.

Les facteurs qui contribuent à ces coûts sont:

- les débours d'investissement, incluant les coûts d'achat et les coûts d'installation;
- la valeur résiduelle;
- les coûts d'entretien et d'exploitation: main-d'oeuvre, pièces, énergie, réparations;
- les pertes de revenus ou les dépenses entraînées par les temps d'arrêt, les pertes de production, les heures de main-d'oeuvre non productive, les coûts de remplacement temporaire d'équipement, les coûts de pièces de rechange, les coûts des heures supplémentaires rendues nécessaires pour pallier les temps d'arrêt;
- les frais généraux additionnels.

On doit étudier un projet de remplacement d'équipements à partir d'une analyse différentielle qui permet de dégager la différence de coûts entre l'équipement actuel, appelé défenseur, et l'équipement proposé, appelé aspirant.

7.2.2 Durée de vie économique

La saine gestion de programmes de remplacement d'équipements exige au départ qu'on fasse la distinction entre la durée de vie matérielle, la durée de vie technologique et la durée de vie économique d'un équipement.

Durée de vie matérielle. C'est la période au cours de laquelle l'équipement peut servir avant de devenir complètement hors d'usage. La durée de vie matérielle dépend du temps et de l'usure physique, laquelle se traduit par des augmentations des coûts d'entretien et des temps d'arrêt de même que par une baisse de productivité.

Durée de vie technologique. C'est la période dont la fin est marquée par l'apparition d'un nouvel équipement plus rapide, plus efficace, plus productif, moins coûteux et qui rend désuet l'équipement actuel.

Durée de vie économique. C'est la période au cours de laquelle l'équipement peut accomplir une fonction donnée aux coûts minimaux. La durée de vie économique correspond à la période de temps dont la fin est marquée par une année où l'ensemble des coûts de possession, d'entretien et d'exploitation d'un équipement atteint un minimum.

Pour déterminer la durée de vie économique d'un bien, on en calcule les coûts $C_{aé}$ pour un nombre d'années consécutives suffisamment élevé pour que les coûts $C_{aé}$ d'une certaine année soient supérieurs à ceux des années précédentes, après avoir subi une diminution constante et avoir atteint un minimum. Ainsi, l'année où les coûts $C_{aé}$ atteignent un niveau minimal détermine la durée de vie économique. Il s'agit du nombre d'années pendant lequel on doit conserver ce bien lorsqu'on désire en minimiser les coûts globaux.

Cette méthode de calcul de la durée de vie économique repose sur l'hypothèse selon laquelle l'évolution dans le temps des coûts totaux de possession, d'entretien et d'exploitation, les coûts $C_{aé}$, suit une courbe en forme de «U» représentée à la figure 7.3. On suppose alors que les coûts annuels de possession d'un équipement diminuent au fil du temps, alors que les coûts annuels d'entretien augmentent. La méthode est donc valable dans tous les cas d'équipements, de véhicules ou d'autres biens dont les coûts $C_{aé}$ décroissent initialement, atteignent un minimum et croissent par la suite.

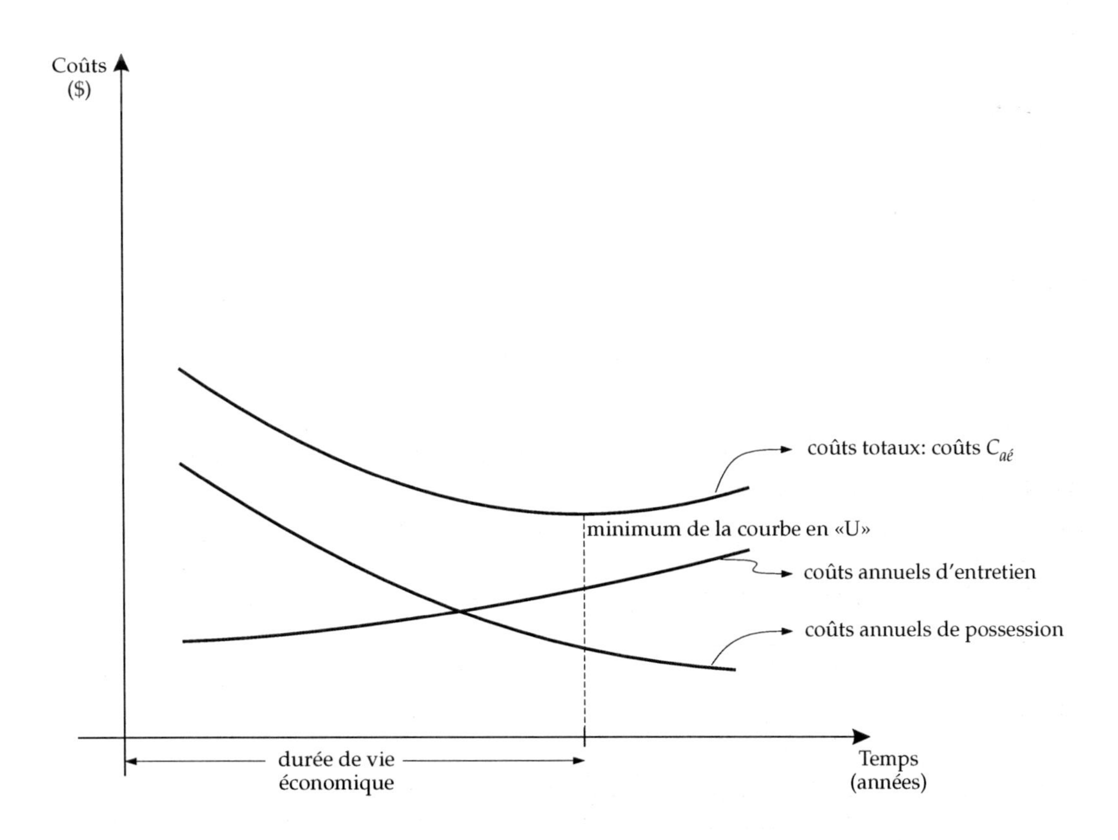

Figure 7.3 Graphique des coûts $C_{aé}$.

7.2.3 Comparaison des coûts de deux options

Le problème de remplacement d'équipements comporte toujours 2 options, celle de garder l'équipement actuel et celle de le remplacer. On estimera, pour une année additionnelle, les coûts totaux d'utilisation de l'équipement actuel. Il s'agit des coûts suivants:

- coûts d'entretien et d'exploitation pour l'année additionnelle;
- coûts résultant de la perte de la valeur de l'équipement encourue par une année d'utilisation additionnelle;
- coûts du capital investi dans l'équipement pour l'année additionnelle. Ces coûts sont calculés en fonction de la valeur de l'équipement au début de l'année additionnelle.

On estime les coûts $C_{aé}$ du nouvel équipement pour une série croissante d'années d'utilisation, soit 1 an, 2 ans, 3 ans, etc. La période de temps pendant laquelle ces coûts $C_{aé}$ atteignent un minimum représente alors sa durée de vie économique. Le remplacement d'équipements devrait se faire lorsque les coûts $C_{aé}$ minimaux de l'aspirant sont inférieurs aux coûts totaux d'utilisation du défenseur pour une année additionnelle. Dans le cas du défenseur, il s'agit de son coût marginal d'utilisation pour une année additionnelle.

Exemple 7.2 *Remplacement d'équipements et calcul des coûts $C_{aé}$*

Vous devez établir s'il est opportun de remplacer une machine à commande numérique achetée il y a 5 ans, le défenseur. L'aspirant est une nouvelle machine de même capacité dont les coûts $C_{aé}$ ont été établis à 50 000 $. La machine actuelle a une valeur marchande actuelle de 50 000 $, une valeur marchande dans un an de 30 000 $ ainsi que des coûts annuels d'entretien et d'exploitation pour la prochaine année de 35 000 $. Le taux T_{rm} est de 10 %.

Solution

Nous allons établir les coûts $C_{aé}$ du défenseur, soit les coûts d'utilisation de la machine actuelle pendant une année additionnelle. Pour calculer ces coûts, il faut tenir compte de l'hypothèse de fin d'année selon laquelle les coûts sont évalués à la fin de l'année additionnelle. C'est pourquoi il faut calculer la valeur V_f de la valeur marchande actuelle, tandis que les autres coûts sont déjà évalués à la fin de l'année.

$$\begin{aligned} C_{aé} &= \text{annuité équivalente à la valeur actuelle totale} + \text{coûts annuels d'entretien} \\ &= 50\,000 \times F_{T5}(10\,\%, 1) - 30\,000 \times F_{T6}(10\,\%, 1) + 35\,000 \\ &= 50\,000 \times 1{,}10 - 30\,000 + 35\,000 \\ &= 60\,000\ \$ \end{aligned}$$

Les coûts d'utilisation du défenseur pour une année additionnelle étant de 60 000 $, il est plus coûteux de garder l'équipement actuel que d'acheter l'équipement proposé. L'équipement actuel devrait donc être remplacé.

Exemple 7.3 *Coûts $C_{aé}$ et durée de vie économique, avec un taux $T_{rm} = 0$*

On retrouve à la figure 7.4 le graphique du calcul des coûts $C_{aé}$ d'un véhicule qu'une entreprise envisage d'acheter. Ce graphique permet d'identifier la durée de vie économique de l'équipement. Quelle est-elle?

Ce véhicule nécessite des débours d'investissement de 45 000 $ à l'achat, ainsi que des coûts d'entretien et une valeur résiduelle, variables dans le temps, présentés au tableau 7.1. Supposons un taux T_{rm} nul. Quelle est la durée de vie économique du véhicule et quels sont les coûts $C_{aé}$ qui y correspondent?

Tableau 7.1 (ex. 7.3) Données sur le véhicule proposé

	Année 1	**Année 2**	**Année 3**	**Année 4**	**Année 5**	**Année 6**
Coûts d'entretien ($)	5 000	8 000	14 000	16 000	20 000	27 000
Valeur résiduelle ($)	22 000	15 000	9 000	7 000	3 000	0

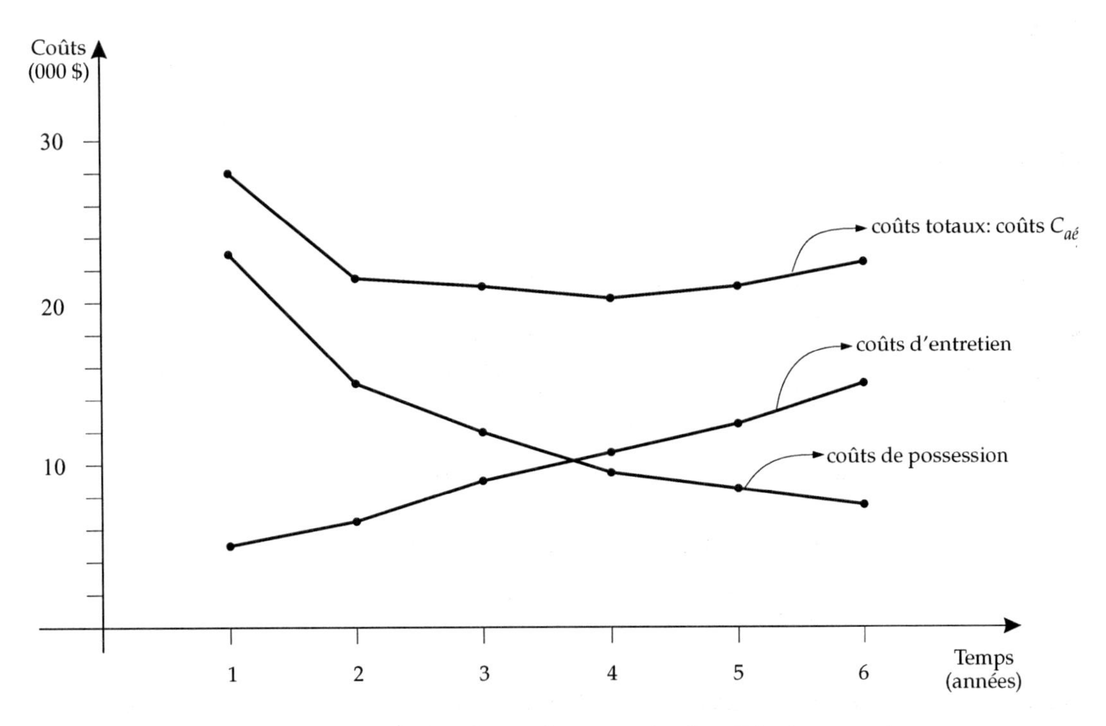

Figure 7.4 (ex. 7.3) Graphique des coûts $C_{aé}$ du véhicule proposé.

Solution

Calculons les coûts $C_{aé}$ du véhicule proposé pour 6 années consécutives d'utilisation. Nous supposons qu'il parcourt la même distance chaque année et donc que les coûts annuels de consommation d'essence demeurent les mêmes pour toute la durée d'étude du projet. Comme le taux T_{rm} est nul, toutes les valeurs actuelles sont égales aux valeurs futures. Le tableau 7.2 présente les résultats de ces calculs.

Tableau 7.2 (ex. 7.3) Coûts $C_{aé}$ du véhicule proposé

	Année 1	**Année 2**	**Année 3**	**Année 4**	**Année 5**	**Année 6**
Coûts de possession						
débours d'investissement	45 000 $	45 000 $	45 000 $	45 000 $	45 000 $	45 000 $
valeur résiduelle	22 000	15 000	9 000	7 000	3 000	0
différence	23 000	30 000	36 000	38 000	42 000	45 000
moyenne des coûts de possession par année	23 000	15 000	12 000	9 500	8 400	7 500
Coûts d'entretien						
coûts annuels	5 000	8 000	14 000	16 000	20 000	27 000
coûts cumulatifs	5 000	13 000	27 000	43 000	63 000	90 000
moyenne des coûts d'entretien par année	5 000	6 500	9 000	10 750	12 600	15 000
Coûts totaux: coûts $C_{aé}$	28 000	21 500	21 000	20 250	21 000	22 500

La durée de vie économique du véhicule proposé est de 4 ans puisque c'est à la quatrième année que les coûts $C_{aé}$ atteignent un niveau minimal, soit 20 250 $.

Pour faciliter la compréhension du concept de durée de vie économique, nous avons supposé que le taux T_{rm} était nul dans l'exemple 7.3. Or, comme nous l'avons souvent mentionné dans cet ouvrage, l'argent investi dans un camion, une pièce d'équipement ou tout autre actif a un coût dont il faut tenir compte dans le calcul de la durée de vie économique.

Exemple 7.4 *Coûts $C_{aé}$ et durée de vie économique, avec un taux T_{rm} de 10 %*

Reprenons l'exemple 7.3 en supposant un taux T_{rm} de 10 %. Quelle est la durée de vie économique?

Solution

On retrouve aux tableaux 7.3, 7.4 et 7.5 les calculs requis pour établir les coûts $C_{aé}$ du véhicule proposé pour 6 années consécutives d'utilisation.

Tableau 7.3 (ex. 7.4) Coûts d'entretien du véhicule proposé

Année n	**Coûts d'entretien ($)**	F_{T2} **(10 %,** n**)**	V_a **(coûts d'entretien) par année ($)**	V_a **(coûts d'entretien) cumulative ($)**
1	5 000	0,909 1	4 546	4 546
2	8 000	0,826 4	6 611	11 157
3	14 000	0,751 3	10 518	21 675
4	16 000	0,683 0	10 928	32 603
5	20 000	0,620 9	12 418	45 021
6	27 000	0,564 5	15 242	60 263

Tableau 7.4 (ex. 7.4) Coûts de possession du véhicule proposé

Année n	V_a **(débours d'investissement) ($)**	**Valeur résiduelle ($)**	F_{T2} **(10 %,** n**)**	V_a **(valeur résiduelle) ($)**	V_a **(débours d'investissement) –** V_a **(valeur résiduelle) ($)**
1	45 000	22 000	0,909 1	20 000	25 000
2		15 000	0,826 4	12 396	32 604
3		9 000	0,751 3	6 762	38 238
4		7 000	0,683 0	4 781	40 219
5		3 000	0,620 9	1 863	43 137
6		0	0,564 5	0	45 000

Tableau 7.5 (ex. 7.4) Coûts $C_{aé}$ du véhicule proposé

Année n	V_a **totale ($)**	F_{T5} **(10 %,** n**)**	**Coûts annuels équivalents ($)**
1	29 546	1,100 0	32 501
2	43 761	0,576 0	25 206
3	59 913	0,402 1	24 091
4	72 822	0,315 5	22 975
5	88 158	0,263 8	23 256
6	105 263	0,229 6	24 168

La durée de vie économique du véhicule proposé correspond à la période pour laquelle les coûts $C_{aé}$ atteignent un minimum, soit 22 975 $. La durée de vie économique est donc de 4 ans et n'a pas changé malgré les calculs d'actualisation. Ainsi, pour minimiser les coûts totaux de possession et d'entretien du véhicule, il faudra le remplacer à la fin de la quatrième année d'utilisation. Il faut noter qu'un taux T_{rm} plus élevé pourrait modifier la durée de vie économique.

....

7.2.4 Effet des changements technologiques

On ne peut pas songer à remplacer des équipements sans tenir compte de la perspective d'acquérir de nouveaux aspirants améliorés. En effet, en décidant de conserver le défenseur au lieu d'acquérir l'aspirant actuel, une entreprise court la chance de mettre la main plus tard sur un nouvel aspirant amélioré. Cette décision permet ainsi d'éviter les pertes subies par la revente de l'aspirant actuel, qui risque de devenir rapidement moins efficace et plus coûteux que le nouvel aspirant amélioré. Par conséquent, lorsqu'un type d'équipement est sujet à de prochaines améliorations en raison des changements technologiques rapides, il peut s'avérer plus prudent de retarder son remplacement jusqu'à ce qu'un modèle amélioré devienne disponible.

Toutefois, les ingénieurs doivent toujours se tenir au courant de l'arrivée sur le marché de nouveaux aspirants plus efficaces que les défenseurs qui font partie du parc d'équipements de leur entreprise. La décision de ne pas remplacer un appareil par un autre qui comporte des améliorations technologiques peut entraîner des coûts cachés importants, soit les coûts d'opportunité imputables à l'utilisation d'un défenseur dépassé au point de vue technique.

7.2.5 Évaluation des options

La valeur d'une étude économique, telle une étude de remplacement d'équipements, repose sur la fiabilité des données relatives aux coûts d'entretien et d'exploitation des options étudiées. La comparaison entre les coûts estimatifs pour le défenseur et pour l'aspirant représente souvent l'étape la plus difficile, ces coûts pouvant être très incertains. Nous traiterons d'ailleurs de l'analyse du risque et de l'incertitude au chapitre 12. Lorsque les données concernant les coûts d'entretien et d'exploitation sont très incertaines, l'analyste peut choisir d'avantager la position du défenseur, en posant l'hypothèse que ces coûts pour le défenseur et l'aspirant vont demeurer constants durant la période d'étude.

Les estimations des valeurs résiduelles des équipements peuvent également être très incertaines lorsque la durée d'étude est longue. Certains analystes seront donc portés à ne leur attribuer aucune valeur. Il faut également déduire des estimations des valeurs résiduelles, que l'analyste a choisi de considérer, les coûts de remise à neuf, de peinture et de réparation requis pour remettre l'équipement dans un état acceptable pour un éventuel acheteur.

Par ailleurs, les coûts d'investissement d'un aspirant doivent inclure les dépenses d'installation et de mise en service de l'actif proposé. Lorsque le nouvel équipement comprend une technologie toute récente, il ne faut pas oublier d'inclure les coûts du rodage (*debugging*) qui devront être assumés par l'acheteur.

CONCLUSION

Le remplacement et le choix d'équipements constitue un problème fréquent dans toutes les organisations. Nous avons consacré ce chapitre à la méthode des coûts $C_{aé}$, méthode la plus appropriée pour évaluer ce type de projets. Nous avons dégagé les coûts pertinents à l'analyse économique de ces projets. Nous avons également exposé la notion de durée de vie économique, importante dans la décision de remplacement d'équipements. La méthode des coûts $C_{aé}$ est la quatrième méthode d'actualisation des flux monétaires tenant compte de la valeur de l'argent dans le temps et donc de l'intérêt composé dans l'analyse économique des projets que nous présentons dans ce volume. Dans le chapitre 8, nous allons étudier les méthodes du délai de recouvrement et du taux de rendement comptable, qui s'attardent à d'autres aspects des projets d'investissement et de remplacement.

QUESTIONS

1. Décrire 2 types de projets pour lesquels la méthode des coûts $C_{aé}$ est appropriée.
2. Énumérer 2 avantages et 2 limites de la méthode des coûts $C_{aé}$.
3. La méthode des coûts $C_{aé}$ est-elle appropriée lorsqu'il s'agit de projets dont on peut calculer les bénéfices?
4. La méthode des coûts $C_{aé}$ permet-elle de comparer des équipements de projets indépendants?
5. Dans quelles circonstances la méthode des coûts $C_{aé}$ permet-elle de comparer des équipements de durées de vie différentes?
6. Énumérer les principales raisons qui incitent à remplacer un équipement.
7. Définir la durée de vie technologique.
8. Définir la durée de vie économique.
9. Décrire 2 situations où il devient nécessaire d'étudier la possibilité de remplacer un équipement.
10. Le taux d'intérêt ou le taux T_{rm} ont-ils une influence sur le calcul de la durée de vie économique d'un projet?

PROBLÈMES

1. Le gestionnaire du matériel d'une entreprise vous demande d'établir s'il est préférable d'effectuer une réparation majeure à un tour actuel, de le conserver tel quel ou encore d'acheter un tour neuf. On lui propose 2 tours, l'un de type A, l'autre de type B, présentant les mêmes caractéristiques techniques. Le taux T_{rm} est de 12 %. Le gestionnaire vous fournit les données présentées au tableau 7.6.

Tableau 7.6 (probl. 1) Données sur les tours

	Nouveau tour de type A	Nouveau tour de type B	Réparation majeure	Tour actuel sans réparation
Débours d'investissement ($)	56 100	38 500	27 000	10 000*
Durée de vie (ans)	5	4	3	3
Valeur résiduelle (% des débours d'investissement)	20	25	30	20
Moyenne des coûts d'entretien et d'exploitation par année ($)	2 000	5 500	4 000	9 500

* Valeur marchande du tour actuel. Il s'agit du coût à engager si on décide de conserver le défenseur. Ce débours, qui représente un coût d'opportunité, n'a pas été soustrait des débours d'investissement relatifs aux trois autres options.

On demande:

de déterminer l'option la plus rentable pour l'entreprise à partir des coûts $C_{aé}$.

2. Une entreprise de fabrication de véhicules désire acheter un robot pour son atelier de peinture. Après avoir étudié les caractéristiques techniques de robots offerts par divers fournisseurs, vous en avez retenu 2, équivalents au point de vue technologique. Le robot de type M coûte 33 000 $ à l'achat, 9000 $ par année pour l'entretien et l'exploitation et a une durée de vie de 4 ans au terme de laquelle il n'a aucune valeur résiduelle. Le robot de type N a un prix d'achat de 91 000 $, des coûts annuels d'entretien et d'exploitation de 4000 $, une durée de vie de 8 ans et aucune valeur résiduelle. Le taux T_{rm} est de 8 %. Vous devez ignorer l'effet de l'impôt et de l'inflation. Vous devez poser l'hypothèse des projets répétés pour le robot de type M.

On demande:

a) de calculer les coûts $C_{aé}$ de chaque option étudiée et de recommander l'un des 2 robots en tenant compte uniquement des facteurs économiques;

b) de calculer les coûts $C_{aé}$ du robot de type M, en supposant qu'après 4 ans il sera possible de le remplacer par un robot amélioré de type M qui coûte 49 500 $ à l'achat et dont les coûts annuels d'entretien et d'exploitation seront de 6000 $. Supposer que la durée de vie de ce robot est de 4 ans et que sa valeur résiduelle sera nulle à la fin de cette période;

c) de revoir votre recommandation initiale à la lumière de changements technologiques possibles dans le domaine de la robotisation.

3. Le service des travaux publics du gouvernement désire acheter 200 véhicules légers. On n'a retenu que 3 soumissions parmi toutes celles reçues à la suite d'un appel d'offres parce qu'elles seules correspondent aux caractéristiques décrites dans un cahier des charges.

On veut garder ces véhicules pendant 2 ans. Ils vont parcourir en moyenne 125 000 km chacun au cours de la première année et 50 000 km chacun au cours de la deuxième année en vertu d'une politique de rotation des véhicules. On vous a remis les renseignements figurant au tableau 7.7 relativement aux 3 soumissions d'achat retenues pour analyse.

Tableau 7.7 (probl. 3) Données sur 3 types de véhicule

	Première soumission Véhicule A	**Deuxième soumission Véhicule B**	**Troisième soumission Véhicule C**
Coûts d'achat ($)	14 000	15 000	12 500
Consommation d'essence (km/l)	7,5	6,875	6,25
Coûts de l'essence ($/l)	0,50	0,50	0,50
Coûts variables, autres que l'essence ($/km)	0,02	0,019	0,021
Coûts fixes ($/an)	300	325	300
Taux T_{rm}	12 %	12 %	12 %
Valeur résiduelle ($)	1 800	2 000	1 700

On demande:

de déterminer quel véhicule le service des travaux publics devrait choisir sachant que les coûts totaux minimaux constituent le critère de sélection.

4. Une entreprise de service public a un choix à faire entre les 2 options suivantes. Le taux T_{rm} est de 14 % avant impôt sur le revenu.

   Option A. Ériger une ligne de poteaux aux coûts de 40 000 $ et y installer pour 175 000 $ de câble aérien. La valeur résiduelle de ces investissements est de 5 % à la fin de la durée de vie des équipements. On anticipe une durée de vie de 25 ans pour les poteaux et de 35 ans pour le câble. L'entretien et les taxes foncières coûteront annuellement 800 $ pour les poteaux et 1200 $ pour le câble.

   Option B. Poser un câble souterrain aux coûts de 300 000 $. Il n'y a aucune valeur résiduelle à la fin de la durée de vie de ces équipements, estimée à 45 ans. L'entretien annuel coûtera 750 $.

On demande:

de déterminer l'option la plus économique en utilisant la méthode des coûts $C_{aé}$.

5. Une entreprise doit faire l'acquisition d'équipements pour son usine de fabrication de petits moteurs électriques. L'équipement recherché doit:
   – réduire les temps de mise en route des machines,
   – faciliter le passage rapide d'un système de production à un autre,

- permettre de fabriquer la plus grande variété de produits possible,
- se déplacer facilement en fonction de réaménagements de l'usine.

Le directeur de l'usine doit choisir entre un projet d'investissement immédiat, l'option 1, et un projet comportant un investissement immédiat plus faible auquel on ajoute un investissement différé, l'option 2. Les bénéfices annuels nets prévus sont les mêmes pour les 2 options. Le taux T_{rm} est de 12 % avant impôt sur le revenu. Les autres données sont fournies au tableau 7.8.

Tableau 7.8 (probl. 5) Données sur le projet d'investissement

	Option 1	**Option 2**
Débours d'investissement ($)		
achat	240 000	100 000
aménagement	20 000	10 000
investissement différé après 4 ans	0	200 000
Valeur résiduelle (%)	10	10
Coûts annuels d'entretien ($)		
4 premières années	50 000	20 000
6 dernières années	50 000	60 000
Durée d'étude (ans)	10	10

On demande:

de déterminer l'option la moins coûteuse à l'aide de la méthode des coûts $C_{aé}$.

6. Le directeur du parc de véhicules d'une municipalité vous consulte afin de déterminer la durée de vie économique des 5 camions qu'il vient d'acheter pour le service des travaux publics. Il s'agit de camions de même type qui ont coûté chacun 60 000 $ à l'achat. La valeur résiduelle, variable dans le temps, a été établie à partir de données fournies par le personnel des ateliers d'entretien et tirées de livres traitant du marché de la revente de véhicules. Elle diminue ainsi chaque année: à la fin de la première année, elle est de 70 % du prix d'achat; à la fin de la deuxième, de 60 %; puis de 35 %, de 27 %, de 20 %, de 15 %, de 10 % et de 5 %. Au-delà de 8 ans, la valeur résiduelle est nulle.

   Les coûts annuels d'entretien et d'exploitation, estimés pour les 10 prochaines années, sont les suivants: 10 000 $ pour la première année, 16 000 $ pour la deuxième, 18 000 $, 20 500 $, 30 750 $, 17 250 $, 20 000 $, 22 500 $, 25 000 $ et 26 000 $ pour la dixième année. Ces coûts ont été établis à partir de l'hypothèse selon laquelle chaque camion va parcourir la même distance pendant chacune des années d'utilisation du véhicule. Les frais d'administration du parc de véhicules de même que les coûts des réparations dues à des accidents n'ont pas été considérés dans le calcul des coûts annuels. Le taux T_{rm} est de 12 %.

On demande:

de déterminer la durée de vie économique d'un camion à l'aide de la méthode des coûts $C_{aé}$.

7. Une entreprise envisage d'effectuer des réparations majeures à une machine à commande numérique utilisée dans un des ateliers de son usine. Ces réparations seront effectuées durant l'année en cours par un fabricant de machines spécialisé dans ce type d'équipements. L'ingénieur responsable de l'atelier qui utilise cette machine vous remet les données présentées au tableau 7.9. En outre, le taux T_{rm} est de 12 %. Ignorer l'effet de l'impôt pour ce projet.

Tableau 7.9 (probl. 7) Données sur la machine à commande numérique

Durée d'utilisation	Valeur résiduelle ($)	Coûts annuels d'entretien* et d'exploitation ($)
Début	30 000	
Après 1 an	24 000	24 000
Après 2 ans	20 000	26 000
Après 3 ans	10 000	52 000

*Les coûts de réparations majeures sont inclus dans ces coûts annuels.

On demande:

d'établir, à l'aide de la méthode des coûts $C_{aé}$, le nombre d'années pendant lesquelles il faudrait garder cette pièce d'équipement.

Chapitre 8

Délai de recouvrement et taux de rendement comptable

INTRODUCTION

Dans les chapitres 6 et 7, nous avons vu la pertinence des méthodes d'actualisation pour évaluer la rentabilité des projets. Pourtant, des enquêtes menées auprès des entreprises nord-américaines indiquent que ces dernières utilisent souvent des méthodes d'analyse de projets qui n'actualisent pas les flux monétaires, telles la méthode du délai de recouvrement et la méthode du taux de rendement comptable. Certaines entreprises ont recours à la méthode du délai de recouvrement actualisé. Ces méthodes sont utilisées seules ou conjointement avec les méthodes d'actualisation vues aux chapitres 6 et 7.

Notons que le terme délai de recouvrement est la traduction en français du terme américain *payback*. Selon une étude* portant sur les pratiques comptables des entreprises de fabrication aux États-Unis, en Corée et au Japon, le délai de recouvrement, noté D_r, est la méthode d'évaluation la plus populaire auprès des décideurs de ces pays. Ainsi, selon les auteurs, 86 % des entreprises japonaises utilisent le délai D_r pour choisir les projets. Les industriels coréens et américains indiquent que 75 % et 71 % de leurs entreprises se servent également du délai D_r comme critère de sélection des projets. Pour sa part, le taux de rendement comptable, noté T_{rc}, est également utilisé par 68 % des entreprises coréennes, par 53 % des entreprises japonaises et par 46 % des entreprises américaines.

---

*KIM Il-Woon et SONG Ja, «U.S., Korea & Japan, Accounting Practices in Three Countries», dans *Management Accounting*, août 1990, p. 26 à 30.

On peut comprendre la popularité de ces 2 méthodes. La première raison et la plus importante est le fait que les gestionnaires sont préoccupés par les conséquences à court terme des projets sur les bénéfices publiés chaque année dans les états financiers. En effet, les gestionnaires sont évalués à partir de ces résultats à court terme et ceci peut entrer en conflit avec les projets d'investissement à long terme.

La deuxième raison est que les données utilisées pour juger de la valeur d'un projet d'investissement reposent sur des estimations ou des prévisions. Or, plus un projet s'étend sur une longue période, plus il comporte d'incertitude dans les prévisions. Ainsi, plusieurs entreprises déterminent un délai D_r maximal pour chaque projet et laissent de côté toutes les options dont le délai D_r l'excède.

La troisième raison, c'est que les entreprises ayant participé à l'étude oeuvrent dans des environnements où les changements technologiques se produisent rapidement et où les produits deviennent désuets en peu de temps. Elles ont donc tendance à rechercher des projets dont le délai D_r est court. D'ailleurs, la plupart de ces entreprises ont indiqué qu'elles exigeaient un délai D_r maximal de 5 ans pour la réalisation de leurs projets.

Le présent chapitre porte sur les 2 méthodes traditionnelles d'évaluation économique des projets que sont le délai D_r et le taux T_{rc}. Nous expliquerons comment les calculer, nous énoncerons les règles de décision basées sur ces méthodes, nous analyserons les avantages et les limites de ces méthodes ainsi que les situations où elles devraient s'appliquer.

8.1 DÉLAI DE RECOUVREMENT, D_r

Le délai D_r est la durée requise pour que les recettes annuelles nettes (flux monétaires) d'un projet soient équivalentes aux montants qui y ont été investis.

8.1.1 Calcul du délai D_r

Pour calculer le délai D_r, 2 situations peuvent se présenter. Dans la première, on s'attend à ce que les recettes soient constantes d'une année à l'autre. Alors le délai de recouvrement peut s'établir ainsi:

$$D_r = \frac{\text{débours d'investissement}}{\text{recettes annuelles nettes}}$$

Les recettes annuelles nettes sont les recettes annuelles moins les débours annuels. On considère également que des débours évités constituent des recettes.

Dans la deuxième situation, on s'attend à ce que les recettes ne soient pas constantes d'une année à l'autre. On détermine alors le délai D_r en ajoutant aux recettes de l'année courante les recettes des années précédentes jusqu'à ce que la somme soit égale aux débours d'investissement. Le temps requis pour que ces montants deviennent égaux correspond au délai D_r.

Exemple 8.1 *Délai D_r d'un projet avec des recettes constantes*

Une compagnie envisage d'investir 30 000 $ pour l'achat d'un système de chauffage qui réduira les coûts annuels d'entretien et de chauffage de 10 000 $ pendant 5 ans. La réduction des coûts consiste en débours évités avant la prise en compte de l'amortissement et de l'intérêt sur le capital investi. Quel est le délai D_r de ce projet?

Solution

On a:

$$D_r = \frac{\text{débours d'investissement}}{\text{recettes annuelles nettes}} = \frac{30\ 000}{10\ 000} = 3 \text{ ans}$$

Il faut souligner que, dans le calcul du délai D_r, la valeur résiduelle d'un investissement ne doit pas être déduite des débours d'investissement.

Exemple 8.2 *Délai D_r d'un projet avec des recettes variables*

Une entreprise envisage d'investir 9000 $ dans un projet et prévoit obtenir les recettes annuelles suivantes: la première année, 5000 $; la deuxième, 3000 $; la troisième, 2000 $; la quatrième, 1000 $ et la cinquième, 500 $. Quel est le délai D_r de ce projet?

Solution

On établit ici le délai D_r de l'investissement en cumulant les recettes jusqu'à ce que leur somme devienne égale aux débours d'investissement. Ainsi, après un an, on a des recettes de 5000 $, après 2 ans, de 8000 $ et après 3 ans, de 10 000 $, montant qui excède les débours d'investissement.

C'est donc au cours de la troisième année que les recettes deviennent égales aux débours d'investissement. Comme on suppose que les recettes sont uniformes au cours de chaque année, on a:

$$D_r = 2{,}5 \text{ ans}$$

En effet, les débours d'investissement de 9000 $ sont récupérés entièrement après 2,5 ans, puisque les recettes de la troisième année s'élèvent à 2000 $ et qu'il ne manque que 1000 $ aux recettes des 2 premières années pour qu'elles soient égales à l'investissement.

8.1.2 Règle de décision

Pour évaluer un projet à partir du délai D_r, les gestionnaires établissent un délai D_r maximal et rejettent toutes les propositions d'investissement dont le délai D_r excède cette durée. Des enquêtes ont révélé que les délais D_r maximaux utilisés par les entreprises varient de 2 à 5 ans. On retient des délais de 2 ou 3 ans pour des projets d'investissement que les décideurs considèrent comme à risque élevé.

8.1.3 Avantages et limites de la méthode du délai D_r

La méthode du délai D_r indique la période de temps requise pour recouvrer le capital investi dans un projet. Elle doit sa grande popularité à la simplicité de calcul. C'est là son principal et son seul avantage.

Les limites de cette méthode sont les suivantes:

- le délai D_r n'est pas une mesure de rentabilité. En effet, la méthode ne tient pas compte des bénéfices occasionnés par le projet au-delà du délai D_r;
- la méthode ne tient pas compte de la valeur de l'argent dans le temps. En effet, même au cours de la période de recouvrement, on n'actualise pas les recettes du projet. Or, un dollar encaissé aujourd'hui a plus de valeur qu'un dollar encaissé dans 4 ans;
- la méthode ne devrait être utilisée que pour comparer des projets de même durée et ayant un modèle semblable de flux monétaire, c'est-à-dire que les flux monétaires sont tous croissants, tous stables ou tous décroissants. C'est seulement si ces 2 conditions sont satisfaites qu'on peut n'utiliser que le délai D_r comme méthode d'évaluation des projets. Si l'une des 2 conditions n'est pas satisfaite, il devient alors nécessaire de compléter l'évaluation des projets par une des méthodes d'actualisation vues aux chapitres 6 et 7, et ce même si l'entreprise oeuvre dans un contexte où les changements technologiques sont rapides et où le cycle de vie des produits est de plus en plus court.

Exemple 8.3 *Analyse de projets à l'aide du délai D_r*

Une organisation doit remplacer de l'équipement et choisir entre 2 machines. La première, d'une durée de vie de 10 ans, coûte 4500 $ à l'achat et permettra de réaliser des économies annuelles de 1000 $ pendant toute sa durée de vie. La deuxième, d'une durée de vie de 3 ans, coûte 3000 $ à l'achat et permettra de réaliser des économies annuelles de 1000 $ pendant sa durée de vie. Quel est le délai D_r de chacune des options? Quelles sont les limites de la méthode du délai D_r dans l'analyse de ce projet?

Solution

On a:

$$D_r \text{ (option 1)} = \frac{4500}{1000}$$
$$= 4{,}5 \text{ ans}$$

$$D_r \text{ (option 2)} = \frac{3000}{1000} = 3 \text{ ans}$$

Selon le critère du délai D_r, la deuxième option est plus avantageuse. Cependant, il faut noter qu'elle ne rapporte aucun bénéfice puisque le délai D_r correspond à la durée de vie de la machine, alors que la première option permet de réaliser des bénéfices pendant 5,5 ans.

Exemple 8.4 *Analyse de projets à l'aide du délai D_r et de l'analyse différentielle*

Une entreprise doit choisir entre le projet A et le projet B. Les 2 projets nécessitent des débours d'investissement de 10 000 $. Dans le projet A, on prévoit réaliser les recettes annuelles suivantes: 5000 $ la première année, 4000 $ la deuxième, 1000 $ la troisième et 2000 $ la quatrième. Les recettes prévues pour le projet B sont de 2000 $ la première année, de 3000 $ la deuxième, de 5000 $ la troisième et de 2000 $ la quatrième.

En additionnant les recettes et en les comparant aux débours, on constate que les projets A et B ont un même délai D_r de 3 ans. Cependant, une analyse différentielle, présentée au tableau 8.1, permet de départager les projets.

Tableau 8.1 (ex. 8.4) Analyse différentielle des projets A et B

	Projet A	**Projet B**	**Différence en faveur du projet A**
Début, débours	10 000 $	10 000 $	0 $
Année 1, recettes	5 000 $	2 000 $	3 000 $
Année 2, recettes	4 000 $	3 000 $	1 000 $
Année 3, recettes	1 000 $	5 000 $	(4 000) $
Année 4, recettes	2 000 $	2 000 $	0 $

Dans le projet A, on encaisse 3000 $ de plus au cours de la première année et 1000 $ de plus au cours de la deuxième année. Même si, dans le projet B, cette différence est récupérée au cours de la troisième année, dans le projet A on récupère les fonds plus rapidement et ils peuvent alors être réutilisés à d'autres fins d'une façon profitable.

8.1.4 Équivalence avec le taux T_{ri}

Supposons qu'un projet d'investissement, dont les recettes annuelles nettes sont constantes et la durée de vie est de 10 ans, a un délai D_r de 2 ans. Ceci est équivalent à un taux T_{ri} d'environ 50 %. De même, un délai D_r de 3 ans pour le même projet équivaut à un taux T_{ri} d'environ 30 %. En effet, la table 4, valeur actuelle d'annuités de 1 $, indique un taux d'intérêt de 49 % pour une annuité de 1 $ reçue pendant 10 ans et dont le facteur d'équivalence est de 2,003. Pour un facteur d'équivalence de 3,009 et pour la même annuité, on a un taux d'intérêt de 31 % dans la même table. Ce facteur d'équivalence, qui permet de calculer le taux T_{ri} d'un projet, correspond au délai D_r.

8.1.5 Délai D_r actualisé

Il est possible de modifier la méthode traditionnelle de calcul du délai D_r en lui ajoutant le concept de la valeur de l'argent dans le temps. Ainsi, avant de calculer le délai D_r d'un projet, on devra procéder à l'actualisation des recettes. On utilisera comme taux d'actualisation le taux T_{rm}.

Exemple 8.5 *Délai D_r actualisé*

Reprenons l'exemple 8.2. Le délai D_r obtenu était de 2,5 ans. Quel serait le délai D_r actualisé de ce projet en supposant un taux T_{rm} de 10 % ?

Solution

Considérons le tableau 8.2 qui donne le calcul des recettes actualisées de ce projet.

Tableau 8.2 (ex. 8.5) Calcul des recettes actualisées du projet

Année n	Recettes	F_{T2} (10 %, n)	Recettes actualisées	Recettes actualisées cumulatives
1	5000 $	0,9091	4546 $	4546 $
2	3000	0,8264	2479	7025
3	2000	0,7513	1503	8528
4	1000	0,6830	683	9211
5	500	0,6209	310	9521

Le délai D_r actualisé est de 3,7 ans, ce qui correspond à la période de temps requise pour récupérer la somme de 9000 $ investie dans le projet. En effet, on aura recouvré 8528 $ après 3 ans. Le montant supplémentaire requis pour obtenir la somme de 9000 $, soit 472 $, représente 472 ÷ (9211 − 8528), soit 69 % du montant total des recettes actualisées de la quatrième année.

8.1.6 Utilité de la méthode

La méthode du délai D_r, actualisé ou non, s'applique dans les circonstances suivantes:

- Lorsqu'une entreprise considère que la liquidité et la flexibilité des investissements ont priorité sur leur rentabilité.
- Lorsqu'une entreprise veut estimer le risque financier d'un projet et juger de la protection du capital investi. Ainsi, si on doute des recettes d'un projet, on exigera un délai D_r court. Ceci équivaut à exiger un remboursement rapide du capital.
- Lorsque la précision des études de rentabilité n'est pas essentielle et qu'un tri des projets est nécessaire avant de faire des études poussées de rentabilité. Cette méthode est d'ailleurs souvent utilisée comme complément à une autre méthode.

8.2 TAUX DE RENDEMENT COMPTABLE, T_{rc}

Le taux de rendement comptable, taux T_{rc}, est le rapport entre les revenus annuels nets moyens d'un projet et les débours d'investissement. Contrairement à la méthode du délai D_r où l'on doit déterminer les recettes annuelles nettes d'un projet, ce sont ici les revenus annuels nets moyens d'un projet qui en sont à la base. Ainsi, le délai D_r est associé à la méthode du flux monétaire tandis que le taux T_{rc} est associé à la méthode comptable, les 2 méthodes d'évaluation des coûts et des bénéfices vues au chapitre 1.

8.2.1 Calcul du taux T_{rc}

Il existe 2 variantes au taux T_{rc}. Dans les 2 cas, les dépenses d'intérêt doivent être exclues du calcul des revenus nets.

Variante 1. Le taux T_{rc}, calculé à partir de l'investissement initial et noté $(T_{rc})_0$, se définit ainsi:

$$(T_{rc})_0 = \frac{\text{bénéfices annuels nets moyens}}{\text{débours d'investissement initiaux}}$$

Variante 2. Le taux T_{rc}, calculé à partir de l'investissement moyen et noté $(T_{rc})_{moy}$, se définit ainsi:

$$(T_{rc})_{moy} = \frac{\text{bénéfices annuels nets moyens}}{\text{débours d'investissement moyens}}$$

On calcule les débours d'investissement moyens en calculant la moitié de la somme des débours d'investissement initiaux et de la valeur résiduelle des actifs.

$$\text{débours d'investissement moyens} = \frac{(\text{débours d'investissement} + \text{valeur de revente})}{2}$$

Exemple 8.6 *Calcul du taux T_{rc} selon les variantes 1 et 2*

Une entreprise veut faire l'acquisition d'une machine additionnelle pour son département de production. Les coûts d'achat et d'installation sont de 4500 $ et la durée de vie est de 10 ans au terme desquels la machine n'aura aucune valeur résiduelle. Cette machine permettra de réaliser des économies de 1000 $, en moyenne, par année, pendant toute la durée de vie. Quel est le taux T_{rc} de ce projet?

Solution

Calculons le taux T_{rc} selon la variante 1, à partir de l'investissement initial. On a:

$$\begin{aligned}(T_{rc})_0 &= \frac{1000 - 450}{4500} \\ &= 12{,}2\ \%\end{aligned}$$

L'amortissement comptable de 450 $ est obtenu en divisant les coûts d'achat et d'installation de la machine, de 4500 $, par sa durée de vie de 10 ans. Calculons maintenant le taux T_{rc} selon la variante 2, à partir de l'investissement moyen:

$$\begin{aligned}(T_{rc})_{moy} &= \frac{1000 - 450}{1/2\ (4500 + 0)} \\ &= 24{,}4\ \%\end{aligned}$$

Supposons maintenant que cette machine nécessite une augmentation du fonds de roulement, pour financer l'inventaire, de 1000 $ pendant la durée du projet. Calculons à nouveau le taux T_{rc}. Selon la variante 1, on a:

$$\begin{aligned}(T_{rc})_0 &= \frac{1000 - 450}{4500 + 1000} \\ &= 10\ \%\end{aligned}$$

Selon la variante 2, on a:

$$\begin{aligned}(T_{rc})_{moy} &= \frac{1000 - 450}{1/2\ (5500 + 1000)} \\ &= 16{,}9\ \%\end{aligned}$$

On ajoute l'augmentation du fonds de roulement aux débours d'investissement initiaux ainsi qu'à la valeur résiduelle.

Exemple 8.7 *Calcul du taux T_{rc} selon les variantes 1 et 2*

Le directeur du service des achats d'une entreprise désire établir le taux T_{rc} du projet suivant. Un employé lui a proposé l'achat d'une machine à photocopier de 10 000 $ ayant une durée de vie de 4 ans et une valeur résiduelle de 2000 $ à la fin de cette période. Cette machine réduirait les coûts annuels de préparation des commandes de 3000 $ la première année, de 4000 $ la deuxième année, de 5000 $ la troisième et de 6000 $ la quatrième. Quel est le taux T_{rc} de ce projet?

Solution

Selon la variante 1, on a:

$$(T_{rc})_0 = \frac{1/4\ (3000 + 4000 + 5000 + 6000 - 10\ 000 + 2000)}{10\ 000}$$

$$= 25\ \%$$

Selon la variante 2, on a:

$$(T_{rc})_{moy} = \frac{1/4\ (3000 + 4000 + 5000 + 6000 - 10\ 000 + 2000)}{1/2\ (10\ 000 + 2000)}$$

$$= 41{,}7\ \%$$

8.2.2 Règle de décision

Comme pour les autres méthodes, on évalue les projets en prenant comme référence le taux T_{rm}. On a alors la règle de décision suivante:

- Si $T_{rc} > T_{rm}$, alors projet acceptable.
- Si $T_{rc} < T_{rm}$, alors projet non acceptable.
- Si $T_{rc} = T_{rm}$, alors indifférence; le projet n'augmente ni ne diminue la valeur de l'organisation.

8.2.3 Avantages et limites de la méthode du taux T_{rc}

Les principaux avantages de la méthode du taux T_{rc} sont les suivants:

- on peut facilement comparer les résultats réels avec les estimations puisque celles-ci, basées sur la méthode comptable, sont faites de la même façon que les résultats qui apparaîtront dans les comptes de l'entreprise une fois le projet réalisé;
- la méthode permet d'évaluer directement l'impact d'un projet sur le bénéfice net par action. En effet, le numérateur du taux T_{rc} donne directement la valeur du bénéfice net, qu'il suffit ensuite de diviser par le nombre d'actions ordinaires en circulation.

Cette méthode comporte des limites importantes:

- elle ne tient pas compte de la valeur de l'argent dans le temps;
- le taux T_{rm}, auquel on compare le taux T_{rc}, tient compte de la valeur de l'argent dans le temps. Il est donc nécessairement moins élevé;
- les taux T_{rc} de projets ayant des durées de vie différentes ne sont pas directement comparables.

Illustrons une de ces limites au moyen de l'exemple 8.8.

Exemple 8.8 *Limite de la méthode du taux T_{rc}*

Une entreprise dispose de 40 000 $ qu'elle peut investir soit dans le projet A, soit dans le projet N. On prévoit pour le projet A des revenus nets de 12 000 $ la première année, de 13 000 $ la deuxième, de 15 000 $ la troisième et de 20 000 $ la quatrième. Quant au projet N, ses revenus nets seront de 20 000 $ la première année, de 18 000 $ la deuxième, de 12 000 $ la troisième et de 10 000 $ la quatrième. Quels sont les taux T_{rc} de ces projets et quel projet devrait-on choisir?

Solution

Calculons le taux T_{rc} selon la variante 1 pour les projets A et N.

Projet A:

$$(T_{rc})_0 = \frac{1/4\ (12\ 000 + 13\ 000 + 15\ 000 + 20\ 000)}{40\ 000} = 37{,}5\ \%$$

Projet N:

$$(T_{rc})_0 = \frac{1/4\ (20\ 000 + 18\ 000 + 12\ 000 + 10\ 000)}{40\ 000} = 37{,}5\ \%$$

Les 2 projets ont donc le même taux $(T_{rc})_0$. Cependant, il faut bien comprendre que le projet N rapporte 8000 $ de plus que le projet A la première année et 5000 $ de plus la deuxième année. Ces fonds additionnels pourront être réinvestis et rapporter des bénéfices supplémentaires à l'entreprise. Ainsi, le seul calcul du taux T_{rc}, parce qu'il ne tient pas compte de la valeur de l'argent dans le temps, conduirait à la conclusion que les projets A et N sont équivalents, alors qu'en fait le projet N est plus rentable.

8.2.4 Utilité de la méthode

Même si la méthode du taux T_{rc} est très populaire dans les entreprises, elle ne devrait pas être utilisée comme seul critère d'évaluation des projets en raison de ses importantes limites. On devrait plutôt l'utiliser comme critère secondaire pour évaluer l'impact des projets sur le bénéfice par action.

Méthodes d'évaluation utilisées dans les entreprises japonaises. Pour évaluer leurs projets, les gestionnaires japonais utilisent principalement les méthodes du délai D_r et du taux T_{rc}. Ils se servent beaucoup moins des méthodes du taux T_{ri} et de la valeur V_{an}, qui sont pourtant supérieures aux deux autres et qui permettent de faire de meilleurs choix. Cependant, la déduction des coûts d'intérêt lors du calcul des flux monétaires nets des projets leur permet d'obtenir des résultats similaires à ceux qu'ils obtiendraient au moyen des méthodes de la valeur V_{an} et du délai D_r actualisé.

Les gestionnaires japonais semblent attacher de l'importance à une tradition qui privilégie les procédures d'évaluation basées sur les procédures comptables. Ils ne paraissent pas à l'aise avec les méthodes d'actualisation utilisées par les gestionnaires nord-américains et européens. Une nouvelle génération de gestionnaires japonais pourrait toutefois changer ces attitudes.

CONCLUSION

Le délai D_r et le taux T_{rc} permettent d'évaluer des facettes d'un projet importantes pour les décideurs: la vitesse de récupération des fonds investis et l'impact à court terme d'un projet sur les bénéfices comptables. C'est souvent à travers cette deuxième facette qu'on évalue le gestionnaire lui-même, d'où l'importance qu'il lui accorde. Toutefois, ces méthodes ne permettent pas de mesurer la rentabilité réelle des projets et elles ne devraient servir que de critères secondaires dans l'évaluation des projets.

Avec le chapitre 8, nous terminons la deuxième partie du manuel dans laquelle nous avons vu 6 méthodes d'évaluation des projets: le taux T_{ri}, le taux T_{rB}, la valeur V_{an}, les coûts $C_{aé}$, le délai D_r et le taux T_{rc}. La troisième et dernière partie regroupe des chapitres consacrés à certains raffinements des analyses économiques des projets. Dans le chapitre 9, nous examinerons un facteur important, négligé jusqu'ici, soit l'impôt sur les revenus nets des projets. Nous ajouterons alors des notions de fiscalité aux méthodes d'évaluation de projets maintenant connues.

QUESTIONS

1. Pour quel type de projet peut-on exiger un délai D_r maximal de 2 à 3 ans?
2. Le délai D_r est-il une méthode d'évaluation de la rentabilité des projets?
3. Dans quelles circonstances peut-on utiliser seulement la méthode du délai D_r pour choisir les projets les plus rentables?
4. Quel est le principal inconvénient de la méthode du délai D_r?

5. Définir ce qu'est le taux T_{rc} sur l'investissement moyen.
6. Quel est le principal avantage de la méthode du taux T_{rc}?
7. Énumérer 2 inconvénients de la méthode du taux T_{rc}.
8. Pourquoi la méthode du taux T_{rc} est-elle si utilisée en pratique?
9. Comment peut-on comparer le taux T_{rc} sur l'investissement initial d'un projet avec le taux T_{ri}? Est-il égal, supérieur ou inférieur?
10. Comment peut-on comparer le taux T_{rc} sur l'investissement moyen d'un projet avec le taux T_{ri}? Est-il égal, supérieur ou inférieur?

PROBLÈMES

1. Une compagnie s'est fixé un délai D_r maximal de 3 ans pour ses projets d'achat d'équipement et un délai D_r maximal de 10 ans pour ses projets de construction d'immeubles à bureaux. Le taux T_{rm} est de 10 %. La durée de vie des équipements est, d'après l'expérience antérieure, de 10 à 15 ans. La durée de vie des immeubles à bureaux se situe entre 20 et 30 ans.

On demande:

a) d'établir si les délais D_r fixés par la compagnie sont utiles et réalistes;

b) de calculer le délai D_r et le taux T_{ri} d'un projet qui consiste à acheter, pour 18 000 $, un système de chauffage dont les recettes nettes prévues sont de 6000 $ par année pendant 10 ans.

2. Une société de génie-conseil a l'intention d'emménager prochainement dans de nouveaux locaux afin de répondre à un accroissement de la demande pour ses services professionnels. Elle décide, par la même occasion, d'informatiser les travaux effectués par le personnel de sa salle à dessin. Un des ingénieurs de la société a reçu le mandat d'étudier divers scénarios d'informatisation et de recommander l'option qui répond le mieux aux besoins de la société. Le responsable des finances a obtenu un prêt bancaire au taux de 11,5 % pour financer ce projet, ce qui correspond au coût moyen pondéré des fonds de la société. Le responsable du budget d'investissement a fixé, pour ce type de projet, un taux T_{rm} de 15 %. On a avisé l'ingénieur responsable de l'étude que le projet d'informatisation devait avoir un taux de rendement supérieur au taux T_{rm}.

   Après l'étude de divers scénarios, l'ingénieur a retenu l'option suivante. La société achète 5 postes de travail, qui coûtent chacun 80 000 $, et un réseau local de communication de 30 000 $. Elle doit prévoir des coûts supplémentaires de 20 000 $ pour le transport et l'installation de l'équipement et pour la formation des employés. La durée d'étude du projet a été fixée à 3 ans et la valeur résiduelle totale de l'équipement, à la fin de cette période, a été estimée à 65 100 $. Les études de coûts et de bénéfices du projet d'informatisation sont présentées au tableau 8.3.

Tableau 8.3 (probl. 2) Coûts et bénéfices du projet d'informatisation

	Revenus additionnels et économies	**Coûts d'exploitation**	**Coûts d'entretien et d'assurance**
Année 1	1 225 000 $	650 000 $	75 000 $
Année 2	1 300 000	750 000	95 000
Année 3	1 175 000	600 000	70 000

On demande:

de calculer le délai D_r, le taux T_{rc} et la valeur V_{an} du projet.

3. Une compagnie spécialisée dans la fabrication d'appareils de chauffage vient de mettre au point un filtre électronique qui peut s'adapter à plusieurs types de systèmes de chauffage central et veut le commercialiser. Pour ce faire, elle devra agrandir son usine actuelle le plus rapidement possible si le conseil d'administration approuve le projet. La compagnie a complété une étude de marché qui établit à 10 ans la durée de vie de ce nouveau produit. L'ingénieur qui propose le projet au conseil d'administration a recueilli les renseignements suivants:
   - Les coûts d'agrandissement de l'usine ont été estimés à 2 500 000 $, d'après les plans et devis. À la fin de la durée de vie du filtre, les nouveaux locaux pourront être réutilisés pour fabriquer d'éventuels nouveaux produits. On peut donc estimer la valeur résiduelle de ces investissements à 2 500 000 $.
   - Les coûts d'achat et d'installation des nouveaux équipements de fabrication sont de 8 500 000 $. Toutefois, leur valeur marchande ne serait plus que de 500 000 $ dans 10 ans.
   - Le nouveau produit nécessitera un accroissement du fonds de roulement net de 1 000 000 $ pour financer les stocks et les comptes clients.
   - L'étude de marché prévoit un prix de vente unitaire de 85 $ et des ventes de 100 000 unités la première année, de 150 000 unités la deuxième année, de 200 000 unités la troisième et de 300 000 unités pour chacune des 6 dernières années.
   - Les coûts variables de fabrication et de vente s'élèveront à 60 $ l'unité.
   - Pour assurer une pénétration rapide du marché, la compagnie prévoit dépenser 1 000 000 $ en publicité au cours de chacune des 3 premières années et réduire le budget de publicité à 500 000 $ par année, par la suite.
   - Les coûts fixes autres que la publicité et les amortissements entraîneront des débours de 2 000 000 $ la première année, de 2 500 000 $ la deuxième année et de 3 000 000 $ par année par la suite.

   L'ingénieur responsable du projet sait que le conseil d'administration vient d'établir le critère suivant pour l'acceptation des projets. Pour tous les projets dont le délai D_r est inférieur à la moitié de la durée de vie du projet, le taux $(T_{rc})_{moy}$ doit être d'au moins 15 % avant impôt. Sinon, le taux $(T_{rc})_{moy}$ doit être d'au moins 18 % avant impôt pour tenir compte du risque.

On demande:

a) de déterminer le délai D_r et le taux $(T_{rc})_{moy}$ du projet;

b) de déterminer quelle devrait être la durée du projet pour que le taux $(T_{rc})_{moy}$ soit de 18 % avant impôt, en supposant que la valeur de récupération, les revenus et les coûts demeurent les mêmes.

4. Une compagnie utilise de l'équipement très vieux étant donné que peu de changements technologiques ont touché cette industrie avant les années 90. Cependant, à la suite de progrès technologiques rapides qui ont permis à des compétiteurs de moderniser leur équipement et à la suite de baisses récentes des bénéfices nets, la direction décide d'effectuer d'importants investissements devenus essentiels à la survie de l'entreprise. Mais pour assurer un minimum de rentabilité, aucun achat d'équipement ne sera autorisé à moins qu'il ne se paie par lui-même en moins de 4 ans. Le taux T_{rm} est de 10 %. À titre d'ingénieur expert en études économiques, vous devez expliquer à la direction, dans un rapport écrit, vos recommandations concernant l'achat d'une nouvelle machine par le directeur de l'usine.

   La machine proposée a une capacité de production de 18 000 unités par heure et exige une mise en route de 7 heures 30 minutes pour commencer un nouveau lot. Elle peut fonctionner 1880 heures par année, sur la base d'un quart de travail. La machine, une fois installée, coûte 300 000 $. Elle remplace 4 machines actuelles, dont 2 accomplissent l'opération A et les 2 autres, l'opération B. Les coûts de la main-d'oeuvre directe pour la machine proposée sont de 30 $ l'heure et les coûts de l'électricité pour chaque heure de marche de machine sont de 4 $. Quant aux coûts d'entretien et de réparation, certains sont fixes et sont évalués à 12 000 $ par année; d'autres sont variables et sont évalués à 3 $ par heure de marche de machine. La valeur résiduelle de l'équipement à la fin de sa durée de vie, estimée à 8 ans, est de 32 000 $. La perte de temps encourue par l'entretien et la réparation de la machine est estimée à 20 heures par mois.

   L'équipement actuel est totalement amorti, du point de vue comptable, mais possède encore une valeur marchande de 12 000 $ par machine; de plus, ces machines peuvent fonctionner encore 8 années. Cependant, elles n'auront aucune valeur de revente après 8 ans. Les coûts de la main-d'oeuvre directe pour chacune des machines actuelles sont de 10 $ par heure; ceux de l'électricité, de 400 $ par mois par machine et les coûts d'entretien et de réparation de ces 4 machines totalisent 48 000 $ par année. Les 2 machines qui font l'opération A fonctionnent pendant 3500 heures chacune par année et celles qui font l'opération B, pendant 3000 heures.

   Dans cette compagnie, chaque lot fabriqué comporte en moyenne 225 000 unités et le total de la production annuelle prévu est de 18 450 000 unités. Le taux T_{rm} de l'entreprise est de 10 %.

On demande:

d'évaluer le projet à l'aide du délai D_r et du taux $(T_{rc})_{moy}$.

5. La compagnie Service d'ordinateurs inc., qui loue les services d'un ordinateur à ses clients, envisage de s'en procurer un deuxième. Elle peut acheter un ordinateur au prix de 460 000 $ qu'elle paierait comptant, puisqu'elle dispose de ce montant. Les coûts d'entretien, de taxes et d'assurance sont estimés à 40 000 $ par année. Comme la compétition est très vive et que les changements technologiques se font rapidement, la compagnie devra remplacer ce nouvel ordinateur après 3 années par un autre d'une technologie plus avancée; le premier aura alors une valeur résiduelle de 220 000 $. Aux fins de la préparation des états comptables, les coûts de l'ordinateur sont amortis linéairement sur les 3 années.

   La compagnie peut également louer le même ordinateur du fabricant. Le loyer annuel est de 170 000 $ plus 5 % des revenus de location de service, incluant les coûts d'entretien. Dans ce scénario, les fonds disponibles de 460 000 $ pourront être investis dans un placement qui rapporte des revenus d'intérêt composé de 15 %.

   Dans les 2 scénarios, on prévoit des revenus additionnels de 440 000 $ la première année, de 520 000 $ la deuxième année et de 520 000 $ la troisième ainsi que des dépenses d'exploitation additionnelles de 180 000 $ la première année, de 160 000 $ la deuxième et de 160 000 $ la troisième.

On demande:

a) de calculer, pour chaque scénario, les revenus annuels nets anticipés aux fins de calcul du taux T_{rc};

b) de calculer le délai D_r et le taux $(T_{rc})_{moy}$ pour le scénario de l'achat de l'ordinateur, après l'avoir comparé avec l'option de location.

6. Une compagnie spécialisée dans la fabrication d'appareils de chauffage vient de mettre au point un filtre électronique qui peut s'adapter à plusieurs types de systèmes de chauffage central et elle désire commercialiser son produit. Si le conseil d'administration approuve le projet, elle devra agrandir son usine le plus rapidement possible. La compagnie a réalisé une étude de marché qui établit à 10 ans la durée de vie de ce nouveau produit. L'ingénieur qui propose le projet au conseil d'administration a recueilli les renseignements suivants.

   – D'après les plans et devis, on estime à 2 500 000 $ les coûts d'agrandissement de l'usine et de 500 000 $ les coûts d'acquisition du terrain. À la fin de la durée de vie du filtre, les nouveaux locaux pourront être utilisés pour la fabrication de nouveaux produits. On peut donc estimer la valeur résiduelle de ces investissements à 3 000 000 $ (250 000 $ l'usine et 500 000 $ le terrain).
   – Les coûts d'achat et d'installation des nouveaux équipements de fabrication sont estimés à 7 500 000 $ et leur valeur de revente dans 10 ans est estimée à 1 500 000 $.
   – Le nouveau produit nécessitera un accroissement du fonds de roulement de 1 250 000 $, qui servira à financer les stocks et les comptes clients. On n'a prévu aucune autre augmentation du fonds de roulement net au cours des 10 années de la durée de vie du filtre.
   – L'équipe de marketing a préparé une étude de marché portant sur l'estimation des prix de vente et des quantités vendues en unités de ce nouveau filtre (tabl. 8.4). L'équipe prévoit que les prix de vente unitaires diminueront pendant la période étudiée en raison de l'apparition de produits concurrentiels sur le marché.

Tableau 8.4 (probl. 6) Estimation des prix de vente et des quantités vendues

Année n	**Prix de vente** **($)**	**Quantités vendues**
1	100	100 000
2	100	150 000
3	80	200 000
4	80	300 000
5	80	300 000
6	80	300 000
7	80	300 000
8	70	300 000
9	70	250 000
10	70	200 000

– Le Département de génie industriel a estimé les coûts variables unitaires de fabrication et de vente du nouveau filtre (tabl. 8.5). La diminution de ces coûts résulte du phénomène d'apprentissage et de l'amélioration de la productivité de l'équipe de production.

Tableau 8.5 (probl. 6) Coûts variables de fabrication et de vente

Année n	**Coûts variables** **($)**
1	70
2	70
3	60
4	50
5	50
6	50
7	50
8	50
9	50
10	50

– Pour assurer une pénétration rapide du marché, la compagnie prévoit dépenser 900 000 $ en publicité au cours de chacune des 3 premières années et, par la suite, réduire le budget annuel de publicité à 400 000 $.

– Les coûts fixes autres que la publicité et les amortissements entraîneront des débours de 2 500 000 $ la première année et, par la suite, de 2 000 000 $ par année.

L'ingénieur responsable du projet sait que le conseil d'administration vient d'établir le critère suivant pour l'acceptation des projets. Pour être acceptables, tous les projets d'investissement qui comportent une innovation technologique doivent avoir un *délai* D_r inférieur à la moitié de la durée de vie du nouveau produit. De plus, afin qu'on puisse tenir compte des risques financiers, ces projets doivent atteindre un taux de rendement comptable sur investissement moyen, $(T_{rc})_{moy}$, d'au moins 20 % avant impôt.

On demande:

a) de déterminer le délai D_r et le taux $(T_{rc})_{moy}$ du projet;

b) de déterminer le délai D_r actualisé du projet au taux de rendement minimal de 15 %;

c) de déterminer la valeur V_{an} du projet au taux de rendement minimal de 20 %;

d) de recommander l'acceptation ou le rejet de ce projet;

e) d'établir si la possibilité de financer l'investissement requis par le projet à l'aide d'un emprunt à long terme au taux de 6 % rendrait le projet plus rentable.

PARTIE 3

Raffinements des méthodes d'analyse

Chapitre 9

Impôt sur le revenu

INTRODUCTION

Dans les chapitres 6, 7 et 8, nous avons expliqué des méthodes permettant de faire l'évaluation économique des projets. Cependant, pour simplifier les choses, nous n'avons pas tenu compte de l'impôt sur le revenu. Or, pour les entreprises du secteur privé, l'impôt représente des coûts importants dont le calcul peut s'avérer difficile en raison de la complexité des lois et des règlements de l'impôt sur le revenu.

Dans ce chapitre, nous n'avons surtout pas la prétention d'examiner l'ensemble de ces lois et de ces règlements, d'autant plus qu'ils sont sujets à changement chaque année. Il en est ainsi, par exemple, des taux d'impôt que nous mentionnons ici. Notre objectif est plutôt de faire ressortir quelques concepts de base de l'impôt, concepts que l'ingénieur doit maîtriser pour proposer des projets rentables du point de vue économique. Ainsi, nous examinerons certains éléments importants des lois de l'impôt fédéral et de l'impôt du Québec, en omettant toutefois les lois concernant les taxes de vente fédérale et québécoise.

Nous définirons tout d'abord les termes impôt sur le revenu, revenu net et revenu imposable. Puis nous expliquerons comment se fait le calcul de l'impôt suivant 4 types de revenu et les principaux taux d'impôt. Nous verrons comment les dépenses d'exploitation et de capital d'une entreprise jouent un rôle dans le calcul de l'impôt à payer. À l'aide d'exemples, nous démontrerons comment il est possible d'économiser de l'impôt en se prévalant de la déduction pour amortissement. Nous examinerons ensuite sommairement les concepts de dépenses en immobilisation admissibles et les concepts de gain et de perte en capital. Enfin, nous proposerons en fin de chapitre un modèle d'analyse économique d'un projet qui permet d'en déterminer la valeur V_{an} après impôt.

9.1 TERMINOLOGIE

Définissons tout d'abord quelques termes.

Impôt sur le revenu. L'impôt sur le revenu est une partie du revenu net gagné par un particulier ou une entreprise qui doit être versée aux gouvernements fédéral et provincial comme contribution au paiement des charges publiques. Le revenu net doit être calculé selon les principes comptables généralement reconnus, sauf si les lois de l'impôt stipulent de procéder différemment. C'est en raison de ces exceptions énoncées dans les lois de l'impôt que le revenu imposable diffère très souvent du revenu net indiqué aux états financiers. Au Canada, le principe de base qui sert à déterminer si un contribuable doit ou non payer de l'impôt sur un revenu est l'adresse de sa résidence et non l'endroit d'où provient le revenu. Ainsi, le résident canadien devra payer de l'impôt sur son revenu global gagné tant à l'intérieur du Canada qu'à l'extérieur. Un Canadien non résidant ne sera, pour sa part, imposé que sur la portion de son revenu gagnée au Canada. Les conventions fiscales entre le Canada et les autres pays déterminent les règles à suivre en matière d'impôt entre le Canada et ces pays.

Revenu net. On distingue 4 types de revenu net, qui est la différence entre le revenu et les dépenses (chap. 1): le revenu d'emploi, le revenu d'entreprise, le revenu de biens et finalement les autres revenus.

Revenu imposable. Revenu ou bénéfice, pour une année d'imposition donnée, calculé en conformité avec les exigences des lois fiscales pertinentes.

Revenu d'emploi. Le revenu d'emploi, noté R_{emp}, est le revenu provenant d'un emploi, qu'il s'agisse de salaires, de commissions ou de pourboires.

Revenu d'entreprise. Les lois de l'impôt définissent ainsi le revenu d'entreprise, noté R_{ent} : «revenu d'un projet comportant un risque de caractère commercial». Tous les projets d'ingénierie réalisés par les entreprises du secteur privé comportent ce type de revenu. Ils peuvent également comporter les 3 autres types de revenu: revenu d'emploi, revenu de biens et autres revenus.

Revenu de biens. Le revenu de biens, noté R_b, provient principalement d'investissements sous forme d'actions, d'obligations, de dépôts bancaires ou d'immeubles à revenus.

Autres revenus. Il existe également d'autres revenus tels que le gain en capital.

IN ACC: fraction non amortie du coût en capital (CCNA).

9.2 RÈGLE DE BASE POUR LE CALCUL DE L'IMPÔT SUR LE REVENU

Considérons le calcul de l'impôt sur le revenu pour une entreprise. D'une façon générale, on a:

$$\text{impôt} = R_I \times T_I \tag{9.1}$$

où R_I = revenu imposable
T_I = taux d'impôt

Pour une entreprise, le revenu imposable comporte des revenus de 3 types: revenus d'entreprise, revenus de biens et autres revenus. À chacun d'eux correspond un taux T_I différent. Ainsi, l'équation 9.1 devient:

$$\text{impôt} = (R_I)_{ent}\,(T_I)_{ent} + (R_I)_b\,(T_I)_b + (R_I)_a\,(T_I)_a \tag{9.2}$$

où $(R_I)_{ent}$ = revenu imposable d'entreprise
$(T_I)_{ent}$ = taux d'impôt pour les revenus d'entreprise
$(R_I)_b$ = revenu imposable de biens
$(T_I)_b$ = taux d'impôt pour les revenus de biens
$(R_I)_a$ = autres revenus imposables
$(T_I)_a$ = taux d'impôt pour les autres revenus

Pour chaque type de revenu, on détermine ainsi le revenu R_I:

$$R_I = (\text{revenus bruts}) - \left[\begin{pmatrix}\text{dépenses permises par}\\ \text{les lois de l'impôt}\end{pmatrix} + \begin{pmatrix}\text{déductions permises}\\ \text{par les lois de l'impôt}\end{pmatrix}\right] \tag{9.3}$$

9.3 TAUX D'IMPÔT

9.3.1 Particuliers

Au Québec, les particuliers sont assujettis à des taux T_I progressifs en fonction de leur revenu R_I. Les taux T_I du fédéral sont de 15,5 %, 22 %, 26 % et 29 % et ceux du Québec sont de 11 %, 16 %, 20 % et 24 %. Ces taux ne comprennent pas la surtaxe fédérale, qui est elle-même un impôt à payer sur l'impôt. Un contribuable québécois est donc assujetti à un taux T_I sur le revenu qui se situe entre 33 % et 53 %, en plus de payer la surtaxe fédérale.

9.3.2 Corporations

Les taux T_I des corporations varient, selon qu'il s'agit de revenus d'entreprise, de revenus de biens ou de gains en capital. Ils varient également selon que les revenus ont été gagnés par une corporation publique ou par une corporation privée.

Corporations publiques. Il s'agit d'entreprises ayant des actions inscrites à une des bourses canadiennes. Leur revenu R_I est taxé au taux fédéral de base de 38 %. Au Québec, ce taux fédéral est réduit de 10 % pour tenir compte des impôts perçus par le gouvernement provincial et est donc de 28,84 % si on inclut la surtaxe. Par ailleurs, au Québec, le taux T_I provincial est de 8 % pour les revenus d'entreprise inférieurs à 400 000 $, de 8,9 % pour les revenus d'entreprise supérieurs à 200 000 $ et de 16,25 % pour les autres revenus. Ainsi, dans cette province, le taux T_I global des corporations publiques est soit de 32 %, de 37,74 % ou de 45,09 %. Toutefois, les entreprises du secteur de la fabrication sont assujetties à un taux T_I fédéral réduit.

Corporations privées. Les corporations privées sont des entreprises qui n'ont aucune action inscrite à une bourse canadienne et qui sont sous contrôle canadien. Pour être admissibles à la déduction accordée aux petites entreprises, communément appelée DAPE, les corporations privées doivent exploiter activement une entreprise. Elles sont assujetties à un taux T_I fédéral de 13 % pour les revenus d'entreprise. Ce taux réduit ne s'applique que sur un montant annuel maximal de 400 000 $ de revenu R_I. Le revenu R_I excédentaire demeure assujetti au même taux fédéral que celui des corporations publiques, soit 22 %. Cette limite annuelle est appelée le plafond des affaires. Pour ce type d'entreprise, le taux T_I du Québec est de 3,75 % sur les revenus d'entreprise lorsque le revenu R_I est inférieur à 200 000 $ et de 6,9 % sur tout revenu R_I excédentaire. Ainsi, au Québec, les revenus d'entreprise des corporations privées sont imposés globalement à un taux T_I de 18,75 %. Tout revenu R_I qui excède la limite de 200 000 $ est imposable à un taux T_I de 37,74 %. Ces taux T_I ne comprennent pas les surtaxes fédérales ni la taxe sur le capital que doivent payer au gouvernement du Québec les entreprises privées qui font affaires au Québec.

9.3.3 Cas particuliers

Les revenus provenant de la fabrication et de la transformation sont sujets à une réduction de 5 % du taux T_I pour les corporations tant publiques que privées dont les revenus nets excèdent 200 000 $. Toutes les entreprises peuvent également réduire leur impôt sur le revenu par des crédits d'impôt à l'investissement, à l'emploi, à la recherche scientifique et au développement expérimental.

9.4 DÉPENSES D'EXPLOITATION

9.4.1 Différence entre les dépenses d'exploitation et les dépenses de capital

Tous ceux qui doivent payer de l'impôt sur des revenus de biens et des revenus d'entreprise doivent distinguer les dépenses de capital des dépenses d'exploitation. En effet, les dépenses de capital doivent être réparties sur plusieurs années, alors que les dépenses d'exploitation sont entièrement déductibles des revenus de l'année où elles sont engagées.

Les critères utilisés* par les ministères du Revenu pour distinguer ces 2 types de dépenses se résument par les questions suivantes:

- Les dépenses procurent-elles un avantage durable à l'entreprise? Si oui, l'entreprise va en profiter pendant plusieurs années et il s'agit de dépenses de capital.
- S'agit-il de dépenses d'entretien? Si oui, les dépenses sont engagées dans le but de restaurer un bien dans son état original. Il s'agit alors de dépenses d'exploitation entièrement déductibles au cours de l'année où elles sont engagées.
- S'agit-il d'améliorations apportées au bien original? Si oui, il s'agit de dépenses de capital.
- Les dépenses sont-elles engagées pour réparer une partie d'un bien? Si oui, il s'agit de dépenses d'exploitation. Ce cas est fréquent puisqu'il correspond au remplacement d'une des composantes mineures d'un bien, par exemple le remplacement de bougies dans le moteur d'un véhicule ou encore des marches de l'escalier d'un immeuble à revenus.
- Les dépenses sont-elles engagées pour acquérir un bien distinct? Si oui, il s'agit de dépenses de capital.
- Est-ce que le montant des dépenses représente un pourcentage important de la valeur du bien réparé? Si oui, il s'agit également de dépenses de capital.
- Est-ce que les dépenses sont effectuées dans la perspective de la vente d'un bien? Si oui, il s'agit encore de dépenses de capital.

---

*Revenu Canada, Impôt, bulletin IT-128R, *Déduction pour amortissement et biens amortissables*, mai 1985.

9.4.2 Calcul des dépenses d'exploitation après impôt

Comme nous l'avons mentionné précédemment, les dépenses d'exploitation donnent lieu à des économies d'impôt enregistrées au cours de l'année où les dépenses sont effectuées. On peut calculer ainsi les dépenses d'exploitation après impôt:

$$DE_{ap} = DE_{av}(1 - T_I) \qquad (9.4)$$

où DE_{ap} = dépenses d'exploitation après impôt
DE_{av} = dépenses d'exploitation avant impôt

Ainsi, pour une entreprise assujettie à un taux T_I de 50 %, des dépenses d'exploitation déductibles de 1000 $ permettent de réaliser des économies d'impôt de 500 $; les coûts nets de ces dépenses sont donc de 500 $, soit:

$$DE_{ap} = 1000\,(1 - 0{,}50) = 500\ \$$$

Certains auteurs prétendent qu'on ne devrait pas prendre en considération les économies d'impôt sur les dépenses d'exploitation déductibles du revenu imposable lors de l'évaluation économique d'un projet dans le cas où l'entreprise subit des pertes fiscales. Ce raisonnement peut même inciter l'analyste à ignorer l'effet de l'impôt autant sur les bénéfices que sur les coûts d'un projet lorsque l'entreprise prévoit subir des pertes fiscales. Nous ne sommes pas d'accord avec cette opinion. En effet, les entreprises privées doivent réaliser des bénéfices dans une perspective à long terme, faute de quoi elles ne pourront pas survivre; c'est la raison première de leur existence. Elles peuvent évidemment connaître des pertes financières et fiscales au cours d'une ou de quelques années. Toutefois, cette situation peut n'être que temporaire et, lors d'une étude économique de projets, on devrait considérer les économies d'impôt même au cours de ces mauvaises années. D'ailleurs, les lois de l'impôt permettent, comme nous le verrons plus loin (art. 9.7.2), de reporter à des années antérieures ou à des années subséquentes les pertes fiscales d'une année pour les opposer à des bénéfices imposables.

9.4.3 Dépenses déductibles de l'impôt

Pour que des dépenses soient déductibles de l'impôt, elles doivent avoir les 3 caractéristiques suivantes:

- Les dépenses doivent être effectuées en vue de gagner un revenu assujetti à l'impôt.
- Elles doivent être raisonnables, c'est-à-dire pertinentes au secteur d'activité et proportionnelles au chiffre d'affaires.
- Elles doivent représenter des dépenses d'exploitation; ni les dépenses de capital ni les pertes en capital ne sont déductibles de l'impôt.

9.5 DÉDUCTION POUR AMORTISSEMENT, D_{pa}

On considère les débours d'investissement comme des dépenses de capital qu'on répartit sur plusieurs années sous forme d'amortissement fiscal pour lequel on peut obtenir une déduction, appelée déduction pour amortissement et notée D_{pa}.

9.5.1 Définition

La déduction D_{pa} constitue une partie des coûts des biens amortissables que la loi de l'impôt fédéral, en vertu de l'article 20 (1) a), et la loi de l'impôt provincial du Québec, en vertu de l'article 130, allouent au contribuable comme dépenses déductibles de ses revenus d'entreprise ou de ses revenus de biens. Il s'agit d'une déduction temporaire sujette à un ajustement final lors de la vente ou de la disposition du bien.

Il existe une différence importante entre l'amortissement fiscal et l'amortissement comptable. En effet, le contribuable a toujours le choix de réclamer ou non une déduction D_{pa} au cours d'une année financière, tandis qu'il doit chaque année calculer l'amortissement comptable pour établir les bénéfices apparaissant aux états financiers.

9.5.2 Calcul de la déduction D_{pa}

Les actifs immobilisés sujets à un amortissement fiscal sont regroupés en une quarantaine de catégories; à chacune d'elles correspond un taux différent d'amortissement. Le montant de chaque achat est ajouté au solde non amorti de la catégorie à laquelle il appartient et le montant provenant de la disposition du bien en est déduit selon une modalité expliquée plus loin (art. 9.5.3). L'amortissement fiscal ne se calcule qu'à la fin de l'année financière. Soulignons qu'on ne peut amortir tous les actifs; les terrains, par exemple, ne peuvent être amortis.

Les lois et les règlements de l'impôt permettent l'emploi de 2 méthodes d'amortissement fiscal; le choix de la méthode dépend du type de biens à amortir et donc de la catégorie. Il s'agit de l'amortissement dégressif à taux constant et de l'amortissement linéaire. Ces méthodes sont expliquées dans le volume *Éléments d'analyse financière***. Mentionnons qu'on utilise l'amortissement dégressif à taux constant pour une trentaine de catégories et l'amortissement linéaire pour une dizaine d'autres.

Amortissement dégressif à taux constant. L'amortissement dégressif à taux constant se calcule sur le solde non amorti à la fin de l'année d'imposition. Les catégories de biens sujets à ce type d'amortissement les plus fréquentes et leur taux sont:

Catégorie 1: Bâtiments; taux maximal de 4 %.

Catégorie 3: Additions à des immeubles existants, à l'intérieur de certaines limites; taux maximal de 5 %.

Catégorie 8: Mobiliers et équipements, machines et matériel de fabrication et de transformation, toute immobilisation matérielle non comprise dans une autre catégorie, à l'exception d'un terrain, d'un animal, d'un arbre, d'une mine, d'un puits de pétrole ou de gaz; taux maximal de 20 %.

Catégorie 10: Automobiles, camions, matériel électronique de traitement de l'information; taux maximal de 30 %.

Catégorie 10.1: Voitures de tourisme qui coûtent plus de 30 000 $ si elles sont achetées après l'an 2000; taux maximal de 30 %.

**DEROME R., LEFEBVRE L., *Éléments d'analyse financière*, Centre éducatif et culturel, 1989, chapitre 6.

Note: Le montant du coût en capital maximum déductible pour une voiture de tourisme est de 30 000 $ plus TPS et TVQ.

Catégorie 12: Articles de table, matrices, moules, uniformes, outils coûtant moins de 200 $; taux maximal de 100 %.

Catégorie 17: Chemin, trottoir, piste d'envol, parc de stationnement, aire d'emmagasinage; taux maximal de 8 %.

Catégorie 39: Machines et matériel de fabrication et de transformation utilisés au Canada et acquis après 1987; taux maximal de 25 %.

Catégorie 43: Articles inclus dans la catégorie 39, acquis après 1992/02/25, taux maximal de 30 %.

Catégorie 45: Matériel informatique constitué par du matériel électronique universel et un logiciel de systèmes de la catégorie 10, acquis après le 2004/03/22; taux maximal de 45 %.

Catégorie 46: Matériel d'infrastructure de réseau de données de soutien des applications de télécommunication complexes acquis après le 2004/03/22; taux maximal de 30 %.

Catégorie 100: Équipements utilisés pour la recherche scientifique; taux maximal de 100 %.

Amortissement linéaire. Le montant d'amortissement linéaire s'établit à partir d'un pour centage des coûts d'acquisition des biens et non sur le solde à amortir à la fin de l'année d'imposition comme pour la méthode précédente. Les catégories de biens admissibles à l'amortissement linéaire ne comportent pas toujours de taux fixe, car l'amortissement linéaire dépend de la durée du bien ou d'une base fixée par les règlements de l'impôt.

Les catégories les plus fréquentes de biens sujets à ce type d'amortissement et leurs taux respectifs sont:

Catégorie 13: Améliorations aux propriétés louées; le taux est établi en fonction de la durée du bail et est soumis à certaines limites: il se situe entre 20 %, pour un bail dont la durée est inférieure ou égale à 5 ans, et 2,5 % pour un bail dont la durée est supérieure à 40 ans.

Catégorie 14: Brevets, concessions et permis; le taux varie en fonction de la durée de ces biens.

Catégorie 24: Matériel destiné à prévenir la pollution de l'eau; taux maximal de 25 % la première année, de 50 % la deuxième année et de 25 % la troisième année.

Catégorie 34: Matériel générateur d'électricité; taux maximaux similaires à ceux de la catégorie 24.

Le calcul de la D_{pa} doit tenir compte des 2 règles suivantes: la règle du demi-taux et la règle du «prêt-à-servir».

Règle du demi-taux. La règle du demi-taux s'applique à la plupart des catégories de biens. Selon cette règle, également appelée règle de la demi-année, l'amortissement fiscal annuel maximal est réduit de moitié pour l'année où le bien est acquis. Cette règle s'applique aux acquisitions et aux constructions réalisées depuis le 13 novembre 1981. Cependant, lorsque les montants provenant de la disposition de biens excèdent les coûts d'acquisition des biens de la même catégorie, la règle du demi-taux ne s'applique pas.

Règle du «prêt-à-servir». L'amortissement fiscal des immeubles acquis après 1989 et des rénovations effectuées après 1989 ne sera accordé que si ces biens sont prêts à servir. Cependant, le délai maximal pour réclamer cet amortissement est de 24 mois après la date d'acquisition. Le texte de la réforme fiscale du ministre fédéral des Finances émis le 18 juin 1987 indique «qu'aux fins de cette règle, les bâtiments inachevés seront considérés comme mis en service l'année où la totalité ou la quasi-totalité du bâtiment est utilisée aux fins prévues». Cette restriction vise à inciter les contribuables à respecter le principe comptable de l'appariement des revenus et des dépenses. Cette règle s'applique aussi à des biens autres que les immeubles.

Exemple 9.1 *Calcul de l'amortissement dégressif à taux constant*

Une entreprise a acquis 2 machines à commande numérique au prix de 15 000 $ chacun. Ce genre de biens fait partie de la catégorie 10 et le taux permis par la loi est de 30 % sur le solde résiduel. Supposons que l'entreprise ne possède pas d'autres biens de cette catégorie. Quelle est la déduction D_{pa} pour les 3 premières années?

Solution

Le tableau 9.1 présente les calculs à effectuer.

Tableau 9.1 (ex. 9.1) Calcul de la D_{pa} suivant l'amortissement dégressif à taux constant

Année	Solde non amorti au début de l'année	D_{pa} annuelle	D_{pa} accumulée	Solde non amorti à la fin de l'année
1	30 000 $	15 %* × 30 000 = 4 500 $	4 500 $	25 500 $
2	25 500	30 % × 25 500 = 7 650	12 150	17 850
3	17 850	30 % × 17 850 = 5 355	17 505	12 495
4	12 495			

*Règle du demi-taux pour la première année.

Exemple 9.2 *Calcul de l'amortissement linéaire*

Une entreprise décide de louer des espaces à bureaux et de réaménager ses locaux la même année. Les coûts totaux des réaménagements sont de 50 000 $, tous inscrits durant l'année en cours. La durée du bail est de 5 ans et comporte une option de renouvellement pour une période additionnelle de 5 ans. Quelle est la déduction D_{pa} pour les 3 premières années?

Solution

Les calculs sont présentés au tableau 9.2.

Tableau 9.2 (ex. 9.2) Calcul de la D_{pa} suivant l'amortissement linéaire

Année	Solde non amorti au début de l'année	D_{pa} annuelle	D_{pa} accumulée	Solde non amorti à la fin de l'année
1	50 000 $	5 %* x 50 000 $ = 2 500 $	2 500 $	47 500 $
2	47 500	10 % x 50 000 $ = 5 000	7 500	42 500
3	42 500	10 % x 50 000 $ = 5 000	12 500	37 500
4	37 500			

*Règle du demi-taux pour la première année.

Les améliorations aux propriétés louées font partie de la catégorie 13 et sont sujettes à l'amortissement linéaire. Le taux de ces réaménagements a été calculé ainsi:

$$\text{taux} = \frac{1}{\text{durée du bail + une période de renouvellement}}$$

$$= \frac{1}{5+5}$$

$$= 10\ \%$$

9.5.3 Vente d'actifs sujets à amortissement

Lorsqu'on vend des actifs sujets à amortissement ou qu'on en dispose, plusieurs cas peuvent se présenter. Ils sont résumés à la figure 9.1. Le prix de vente obtenu de la disposition des biens doit être comparé au solde non amorti de la catégorie à laquelle ils appartiennent. On doit réduire le solde de la catégorie du moindre montant entre les coûts d'acquisition et le prix de vente obtenu de la disposition des biens.

Cas possibles. Quand on vend des actifs sujets à amortissement, 2 cas peuvent se produire selon qu'on vend tous les biens de la catégorie ou une partie seulement de ces biens.

Si on vend tous les biens de la catégorie, 2 situations peuvent se présenter. Dans la première, le prix de vente est plus élevé que le solde non amorti de la catégorie. Dans ce cas, on calcule l'excédent, jusqu'à concurrence du coût en capital initial, puis on l'ajoute au revenu imposable de l'entreprise. Il s'agit alors d'une *récupération d'amortissement*. Lorsque le prix de vente des biens est même plus élevé que les coûts d'acquisition de ces biens, on enregistre un gain en capital, imposable jusqu'à 50 % du gain réalisé. Dans la deuxième situation, le prix de vente est moins élevé que le solde non amorti de la catégorie. La différence est alors déductible du revenu R_I de l'année où on a disposé des biens. Il s'agit alors d'une *perte finale sur disposition*.

Si on ne vend qu'une partie des biens de la catégorie et que le prix de vente du bien est inférieur au solde non amorti de la catégorie, 2 situations peuvent ici aussi se produire. Si le prix de vente du bien est plus élevé que le coût non amorti de ce bien, les dépenses d'amortissement des biens restants de la catégorie seront réduites. Dans la deuxième situation, le prix de vente du bien est moins élevé que le coût non amorti de ce bien; les dépenses d'amortissement des autres biens seront alors plus élevées.

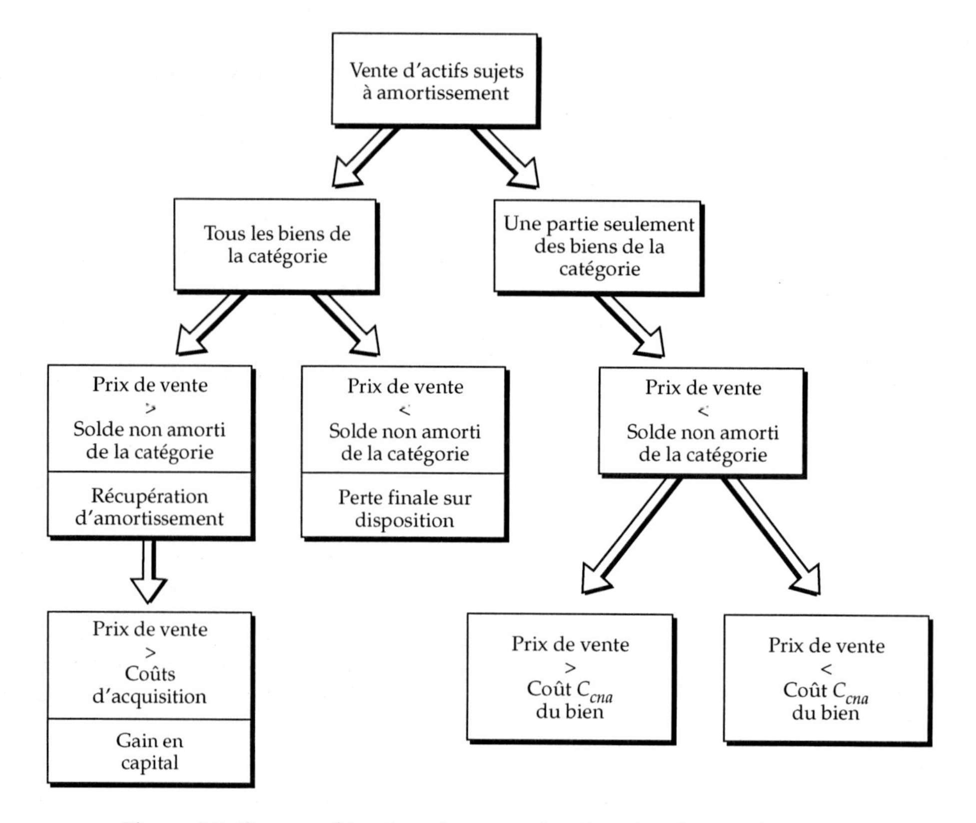

Figure 9.1 Cas possibles dans la vente d'actifs sujets à amortissement.

Exemple 9.3 *Conséquences fiscales de la vente d'actifs sujets à amortissement*

Reprenons l'exemple 9.1 dans lequel une entreprise a acquis 2 machines à commande numérique au prix de 15 000 $ chacun. Ces biens font partie de la catégorie 10. Les données fiscales de l'entreprise concernant la catégorie 10 sont les suivantes:

Coût en capital	30 000 $
moins: la déduction D_{pa}	17 505
Coût en capital non amorti au 31 décembre	12 495 $

Le coût en capital d'un bien représente son coût global incluant les frais d'installation, de douanes, de transport et les honoraires professionnels relatifs à l'acquisition du bien. Le coût en capital non amorti est noté C_{cna} en FNACC.

Dès l'année suivante (4e année), la compagnie revend ses ordinateurs et n'achète aucun bien faisant partie de la catégorie 10. Nous allons considérer 5 cas en fonction du prix de vente et regroupés en 2 catégories, selon que la compagnie revend les 2 ordinateurs ou un seul. Qu'arrive-t-il du point de vue fiscal dans chacun des cas?

Solution

Vente de tous les biens de la catégorie (hypothèse de fermeture de la catégorie). En juin de l'année suivante (4e année), l'entreprise vend les 2 machines à commande numérique. Ce faisant, elle dispose d'actifs sujets à amortissement. On doit donc réduire le solde de la catégorie du moindre montant entre les coûts d'acquisition et le montant obtenu de la disposition des biens. Considérons 3 cas selon le prix de vente obtenu.

Cas 1: prix de vente de 35 000 $. Ici, le montant obtenu de la vente (35 000 $) est plus élevé que le solde de la catégorie (12 495 $); il est même plus élevé que les coûts d'acquisition (30 000 $). On calcule l'excédent jusqu'à concurrence du coût en capital initial et on obtient ainsi une récupération de la déduction D_{pa} de 17 505 $ (30 000 $ – 12 495 $). Cette récupération est un revenu imposable. De plus, il y a eu un gain en capital de 5000 $ (35 000 $ – 30 000 $) imposable à 50 %.

Cas 2: prix de vente de 15 000 $. Ici encore, le montant obtenu de la vente (15 000 $) est plus élevé que le solde non amorti de la catégorie (12 495 $), mais il est inférieur aux coûts d'acquisition (30 000 $). On calcule l'excédent et on obtient encore une récupération de la déduction D_{pa}, cette fois de 2505 $ (15 000 $ – 12 495 $). Cette récupération est également un revenu imposable.

Cas 3: prix de vente de 5000 $. Cette fois, le montant obtenu de la vente (5000 $) est inférieur au solde de la catégorie (12 495 $). On en calcule la différence et on obtient une perte finale sur disposition de 7495 $ (12 495 $ – 5000 $). Cette perte est déductible du revenu imposable de l'année où on a disposé des biens.

Vente d'une partie des biens de la catégorie (hypothèse de non fermeture de la catégorie). En juin de l'année suivant l'achat (4e année), l'entreprise ne vend qu'un seul des 2 machines à commande numérique. Considérons 2 cas en fonction du prix de vente et examinons les conséquences fiscales dans chacun des cas.

Cas 4: prix de vente de 7000 $. Dans ce cas, le prix de vente (7000 $) est inférieur au solde non amorti de la catégorie (12 495 $), mais supérieur aux coûts C_{cna} du bien, soit 6247 $ (12 495 $ – 6248 $). La récupération de l'amortissement fiscal pris en trop ne peut pas se réaliser entièrement dans l'année de la disposition, mais doit se répartir sur plusieurs années subséquentes. Ainsi, les amortissements fiscaux de l'année de la disposition et des années subséquentes seront inférieurs pour compenser les amortissements antérieurs trop élevés.

Cas 5: prix de vente de 3000 $. Contrairement au cas 4, la vente d'une machine à commande numérique au prix de 3000 $ nous permet d'identifier une perte de valeur de 12 000 $ (15 000 $ – 3000 $). L'impôt n'ayant accordé qu'une déduction de 8750,50 $, il y a donc une perte de 3247,50 $ qui ne peut être réclamée sous forme d'amortissement additionnel qu'au cours des années subséquentes. Cette perte fait partie des coûts C_{cna}.

....

Économies d'impôt dues à l'amortissement fiscal. Voyons, à l'aide de l'exemple 9.4, les économies d'impôt sur le revenu qu'une entreprise peut réaliser grâce à l'amortissement fiscal.

Exemple 9.4 *Économies d'impôt dues à l'amortissement fiscal*

Une entreprise envisage d'acheter une pièce d'équipement au prix de 5000 $. Ce bien fait partie de la catégorie 8 et est sujet à un amortissement fiscal de 20 % calculé sur le solde résiduel. L'entreprise paie un taux T_I de 50 % et son taux T_{rm} est de 12 % après impôt.

Le tableau 9.3 nous permet d'établir la valeur V_a des économies d'impôt résultant de l'amortissement fiscal dégressif à taux constant pour cette dépense en immobilisation.

Tableau 9.3 (ex. 9.4) Valeur V_a des économies d'impôt dues à l'amortissement fiscal d'une pièce d'équipement

Année n	C_{cna} en fin d'année	Amortissement fiscal: 20 % du solde	Économies d'impôt sur le revenu	F_{T2} (T_{rm}, n)	Valeur V_a des économies d'impôt
Début	5000 $	– $	– $	1,00	– $
1	4500	500*	250	0,8929	223
2	3600	900	450	0,7972	359
3	2880	720	360	0,7118	256
4	2304	576	288	0,6355	183
5	1843	461	230	0,5674	131
6	1474	359	185	0,5066	94
7	1179	295	147	0,4523	66
8	943	236	118	0,4039	48
9	755	188	94	0,3606	34
10	604	151	76	0,3220	24
11	484	120	60	0,2875	17
12	387	97	48	0,2567	12
13 et plus		387	194		35
TOTAL		5000 $	2500 $		1482 $

*Règle du demi-taux.

Donc, pour une entreprise ayant un taux T_I de 50 % et un taux T_{rm} de 12 % après impôt, les coûts après impôt d'une dépense d'investissement de 5000 $ admissible à un amortissement dégressif au taux annuel de 20 % sont de 3518 $ (5000 – 1482).

9.5.4 Formules générales

Pour les études de rentabilité de projets de longue durée, il devient très fastidieux de faire les calculs annuels d'amortissement fiscal et les calculs d'économies d'impôt comme nous les avons effectués à l'exemple 9.4. On peut généraliser ces calculs par des équations qui tiennent compte de l'actualisation de l'argent.

Économies d'impôt dues à l'amortissement dégressif à taux constant. Calculons tout d'abord la déduction D_{pa} pour la première année. On a:

$$(D_{pa})_1 = V_a \text{ (actifs) } d/2$$

où $(D_{pa})_1$ = déduction pour amortissement de la première année
V_a (actifs) = valeur actuelle des actifs sujets à amortissement
d = taux constant d'amortissement dégressif

Pour la première année, le taux d est divisé par 2 en vertu de la règle du demi-taux. Puis, pour les années suivantes, on a:

$$\begin{aligned}
(D_{pa})_2 &= d\,[V_a \text{ (actifs)} - (D_{pa})_1] \\
&= d\,[V_a \text{ (actifs)} - V_a \text{ (actifs) } d/2] \\
&= V_a \text{ (actifs) } d\,(1 - d/2) \\
(D_{pa})_3 &= d\,[V_a \text{ (actifs)} - (D_{pa})_2] \\
&= V_a \text{ (actifs) } d\,(1 - d/2)\,(1 - d) \\
&[...] \\
(D_{pa})_n &= V_a \text{ (actifs) } d\,(1 - d/2)\,(1 - d)^{n-2}
\end{aligned}$$

Ainsi, en tenant compte de la valeur de l'argent dans le temps, les valeurs actuelles des économies d'impôt dues à l'amortissement vont en décroissant. On a:

$$V_a\,(É_I) = V_a \text{ (actifs) } T_I d \left[\frac{1}{1 + T_{rm}} + \frac{(1-d)}{(1+T_{rm})^2} + \frac{(1-d)^2}{(1+T_{rm})^3} + \ldots + \frac{(1-d)^{n-1}}{(1+T_{rm})^n}\right]$$

où $V_a\,(É_I)$ = valeur actuelle des économies d'impôt

D'autre part, l'amortissement fiscal dégressif correspond à une série décroissante pour une période de temps infinie; il s'agit d'une progression géométrique décroissante dont la valeur est donnée par:

$$V_a\,(É_I) = V_a \text{ (actifs) } T_I d \left(\frac{1}{1 + T_{rm}} - \frac{1-d}{1 + T_{rm}}\right)$$

Après transformation, on obtient:

$$V_a\,(É_I) = V_a \text{ (actifs)} \left(\frac{T_I d}{T_{rm} + d}\right)\left[\frac{2 + T_{rm}}{2(1 + T_{rm})}\right] \tag{9.5}$$

Si on calcule les économies d'impôt de l'exemple 9.4 à partir de l'équation 9.5, on a:

$$V_a\,(É_I) = 5000\left[\frac{0,50 \times 0,20}{0,12 + 0,20}\right]\left[\frac{2,12}{2,24}\right] = 1482\ \$ \tag{9.6}$$

Valeur actuelle des actifs après impôt. Lorsqu'on soustrait la valeur V_a ($É_I$) de la valeur V_a (actifs), on obtient la valeur V_a des actifs, après impôt, notée V_a $(\text{actifs})_{ap}$ et donnée par:

$$\begin{aligned} V_a(\text{actifs})_{ap} &= V_a(\text{actifs}) - V_a(É_I) \\ &= V_a(\text{actifs})\left[1 - \frac{T_I d}{T_{rm} + d}\left(\frac{2 + T_{rm}}{2(1 + T_{rm})}\right)\right] \end{aligned}$$

La partie entre crochets est appelée «facteur de coûts en capital». En appliquant l'équation 9.6 à l'exemple 9.4, on a:

$$\begin{aligned} V_a(\text{actifs})_{ap} &= 5000 - 1482 \\ &= 3518\ \$ \end{aligned}$$

Valeur résiduelle. Les calculs d'économies d'impôt dues à l'amortissement fiscal de biens sont basés sur l'hypothèse selon laquelle les biens acquis seront conservés indéfiniment. Toutefois, dans la pratique, ces biens seront revendus ou mis au rancart à la fin de la durée du projet et cette transaction devra tenir compte des économies d'impôt qui n'ont pas été réalisées sur la valeur résiduelle des biens. Ainsi, la vente de biens d'une catégorie résulte en un débours d'impôt puisque l'équation 9.5 suppose un amortissement complet des biens sujets à la déduction D_{pa}. Pour corriger cette lacune de l'équation 9.5, on tiendra compte de la valeur V_a de la valeur résiduelle des actifs. On obtient:

$$\begin{aligned} V_a(\text{actifs})_{ap} &= V_a(\text{actifs})\left[1 - \frac{T_I d}{T_{rm} + d}\left(\frac{2 + T_{rm}}{2(1 + T_{rm})}\right)\right] \\ &\quad - V_a\left[V_{rés}(\text{actifs})\right]\left[1 - \frac{T_I d}{T_{rm} + d}\right] \end{aligned} \tag{9.7}$$

où $V_{rés}$ (actifs) = valeur résiduelle des actifs

Économies d'impôt dues à l'amortissement linéaire. Lorsque l'amortissement qui peut être réclamé aux fins de l'impôt est linéaire, la valeur actuelle des actifs après déduction des économies d'impôt dues à l'amortissement linéaire et après déduction de sa valeur résiduelle actualisée est donnée par:

$$\begin{aligned} V_a(\text{actifs})_{ap} &= V_a(\text{actifs})\left[1 - T_I d\left(\frac{1 - (1 + T_{rm})^{-n}}{T_{rm}}\right)\right] + \frac{1}{2} V_a(\text{actifs})\, dT_I\left(\frac{1}{1 + T_{rm}}\right) \\ &\quad - \frac{1}{2} V_a(\text{actifs})\, T_I d\left(\frac{1}{(1 + T_{rm})^n}\right) \\ &\quad - V_a\left[V_{rés}(\text{actifs})\right]\left[1 - T_I d\left(\frac{1 - (1 + T_{rm})^{-n}}{T_{rm}}\right)\right]\left[\frac{1}{(1 + T_{rm})^n}\right] \end{aligned}$$

9.6 DÉPENSES EN IMMOBILISATION ADMISSIBLES

Les dépenses en immobilisation admissibles sont des dépenses en immobilisation qui ne sont pas déductibles en entier au cours d'une année et qui ne donnent pas droit à la déduction D_{pa}. Elles peuvent cependant donner lieu à une déduction partielle. Ce type de dépense comprend l'achalandage, les marques de commerce, les frais de constitution en corporation, les frais de réorganisation et de fusion, les brevets, les franchises, les concessions et les licences. Ces dépenses ont pour caractéristique commune d'apporter aux entreprises des bénéfices pour un nombre illimité d'années.

On déduit de telles dépenses en immobilisation admissibles à raison de 7 % du montant cumulatif de ces dépenses selon la méthode de l'amortissement dégressif à taux constant. La règle du demi-taux ne s'applique pas à cette déduction annuelle. Toutefois, seulement les trois quarts de ces dépenses peuvent être ajoutés au compte cumulatif des immobilisations admissibles. L'exemple 9.5 illustre ce type de calcul d'impôt.

Exemple 9.5 *Dépenses en immobilisation partiellement déductibles d'impôt*

Une compagnie fait l'achat d'une franchise au prix de 60 000 $ en janvier de l'année courante. Quelle déduction pourra-t-elle réclamer au terme du présent exercice financier, le 30 octobre?

Solution

$$\begin{aligned} \text{déduction} &= 7\ \%\ [3/4\ (60\ 000)] \\ &= 3150\ \$ \end{aligned}$$

La compagnie pourra ainsi diminuer ses revenus imposables de 3150 $.

9.7 GAIN ET PERTE EN CAPITAL

On réalise un gain ou une perte en capital lorsqu'on dispose de biens en immobilisation. Lors de l'évaluation des projets, ces biens sont considérés comme des investissements. On doit se rappeler la différence entre le revenu d'entreprise et le gain en capital. La jurisprudence a établi certains critères pour distinguer ces 2 types de transaction. Il s'agit de l'intention du contribuable, des relations entre la transaction et le domaine d'activité du contribuable, du nombre et de la fréquence des transactions et finalement de la nature des biens dont on dispose.

9.7.1 Calcul du gain et de la perte en capital

Pour calculer le gain ou la perte en capital, on procédera suivant les étapes présentées à la figure 9.2. L'exemple 9.6 illustre un cas de gain en capital.

Les coûts d'acquisition des biens comprennent évidemment le montant payé pour ces biens, plus tous les frais engagés pour l'achat de ces biens. Par exemple, dans le cas d'un terrain, les impôts fonciers et les intérêts payés pour en financer l'achat viennent s'ajouter au prix de base. Au moment de l'achat, ces montants ne peuvent d'ailleurs pas être déduits du revenu imposable.

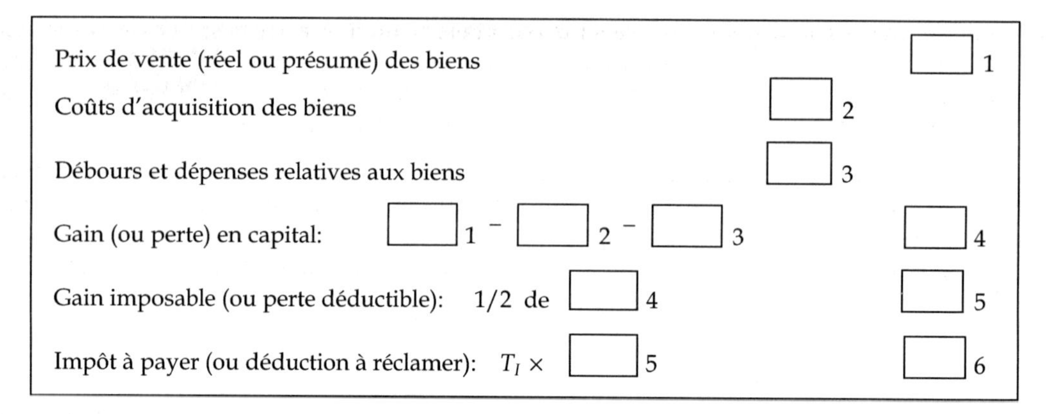

Figure 9.2 Calcul du gain ou de la perte en capital.

Exemple 9.6 *Calcul du gain en capital*

Au cours du présent exercice financier, une compagnie a vendu, au prix de 150 000 $, 10 000 actions ordinaires achetées il y a 5 ans au prix de 87 000 $. Pour cette transaction, elle a fait appel aux services d'un courtier à qui elle a versé une commission de 3000 $. Cette compagnie a un taux T_I de 40 %. Quel est le gain en capital réalisé ainsi que l'impôt sur le revenu à payer pour cette transaction?

Solution

La figure 9.3 présente les calculs de la solution de ce problème.

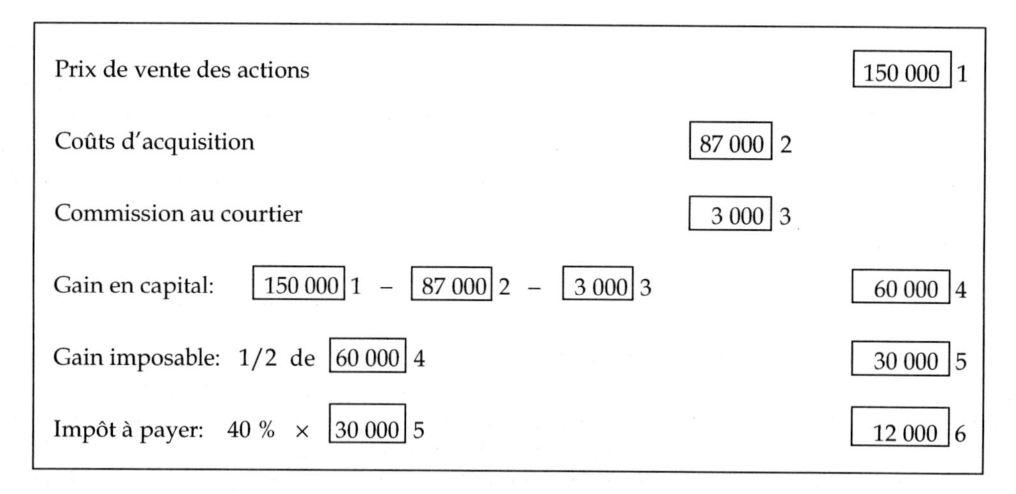

Figure 9.3 (ex. 9.6) Calcul du gain en capital et de l'impôt à payer.

Soulignons que les ministères du Revenu considèrent qu'il y a disposition de biens non seulement lorsqu'il y a une vente pure et simple des biens, mais également lors des événements suivants: expropriation, don, paiement d'une compensation pour dommages aux biens, changement dans l'utilisation de biens et fin de résidence du contribuable au Canada.

Contrairement aux particuliers, les compagnies n'ont droit à aucune exonération d'impôt sur le gain en capital. En effet, les particuliers bénéficient d'une exonération d'impôt sur le gain en capital réalisé lors de la vente d'une résidence principale, en plus d'une exonération à vie de 100 000 $ pour d'autres gains en capital; toutefois, cette dernière est soumise à certaines restrictions.

9.7.2 Report des pertes fiscales

L'État est un associé qui participe aux bénéfices d'un particulier ou d'une entreprise mais qui doit également participer aux pertes subies par ces contribuables. Ceux-ci peuvent donc déduire de leur revenu imposable d'une année donnée les pertes réalisées au cours d'une année fiscale antérieure ou postérieure. L'impôt distingue 4 catégories de pertes: les pertes autres que les pertes en capital, c'est-à-dire les pertes subies dans l'exploitation d'une entreprise ou dans la possession d'un bien; les pertes en capital nettes, soit celles résultant de la disposition de biens en immobilisation; les pertes agricoles; les pertes agricoles restreintes.

Tableau 9.4 Report de pertes fiscales

	Période de report	
Catégorie de perte	**Années antérieures**	**Années postérieures**
Pertes en capital nettes	3 ans	indéfiniment
Pertes autres que pertes en capital	3 ans	7 ans

Le guide T2 de la déclaration de revenus des corporations de Revenu Canada explique qu'une perte autre qu'une perte en capital peut servir à réduire tous les genres de revenus des 3 années d'imposition précédentes et des 7 années d'imposition subséquentes. Il indique également qu'une perte en capital nette peut servir à réduire le montant des gains en capital inclus dans le revenu des 3 années précédentes et de toute année subséquente. L'exemple 9.7 illustre comment reporter les pertes fiscales et comment calculer l'impôt pour les années où les pertes sont reportées.

Exemple 9.7 *Calcul de l'impôt avec report de pertes fiscales*

Une entreprise a réalisé, au cours d'une période de 8 ans, les revenus imposables et les pertes fiscales suivantes. Les premières années se concluent par des revenus imposables annuels de 30 000 $ pour la première année, de 25 000 $ pour la deuxième et de 70 000 $ pour la troisième. À la quatrième année, l'entreprise subit des pertes fiscales d'exploitation de 200 000 $. Pour les 4 années suivantes, on enregistre des revenus imposables: 45 000 $ pour la cinquième année, 60 000 $ pour la sixième année, 75 000 $ pour la septième année et finalement 80 000 $ pour la huitième année.

L'année fiscale se termine le 30 juin. L'entreprise a un taux T_I de 50 %. Comment peut-elle reporter ses pertes fiscales de 200 000 $ de la quatrième année aux années antérieures et aux années postérieures? Quelles sont les conséquences sur l'impôt de ce report de pertes?

Solution

Le tableau 9.5 indique comment reporter les pertes fiscales de 200 000 $ de la quatrième année.

Tableau 9.5 (ex. 9.7) Report des pertes fiscales

Année	Revenus imposables	Pertes fiscales	Pertes reportées	Revenu imposable révisé
1	30 000		(30 000)	0
2	25 000		(25 000)	0
3	70 000		(70 000)	0
4		200 000		0
5	45 000		(45 000)	0
6	60 000		(30 000)	30 000
7	75 000		–	75 000
8	80 000		–	80 000

Six mois après la fin des quatrième, cinquième et sixième années, lors de la préparation des déclarations d'impôt, l'entreprise va réclamer un remboursement d'impôt de 100 000 $ (50 % de 200 000 $), récupéré de la façon suivante:

Date des réclamations	Paiements du remboursement d'impôt récupéré		
Six mois après la fin de la quatrième année	50 % de (30 000 + 25 000 + 70 000)	=	62 500 $
Six mois après la fin de la cinquième année	50 % de 45 000 $	=	22 500 $
Six mois après la fin de la sixième année	50 % de 30 000 $	=	15 000 $
	TOTAL	=	100 000 $

Les paiements du remboursement d'impôt récupéré à la suite du report des pertes fiscales de 200 000 $ seront encaissés au plus tard 6 mois après la fin de l'année fiscale.

9.8 MODÈLE D'ANALYSE ÉCONOMIQUE DE PROJETS

Nous proposons à la figure 9.4 un modèle d'analyse économique de projets. Ce modèle permet de mettre en évidence le calcul de la valeur V_{an} après impôt d'un projet. Puis, l'exemple 9.8 illustrera l'utilisation de ce modèle à partir d'un cas.

Le modèle de la figure 9.4 suppose l'emploi de l'équation 9.7 qui, d'une part, résume les économies d'impôt dues à l'amortissement fiscal calculé sur le solde dégressif et, d'autre part, donne la valeur des économies d'impôt prises en trop sur la valeur résiduelle. Ce modèle nous oblige à calculer l'impôt sur les bénéfices imposables du projet séparément des économies d'impôt dues à la déduction D_{pa}.

Ce modèle est construit sur la base de l'hypothèse de non fermeture de la catégorie. Nous montrerons comment l'adapter aux situations ou certains actifs amortissables sont soumis à l'hypothèse de fermeture.

1. Débours d'investissement — [ ]1
2. Recettes
   - 2.1 Recettes en cours de projet
     - 2.1.1 Bénéfices d'exploitation annuels

       Bénéfices $(1 - T_I) \times F_{T2}(T_{rm}, n)$ — [ ]2
     - 2.1.2 Économies d'impôt dues à l'amortissement dégressif à taux constant

       Sans valeur résiduelle

       $$V_a\begin{pmatrix}\text{débours}\\ \text{d'investissement}\end{pmatrix}\left(\frac{T_I\, d}{T_{rm} + d}\right)\left(\frac{2 + T_{rm}}{2\,(1 + T_{rm})}\right)$$ — [ ]3

       Avec valeur résiduelle

       $$V_a\begin{pmatrix}\text{débours}\\ \text{d'investissement}\end{pmatrix}\left(\frac{T_I\, d}{T_{rm} + d}\right)\left(\frac{2 + T_{rm}}{2\,(1 + T_{rm})}\right)$$

       $$- V_a\left[V_{rés}\begin{pmatrix}\text{débours}\\ \text{d'investissement}\end{pmatrix}\left(\frac{T_I\, d}{T_{rm} + d}\right)\right]$$ — [ ]4

       $$- V_a\left(\text{min. }(V_{rés} \text{ et débours d'investissement})\right) \times \left(\frac{T_I\, d}{T_{rm} + d}\right)$$
   - 2.2 Recettes en fin de projet
     - 2.2.1 Valeur résiduelle

       $$V_a\left[V_{rés}\begin{pmatrix}\text{débours}\\ \text{d'investissement}\end{pmatrix}\right]$$ — [ ]5
     - 2.2.2 Impôt à payer sur le gain en capital — [ ]6

     Recettes en fin de projet: [ ]5 − [ ]6 — [ ]7

   Total des recettes: [ ]2 + [ ]3 ou [ ]4 + [ ]7 — [ ]8
3. Valeur V_{an} après impôt: [ ]8 − [ ]1 — [ ]9
4. Indice de rentabilité: [ ]8 ÷ [ ]1 — [ ]10

Figure 9.4 Calcul de la valeur V_{an} après impôt d'un projet.

Différence entre fermeture et non fermeture

Effet fiscal de disposition d'actifs amortissables: non fermeture

a) $(FNACC - VR) \times \left[\dfrac{T \times d}{T_{rm} + d}\right] \times (P/F, T_{rm}, N)$

Effet fiscal de disposition d'actifs amortissables: non fermeture

b) $(FNACC - VR) \times T \times (P/F, T_{rm}, N)$

Effet fiscal de disposition d'actifs amortissables: non fermeture

c) $VAN_F = VAN_{NF} \times \left(T - \dfrac{T \times d}{T_{rm} + d}\right) \times (P/F\ , T_{rm}, N)$

La catégorie d'actif cesse d'exister

Lorsqu'il y a fermeture d'une catégorie d'actifs immobilisés à la suite de vente d'un actif au terme de vie utile d'un projet, la perte d'économie d'impôt due à la D_{pa} sur la valeur résiduelle ou CNA_m sera calculée en multipliant celle-ci par le taux d'impôt de l'entreprise concernée.

1. $CNA_n =$ capital non amorti de la catégorie à la fin du projet
2. Perte d'économie d'impôt due à la $D_{pa} = \dfrac{CNA_n \times d \times T}{r + d}(1 + r)^{-n}$
3. $r = T_{rm}$

À l'aide du chiffrier électronique Excel, nous avons développé un modèle d'analyse économique qui permet de calculer deux indicateurs importants de la rentabilité d'un projet. Il s'agit de la valeur V_{an} d'un projet et de sa durée de vie économique. Le modèle proposé permet de calculer les flux monétaires d'un projet pour une durée de vie utile allant jusqu'à 40 ans, d'utiliser les deux méthodes de calcul de déduction pour amortissement permises par les lois de l'impôt et de tenir compte de l'effet de l'inflation sur le projet.

Exemple 9.8 *Analyse économique de projets tenant compte de l'impôt*

La compagnie pétrolière Métro-Gaz exploite des puits d'huile, une raffinerie et une chaîne de stations d'essence. Vous venez d'être nommé assistant au vice-président responsable de la planification et ce dernier vous confie le mandat d'évaluer des projets d'investissement.

Il vous informe alors des critères d'évaluation des projets ainsi que des normes d'acceptation que la direction applique. On utilise la valeur V_{an} pour évaluer les projets et des taux T_{rm}

variant suivant le risque du projet. Ainsi, pour un projet de risque faible, le taux T_{rm} est de 12 %; pour un projet de risque moyen, le taux T_{rm} est de 15 %; enfin, pour un projet de risque élevé, le taux T_{rm} est de 20 %. Par ailleurs, on utilise la méthode de l'amortissement fiscal dégressif à taux constant avec un taux d_1 de 4 % pour les immeubles et d_2 de 20 % pour les équipements. La compagnie a un taux T_I de 50 %.

Ensuite, votre nouveau patron vous expose brièvement 2 projets proposés pour le budget d'investissement de la prochaine année en précisant que l'entreprise dispose de 4,5 millions de dollars pour l'investissement. Le projet A consiste à agrandir la raffinerie d'une superficie de 3700 m^2. Le projet B consiste à construire 8 stations d'essence. On ne tient pas compte des coûts des terrains ni de leur valeur marchande dans cette étude. Quant aux débours d'investissement, la moitié sont des coûts de construction et l'autre moitié, des coûts d'achat d'équipements, et ce pour les 2 projets. Le tableau 9.6 présente les autres données des projets.

Tableau 9.6 (ex. 9.8) Données économiques des projets

	Projet A	**Projet B**
Débours d'investissement initial	4 400 000 $	3 200 000 $
Durée de vie économique	5 ans	6 ans
Valeur résiduelle de la construction	1 000 000 $	800 000 $
Valeur résiduelle des équipements	100 000	50 000
Catégorie de risque	faible	moyen
Bénéfices avant amortissement et avant impôt		
Année 1	800 000 $	1 350 000 $
Année 2	1 200 000	1 350 000
Année 3	2 000 000	1 350 000
Année 4	3 200 000	1 350 000
Année 5	1 600 000	1 350 000
Année 6	–	1 350 000

On demande:

1. de déterminer si les 2 projets sont rentables;
2. de recommander un des 2 projets aux dirigeants de la compagnie pétrolière Métro-Gaz.

Solution

1. Le tableau 9.7 donne les détails du calcul de la valeur V_{an} et de l'indice de rentabilité du projet A après impôt et le tableau 9.8, ceux du projet B, suivant le modèle d'analyse économique présenté à la figure 9.4.

Tableau 9.7 (ex. 9.8) Calcul de la valeur V_{an} et de l'indice de rentabilité du projet A, après impôt

1. Débours d'investissement — 4 400 000 $
2. Recettes
   2.1 Recettes en cours de projet
   2.1.1 Bénéfices d'exploitation annuels

$$800\,000\,(1 - 0{,}50)\,(0{,}8929) = 357\,160$$
$$1\,200\,000\,(1 - 0{,}50)\,(0{,}7972) = 478\,320$$
$$2\,000\,000\,(1 - 0{,}50)\,(0{,}7118) = 711\,800$$
$$3\,200\,000\,(1 - 0{,}50)\,(0{,}6355) = 1\,016\,800$$
$$1\,600\,000\,(1 - 0{,}50)\,(0{,}5674) = \underline{453\,920}$$

3 018 000

   2.1.2 Économies d'impôt dues à l'amortissement fiscal complet, dégressif à taux constant, avec valeur résiduelle

– Construction

$$2\,200\,000\left(\frac{0{,}50 \times 0{,}04}{0{,}12 + 0{,}04}\right)\left(\frac{2 + 0{,}12}{2\,(1 + 0{,}12)}\right) - 1\,000\,000\left(\frac{0{,}50 \times 0{,}04}{0{,}12 + 0{,}04}\right)(0{,}5674) = \quad 189\,335$$

– Équipements

$$2\,200\,000\left(\frac{0{,}50 \times 0{,}20}{0{,}12 + 0{,}20}\right)\left(\frac{2 + 0{,}12}{2\,(1 + 0{,}12)}\right) - 100\,000\left(\frac{0{,}50 \times 0{,}20}{0{,}12 + 0{,}20}\right)(0{,}5674) = \quad 632\,937$$

   2.2 Recettes en fin de projet
   2.2.1 Valeur résiduelle

– Construction

$$1\,000\,000 \times 0{,}5674 = 567\,400$$

– Équipements

$$100\,000 \times 0{,}5674 = 56\,740$$

   2.2.2 Impôt à payer sur le gain en capital = 0

Recettes en fin de projet

$$567\,400 + 56\,740 - 0 = \underline{624\,140}$$

Total des recettes — <u>4 464 412 $</u>

3. Valeur V_{an} après impôt
   (4 464 412 – 4 400 000) — 64 412 $
4. Indice de rentabilité
   (4 464 412 ÷ 4 400 000) — 1,01

Tableau 9.8 (ex. 9.8) Calcul de la valeur V_{an} et de l'indice de rentabilité du projet B, après impôt

---

1. Débours d'investissement — 3 200 000 $

2. Recettes

   2.1 Recettes en cours de projet

   2.1.1 Bénéfices d'exploitation annuels
   1 350 000 (1 – 0,50) (3,784) = — 2 554 200

   2.1.2 Économies d'impôt dues à l'amortissement fiscal complet, dégressif à taux constant, avec valeur résiduelle

   – Construction

$$1\,600\,000\left(\frac{0{,}50 \times 0{,}04}{0{,}15 + 0{,}04}\right)\left(\frac{2 + 0{,}15}{2\,(1 + 0{,}15)}\right)$$

$$-\ 800\,000\left(\frac{0{,}50 \times 0{,}04}{0{,}15 + 0{,}04}\right)(0{,}4323) = \quad 120\,733$$

   – Équipements

$$1\,600\,000\left(\frac{0{,}50 \times 0{,}20}{0{,}15 + 0{,}20}\right)\left(\frac{2 + 0{,}15}{2\,(1 + 0{,}15)}\right)$$

$$-\ 50\,000\left(\frac{0{,}50 \times 0{,}20}{0{,}15 + 0{,}20}\right)(0{,}4323) = \quad 421\,597$$

   2.2 Recettes en fin de projet

   2.2.1 Valeur résiduelle

   – Construction
   800 000 × 0,4323 = 345 840

   – Équipements
   50 000 × 0,4323 = 21 615

   2.2.2 Impôt à payer sur le gain en capital = 0

   Recettes en fin de projet
   345 840 + 21 615 – 0 = <u>367 455</u>

   Total des recettes — <u>3 463 985 $</u>

3. Valeur V_{an} après impôt
   (3 463 985 – 3 200 000) — 263 985 $

4. Indice de rentabilité
   (3 463 985 ÷ 3 200 000) — 1,08

---

2. Suivant le critère de rentabilité, on devrait recommander le projet B. En effet, d'une part son indice de rentabilité est plus élevé que celui du projet A et, d'autre part, l'investissement additionnel de 1 200 000 $ du projet A ne produit des recettes actualisées additionnelles que de 1 001 436 $, ce qui est inférieur de 198 564 $ à l'investissement différentiel exigé.

   En outre, les dirigeants doivent tenir compte du risque que représentent ces projets. Or, le projet B comporte un risque plus élevé que le projet A. C'est pourquoi ils exigent que le projet B respecte un taux T_{rm} plus élevé, soit 15 %, que le taux T_{rm} de 12 % auquel sont soumis les projets à risque faible comme le projet A. Compte tenu du risque, on peut encore recommander le projet B puisqu'il a un taux T_{ri} de 18 %, soit de 3 % supérieur au taux T_{rm} exigé pour les projets de risque moyen.

....

Méthode alternative. Au lieu d'utiliser le modèle d'analyse économique de projet de la figure 9.4 pour calculer la valeur V_{an}, il est possible, pour chaque année de la durée de vie d'un projet, de calculer les flux monétaires annuels nets après impôt et de déterminer la valeur V_{an} à partir de ces données. Cette approche suppose qu'on a calculé la déduction pour amortissement et le revenu net annuel après impôt de chacune des années de la durée de vie du projet. Dans les tableaux 9.9 à 9.12, nous reprenons le calcul des valeurs V_{an} des projets A et B selon cette méthode alternative.

CONCLUSION

Nous avons exposé dans ce chapitre les éléments les plus importants à considérer pour tenir compte de l'impôt dans les études de rentabilité des projets des entreprises du secteur privé. L'ingénieur, qu'il soit dirigeant d'entreprise, analyste ou gestionnaire de projets, ne peut se soustraire à la nécessité de considérer les effets importants de l'impôt sur les projets. Responsable d'analyser plusieurs projets et d'en recommander un, il doit être conscient de leurs conséquences sur le plan fiscal. En effet, lorsqu'un projet aura été choisi et réalisé, il sera par la suite impossible d'atténuer ou de modifier ces dernières, telles que le calcul du revenu imposable, les divers taux T_I, le rôle des dépenses d'exploitation, la déduction D_{pa}, le gain en capital et les possibilités de report des pertes fiscales.

Dans le chapitre 10, nous verrons l'importance et l'utilité du chiffrier électronique dans les calculs de rentabilité des projets, calculs qui tiennent compte de l'impôt.

Tableau 9.9 Calcul du revenu net et des flux monétaires du projet A

	Année 0	Année 1	Année 2	Année 3	Année 4	Année 5
Revenu net						
Bénéfices avant amortissement et impôt		800 000 $	1 200 000 $	2 000 000 $	3 200 000 $	1 600 000 $
Amortissement						
Construction		44 000	86 240	82 790	79 479	76 300
Équipements		220 000	396 000	316 800	253 440	202 752
Total		264 000	482 240	399 590	332 919	279 052
Revenu imposable		536 000	717 760	1 600 410	2 867 081	1 320 948
Impôt		268 000	358 880	800 205	1 433 540	660 474
Revenu net		268 000	358 880	800 205	1 433 541	660 474
Flux monétaires						
Exploitation						
Revenu net		268 000	358 880	800 205	1 433 541	660 474
Amortissement		264 000	482 240	399 590	332 919	279 052
Total		532 000	841 120	1 199 795	1 766 460	939 526
Investissement						
Construction	2 200 000					1 000 000
Équipements	2 200 000					100 000
Perte fiscale sur disposition d'actifs						
Construction (0,02 ÷ 0,16) ou (0,125 × 831 191 $)						103 899
Équipements (0,10 ÷ 0,32) ou (0,3125 × 711 008 $)						222 190
Flux monétaires nets	-4 400 000	532 000	841 120	1 199 795	1 766 460	2 365 615
(i = 12 %)		0,8929	0,7972	0,7118	0,6355	0,5674
	+4 464 413 $	475 023 $	670 541 $	854 014 $	1 122 585 $	1 342 250 $
V_{an}	64 413					

Tableau 9.10 Déduction pour amortissement du projet A

		Construction ($)		Équipements ($)	
Année 0		2 200 000	–	2 200 000	–
Année 1	2 % (2 200 000) 10 % (2 200 000)	44 000	44 000	220 000	220 000
		2 156 000		1 980 000	
Année 2	4 % (2 156 000) 20 % (1 980 000)	86 240	86 240	396 000	396 000
		2 069 760		1 584 000	
Année 3	4 % (2 069 760) 20 % (1 584 000)	82 790	82 790	316 800	316 800
		1 986 970		1 267 200	
Année 4	4 % (1 986 970) 20 % (1 267 200)	79 479	79 479	253 440	253 440
		1 907 491		1 013 760	
Année 5	4 % (1 907 491) 20 % (1 013 760)	76 300	76 300	202 752	202 752
Fraction non amortie du coût en capital (F.N.A.C.C.) à la fin de l'année 5		1 831 191		811 008	

Tableau 9.11 Calcul du revenu net et des flux monétaires du projet B

	Année 0	Année 1	Année 2	Année 3	Année 4	Année 5	Année 6
Revenu net							
Bénéfices avant amortissement et impôt		1 350 000 $	1 350 000 $	1 350 000 $	1 350 000 $	1 350 000 $	1 350 000 $
Amortissement							
Construction		32 000	62 720	60 211	57 803	55 491	53 271
Équipements		160 000	288 000	230 400	184 320	147 456	117 965
Total		192 000	350 720	290 611	242 123	202 947	171 236
Revenu imposable		1 158 000	999 280	1 059 389	1 107 877	1 147 053	1 178 764
Impôt		579 000	499 640	529 694	553 938	573 526	589 382
Revenu net		579 000	499 640	529 695	553 939	573 527	589 382
Flux monétaires							
Exploitation							
Revenu net		579 000	499 640	529 695	553 939	573 527	589 382
Amortissement		192 000	350 720	290 611	242 123	202 947	171 236
Total		771 000	850 360	820 306	796 062	776 474	760 618
Investissement							
Construction	1 600 000						800 000
Équipements	1 600 000						50 000
Perte fiscale sur disposition d'actifs							
Construction (0,105 × 478 504 $)							50 242
Équipements (0,285 × 421 859 $)							120 229
Flux monétaires nets	-3 200 000	771 000	850 360	820 306	796 062	776 474	1 781 089
(i = 15 %)		0,8696	0,7561	0,6575	0,5718	0,4972	0,4323
	+3 463 985 $	670 462 $	642 957 $	539 351 $	455 188 $	386 063 $	769 964 $
V_{an}	263 985						

Tableau 9.12 Déduction pour amortissement du projet B

		Construction ($)		**Équipements ($)**	
Année 0		1 600 000	–	1 600 000	–
Année 1	2 % (1 600 000) 10 % (1 600 000)	32 000	32 000	160 000	160 000
		1 568 000		1 440 000	
Année 2	4 % (1 568 000) 20 % (1 440 000)	62 720	62 720	288 000	288 000
		1 505 280		1 152 000	
Année 3	4 % (1 505 280) 20 % (1 152 000)	60 211	60 211	230 400	230 400
		1 445 069		921 600	
Année 4	4 % (1 445 069) 20 % (921 600)	57 803	57 803	184 320	184 320
		1 387 266		737 280	
Année 5	4 % (1 387 266) 20 % (737 280)	55 491	55 491	147 456	147 456
		1 331 775		589 824	
Année 6	4 % (1 331 775) 20 % (589 824)	53 271	53 271	117 965	117 965
Fraction non amortie du coût en capital (F.N.A.C.C.) à la fin de l'année 6		1 278 504		471 859	

QUESTIONS

1. Quel critère de base permet de déterminer si oui ou non un particulier ou une compagnie à fonds social est assujetti à l'impôt sur le revenu?
2. Donner une brève définition de l'impôt sur le revenu.
3. Indiquer 2 types de revenus ou de bénéfices qui sont imposables.
4. Expliquer le mécanisme de calcul de l'impôt sur le revenu.
5. Définir le revenu imposable à l'aide d'une équation.
6. Est-ce que le revenu imposable d'une corporation correspond toujours aux bénéfices comptables indiqués dans les états financiers?
7. Indiquer 3 facteurs qui déterminent les taux T_I payés par les corporations.
8. Du point de vue fiscal, quel est l'avantage principal d'une corporation privée par rapport à une corporation publique et à un particulier?
9. Décrire 2 avantages fiscaux dont bénéficie la recherche scientifique.
10. Décrire brièvement 2 critères sur lesquels se basent les percepteurs d'impôt pour distinguer une dépense de capital d'une dépense d'exploitation.
11. Quels sont les coûts après impôt d'une dépense de salaire de 20 000 $ payée à un employé affecté à l'entretien d'un édifice d'une corporation ayant un taux T_I de 30 %?
12. Énumérer les 3 caractéristiques qu'une dépense doit présenter pour être déductible de l'impôt.
13. Donner une définition de l'amortissement fiscal.
14. En quoi l'amortissement fiscal est-il différent de l'amortissement comptable?
15. Quelles sont les 2 méthodes de calcul de l'amortissement fiscal?
16. Décrire les caractéristiques des biens inclus dans la catégorie 8.
17. Énoncer la règle du demi-taux.
18. De quel montant doit-on réduire le coût non amorti d'une catégorie de biens sujets à amortissement lorsqu'on dispose d'un des biens de la catégorie?
19. Définir le gain en capital.
20. À quel taux T_I le gain en capital est-il assujetti?
21. Énumérer 4 catégories de pertes fiscales.
22. Donner un exemple de dépenses en immobilisation admissibles.

PROBLÈMES

1. Le directeur de la production de Tricotex envisage d'acheter une pièce d'équipement de 50 000 $, fabriquée aux États-Unis, pour réduire les coûts de fabrication de son produit principal. Il s'agit là du projet A. De son côté, la directrice de l'approvisionnement estime qu'une pièce d'équipement un peu plus coûteuse, fabriquée au Canada, permettrait d'économiser davantage. L'achat de cette pièce constitue le projet B. Après étude des données techniques sur les équipements proposés, elle arrive à la conclusion que les 2 pièces d'équipement peuvent réaliser le même volume de production. Elle obtient de plus certaines données économiques sur les projets A et B, qui sont présentées au tableau 9.13.

Tableau 9.13 (probl. 1) Données économiques des projets A et B

	Projet A	**Projet B**
Coûts d'acquisition	50 000 $	60 000 $
Durée de vie	4 ans	5 ans
Valeur résiduelle	2 000 $	10 000 $
Économies annuelles avant amortissement et avant impôt		
Année 1	30 000 $	12 000 $
Année 2	30 000	20 000
Année 3	20 000	40 000
Année 4	20 000	40 000
Année 5	–	40 000

Les équipements font partie de la catégorie 8 et sont sujets à une déduction D_{pa} dont le taux est de 20 % sur le solde résiduel de la catégorie, aux fins de l'impôt. On utilise l'amortissement linéaire aux fins de l'inscription aux livres comptables. Le taux T_I de la compagnie est de 50 %. Le taux T_{rm} est de 10 %.

On demande:

de calculer pour chacun des projets

a) les économies annuelles après impôt;
b) le coût C_{cna} à la fin de la durée de chacun des projets.

2. Une compagnie créée il y a 3 ans, au début de l'année, effectue du transport de marchandises. Elle a acheté un premier camion le 1er mars de cette année-là au prix de 50 000 $, puis, 2 ans plus tard, le 1er décembre, elle a acheté un deuxième camion au prix de 100 000 $. La compagnie a un taux T_I de 40 % et elle a toujours réclamé une déduction D_{pa} maximale. L'exercice financier de la compagnie se termine le 31 décembre de chaque année. Enfin, la compagnie n'a effectué aucune autre dépense de capital depuis sa création.

On demande:

en ce qui concerne l'amortissement et l'impôt, pour l'année qui se termine,

a) d'établir les conséquences fiscales de la vente du premier véhicule le 1er février de l'année qui se termine. Supposer les 3 prix de vente suivants:
   - 5000 $,
   - 25 000 $,
   - 60 000 $;

b) d'établir les conséquences fiscales de la vente du premier véhicule le 1er février de l'année qui se termine au prix de 35 000 $ et de la vente du deuxième véhicule le 1er octobre de la même année au prix de 80 000 $.

3. La directrice de l'approvisionnement de Tricotex veut évaluer les projets A et B à partir des données présentées au tableau 9.13. Le taux T_{rm} est de 10 % après impôt. Hypothèse de fermeture de la catégorie.

On demande:

a) de calculer la valeur V_{an};
b) de calculer l'indice de rentabilité.

4. Résoudre le problème 6 du chapitre 6 en tenant compte de l'impôt sur le revenu pour le projet de fabrication de la pièce AA. Le taux T_I est de 40 % et le taux T_{rm} est de 10 % après impôt. Le taux de la déduction D_{pa} de la nouvelle machine est de 20 %, calculé sur le solde résiduel. La compagnie calcule l'amortissement comptable de la même façon que l'amortissement fiscal, c'est-à-dire selon la méthode de l'amortissement dégressif.

On demande:

de calculer la valeur V_{an} de ce projet.

5. Refaire le problème 8 du chapitre 6 en mesurant les conséquences de l'impôt sur le revenu pour la rentabilité du projet d'acquisition du mini-ordinateur. Le taux T_I est de 50 % et le taux T_{rm} est de 10 % après impôt. Les coûts d'achat du mini-ordinateur, de 200 000 $, sont entièrement admissibles à la déduction D_{pa} calculée au taux de 30 % par année sur le solde résiduel du coût en capital non amorti. La compagnie possède d'autres biens faisant partie de la même catégorie aux fins du calcul de l'amortissement fiscal.

On demande:

de calculer la valeur V_{an} du projet.

6. Reprendre le problème 4 du chapitre 7 en considérant l'impôt sur le revenu pour les options A et B d'installation de câbles qui font l'objet d'une évaluation économique. Les biens amortissables de ces options sont sujets à une déduction D_{pa} de 8 % calculée sur le solde résiduel. Le taux T_I est de 50 % et le taux T_{rm} est de 12 % après impôt.

On demande:

de déterminer l'option la plus économique en utilisant la méthode des coûts $C_{aé}$.

7. Refaire le calcul de la durée de vie économique du camion demandé au problème 6 du chapitre 7 en tenant compte de l'impôt sur le revenu. Le camion est sujet à une déduction D_{pa} de 30 % calculée sur le solde résiduel. Le taux T_I est de 50 % et le taux T_{rm} est de 12 % après impôt.

On demande:

de déterminer la durée de vie économique d'un camion à l'aide de la méthode des coûts $C_{aé}$.

8. Louise Ratel, propriétaire de Micro-Puce, une petite entreprise de micro-informatique, a acheté, le 1er décembre de l'année précédente, un camion de livraison au prix de 50 000 $. Le 30 octobre de l'année en cours, elle se demande s'il ne serait pas avantageux de revendre ce camion à une entreprise de location au prix de la valeur marchande du camion, soit 40 000 $. La valeur résiduelle du camion dans 3 ans sera de 18 000 $. L'entreprise de location accepte de racheter le camion à ce prix à la condition que Micro-Puce s'engage à lui louer le camion 12 500 $ par année pour une durée de 3 ans. Il s'agit ici d'un contrat de vente-location. Le premier versement de location serait fait à la signature du contrat, soit le 1er novembre de l'année en cours. Le salaire annuel du chauffeur du camion est de 18 000 $. Les coûts annuels d'entretien et d'exploitation sont de 12 000 $. Ces dépenses seraient payées par la compagnie Micro-Puce pendant la durée du contrat.

   Par ailleurs, Louise Ratel envisage une autre possibilité qui consiste à confier à un transporteur public le transport de ses produits moyennant un montant forfaitaire annuel de 50 000 $ pour une durée minimale de 3 ans. Ce montant annuel est payable à la fin de chaque année.

   Le camion de la compagnie Micro-Puce est le seul actif inclus dans la catégorie 10 pour laquelle le taux est de 30 % calculé sur le solde résiduel. L'année financière de Micro-Puce se termine le 30 octobre. Le taux marginal T_I de la compagnie est de 20 %. Son taux T_{rm} après impôt est de 12 %.

On demande:

de déterminer, à l'aide de la valeur V_{an}, l'option la plus avantageuse pour la compagnie Micro-Puce.

9. La compagnie Équip-plus ltée se spécialise dans la fabrication d'une centaine de modèles de coffres à outils, dont le prix unitaire varie entre 3 $ et 1800 $. Ce produit se vend dans les quincailleries. La conception, la durabilité et le rapport qualité-prix des coffres ont créé une demande au niveau international pour cette gamme de produits. Pour répondre à ce marché, l'entreprise soumet à un ingénieur le projet suivant.

   La compagnie songe à construire une nouvelle usine afin de moderniser son parc d'équipements et réorganiser son système de production sous forme de cellules flexibles. Elle pourrait acquérir d'une municipalité un terrain approprié pour 200 000 $. Une bâtisse y serait construite immédiatement au coût de 1 300 000 $. Dans un an, il faudrait installer de nouvelles machines au coût de 1 600 000 $. Cet achat permettrait de vendre les anciennes machines au prix de 128 000 $. Ces dernières font partie de la même catégorie que celles que l'entreprise désire acheter.

   Équip-plus prévoit que la réorganisation de la production entraînerait une économie annuelle (avant amortissement et impôt) de 1 100 000 $ à la fin de la 3e année. Ces entrées de fonds dureraient jusqu'à la fin de la 15e année. Il faut supposer que les entrées et les sorties de flux monétaires se produisent à la fin de chaque exercice.

   L'entreprise devra augmenter ses stocks de 194 000 $. Ses comptes clients se maintiendront à 8 % des entrées nettes de flux monétaires (économie annuelle avant amortissement et impôt), tandis que ses comptes fournisseurs atteindront 6 % des entrées nettes de flux monétaires.

Cinq ans après l'acquisition de la nouvelle machinerie, la firme devra investir 320 000 $ pour la remettre à neuf. Cette sortie de fonds doit être capitalisée aux fins d'impôts. Cependant, la machinerie n'aura aucune valeur de récupération à la fin du projet.

Par contre, la valeur du terrain devrait augmenter de 10 % par année en raison de l'inflation. De plus, l'entreprise croit qu'elle récupérera le coût original de la bâtisse à la fin de la 15e année. La F.N.A.C.C. sera de 749 368 $ à la fin de la durée d'étude (hypothèse de non fermeture de la catégorie).

Le taux de déduction pour amortissement sur le solde dégressif est de 4 % pour la bâtisse et de 20 % pour la machinerie. On estime le taux d'imposition à 40 %. Le taux de rendement minimal acceptable pour Équip-plus ltée se situe à 12 % après impôt.

Note: nous avons supposé l'hypothèse de non fermeture.

On demande:

a) de calculer la valeur V_{an}, le taux T_{ri} et le taux T_{rb} du projet après impôt;

b) de formuler des commentaires relatifs à l'acceptation ou au rejet du projet.

10. Les dirigeants d'une compagnie canadienne s'interrogent sur l'opportunité de remplacer une machine A au début du mois de janvier de l'année à venir. Les registres de la compagnie fournissent les renseignements suivants sur cette machine. Elle a coûté 50 000 $ il y a 2 ans, au début de l'année. Sa durée d'utilisation avait alors été établie à 10 ans, mais il semble qu'elle pourra être prolongée de 3 ans. La machine A a énormément perdu de sa valeur à la suite de changements technologiques rapides dans cette catégorie d'équipements. La valeur comptable de la machine A sera de 35 000 $ à la fin de l'année en cours. On estime que la machine A se vendrait actuellement 3000 $ sur le marché des machines d'occasion, mais que sa valeur résiduelle serait nulle dans 10 ans.

    L'ingénieur responsable des équipements a proposé au directeur de la production d'acheter un nouvel équipement, la machine B. Cette machine B remplacerait la machine A et coûterait 34 000 $. On prévoit que les frais de transport, d'installation et de rodage de la machine B s'élèveraient à 4000 $. Elle serait installée dans le même espace que celui qu'occupe la machine A. Le directeur de la production estime que les frais de démontage et de déménagement de la machine A s'élèveraient à 5000 $ et seraient engagés à la fin de l'année en cours. Ces frais pourraient être considérés comme des frais d'exploitation dans le calcul du revenu imposable de l'année en cours.

    Une étude du service du prix de revient a permis d'établir les coûts annuels d'exploitation et d'entretien pour les machines A et B:

Coûts	**Machine A**	**Machine B**
Variables	15 000 $	6 400 $
Fixes		
amortissement linéaire	5 000	3 800
autres coûts directs	2 400	1 000

La machine A sert à fabriquer un produit très en demande sur le marché et pour lequel on ne prévoit aucune baisse au cours des 10 prochaines années. En décembre de l'année en cours, les dirigeants de la compagnie ont envisagé d'abandonner complètement la fabrication de ce produit et ils ont tenté, sans succès, de louer à 5000 $ par année l'espace qui serait libéré par la mise au rancart de la machine A. La compagnie a cependant reçu plusieurs offres de location de cet espace libre dont la plus élevée est de 3000 $ par année pour un bail de 5 ans.

Le taux T_{rm} est de 10 % après impôt. Le taux T_I sur le revenu est de 50 %. Le taux de la déduction D_{pa} pour l'équipement est de 20 %, calculé sur le solde résiduel. Aux fins du calcul de l'amortissement fiscal, on suppose que la machine B serait acquise au début de l'année à venir. La compagnie utilise, à des fins comptables dont la préparation des états financiers, la méthode de l'amortissement constant ou en ligne droite pour amortir ses immobilisations. Poser l'hypothèse de non fermeture des catégories.

On demande:

a) de calculer le flux monétaire annuel différentiel après impôt pour les 2 premières années du projet de remplacement d'équipement;

b) de calculer la valeur V_{an} du projet de remplacement d'équipement;

c) de calculer les coûts $C_{aé}$ des machines A et B;

d) de recommander l'option la plus rentable pour l'entreprise dans les circonstances actuelles.

11. Le service des recherches d'une compagnie productrice de denrées alimentaires a récemment mis au point une nouvelle vinaigrette, nommée provisoirement «Fleur de mai». Actuellement, la compagnie ne produit pas de vinaigrette mais elle produit des assaisonnements divers comme la moutarde et le ketchup. Le comité des directeurs, responsable de l'évaluation des projets, a récemment siégé pour discuter de l'opportunité d'ajouter «Fleur de mai» à la gamme des produits de la compagnie. Lors de la réunion, le directeur du service des recherches a indiqué que la recette de «Fleur de mai» était presque identique à celle d'autres produits en vente sur le marché.

    Selon le directeur de la mise en marché, la compagnie pourrait probablement écouler un million de caisses de 24 pots de «Fleur de mai» par année au cours des 10 prochaines années. Il a fait savoir, en réponse à une question du président, que 5 000 000 de caisses de vinaigrette se vendent chaque année au Canada. Les autres marques de vinaigrette de qualité analogue se vendent 7,64 $ la caisse.

    Le directeur de la production a estimé comme suit le prix de revient, à la caisse, de 1 000 000 de caisses de «Fleur de mai». Les matières premières reviennent à 3,789 $ la caisse, les emballages, à 1,235 $ la caisse, la main-d'oeuvre et les frais généraux additionnels, à 0,949 $ la caisse.

Le directeur du service de génie a expliqué que la production de «Fleur de mai» nécessiterait l'agrandissement de l'usine aux coûts de 1 400 000 $, l'achat de nouvelles machines aux coûts de 850 000 $ et une augmentation permanente de 250 000 $ du stock de matières premières. La construction serait faite sur un terrain appartenant à la compagnie et dont la valeur marchande est de 100 000 $. La nouvelle construction aurait une durée de vie de 20 ans et les nouvelles machines en auraient une de 10 ans. La valeur marchande de la nouvelle construction subirait une dépréciation constante tout au long de la durée de vie et les machines auraient une valeur de revente de 50 000 $ après 10 ans. La valeur marchande du terrain utilisé pour la construction de l'usine serait de 200 000 $ dans 10 ans.

Quant au directeur des finances, il a fait savoir que le financement de la construction, des machines et du stock supplémentaire devrait se faire par l'émission de 2 500 000 $ d'obligations non garanties et dont le taux d'intérêt serait de 12 % par année pour des intérêts composés, versés annuellement. Ces obligations seraient remboursables dans 10 ans. Il a également indiqué que le coût du capital de la compagnie est présentement de 10 % après impôt. Ce taux a été établi à partir du coût moyen pondéré de toutes les sources de fonds de la compagnie. Ce taux est révisé une fois par année par le service des finances.

Le directeur du service du prix de revient a fait ses prévisions quant aux coûts d'exploitation en se basant sur un volume de ventes et de production de 1 000 000 de caisses par année.

Taxes et assurances		0,0804 $ la caisse
Transport et entreposage		0,24 $ la caisse
Commissions des vendeurs		3 % des revenus des ventes
Escomptes accordés aux clients pour paiement comptant		1 % des revenus des ventes
Frais de mise au point	200 000 $	
Campagne de lancement	200 000 $	
Frais de publicité annuels		5 % des revenus des ventes

Les frais de mise au point et la campagne de lancement seront financés à même le fonds de roulement de la compagnie. Le directeur du service du prix de revient a rappelé que le taux T_I sur le revenu de la compagnie est de 50 % et il a indiqué que la construction et les machines seraient amorties, à des fins comptables, suivant la méthode de l'amortissement linéaire pour leur durée de vie. Les frais de mise au point et de lancement peuvent être considérés comme des dépenses d'exploitation aux fins du calcul de l'impôt sur le revenu. Poser l'hypothèse de non fermeture des catégories. DPA pour la construction, 4 %, DPA pour la machinerie, 20 %.

On demande:

d'établir si oui ou non la compagnie devrait ajouter «Fleur de mai» à la gamme de ses produits. Utiliser la méthode de la valeur V_{an} pour justifier votre recommandation.

Chapitre 10

Chiffrier électronique et analyse de sensibilité

INTRODUCTION

Le chiffrier électronique est un logiciel qui facilite les calculs financiers complexes ainsi que la présentation des résultats. De par sa fiabilité et sa rapidité, il constitue un outil indispensable pour l'ingénieur lorsque ce dernier fait l'analyse économique des projets. En effet, l'ingénieur peut désormais explorer en très peu de temps plusieurs scénarios, ce qui exigeait auparavant plusieurs heures de travail et des calculs longs et fastidieux.

Ainsi, lorsqu'on fait l'analyse économique de projets, le chiffrier électronique permet de se concentrer sur les variables à étudier, sur les calculs à effectuer et sur l'interprétation des résultats plutôt que sur l'exactitude des calculs. Grâce à cet instrument, l'ingénieur peut faire des analyses de sensibilité, c'est-à-dire étudier la sensibilité de paramètres aux fluctuations des variables d'un projet.

Dans la première partie de ce chapitre, nous verrons la structure, le fonctionnement et les principales fonctions du chiffrier électronique. Nous examinerons ensuite, à l'aide d'un exemple, comment se servir d'un chiffrier pour l'analyse économique d'un projet. Dans la deuxième partie de ce chapitre, nous verrons l'importance de l'analyse de sensibilité, utilisée conjointement avec les méthodes d'évaluation de la rentabilité des projets. Nous pourrons alors apprécier à quel point le chiffrier s'avère un outil utile, voire essentiel, pour évaluer les éléments d'incertitude d'un projet en faisant plusieurs estimations pour chacune des variables qui affectent la rentabilité des projets.

Pour illustrer notre propos, nous fournissons des exemples basés sur le chiffrier électronique *LOTUS 1-2-3**. Bien sûr, il existe d'autres excellents chiffriers électroniques tels que Excel et les développements sont rapides dans ce domaine. Comme nous ne couvrons que les concepts

---

* © 1991, *Lotus Development Corporation*.

fondamentaux du chiffrier électronique, nous laissons le soin au lecteur de transposer nos propos à d'autres chiffriers électroniques ou à d'autres versions de *LOTUS 1-2-3* que ceux dont nous traitons dans ce volume.

10.1 STRUCTURE DU CHIFFRIER ÉLECTRONIQUE

Un chiffrier est un tableau, comme celui de la figure 10.1, fait de lignes et de colonnes. Chaque ligne est identifiée par un numéro et chaque colonne par une lettre ou une séquence de 2 lettres. Un chiffrier de LOTUS 1-2-3 comporte jusqu'à 9999 lignes et 256 colonnes. L'intersection d'une ligne et d'une colonne, appelée cellule, possède une adresse formée de la lettre de la colonne et du numéro de la ligne; par exemple la cellule C4 (fig. 10.1). Le curseur se déplace d'une cellule à l'autre.

Une cellule peut contenir un nombre, une formule ou une étiquette. Pour un nombre, le logiciel traite jusqu'à 15 chiffres significatifs. Quand on entre les données, on ne doit mettre aucune espace dans l'écriture d'un nombre. Par contre, pour afficher les résultats, le chiffrier offre différentes fonctions de formatage qui permettent à l'utilisateur d'introduire une espace pour marquer les tranches de 1000, par exemple, ou encore d'inscrire le signe de dollar. L'exemple 10.1 présente des nombres valides pour l'entrée de données. Selon qu'on utilise une version américaine ou française du chiffrier, la virgule et le point n'auront pas le même sens.

La formule est une fonction déjà programmée ou une suite d'opérations mathématiques pouvant contenir jusqu'à 250 caractères. On l'utilise pour calculer un nombre. Une formule doit commencer par un des caractères suivants: 0, 1, 2, 3, 4, 5, 6, 7, 8, 9, +, –, (, ., @, # ou $. Comme le nombre, la formule ne doit comporter aucune espace. L'exemple 10.1 présente des formules conformes à ces règles. Le chiffrier garde en mémoire la formule et en affiche le

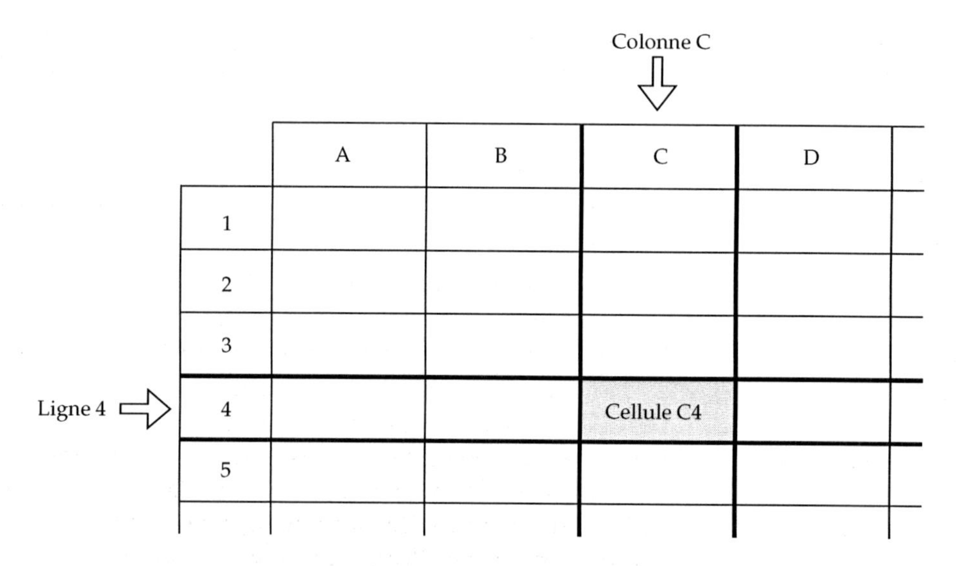

Figure 10.1 Schéma du chiffrier électronique.

résultat dans la cellule où celle-ci a été entrée. Si on modifie la valeur d'une cellule, toutes les cellules du chiffrier contenant une formule qui se réfère à cette cellule voient leur résultat ajusté en conséquence.

Exemple 10.1 *Nombres et formules valides pour un chiffrier*

Nombres	Formules
1000	10*43
1,473	+A1–957+95
1.527	(D5+D6)/D9
10E41	@SUM(A1..G1)
	F3*F8

Une étiquette peut comporter jusqu'à 240 caractères. Il s'agit en général d'un mot ou d'une phrase. Évidemment, on ne peut effectuer aucune opération mathématique sur une étiquette. Les étiquettes servent notamment à identifier un travail, à expliquer un calcul ou encore à inscrire un commentaire. Par défaut, chaque cellule peut contenir 9 caractères. Si une étiquette en nécessite davantage, elle s'écrira dans les cellules des colonnes adjacentes en autant que celles-ci soient libres. Sinon, seuls les 9 premiers caractères apparaîtront à moins qu'on agrandisse la dimension de la cellule.

10.2 FONCTIONNEMENT DU CHIFFRIER ÉLECTRONIQUE

10.2.1 Déplacements

Pour se déplacer dans le chiffrier ou pour sélectionner un élément d'un menu, on utilise les touches du clavier ou la souris. Le tableau 10.1 présente les touches qui permettent de se déplacer dans le chiffrier.

Tableau 10.1 Déplacement dans le chiffrier

Touche	Déplacement
Home	Déplace le curseur à la cellule A1
↑	Déplace le curseur d'une ligne vers le haut
←	Déplace le curseur d'une colonne vers la gauche
↓	Déplace le curseur d'une ligne vers le bas
→	Déplace le curseur d'une colonne vers la droite
End, suivi d'une flèche	Déplace le curseur vers la dernière cellule non vide d'une ligne ou d'une colonne dans la direction indiquée par la flèche
PgUp	Déplace le contenu de l'écran d'une page vers le haut
PgDn	Déplace le contenu de l'écran d'une page vers le bas

10.2.2 Menu des commandes

Plusieurs commandes sont programmées afin d'aider l'utilisateur à définir et à contrôler son chiffrier. Une fois le chiffrier chargé en mémoire, l'utilisateur doit appuyer sur la touche «/» (barre oblique) pour faire apparaître le menu des commandes, ou encore «cliquer» avec la souris sur la barre des commandes.

À partir des menus, l'utilisateur peut copier le contenu d'une ou de plusieurs cellules dans d'autres cellules en utilisant la commande *copy*. Il peut aussi déplacer l'information contenue dans une cellule avec la commande *move*. Il peut sauvegarder ou appeler en mémoire des fichiers avec la commande *file*. Enfin, il peut terminer une session de travail à l'aide de la commande *quit*, qui le ramène au système d'exploitation *DOS*.

Ces exemples ne donnent qu'un bref aperçu des commandes offertes par le chiffrier. En fait, il en existe plus d'une centaine.

10.2.3 Fonctions financières

Les chiffriers électroniques comportent de nombreuses fonctions conçues pour aider les utilisateurs à résoudre des problèmes. Nous ne présentons ici que les principales fonctions financières. Le logiciel ne reconnaît une fonction que si elle commence par le symbole «@». L'exemple 10.2 illustre la syntaxe d'une fonction simple, l'addition.

Exemple 10.2 *Fonction addition de LOTUS 1-2-3*

La fonction qui permet d'additionner le contenu des cellules B5, B6, B7, B8 et B9 s'écrit ainsi:

@SUM(B5..B9)

Les deux points sont nécessaires, car ils indiquent qu'il s'agit d'une suite de cellules. Le résultat de cette addition apparaît dans la cellule où la fonction a été entrée.

Le type de chiffrier qui nous intéresse dans le cadre de cet ouvrage comporte une douzaine de fonctions financières dont au moins 5 sont couramment utilisées pour l'évaluation économique des projets. Ces fonctions sont basées sur des tables à capitalisation discrète des intérêts. Il s'agit:

- du calcul de la valeur V_{an}, notée @NPV (*net present value*) dans le chiffrier;
- du calcul de la valeur V_a, notée @PV (*present value*);
- du calcul de la valeur V_f, notée @FV (*future value*);
- du calcul du taux T_{ri}, noté @IRR (*internal rate of return*);
- du calcul du facteur de recouvrement d'un capital, @PMT (*payment*).

Calcul de la valeur V_{an} (@NPV). Cette fonction permet d'établir la valeur V_{an} d'une série de flux monétaires, recettes ou débours, à partir d'un taux d'actualisation. Ce taux doit être fixé dès le début de façon à permettre le calcul de la valeur V_{an} et il correspond au taux T_{rm}.

La table 2, valeur actuelle d'un montant futur, permet d'obtenir les mêmes résultats. L'exemple 10.3 montre comment utiliser cette fonction. Quand on se sert du chiffrier électronique, on pose toujours l'hypothèse de fin de période selon laquelle toutes les transactions sont effectuées à la fin des périodes.

Exemple 10.3 *Valeur* V_{an} *d'un projet: @NPV*

Le directeur de projets d'une entreprise veut établir la valeur V_{an} de 2 projets X et Y. Ces projets sont indépendants l'un de l'autre et ont les flux monétaires présentés dans le chiffrier 1, où les recettes sont précédées d'un signe + et les débours, d'un signe –.

Chiffrier 1 (ex. 10.3)

	A	B	C	D	E	F
22		Projet X		Projet Y		Taux
23		-48 000 $		-80 000 $		0,10
24		+20 000		+32 000		
25		+20 000		+33 600		
26		+15 000		+32 880		
27		+15 000		+32 304		
28		+10 000		+35 425		

L'entreprise a les fonds nécessaires pour réaliser ces 2 projets dans le cas où ils s'avèrent rentables. Le taux T_{rm} est de 10 % avant impôt. Quelles sont les valeurs V_{an} respectives des projets X et Y?

Solution

Pour connaître les valeurs V_{an} des projets X et Y, on entre, dans 2 cellules libres, les fonctions suivantes:

- pour le projet X: +B23+@NPV(F23,B24..B28);
- pour le projet Y: +D23+@NPV(F23,D24..D28).

On obtient alors:

V_{an} du projet X = 14 434 $

V_{an} du projet Y = 45 623 $

Les débours d'investissement ont lieu au début du projet et ne nécessitent pas d'actualisation. C'est pourquoi les cellules B23 et D23 sont exclues de la séquence de cellules dans la fonction @NPV. Ainsi, la fonction @NPV exige les paramètres suivants, dans l'ordre:

@NPV (taux T_{rm}, séquence de flux monétaires à actualiser)

Calcul de la valeur V_a (@PV). Cette fonction établit la valeur V_a d'annuités, c'est-à-dire d'une série de paiements ou de recettes égaux répartis sur un nombre n de périodes pour un taux T_{rm}. La table 4, valeur actuelle d'annuités, permet d'obtenir les mêmes résultats. L'exemple 10.4 montre comment utiliser cette fonction.

Exemple 10.4 *Valeur* V_a *d'annuités: @PV*

Vous avez la possibilité d'investir 10 000 $ dans un projet qui permet de réaliser des économies annuelles nettes, considérées comme des recettes, de 3863 $ pendant 4 années. Vous exigez un taux T_{rm} de 10 %. Quelle est la valeur V_a de ces économies?

Solution

Le chiffrier 2 donne les données et la formule nécessaires au calcul de la valeur V_a.

Chiffrier 2 (ex. 10.4)

	A	F
1	Recettes	3863 $
2	Taux de rendement	0,10
3	Nombre de périodes	4
4	Valeur actuelle des recettes	12 246 $

Après l'entrée des données dans les cellules F1, F2 et F3, le résultat du calcul s'affiche dans la cellule F4. C'est le résultat de la fonction financière suivante:

F4: @PV(F1, F2, F3) = 12 246 $

Donc, la fonction @PV exige les paramètres suivants, dans l'ordre:

@PV (annuité, taux T_{rm}, nombre n de périodes)

Calcul de la valeur V_f (@FV). Cette fonction calcule la valeur V_f d'une série de paiements égaux à un taux d'actualisation donné pour un nombre n de périodes. La table 3, valeur future d'annuités, permet d'obtenir les mêmes résultats. L'exemple 10.5 montre comment utiliser cette fonction.

Exemple 10.5 *Valeur* V_f *d'annuités: @FV*

Si je dépose 1000 $ à la banque à la fin de chaque année pendant 5 ans et que ces dépôts doivent rapporter un taux d'intérêt annuel de 12 %, quel montant aurai-je accumulé après 5 ans?

Solution

Il s'agit de déterminer la valeur V_f d'annuités. On entre les données et la formule comme dans le chiffrier 3.

Chiffrier 3 (ex. 10.5)

	A	F
1	Paiement annuel	1000 $
2	Taux d'intérêt	0,12
3	Nombre de périodes	5
4	Valeur future des paiements	6352,85 $

Après que l'utilisateur a entré les données dans les cellules F1, F2 et F3, le chiffrier calcule la valeur de la cellule F4, résultat de la fonction financière suivante:

F4: @FV (F1, F2, F3) = 6352,85 $

Ainsi, la fonction @FV nécessite les paramètres suivants, dans l'ordre:

@FV (annuité, taux *i*, nombre *n* de périodes)

Calcul du taux T_{ri} (@IRR). Cette fonction permet de calculer le taux T_{ri} d'une série de flux monétaires. Pour utiliser cette fonction, on doit estimer au départ un taux de rendement approximatif pour le projet étudié. Le chiffrier démarre ses calculs avec le taux à l'essai et vérifie si ce taux résulte en une valeur V_{an} égale à 0, par définition du taux T_{ri}. Si ce n'est pas le cas, il essaie un autre taux, et ce jusqu'à ce que la valeur V_{an} soit de 0. Il est d'usage courant de démarrer le processus itératif avec le taux T_{rm} comme taux de départ. Dans l'exemple 10.6, nous avons utilisé les taux de 20 % et de 25 %.

Exemple 10.6 *Taux* T_{ri} *de flux monétaires: @IRR*

Considérons à nouveau les projets X et Y de l'exemple 10.3. Quel est le taux T_{ri} de chacun de ces projets?

Solution

Le chiffrier 4 montre les données et les formules nécessaires au calcul du taux T_{ri}.

Chiffrier 4 (ex. 10.6)

	A	B	C	D	E	F
22		Projet X		Projet Y		Taux
23		- 48 000		- 80 000		0,10
24		+20 000		+32 000		
25		+20 000		+33 600		
26		+15 000		+32 880		
27		+15 000		+32 304		
28		+10 000		+35 425		
29	Taux T_{ri}	0,226		0,302		

Le chiffrier calcule les valeurs des cellules B29 et D29, résultats des fonctions financières suivantes:

B29: @IRR (0,20, B23..B28) = 0,226 ou 22,6 % pour le projet X

D29: @IRR (0,25, D23..D28) = 0,302 ou 30,2 % pour le projet Y

On pourrait vérifier ce résultat en calculant à nouveau les valeurs V_{an} des projets X et Y avec les taux obtenus. Ici, on peut inclure les débours d'investissement du début du projet puisque, pour le calcul du taux T_{ri}, on peut actualiser à n'importe quel moment. Ainsi, la fonction @IRR nécessite les paramètres suivants, dans l'ordre:

@IRR (taux estimé, séquence de flux monétaires)

Exemple 10.7 *Taux* T_{rB} *de flux monétaires: @FV et @IRR*

Pour calculer le taux T_{rB} dans le cas où les flux monétaires sont constants, on utilise conjointement les fonctions @FV et @IRR. Reprenons l'exemple 10.4 où on a calculé la valeur V_a d'annuités à l'aide du chiffrier électronique. Quel est le taux T_{rB} de ce projet?

Solution

Le chiffrier 5 indique les données et les formules nécessaires au calcul du taux T_{rB}.

Chiffrier 5 (ex. 10.7)

	A	F
1	Recettes	3863 $
2	Taux de rendement	0,10
3	Nombre de périodes	4
4	Valeur actuelle des recettes	12 246 $
5	Débours d'investissement	-10 000 $
6	Valeur future des recettes	17 928 $
7	Taux T_{rB} des flux monétaires	0,1571

Le chiffrier calcule les valeurs des cellules F4, F6 et F7, résultats des fonctions financières suivantes:

F4: @PV (F1, F2, F3)
F6: @FV (F1, F2, F3) = 17 928 $
F7: @IRR (0,12, F5..F6) = 0,1571 ou 15,71 %

....

Calcul du facteur de recouvrement du capital (@PMT). Cette fonction, tout comme la table 5 en annexe, permet d'établir les annuités équivalentes à un montant actuel. Elle peut amortir une somme d'argent donnée, à un taux donné, sur un nombre n de périodes. C'est ce qu'on appelle le facteur de recouvrement du capital. L'exemple 10.8 illustre comment utiliser cette fonction.

....

Exemple 10.8 *Facteur de recouvrement du capital: @PMT*

Vous avez emprunté 10 000 $ pour financer l'achat d'une nouvelle voiture. Vous avez l'intention de rembourser cet emprunt sur une période de 30 mois. Votre banquier prélève un taux d'intérêt mensuel de 1 % sur le solde impayé. Quel est le versement mensuel à effectuer pour rembourser le capital et les intérêts de cet emprunt?

Solution

Le chiffrier 6 donne la solution à ce problème.

Chiffrier 6 (ex. 10.8)

	A	G
1	Capital	10 000 $
2	Taux d'intérêt	0,01
3	Nombre de périodes	30
4	Facteur de recouvrement du capital	387,50 $

Le chiffrier calcule la valeur de la cellule G4, résultat de la fonction financière suivante:

G4: @PMT (G1, G2, G3) = 387,50 $

Ainsi, les montants de 387,50 $ représentent les annuités à payer pendant 30 mois, équivalentes au montant actuel de 10 000 $ à 1 % d'intérêt par mois. La fonction @PMT nécessite les paramètres suivants, dans l'ordre:

@PMT (capital, taux *i*, nombre *n* de périodes)

....

10.3 UTILISATION DU CHIFFRIER ÉLECTRONIQUE POUR L'ANALYSE ÉCONOMIQUE D'UN PROJET

Le chiffrier électronique s'avère utile lorsqu'on évalue la rentabilité d'un projet. Considérons un projet qui consiste à installer un système de chauffage bi-énergie en remplacement d'un système au mazout. Nous allons analyser la rentabilité de ce projet à l'aide du chiffrier électronique en élaborant un programme structuré en 3 parties: l'introduction, les données et finalement les calculs et les résultats. L'étude se déroule sur une période de 8 ans.

10.3.1 Introduction

Dans l'introduction, il s'agit d'identifier l'auteur du programme ainsi que de déterminer la nature et le but du programme. Cette section va apparaître à l'écran à partir de la cellule A1. On y inclut généralement les renseignements suivants:

- le nom du programme;
- le nom de l'auteur;
- la date de la création du programme et celle de la dernière version;
- le but du programme;
- le fonctionnement;
- la table des matières.

Exemple 10.9 *Introduction du programme*

Le chiffrier 7 est un exemple d'introduction d'un programme d'analyse de rentabilité pour le projet de remplacement du système de chauffage.

Chiffrier 7 (ex. 10.9)

	A
1	Nom du programme: Analyse comparative bi-énergie/mazout
2	Auteur: Lucie Desjardins, HQ
3	Division: A
4	Date: 6 septembre 1993
5	Dernière version: 12 novembre 1993
6	
7	But du programme:
8	
9	Ce programme a été conçu dans le but de calculer
10	les économies nettes d'un client d'Hydro-Québec
11	réalisées grâce à un système de chauffage
12	bi-énergie comparativement à un système de chauffage
13	au mazout.
14	
15	Fonctionnement:
16	
17	Il s'agit d'entrer la consommation annuelle de mazout en litres.
18	Le programme calculera la
19	consommation d'électricité équivalente.
20	À partir de cette consommation, le programme déterminera la
21	taille et les coûts de la chaudière appropriée. Enfin, une analyse
22	différentielle du projet sera faite pour déterminer le taux de rendement du projet.
23	
24	Table des matières
25	
26	Introduction: A1 à F30
27	
28	Données: A35 à F50
29	
30	Calculs et résultats: A55 à F80

10.3.2 Données

Cette section du programme est réservée aux données du projet. Quand on veut faire des analyses de sensibilité, c'est-à-dire changer la valeur d'une ou de plusieurs variables pour étudier l'impact de ces changements sur la valeur V_{an} ou sur le taux T_{ri} d'un projet, il suffit d'aller dans cette section du programme et d'attribuer d'autres valeurs numériques aux variables du projet. En séparant les données des calculs, on diminue le risque d'effacer une formule par erreur. L'exemple 10.10 représente la partie «Données» du programme d'analyse de rentabilité pour le même projet de remplacement du système de chauffage.

Exemple 10.10 *Données du programme*

Chiffrier 8 (ex. 10.10)

	A	F	G
35	Consommation de mazout (L/année)		110 000
36	Facteur de conversion du mazout en kW/L		6,5457
37	Fonctionnement du système (h/année)		2250
38	Coûts d'une chaudière pour 250 kW ($)	250	30 000
39	Coûts d'une chaudière pour 330 kW ($)	330	37 600
40	Coûts d'une chaudière pour 400 kW ($)	400	45 000
41	Ratio des coûts payés par le client		20 %
42	Coûts du mazout ($/L)		0,192
43	Coûts de l'électricité, pour les 4 premières années ($/kW)		0,016
44	Coûts de l'électricité, pour les 4 dernières années ($/kW)		0,026

Notons que, dans un chiffrier, il faut réduire le plus possible la longueur du texte. Ici, par exemple, l'expression «Coûts d'une chaudière pour 250 kW» signifie, au long, les coûts d'une chaudière pouvant satisfaire une demande de consommation d'électricité de 250 kW/h.

10.3.3 Calculs et résultats

La troisième section du programme, calculs et résultats, comporte exclusivement des formules ou des fonctions. On n'y trouve aucune donnée de base. Les données utilisées proviennent de la deuxième partie du programme, celle consacrée aux données. Pour ce qui est des résultats, c'est dans la troisième partie qu'on peut exploiter les possibilités de présentation offertes par le menu des commandes. À titre d'exemple, on peut présenter les montants d'argent avec le signe «$» et on peut exprimer les fractions décimales en pourcentage. L'exemple 10.11 poursuit l'étude du projet amorcée aux exemples 10.9 et 10.10.

Exemple 10.11 *Calculs et résultats du programme: calcul du taux* T_{ri} *avant impôt*

Quel est le taux T_{ri} avant impôt du projet de remplacement du système de chauffage?

Solution

Poursuivons le programme commencé aux exemples 10.9 et 10.10 en inscrivant au chiffrier 9 les formules nécessaires au calcul du taux T_{ri}.

Chiffrier 9 (ex. 10.11)

	A	B	C	D	E	F	G
55	Consommation d'électricité (kW/h)						G35*G36/G37
56	Choix de la chaudière offrant cette capacité minimale						@VLOOKUP (G55+70, F38..F40,0)
57	Coûts de la chaudière choisie						@VLOOKUP (G55+70, F38..F40,1)
58	Débours d'investissement pour le client						-G57*G41
59	Année		Électricité		Mazout		Flux monétaire
60	0						G58
61	1		G56*G43*G37		G35*G42		+E61 – C61
62	2		G56*G43*G37		G35*G42		+E62 – C62
63	3		G56*G43*G37		G35*G42		+E63 – C63
64	4		G56*G43*G37		G35*G42		+E64 – C64
65	5		G56*G44*G37		G35*G42		+E65 – C65
66	6		G56*G44*G37		G35*G42		+E66 – C66
67	7		G56*G44*G37		G35*G42		+E67 – C67
68	8		G56*G44*G37		G35*G42		+E68 – C68
69	T_{ri} avant impôt						@IRR (0,25, G60..G68)

Le chiffrier insère les données de la deuxième partie du programme dans les formules de la troisième partie, exécute les calculs et affiche les résultats présentés au chiffrier 10.

Chiffrier 10 (ex. 10.11)

	A	B	C	D	E	F	G
55	Consommation d'électricité (kW/h)						320
56	Choix de la chaudière offrant cette capacité minimale						330
57	Coûts de la chaudière choisie						37 600 $
58	Débours d'investissement pour le client						-7520 $
59	Année		Électricité		Mazout		Flux monétaire
60	0						-7520 $
61	1		11 880 $		21 120 $		9240 $
62	2		11 880 $		21 120 $		9240 $
63	3		11 880 $		21 120 $		9240 $
64	4		11 880 $		21 120 $		9240 $
65	5		19 305 $		21 120 $		1815 $
66	6		19 305 $		21 120 $		1815 $
67	7		19 305 $		21 120 $		1815 $
68	8		19 305 $		21 120 $		1815 $
69	T_{ri} avant impôt						118,49 %

Considérons maintenant l'effet de l'impôt sur ce projet. À l'exemple 10.12, nous calculons le taux T_{ri} après impôt.

Exemple 10.12 *Utilisation du chiffrier pour le calcul du taux* $\mathrm{T_{ri}}$ *après impôt*

Le client d'Hydro-Québec intéressé au système de chauffage bi-énergie a un taux T_I de 40 %. Par ailleurs, le système de chauffage est admissible à une déduction D_{pa} à un taux d de 4 %, calculée sur le solde résiduel de la catégorie. Quel est le taux T_{ri} du projet après impôt?

Solution

Inscrivons dans le chiffrier 12 les formules nécessaires au calcul du taux T_{ri} après impôt. Auparavant, il faudra revenir à la section des données et y ajouter le taux T_I de 40 % et le taux d de 4 %. C'est ce que contient le chiffrier 11.

Chiffrier 11 (ex. 10.12)

	A	G
45	Taux T_I	40 %
46	Taux d de la déduction D_{pa}	4 %

Chiffrier 12 (ex. 10.12)

	A	[...]	G	H	I	J	K
59	Année	[...]	Flux monétaire	Solde non amorti	D_{pa}	Impôt	Flux monétaire net
60	0	[...]	-7520 $	0 $	0 $	0$	G60–I60
61	1	[...]	9240 $	G57	H61*G46/2	(G61–I61)*G45	G61–I61
62	2	[...]	9240 $	H61–I61	H62*G46	(G62–I62)*G45	G62–I62
63	3	[...]	9240 $	H62–I62	H63*G46	(G63–I63)*G45	G63–I63
64	4	[...]	9240 $	H63–I63	H64*G46	(G64–I64)*G45	G64–I64
65	5	[...]	1815 $	H64–I64	H65*G46	(G65–I65)*G45	G65–I65
66	6	[...]	1815 $	H65–I65	H66*G46	(G66–I66)*G45	G66–I66
67	7	[...]	1815 $	H66–I66	H67*G46	(G67–I67)*G45	G67–I67
68	8	[...]	1815 $	H67–I67	H68*G46	(G68–I68)*G45	G68–I68
69	T_{ri} avant impôt	[...]	118,49 %				
70	T_{ri} après impôt	[...]	@IRR (0,25, K60..K68)				

Le chiffrier calcule les formules du chiffrier 12 et en affiche les résultats présentés au chiffrier 13.

Chiffrier 13 (ex. 10.12)

	A		G	H	I	J	K
59	Année	[...]	Flux monétaire	Solde non amorti	D_{pa}	Impôt	Flux monétaire net
60	0	[...]	-7520 $	0 $	0 $	0 $	-7520 $
61	1	[...]	9240 $	37 600 $	752 $	3395 $	5845 $
62	2	[...]	9240 $	36 848 $	1474 $	3106 $	6134 $
63	3	[...]	9240 $	35 374 $	1415 $	3130 $	6110 $
64	4	[...]	9240 $	33 959 $	1358 $	3153 $	6087 $
65	5	[...]	1815 $	32 601 $	1304 $	204 $	1611 $
66	6	[...]	1815 $	31 297 $	1252 $	225 $	1590 $
67	7	[...]	1815 $	30 045 $	1202 $	245 $	1570 $
68	8	[...]	1815 $	28 843 $	1154 $	265 $	1550 $
69	T_{ri} avant impôt	[...]	118,49 %				
70	T_{ri} après impôt	[...]	72,81 %				

Chiffrier 14 (ex. 10.12)

	A	[...]	G	H	I	J	K
59	Année	[...]	Flux monétaire	Solde non amorti	D_{pa}	Impôt	Flux monétaire net
60	0	[...]	-7520 $	0 $	0 $	0 $	-7520 $
61	1	[...]	9240 $	37 600 $	3760 $	2192 $	7048 $
62	2	[...]	9240 $	33 840 $	6768 $	989 $	8251 $
63	3	[...]	9240 $	27 072 $	5414 $	1530 $	7710 $
64	4	[...]	9240 $	21 658 $	4332 $	1963 $	7277 $
65	5	[...]	1815 $	17 326 $	3465 $	0 $	1815 $
66	6	[...]	1815 $	13 861 $	2772 $	0 $	1815 $
67	7	[...]	1815 $	11 089 $	2218 $	0 $	1815 $
68	8	[...]	1815 $	8871 $	1774 $	16 $	1799 $
69	T_{ri} avant impôt	[...]	118,49 %				
70	T_{ri} après impôt	[...]	94,02 %				

On peut supposer maintenant que le système de chauffage est admissible à une déduction D_{pa} de 20 % calculée sur le solde résiduel. Une fois le chiffrier complété, il suffit d'entrer la nouvelle valeur de d à la cellule G46 du chiffrier 11. Le chiffrier reprend tous les calculs et en affiche les résultats au chiffrier 14.

10.4 ÉCONO.XLS

Écono.xls est un logiciel interactif d'analyse économique qui n'exige aucune programmation de la part des étudiants ou des ingénieurs. Il s'agit d'un outil d'aide à la décision qui permet de systématiser et d'accélérer les calculs obtenus au moyen des méthodes d'évaluation économique présentées dans ce manuel. À l'aide de ce logiciel, il est possible de tracer les graphiques du point mort ainsi que du bénéfice net-volume de chacune des options étudiées.

Le menu présente sous forme de modules la feuille de travail principale et les méthodes d'évaluation que le programme Écono.xls permet d'utiliser. Pour accéder au fichier Écono.xls, il faut posséder le système d'exploitation Windows 3.1 ou Windows 95 et le chiffrier électronique Excel. Aucun mot de passe n'est requis. À partir du menu principal, on peut effectuer un choix parmi les options ou modules indiqués et naviguer d'une option à l'autre ou d'un module à l'autre.

Il est nécessaire d'enregistrer toutes les données de base d'un problème dans la feuille de travail principale, puis de les sauvegarder sur une disquette en choisissant l'option «Enregistrer sous». Le tableau 10.2 énumère les données de base requises pour l'utilisation de la feuille de travail principale d'Écono.xls. Une fois les données sauvegardées, on est en mesure de visualiser et d'imprimer les résultats obtenus pour chacun des problèmes étudiés, et ce à partir des différentes méthodes d'évaluation économiques disponibles.

Tableau 10.2 Données de base requises pour l'utilisation de la feuille de travail principale d'Écono.xls

1. Les débours d'investissement regroupés dans les catégories suivantes:
   a) bâtiments;
   b) terrains;
   c) matériel informatique et roulant, mobilier et équipement.
2. Leurs valeurs résiduelles respectives.
3. La durée d'étude du projet (durée maximale: 10 ans).
4. Le taux d'imposition.
5. Le taux d'actualisation.
6. Les revenus annuels.
7. Les dépenses annuelles d'exploitation.
8. Les coûts fixes annuels autres que l'amortissement.
9. Les coûts annuels économisés.

Il est à noter que les calculs de déduction pour amortissement se font automatiquement; toutefois, l'utilisateur peut modifier les taux de déduction pour amortissement auxquels il a accès dans cette section de la feuille de travail. Par ailleurs, il doit inscrire ses données sur les parties jaunes de la feuille de travail. Soulignons que le logiciel donne la possibilité de procéder à l'analyse différentielle de plusieurs projets. Le tableau 10.3 résume les procédures d'utilisation d'Écono.xls pour ceux qui ne disposent pas de Windows 95.

Tableau 10.3 Procédures d'utilisation d'Écono.xls avec Windows 3.1

1. Démarrer le système d'exploitation Windows (Win).
2. Appeler la commande de programme pour le logiciel Excel.
3. Choisir le fichier Écono.xls pour avoir accès à la feuille de travail.
4. Entrer dans l'option «Outils». Choisir premièrement «Options» et deuxièmement «Onglets de classeur».
5. Sélectionner l'option «Feuill» et entrer les données du problème.
6. Visualiser les résultats en choisissant le menu correspondant.

10.5 ANALYSE DE SENSIBILITÉ

L'analyse économique de tout projet repose sur des estimations et comporte donc des éléments d'incertitude. Il importe que les décideurs connaissent les conséquences des changements prévisibles dans les valeurs des variables utilisées pour effectuer les calculs de la valeur V_{an}, du taux T_{ri}, des coûts $C_{aé}$ ou de toute autre méthode servant à évaluer la rentabilité des projets. L'analyse de sensibilité consiste à mesurer et à analyser les conséquences, sur la rentabilité d'un projet, d'un changement dans les valeurs des variables d'un projet, par rapport aux estimations initiales. La modification de la valeur d'une variable n'entraîne pas toujours une révision de la recommandation initiale. Toutefois, le contraire se produit également et il arrive que le changement de valeur d'une seule variable modifie de façon marquée la rentabilité d'un projet et renverse même la décision d'accepter le projet. Dans ce cas, on dit que la décision à prendre est sensible à l'incertitude relative à cette variable.

L'analyse de sensibilité exige des calculs répétés à partir de diverses valeurs pour chacune des variables considérées dans le calcul initial de rentabilité. Le chiffrier électronique devient alors un outil indispensable. L'ingénieur qui fait une analyse de sensibilité à l'aide du chiffrier électronique peut facilement étudier ce qui se produira advenant que les prévisions initiales tirées de l'analyse de rentabilité du projet se réalisent ou non. Ainsi, il peut ajouter à ces prévisions, considérées comme le scénario le plus probable, des prévisions pessimistes et des prévisions optimistes. Cette méthode permet de dégager les points forts et les points faibles d'un projet. Il suffit alors d'analyser la valeur V_{an}, le taux T_{ri} ou les coûts $C_{aé}$ d'un projet selon ces 3 scénarios. En pratique, le scénario pessimiste et le scénario optimiste pourront varier de 10 % à 20 % par rapport au scénario le plus probable.

Considérons à nouveau le projet de remplacement du système de chauffage. On peut se demander quel effet aurait, sur la rentabilité du projet, une augmentation du pourcentage des coûts payés par le client d'Hydro-Québec, qui passerait de 20 % à 50 %. Également, on pourrait se demander ce que deviendrait la rentabilité du projet si le temps de fonctionnement était plus long, soit de 3000 heures par année au lieu de 2250 heures. Un chiffrier peut effectuer les calculs liés à ces différentes hypothèses en une fraction de seconde, sans erreur de calcul! De plus, si la structure du programme est adéquate, il suffit de changer la valeur d'une variable à un seul endroit et toujours dans la section des données. L'exemple 10.13 illustre l'analyse de sensibilité dans l'évaluation de la rentabilité d'un projet.

Exemple 10.13 *Analyse de sensibilité dans l'évaluation de la rentabilité d'un projet*

Un projet exige des débours d'investissement de 60 000 $ et a une durée de vie prévue de 6 ans ainsi qu'une valeur résiduelle de 15 000 $. Les bénéfices annuels anticipés sous forme d'économie de coûts sont de 27 000 $ par année. Les débours annuels additionnels sont estimés à 12 000 $. Le taux T_{rm} est de 10 % et l'effet de l'impôt a été considéré dans les coûts du projet. Si on calcule la valeur V_{an} de ce projet, on a:

$$\begin{aligned} V_{an} &= -60\,000 + (27\,000 - 12\,000) \times 4{,}355 + 15\,000 \times 0{,}5645 \\ &= 13\,792\ \$ \end{aligned}$$

Quels sont les effets d'une variation de ± 10 % de chacune des variables du projet?

Solution

Une analyse de sensibilité nous permet d'obtenir les résultats présentés au tableau 10.4.

Tableau 10.4 (ex. 10.13) Analyse de sensibilité de toutes les variables du projet

Variables	Variation de la variable (%)	Variation de la valeur V_{an} ($)	(%)
Débours d'investissement	±10	± 6 000	44
Valeur résiduelle	±10	± 846	6
Recettes additionnelles	±10	±11 757	85
Débours additionnels	±10	± 5 226	38
Taux T_{rm}	±10	- 2 322	17
		+ 2 442	18
Durée de vie	±10	+ 4 236	31
		- 4 485	33

En examinant les effets d'une variation de ± 10 % de chacune des variables du projet sur la valeur V_{an}, on constate que celle-ci est peu sensible à une variation du taux T_{rm} et de la valeur résiduelle, mais qu'elle l'est à une variation de la durée de vie du projet, des recettes additionnelles et des débours.

L'analyse de sensibilité comporte certaines limites. En effet, même si elle permet d'identifier la variable à laquelle la rentabilité d'un projet est la plus sensible, elle ne tient pas compte de l'interaction qui peut exister entre les variables. C'est pourquoi il peut être nécessaire d'examiner les effets des variations simultanées de plusieurs variables. De plus, elle n'indique pas la probabilité des variations considérées pour chacune des variables étudiées.

CONCLUSION

Nous avons présenté dans ce chapitre 2 outils très utiles pour les études de rentabilité, soit le chiffrier électronique et l'analyse de sensibilité. Dans le cas du chiffrier électronique, notre objectif était de sensibiliser les ingénieurs à cet outil devenu indispensable. Nous n'avons présenté que quelques aspects de ce type de logiciel; toutefois, une exploration rapide en démontrerait toute la puissance et la flexibilité. Quant à l'analyse de sensibilité, elle apporte une aide précieuse au décideur en lui permettant d'intégrer à une analyse traditionnelle de rentabilité de projet 3 niveaux de prévisions pour chacune des variables significatives du projet.

QUESTIONS

1. Qu'est-ce qu'un chiffrier électronique?
2. Quel est le principal avantage à utiliser un chiffrier électronique?
3. Qu'est-ce qu'une cellule dans un chiffrier électronique?
4. Comment peut-on se déplacer dans un chiffrier?
5. Expliquer le rôle de la commande *copy*.
6. Expliquer le rôle de la commande *file*.
7. Quelles sont les 5 principales fonctions financières du chiffrier *LOTUS 1-2-3*?
8. Quelles sont les 3 sections d'un programme d'utilisation du chiffrier bien structuré?
9. Qu'est-ce que l'analyse de sensibilité, dans un contexte d'analyse économique d'un projet?
10. Quelles sont les limites de l'analyse de sensibilité dans un tel contexte?

PROBLÈMES

1. Reprendre le problème 11 du chapitre 9 sur la vinaigrette «Fleur de mai» et établir les effets, sur la valeur V_{an} du projet, d'une variation de ± 10 % des variables suivantes:
   - débours d'investissement;
   - recettes annuelles nettes;
   - durée de vie du projet;
   - taux T_{rm} après impôt.

On demande:

a) de calculer la valeur V_{an} du projet en faisant varier séparément les 4 variables;

b) d'indiquer les 2 variables les plus significatives pour la rentabilité du projet «Fleur de mai».

2. Étudier à nouveau la rentabilité du projet de mise en marché et de fabrication d'un filtre électronique qui constitue le problème 3 du chapitre 8. L'agrandissement de l'usine est sujet à une déduction D_{pa} d'un taux d de 4 %, calculée sur le solde résiduel et l'équipement est sujet à une déduction D_{pa} d'un taux d de 20 %, calculée sur le solde résiduel.

On demande:

de calculer la valeur V_{an} du projet avec un taux T_{rm} de 10 %, en utilisant successivement les taux T_I de 20 % et de 50 %.

3. Le directeur d'une usine vous remet les données d'un projet d'acquisition d'un robot d'une durée de vie de 10 ans. Les coûts d'achat, d'installation et de programmation du robot sont estimés à 800 000 $ et ses coûts d'entretien et d'exploitation sont estimés à 100 000 $ par année. Les bénéfices annuels anticipés sont évalués initialement à 300 000 $. Il s'agit là du scénario le plus probable de ce projet. Un examen attentif des plans et des devis préparés pour ce projet vous permet de croire que les prévisions initiales peuvent varier de la façon suivante: les coûts d'achat, d'installation et de programmation du robot, de ± 100 000 $; les coûts d'entretien et d'exploitation, de ± 15 000 $; les bénéfices annuels, de ± 50 000 $. Le taux T_{rm} est de 10 %.

On demande:

a) d'établir la valeur V_{an} du projet en supposant que le scénario le plus pessimiste se produit;
b) d'établir la valeur V_{an} du projet en supposant que le scénario le plus optimiste se produit;
c) d'établir le montant maximal à investir dans ce projet en supposant que les coûts de programmation du robot ont été sous-estimés et qu'on désire réaliser un taux T_{ri} de 10 % sur ce projet. Vos calculs devront tenir compte des prévisions les plus probables pour les coûts d'entretien et d'exploitation ainsi que pour les bénéfices.

4. M. Boisvert veut convertir son système de chauffage au mazout soit en un système à l'électricité, soit en un système au gaz naturel. Une analyse économique du projet révèle les résultats suivants:

	Système de chauffage	
	à l'électricité	**au gaz naturel**
Bénéfices annuels nets	700 $	1000 $
Débours d'investissement	5200 $	4000 $
Durée de vie	20 ans	20 ans
Valeur résiduelle	0	0
Taux T_{rm}	12 %	12 %
V_{an}	28 $	3469 $

On demande:

a) de déterminer l'option la plus sensible à une variation de ± 10 % de chacune des variables du calcul de rentabilité;
b) d'identifier la variable la plus significative dans la rentabilité des 2 options.

Pour faciliter les calculs, on peut arrondir à 1 % le taux T_{rm}.

5. Le directeur des projets d'une entreprise de fabrication veut lancer un nouveau produit appelé «Innovateck» et a obtenu des prévisions économiques des services de production et de mise en marché, présentées au tableau 10.5. Le cycle de vie de «Innovateck» est de 5 ans, après quoi ce produit deviendra désuet. Le taux T_{rm} après impôt est de 10 %. Le taux T_I est de 50 %. Toutes les prévisions obtenues constituent le scénario le plus probable.

On demande:

a) d'établir la rentabilité du projet, à partir de sa valeur V_{an};
b) d'évaluer l'impact, sur la valeur V_{an}, de chacune des variations suivantes:
   - baisse de 10 % du prix de vente unitaire;
   - baisse de 10 % du nombre d'unités vendues;
   - augmentation de 10 % du nombre d'unités vendues;
   - augmentation de 10 % des débours d'investissement;
   - augmentation de 10 % des coûts variables;
   - diminution de 10 % de la valeur résiduelle.

Tableau 10.5 (probl. 5) Données sur la production et la mise en marché du produit «Innovateck»

Coûts variables de production		
matières premières	0,75 $	
main-d'oeuvre directe	0,40	
frais généraux	0,35	
Total	1,50 $/unité	
Équipement de production		
coûts d'achat et d'installation		100 000,00 $
valeur résiduelle		diminution constante de 15 000 $/an
durée de vie		8 ans
déduction D_{pa}		20 %, calculée sur le solde résiduel
aucune autre utilisation possible de cet équipement de production		
Coûts de distribution		
coûts variables		0,70 $/unité
coûts fixes		20 000,00 $/an

Prévisions de vente

Année	Prix de vente ($/unité)	Nombre d'unités vendues
1	3,45	100 000
2	3,20	110 000
3	2,70	100 000
4	2,60	80 000
5	2,40	60 000

Chapitre

11

Coût global sur le cycle de vie d'un bien

INTRODUCTION

L'ingénieur responsable de proposer des projets doit s'assurer qu'il détient toutes les données sûres et précises nécessaires à l'estimation des coûts d'investissement, des coûts d'entretien, des coûts d'exploitation ainsi que des valeurs résiduelles de l'investissement à la fin de la période d'étude. Il doit également savoir quels facteurs influent sur ces coûts. De plus, dans le but de faire des choix éclairés, il doit connaître la façon dont les personnes engagées dans la réalisation d'un projet peuvent faire varier ces coûts au cours du cycle de vie des biens concernés par le projet. Le coût global sur le cycle de vie d'un bien permet à l'ingénieur de tenir compte systématiquement de tous les coûts d'un bien.

Dans ce chapitre, nous allons définir le coût global sur le cycle de vie d'un bien. Nous présenterons ensuite les 6 étapes d'une étude systématique du coût global, puis nous exposerons quelques méthodes d'estimation de ce coût ainsi que l'importance des économies d'énergie dans le coût global d'un projet de construction de bâtiments. Nous verrons également l'importance du coût global lors d'achats par appel d'offres. Finalement, nous examinerons la répartition des responsabilités dans la gestion d'un système du coût global sur le cycle de vie d'un bien.

11.1 DÉFINITION

Le coût global sur le cycle de vie d'un bien est l'ensemble de tous les coûts liés à un bien, depuis son acquisition jusqu'à sa mise au rancart. Il prend en considération, et ce de façon systématique, les coûts autres que les coûts d'acquisition qu'on pourrait négliger dans une première analyse de même que les coûts d'acquisition. En effet, lorsqu'on s'attarde uniquement aux coûts d'acquisition d'un bien, on peut rejeter des options qui sont en réalité plus rentables que l'option retenue une fois considérées les dépenses encourues pendant la durée de vie totale du bien.

Ce concept s'avère particulièrement pertinent pour évaluer les types de projet suivants:

- la conservation d'énergie;
- la construction ou la rénovation d'immeubles;
- l'acquisition de véhicules ou de matériel roulant;
- l'acquisition ou le remplacement d'équipements.

En effet, dans ces types de projet, les coûts élevés de la main-d'oeuvre et de l'énergie rendent nécessaire le calcul du coût global. Plusieurs législations américaines l'exigent lors des appels d'offres et le gouvernement canadien est de plus en plus sensibilisé à cette méthode. Le coût global permet de justifier l'achat d'un produit de haute qualité et nécessitant des débours d'investissement élevés parce qu'il met en évidence ses bénéfices à long terme.

L'acheteur qui évalue et compare des biens à l'aide du coût global doit considérer les aspects suivants:

- les conditions d'exploitation du bien;
- le taux d'utilisation du bien;
- le taux d'actualisation utilisé dans l'entreprise;
- la durée d'étude;
- la durée de vie du bien.

Quatre éléments constituent le coût global:

- les coûts d'investissement;
- les coûts d'entretien et d'exploitation;
- les coûts de remplacement des composantes;
- la valeur résiduelle.

L'exemple 11.1 illustre l'importance de considérer les coûts sur toute la durée de vie du bien.

Exemple 11.1 *Importance du coût global dans l'achat d'équipements*

Le service des achats d'une entreprise doit comparer les coûts de 2 équipements X et Y retenus par le service de production et en recommander un. La durée de vie des équipements est de 5 ans. Le tableau 11.1 présente les éléments considérés dans le coût global de chacun des équipements.

Les données du tableau 11.1 permettent de réaliser que, bien que l'équipement Y comporte des coûts d'investissement beaucoup plus élevés que ceux de l'équipement X, son coût global est moindre. C'est pourquoi les entreprises ont la responsabilité d'évaluer le coût global sur le cycle de vie dans leurs démarches d'acquisition d'équipements, de véhicules et de bâtiments.

Tableau 11.1 (ex. 11.1) Coût global des équipements X et Y

	Équipement X	**Équipement Y**
Coûts d'investissement	30 000 $	50 000 $
Coûts d'entretien et d'exploitation	9 500 $	3 500 $
Coûts de consommation d'énergie	7 500 $	4 000 $
Valeur résiduelle	7 500 $	15 000 $
Coût global non actualisé	107 500 $	72 500 $
Coût global actualisé (i = 12 %)	87 030 $	68 526 $

Plusieurs groupes de personnes exercent une influence sur le coût global d'un bien à acquérir. On peut classer les groupes d'influence en fonction de l'importance des effets de leurs choix sur le coût global d'un bien (fig. 11.1).

L'acheteur d'un bien est la personne qui a le plus d'influence sur le coût global. L'architecte et l'ingénieur viennent en seconde place. Leur influence vient des décisions qu'ils prennent lors de la conception et de la réalisation du bien. En troisième position, on retrouve le fabricant ou l'entrepreneur, qui joue un rôle sur la valeur du coût global par les choix qu'il fait au

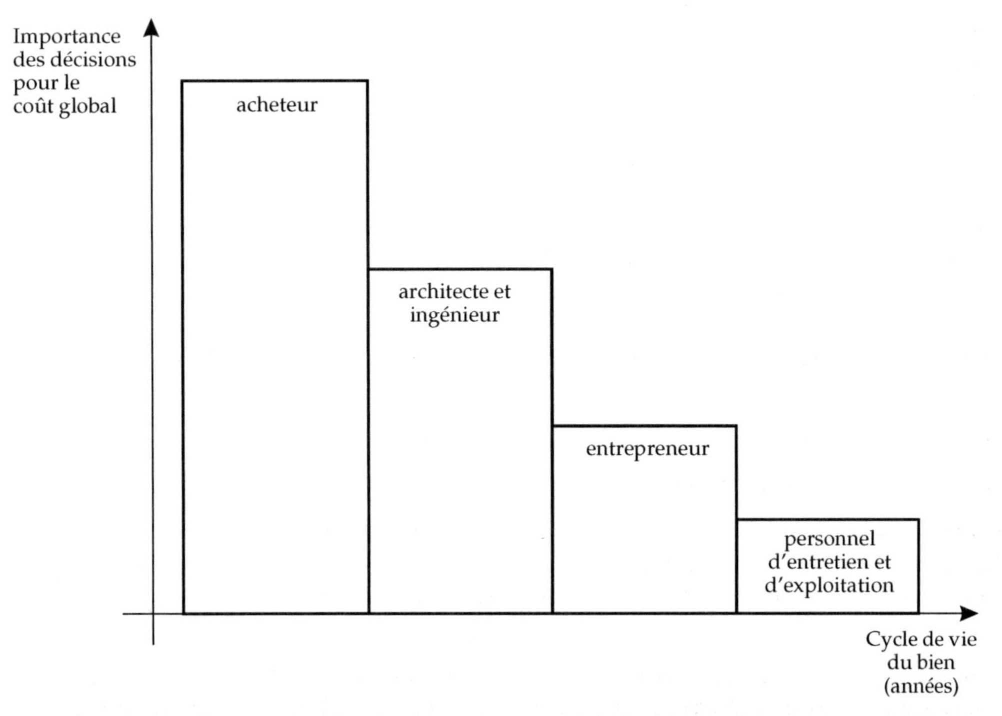

Figure 11.1 Influence des décideurs sur le coût global. Adapté de A. J. DELL'ISOLA, *Value Engineering in the Construction Industry*, Construction Publishing Company Inc., New York.

cours de la fabrication d'un produit ou de la construction d'un bâtiment. Finalement, le personnel d'entretien et d'exploitation exerce une certaine influence sur le coût global d'un bien lors de son utilisation et de son entretien.

11.2 ÉTUDE SYSTÉMATIQUE DU COÛT GLOBAL

L'étude du coût global d'un bien exige qu'on suive une procédure systématique que nous avons divisée en 6 étapes (fig. 11.2).

11.2.1 Étape 1: Définition des objectifs, des fonctions et du contexte d'utilisation

L'étape 1 consiste à déterminer les objectifs poursuivis, les fonctions recherchées et le contexte d'utilisation du bien qui fait l'objet d'un projet. Dans le cas d'un immeuble, on doit définir sa fonction. Est-ce un immeuble résidentiel, commercial, industriel ou gouvernemental? Au besoin, on doit distinguer l'utilisation de chaque partie de l'immeuble. On détermine également sa surface et son volume. Dans le cas d'un équipement, il faut en établir les fonctions et le contexte dans lequel on l'utilisera.

11.2.2 Étape 2: Calcul du taux d'utilisation

Les responsables de l'étude du coût global doivent ensuite établir le taux d'utilisation de l'équipement ou de l'immeuble dont on envisage l'acquisition. Dans le cas d'un équipement, on établit le nombre de quarts de travail pendant lesquels le bien sera utilisé ainsi que son nombre d'heures de fonctionnement par année. Dans le cas d'un véhicule, il faut indiquer le nombre de kilomètres qu'il parcourra chaque année. Enfin, la conception des plans et devis d'un immeuble doit prendre en considération les horaires d'utilisation des locaux et les températures à y maintenir.

11.2.3 Étape 3: Identification des coûts annuels d'entretien et d'exploitation

L'étape 3 consiste à identifier les coûts annuels d'entretien et d'exploitation durant la durée de vie du bien. Les coûts les plus importants sont les suivants:

- le chauffage;
- l'énergie;
- l'entretien et les réparations: en particulier le temps moyen entre les réparations et le temps moyen de réparation;
- les taxes foncières;
- l'amortissement;
- les assurances.

11.2.4 Étape 4: Calcul des coûts

Par la suite, on procède au calcul des coûts pertinents de chaque option. Il est essentiel que les plans et devis initiaux du bien à construire ou à acquérir aient été préparés avant d'entreprendre cette étape. Pour les projets de construction d'un immeuble, on doit estimer les coûts par composantes pour pouvoir les comparer aux coûts des solutions de remplacement identifiées lors de la conception du bien.

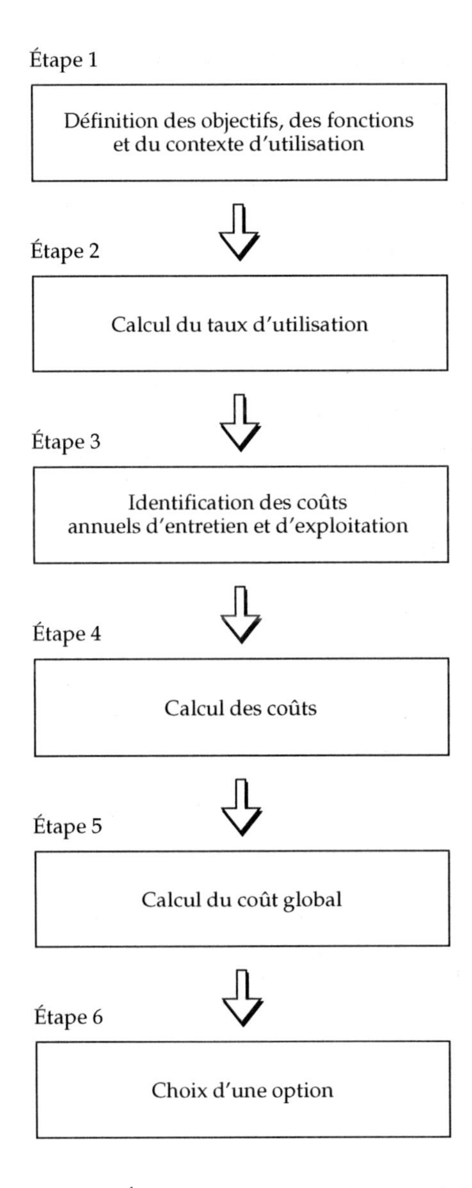

Figure 11.2 Étude systématique du coût global.

On estime tous les coûts en fonction des prix courants des matériaux et de la main-d'oeuvre. Comme source de données, on peut utiliser les registres historiques et les publications spécialisées. Finalement, on évalue l'inflation sur les coûts d'entretien, d'exploitation et de remplacement des investissements d'un projet.

11.2.5 Étape 5: Calcul du coût global

On calcule ensuite le coût global actualisé de chaque option étudiée. Il suffit alors d'additionner tous les coûts actualisés et d'en soustraire la valeur V_a de la valeur $V_{rés}$.

11.2.6 Étape 6: Choix d'une option

Pour compléter l'étude, on compare les coûts globaux de toutes les options et on identifie l'option dont le coût global est le plus bas.

Le coût global est un facteur important dans le choix d'une option, mais ce n'est pas le seul. D'autres facteurs tels que le risque, les changements technologiques anticipés, l'effet sur l'environnement ou encore la santé et la sécurité des utilisateurs du bien pourront influer sur l'option retenue par les décideurs.

11.3 QUATRE MÉTHODES D'ESTIMATION DU COÛT GLOBAL

11.3.1 Estimation des principaux éléments de coûts

On peut établir les quantités et les différents types de matériaux à partir des *registres historiques* de coûts, en particulier du système d'information comptable, ou à partir des plans et devis préparés spécifiquement pour un projet. On obtient les coûts des matériaux de fournisseurs reconnus pour la qualité de leurs produits et le respect des délais de livraison.

Divers indices de coûts peuvent servir de source de données. Ainsi, pour les projets de construction, on peut utiliser les systèmes de prix de revient *Uniformat* et *Yardstick* (art. 11.3.2). De plus, Statistique Canada publie des données à ce sujet.

Les coûts de la main-d'oeuvre varient en fonction de la spécialité, de la disponibilité et du temps requis pour réaliser le travail. Il existe des temps standard pour les tâches bien connues, à caractère répétitif. Enfin, les coûts de la main-d'oeuvre doivent comprendre les coûts des avantages sociaux.

Les coûts d'entretien et de réparations regroupent toutes les dépenses nécessaires pour conserver un bien en état de bon fonctionnement et pour le réparer lorsqu'il est défectueux. Ils comprennent les coûts d'inspection et les coûts de remplacement des composantes. Ces coûts augmentent avec l'âge du bien.

On calcule les taxes et les assurances à partir d'un pourcentage des coûts d'achat du bien, ce qui résulte en un montant qui demeure constant au cours de la durée du projet.

11.3.2 Systèmes de prix de revient en construction

Deux des principaux systèmes de prix de revient utilisés pour estimer les coûts de construction d'immeubles sont *Uniformat* et *Yardstick*. Ils permettent de regrouper les coûts en des catégories indépendantes qui peuvent faire l'objet de décisions séparées. Le système *Uniformat* a été développé par les services généraux d'administration du gouvernement américain et l'institut américain des architectes. Voici les 12 catégories du système *Uniformat*:

- les fondations;
- l'infrastructure;

- la charpente;
- le revêtement extérieur;
- la toiture;
- la construction intérieure;
- les systèmes de transport;
- les systèmes mécaniques;
- les systèmes électriques;
- le général;
- l'équipement;
- le site.

Le système *Yardstick for Costing* est un système canadien portant sur les coûts dans l'industrie de la construction et basé sur les données de 7 principales villes canadiennes, dont Montréal. Il comporte 11 catégories:

- l'infrastructure: fondations, excavation;
- la charpente: étages, toiture;
- le revêtement extérieur: murs, fenêtres, entrées, vitrines;
- les cloisons et portes intérieures;
- les circulations verticales: escaliers, élévateurs;
- les finis intérieurs: planchers, plafonds, murs;
- les accessoires et équipements;
- les services: électricité, plomberie, chauffage, climatisation;
- les aménagements extérieurs;
- les frais généraux et les bénéfices: frais de chantier;
- les contingences.

11.3.3 Analyse de la valeur

L'analyse de la valeur permet de réaliser les objectifs de la méthode du coût global sur le cycle de vie d'un bien. Il s'agit d'une technique d'analyse systématique qui vise à obtenir la meilleure valeur d'un bien pour chaque dollar dépensé pour son acquisition et son utilisation. La technique permet d'éliminer toutes les composantes d'un bien qui en augmentent les coûts sans en augmenter la valeur.

Pour faire une analyse de la valeur, on recherche premièrement des substituts aux composantes d'un système, d'un bâtiment ou d'un équipement. Deuxièmement, on remet en question la valeur de toutes les fonctions du bien. La valeur d'un bien se mesure par ce qu'il apporte à ses utilisateurs. Troisièmement, on pondère la valeur de chaque fonction d'un bien relativement à l'ensemble de ses fonctions. Cette démarche permet d'identifier les fonctions essentielles et les fonctions secondaires d'un bien.

L'analyse de la valeur sert soit à augmenter la valeur des fonctions d'un système, d'un bâtiment ou d'un équipement tout en maintenant ses coûts les plus bas possible, soit à maintenir la valeur des fonctions du bien à un niveau minimal et à en réduire les coûts.

11.3.4 Économies d'énergie et coût global d'un projet de construction

Dès le début de la conception d'un bâtiment, on doit chercher à identifier des façons de réaliser des économies d'énergie. En effet, les coûts de consommation d'énergie représentent une part importante du coût global sur le cycle de vie des bâtiments. Plusieurs techniques de construction, bien qu'elles occasionnent des débours d'investissement additionnels, permettent de réduire le coût global d'un immeuble, par exemple:

- l'installation d'un vitrage double au lieu d'un vitrage simple dans les fenêtres;
- l'augmentation de l'épaisseur d'isolation d'un toit ou d'un mur;
- le choix d'un système de chauffage solaire au lieu d'un système traditionnel.

Ces différentes techniques réduisent les pertes de chaleur par le toit, les murs et les fenêtres. Elles permettent donc de réaliser des économies d'énergie et de diminuer considérablement les coûts du chauffage. La décision d'investir des montants additionnels au moment de l'exécution de ces travaux dépend de la valeur des économies d'énergie qu'ils permettront de réaliser. Pour arriver à quantifier ces économies, l'analyste doit connaître quelques concepts de base de thermodynamique que nous abordons sommairement ici.

Pouvoir calorifique. Les 2 unités de mesure de l'énergie calorifique utilisées en Amérique sont le Btu (*British Thermal Unit*) et le joule. Le Btu est la quantité de chaleur nécessaire pour faire monter la température d'une livre d'eau de 1 °F. Le joule est la quantité de chaleur correspondant au travail d'une force de un newton se déplaçant de un mètre dans sa direction. Au Québec, la plupart des unités d'énergie sont exprimées en joules. On continue toutefois à mesurer l'énergie électrique en kilowatt-heure bien qu'on puisse également employer le mégajoule. Ces 2 unités de mesure servent à évaluer le contenu calorifique d'une source d'énergie. À titre d'exemple, le tableau 11.2 présente le rendement de certaines sources d'énergie et quelques équivalences calorifiques.

Résistance thermique. La résistance thermique est la résistance qu'offre un matériau au transfert de chaleur. La Division des recherches sur le bâtiment du Conseil national de recherche du Canada publie des données sur la résistance thermique des matériaux de construction en usage au Canada.

Tableau 11.2 Pouvoir calorifique de sources d'énergie et équivalences calorifiques

Électricité	=	3 413 Btu/kW·h
Gaz naturel	=	1 000 Btu/pi^3
Mazout n° 2	=	168 000 Btu/gallon
Mazout n° 5	=	180 000 Btu/gallon
1 cheval-vapeur	=	0,746 kW·h
1 kilojoule	=	0,948 Btu
1 mégajoule	=	0,278 kW·h

Demande d'énergie. La demande d'énergie d'un immeuble se mesure en degrés-jours de chauffage. On mesure la différence en degrés Celsius entre 18 °C et la température moyenne de la journée lorsqu'elle se situe sous 18 °C.

Rendement d'un système de chauffage. Il est nécessaire d'évaluer l'efficacité des systèmes de chauffage ou de climatisation. Des guides fournissent des données sur le rendement énergétique de ces systèmes. On peut calculer à partir de l'équation suivante les coûts de consommation d'énergie d'un système ou d'un matériau:

$$\begin{pmatrix}\text{consommation de}\\ \text{combustible ou}\\ \text{d'électricité}\end{pmatrix} = \frac{\text{demande d'énergie}}{\begin{matrix}\text{résistance}\\ \text{thermique}\end{matrix} \times \begin{matrix}\text{pouvoir de la}\\ \text{source d'énergie}\end{matrix} \times \begin{matrix}\text{rendement du combustible}\\ \text{ou de l'électricité}\end{matrix}}$$

On obtient les coûts de l'énergie en multipliant la consommation de combustible ou d'électricité par le prix unitaire de la source d'énergie.

Résistance thermique optimale. Dans le but de réaliser des économies d'énergie, il faut déterminer l'épaisseur optimale d'isolant qui permet de minimiser les coûts totaux de consommation annuelle de combustible ou d'électricité et les débours d'investissement en matériau isolant. La figure 11.3 illustre cette relation.

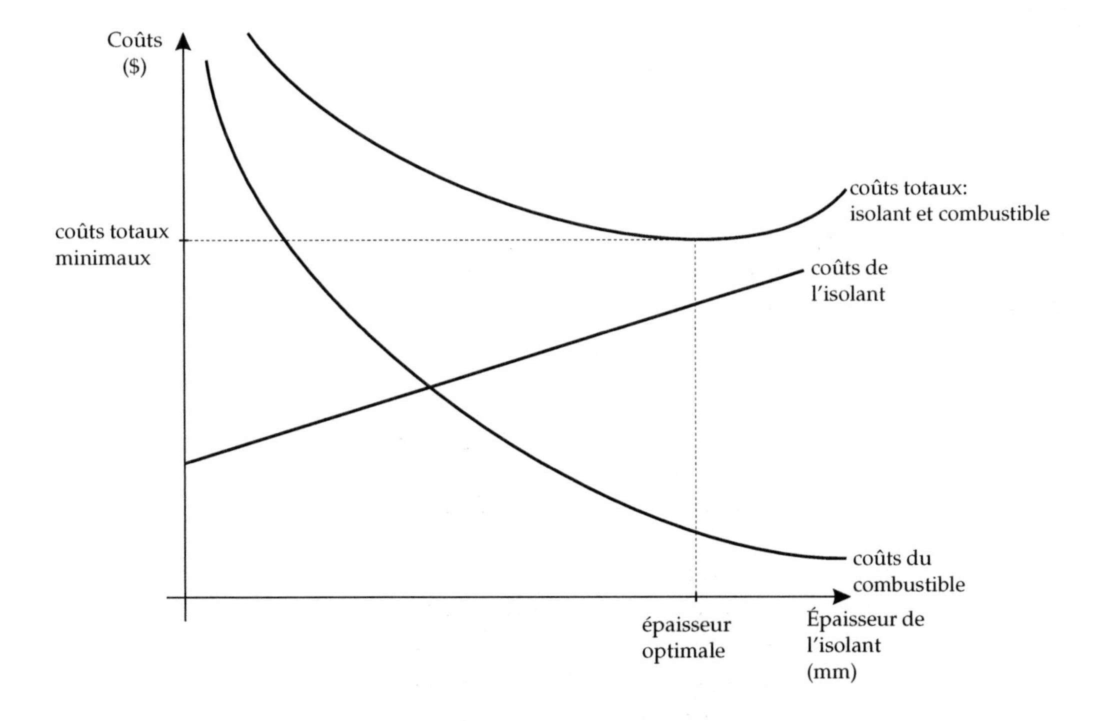

Figure 11.3 Résistance thermique optimale.

11.4 COÛT GLOBAL ET ACHATS PAR APPEL D'OFFRES

Les entreprises du secteur public ne peuvent acheter de biens d'importance sans procéder par appel d'offres. Plusieurs entreprises du secteur privé fonctionnent également de cette façon. Elles doivent alors comparer chaque soumission reçue sur la base du coût global sur le cycle de vie du bien, qui est difficile à établir dans le cas des équipements et des produits. En effet, il peut être difficile d'estimer les coûts d'entretien et d'exploitation de même que la durée de vie du bien. Il existe 3 façons d'évaluer ces éléments du coût global.

Premièrement, l'acheteur peut effectuer lui-même des tests sur les biens. Il doit conserver les résultats de ces tests puisqu'ils pourront éventuellement servir devant les tribunaux. Les coûts administratifs de cette méthode sont élevés. En effet, il faut réaliser les tests selon des règles précises, ce qui nécessite du personnel, des équipements et des locaux appropriés. En outre, pour certains produits, les tests peuvent s'étendre sur une longue période.

Deuxièmement, l'acheteur peut exiger des soumissionnaires qu'ils estiment eux-mêmes la durée de vie et les coûts d'entretien et d'exploitation des biens et qu'ils les garantissent par contrat. Cependant, plusieurs fournisseurs n'ont pas les ressources pour le faire ou jugent qu'il n'est pas essentiel de le faire. Si un fournisseur se plie à cette exigence, l'acheteur devra payer le coût de ces garanties par un prix d'achat plus élevé. Par ailleurs, le fait d'utiliser des données sur l'efficacité des matériaux et des équipements établies par les associations de fabricants comporte des risques de contestation devant les tribunaux.

Troisièmement, l'acheteur peut utiliser des données établies par les gouvernements. Il s'agit de résultats de tests effectués sur des équipements tels que des réfrigérateurs, des congélateurs, des systèmes de climatisation, des humidificateurs, des cuisinières, des appareils de télévision et des systèmes de chauffage. Les résultats de ces tests sont publiés. Par exemple, Transports Canada publie régulièrement les taux de consommation d'essence des véhicules légers vendus au Canada.

11.5 GESTION D'UN SYSTÈME DE COÛT GLOBAL

Déterminer le coût global sur le cycle de vie d'un bien est une lourde tâche, habituellement répartie entre plusieurs services d'une entreprise, entre autres:

- le service de l'ingénierie;
- le service des achats;
- le service de la gestion des immeubles;
- le service des finances;
- le service de la gestion des équipements;
- le service de l'entretien;
- le service de la planification.

Cependant, il est souhaitable de centraliser la gestion d'un système de coût global. Le service responsable pourra préparer des formulaires détaillés et des sommaires pour guider les autres services dans cette démarche. Il verra à minimiser les erreurs dans les estimations, à mesurer l'effet de l'inflation sur le projet, à assurer une bonne utilisation des méthodes d'évaluation et à effectuer des analyses de sensibilité.

Dans la pratique, 4 groupes devraient participer à une étude de coût global:

- le service qui propose le projet. Il peut s'agir:
  - du service de la gestion des immeubles,
  - du service de la gestion de l'entretien et des réparations des immeubles,
  - du service de la gestion du parc d'équipements,
  - du service de la gestion du parc des véhicules,
  - du service de la gestion de la production;
- le service responsable des études techniques, souvent le service d'ingénierie;
- le service responsable des études économiques;
- le service responsable des achats et des approvisionnements.

Le service qui propose le projet prépare les plans et devis. Le service responsable des études techniques, souvent le service d'ingénierie, identifie et décrit les solutions techniquement faisables. Dans le cas de projets concernant des immeubles et des équipements, il détermine des options de remplacement pour les diverses composantes d'immeubles ou d'équipements. Il estime les coûts de chacune, en calcule le coût global et en propose une aux décideurs. Il prépare le calendrier d'exécution des travaux dans le cas des projets de construction ou de rénovation et en gère l'exécution.

Le service responsable des études économiques doit tenir à jour les données sur les coûts d'entretien, de construction et d'exploitation, fournir au service d'ingénierie les données sur les coûts et juger de la pertinence et de la valeur des calculs du coût global faits par le service d'ingénierie.

Le service responsable des achats et des approvisionnements assume quant à lui les tâches suivantes: préparer une liste des fournisseurs, obtenir des soumissions de la part des fournisseurs qualifiés, contribuer à estimer le coût global de chaque soumission. Le service des achats transmet aux fournisseurs les plans et devis ainsi que les descriptions d'équipements, de composantes ou de l'immeuble. Il doit obtenir de chaque fournisseur les données suivantes:

- les coûts d'achat et d'installation ou les coûts de construction;
- la durée de vie des biens;
- les coûts d'exploitation: personnel, énergie, etc.;
- les coûts d'entretien et de réparations, en particulier:
  - le temps moyen de réparation,
  - le temps moyen entre les réparations,
  - le temps d'arrêt pour les activités d'entretien préventif;
- les coûts de remplacement des pièces;
- le cycle d'entretien préventif.

Exemple 11.2 *Calcul du coût global*

Des experts en systèmes de climatisation et de ventilation ont participé à la préparation des devis pour un projet d'agrandissement d'un immeuble utilisé par un collège d'enseignement public. Ils ont proposé un système de climatisation et de ventilation de type «air-eau» d'une capacité de 12 tonnes. Ce travail a coûté 15 000 $ en honoraires professionnels. En tant qu'ingénieur responsable des équipements et des bâtiments du collège, vous avez préparé une estimation des coûts d'achat et d'exploitation du système proposé. Ces données sont présentées au tableau 11.3.

Tableau 11.3 (ex. 11.2) Coûts de 2 systèmes de climatisation et de ventilation

Système «air-eau»		Système «tout air»	
Coûts d'achat et d'installation	3 750 $ la tonne	Coûts d'achat et d'installation	2 950 $ la tonne
Coûts du moteur	4 275 $	Coûts d'installation d'une conduite principale d'air	5 000 $
Durée de vie du système	30 ans	Coûts des modifications des devis	7 600 $
Durée de vie du moteur	12 ans	Coûts du moteur	4 275 $
Coûts annuels d'entretien	2 350 $	Durée de vie du système	40 ans
Coûts annuels d'énergie	11 500 $	Durée de vie du moteur	12 ans
		Coûts annuels d'entretien	1 500 $
		Coûts annuels d'énergie	7 500 $
		Coûts de remplacement des ventilateurs tous les 15 ans	10 000 $

Après l'analyse de la valeur de ce système, vous avez identifié une autre possibilité. Il s'agit d'un système à volume d'air variable de type «tout air» de même capacité que le système proposé, soit 12 tonnes. On retrouve au tableau 11.3 les données relatives à ce système. Ce système peut accomplir les mêmes fonctions que le système «air-eau». Il peut s'installer aussi facilement que le premier. La durée d'utilisation de l'immeuble est estimée à 24 ans. Le taux T_{rm} est de 10 %.

Pour déterminer la valeur résiduelle du système, vous utilisez la méthode d'amortissement en ligne droite. Vous ignorez la valeur résiduelle des moteurs et des ventilateurs.

On demande:

d'évaluer chaque option à l'aide de la méthode de la valeur V_{an}.

Solution

Le tableau 11.4 présente les calculs de la valeur V_{an} de chaque système pour une durée d'étude de 24 ans.

Tableau 11.4 (ex. 11.2) Calculs de la valeur V_{an}

Système «air-eau»		**Système «tout air»**		
Coûts d'investissement		Coûts d'investissement		
système (12 × 3750)	45 000 $	système (12 × 2950)	35 400 $	
moteur	4 275	conduite d'air	5 000	
remplacement du moteur		conception du système	7 600	48 000 $
[4275 × F_{T2} (10 %, 12)]	1 362	moteurs		5 637
		remplacement des ventilateurs [10 000 × F_{T2} (10 %, 15)]		2 394
Coûts annuels		Coûts annuels		
entretien [2350 × F_{T4} (10 %, 24)]	21 115	entretien [1500 × F_{T4} (10 %, 24)]		13 478
énergie [11 500 × F_{T4} (10 %, 24)]	103 328	énergie [7500 × F_{T4} (10 %, 24)]		67 385
	175 080 $			136 894 $
Moins: valeur résiduelle [6/30 × 45 000 × F_{T2} (10 %, 24)] (9 000 $ × 0,1015)	914	Moins: valeur résiduelle [16/40 × 35 400 × F_{T2} (10 %, 24)] (14 160 $ × 0,1015)		1 437
Valeur V_{an}	174 166 $	Valeur V_{an}		135 457 $

Le système «tout air» a un coût global sur le cycle de vie de 38 709 $ inférieur à celui du système «air-eau». On devrait donc choisir le système «tout air» de préférence au système «air-eau» puisqu'il est moins coûteux, qu'il peut faire le même travail et peut s'installer aussi facilement.

CONCLUSION

Nous avons insisté dans ce chapitre sur l'importance de tenir compte de tous les coûts des projets d'acquisition et de rénovation d'équipements et d'immeubles, en particulier des coûts d'entretien et d'exploitation. Nous avons proposé une démarche systématique en 6 étapes pour y parvenir. Nous avons exploré 4 méthodes d'estimation du coût global et nous avons vu l'importance des économies d'énergie dans un projet de construction. Nous avons montré que les interventions de tous les groupes d'une entreprise engagés dans un système de coût global ont une importance qui varie suivant la durée de vie du bien. Ainsi, les interventions de l'acheteur sont très importantes au début, au moment de l'achat, alors que celles du personnel d'entretien et d'exploitation importent davantage à la fin, alors que le bien se détériore à l'usage. Finalement, nous avons exposé les responsabilités de chaque service d'une entreprise dans la gestion d'un système de coût global.

QUESTIONS

1. Définir le coût global sur le cycle de vie.
2. Nommer 2 types de projets où ce concept s'avère pertinent comme méthode d'évaluation.
3. Énumérer les éléments qui constituent le coût global.
4. Quel est le groupe de personnes qui a le plus d'influence sur le coût global d'un bien?
5. Décrire les 6 étapes de l'étude du coût global.
6. Quels sont les types de coûts annuels d'exploitation et d'entretien les plus importants à considérer dans le calcul du coût global?
7. Décrire brièvement le système *Uniformat*.
8. Définir la méthode de l'analyse de la valeur.
9. Décrire brièvement les 3 étapes de l'analyse de la valeur.
10. Définir le Btu et le joule.
11. Définir la résistance thermique.
12. Dire en quoi consiste le rendement d'un système de chauffage.
13. Qu'est-ce que la résistance thermique optimale pour un bâtiment?
14. Énumérer les 3 procédures d'estimation utilisées pour les achats par appel d'offres.
15. Identifier les 4 groupes de personnes ou de services d'une grande entreprise qui jouent un rôle dans l'évaluation du coût global.

PROBLÈMES

Exceptionnellement, les données de certains problèmes de ce chapitre sont exprimées en unités du système impérial de mesure, et ce en raison de leur application dans la pratique. Nous n'avons pas converti ces données en données du SI afin de tenir compte de cet aspect de la réalité.

1. Le directeur de l'entretien d'un immeuble à bureaux a pris la décision de repeindre l'intérieur de l'immeuble au cours de l'été. Il doit choisir entre une peinture au latex qui coûte 12 $ pour 4 litres et qui dure 4 ans et une peinture à l'huile qui coûte 26 $ pour 4 litres et qui dure 8 ans. Dans les 2 cas, 4 litres de peinture couvrent une surface de 46 m^2. Les coûts de la main-d'oeuvre, les mêmes pour chaque option, sont les suivants: un peintre reçoit un salaire horaire de 18 $ et peint en moyenne 9 m^2/h. Le taux T_{rm} après impôt est de 10 %. La durée d'étude est fixée à 24 ans. Le propriétaire de l'immeuble paie un taux T_I de 50 %.

On demande:

de calculer le coût global de chaque option, à partir de la valeur V_{an}.

2. Le ministère des Approvisionnements a lancé un appel d'offres pour l'achat de pneus destinés aux avions légers du gouvernement du Québec. On veut comparer 5 types de pneus de fabricants différents, soit Michelin, Dunlop, Goodyear, Pirelli et Canada. Le Ministère a décidé d'octroyer le contrat sur la base du coût global le plus bas. Le cahier des charges préparé pour ce contrat décrit ainsi le modèle du coût global qui sera utilisé:

$$\begin{pmatrix}\text{coût}\\ \text{global}\end{pmatrix} = \begin{pmatrix}\text{nombre}\\ \text{de pneus}\end{pmatrix} \times \left[\begin{pmatrix}\text{prix unitaire}\\ \text{du pneu}\end{pmatrix} + \begin{pmatrix}\text{coût unitaire}\\ \text{de livraison}\end{pmatrix} + \begin{pmatrix}\text{coût unitaire}\\ \text{de maintenance}\end{pmatrix}\right]$$

   Le Ministère a invité un concessionnaire par fabricant à soumissionner. Chacun doit fournir un pneu échantillon qui sera soumis à des tests simulés d'atterrissage. Ces essais vont permettre de déterminer la durée de vie d'un pneu en fonction du nombre d'atterrissages. Les résultats de ces essais visent à établir le nombre de pneus requis par fabricant. On prévoit 1 000 000 d'atterrissages pour la prochaine année.

   Les coûts de livraison sont établis en fonction de la distance moyenne entre l'entrepôt de chaque concessionnaire et les 3 entrepôts du gouvernement du Québec. Le coût de maintenance, qui est le coût de changement d'un pneu, est de 20 $ par unité.

   Les informations contenues dans les soumissions et les résultats des tests sont présentés au tableau 11.5.

Tableau 11.5 (probl. 2) Données sur les pneus de 5 fabricants

Fabricant	**Prix unitaire** ($)	**Coût unitaire de livraison** ($)	**Nombre d'atterrissages par pneu**
A	710	6,75	125
B	670	6,50	115
C	685	6,50	100
D	725	6,00	120
E	715	6,00	130

On demande:

d'évaluer chacune des soumissions à partir du modèle du coût global.

3. L'architecte responsable des plans de la construction d'un hôpital de la région de Québec vous a demandé de lui faire une recommandation quant au type de fenêtres pour ce centre hospitalier de 4 étages. Vous avez examiné les plans et devis originaux de cet édifice qui proposent des fenêtres simples. Cependant, vous croyez que le choix de fenêtres doubles avec un espace d'air entre les vitres serait une option plus économique à long terme.

La conductivité thermique (1/résistance thermique) des fenêtres simples est de 1,10 et celle des fenêtres doubles est de 0,55. Il s'agit de la mesure du nombre de Btu transmis à travers un pied carré d'une vitre de 1/8 de pouce d'épaisseur au cours d'une heure. L'installation des fenêtres simples coûte 40 $/pi^2. Celle des fenêtres doubles coûte 55 $/pi^2. L'édifice occupe une surface totale de 60 000 pi^2. La surface totale extérieure est de 25 000 pi^2 et elle est vitrée à 40 %. Les statistiques indiquent qu'il y a en moyenne 8200 degrés-jours par année dans la région de Québec. Les coûts de consommation d'énergie sont de 0,06 $/kW·h. Vous supposez que le rendement du système de chauffage est de 100 %.

On exige un taux T_{rm} de 10 % pour les projets d'investissement de cet hôpital de Québec. Vous devez ignorer l'effet de l'inflation dans votre étude. Vous devez étaler votre investissement sur une durée de vie de 20 ans.

On demande:

de déterminer l'option la moins coûteuse en calculant la valeur V_{an}.

4. Il faut remplacer l'isolant du toit d'un immeuble à bureaux de la région de Montréal. En effet, des inspections faites par 2 experts ont révélé que le toit était en très mauvais état et qu'il fournissait un très mauvais rendement thermique. On vous demande, en tant qu'ingénieur responsable de l'entretien des immeubles, de déterminer l'épaisseur optimale de l'isolant rigide du toit de cet immeuble.

   L'isolant choisi est un isolant en polystyrène extrudé ayant une résistance thermique, notée R, de 5,0 par pouce de matériau. La superficie du toit est de 100 000 pi^2. Il y a en moyenne 8500 degrés-jours dans la région de Montréal. Le combustible utilisé est l'huile à chauffage, ou mazout n° 2, dont le coût est de 1,30 $/gallon. Le rendement du système de chauffage est de 75 %. Le pouvoir calorifique de l'huile à chauffage est de 168 000 Btu/gallon.

   Les plans et devis initiaux prévoient l'installation d'un isolant en polystyrène d'une épaisseur de un pouce et dont la résistance R est de 5,5. Le prix d'achat et d'installation de cet isolant est de 8 $/pi^2. Le responsable du projet vous demande d'examiner la possibilité d'augmenter l'épaisseur de l'isolant prévu initialement. Le coût d'installation de l'isolant en polystyrène est, pour chaque pouce d'épaisseur additionnel, 0,60 $/pi^2. Un pouce additionnel augmenterait la résistance thermique de 5,0. Un deuxième pouce additionnel augmenterait la résistance thermique de 4,5. L'isolant ne peut avoir une épaisseur de plus de 3 pouces.

   La compagnie paie un taux T_I de 40 %. La durée d'étude de ce projet a été fixée à 20 ans. La compagnie devra amortir le coût de remplacement du toit aux fins de l'impôt sur le revenu. Le coût de remplacement du toit est sujet à un amortissement dégressif au taux d de 5 % étant donné qu'il s'agit de modifications à un immeuble existant. La valeur résiduelle de cet investissement est nulle après 20 ans. Le taux T_{rm} après impôt est de 10 %.

On demande:

de calculer la valeur V_{an} de l'option consistant à ajouter un pouce additionnel d'isolant à l'isolant d'un pouce prévu dans le plan original.

5. Le ministère des Travaux publics a confié à un bureau d'ingénieurs-conseils le mandat de recommander le choix d'un système de chauffage, de climatisation et de ventilation pour le projet de construction d'un immeuble qui servira à regrouper le personnel de ce ministère de la région de Montréal. Les ingénieurs spécialisés en mécanique du bâtiment ont examiné 4 options.

   Option 1: thermopompe par pièce. Dans cette option, chaque salle, bureau ou local fermé possède sa thermopompe qui comprend un compresseur, un condenseur et un évaporateur. Les unités sont réversibles, c'est-à-dire qu'elles peuvent chauffer ou climatiser. Elles sont alimentées en eau d'où elles tirent leur source de chaleur ou de refroidissement. Le principal avantage de cette option réside dans l'espace minimal que requièrent ces machines. On évalue les besoins de l'immeuble à environ 140 thermopompes.

   Option 2: thermopompe par zone. Pour cette option, les ingénieurs ont subdivisé l'édifice en zones de 2 types: les zones internes et les zones du périmètre. Les 8 zones internes ne nécessiteront que du refroidissement, tandis que les 12 zones du périmètre nécessiteront du chauffage l'hiver et du refroidissement l'été. Les ingénieurs ont prévu 8 climatiseurs pour les zones internes et 12 thermopompes pour les zones du périmètre. Cette option présente un avantage marqué sur la première en ce qui concerne l'entretien, étant donné le nombre moindre et l'accessibilité accrue des appareils.

   Option 3: compresseurs centrifuges avec condenseur de récupération. Cette option consiste à installer 2 compresseurs centrifuges. Ils sont pourvus de condenseurs de récupération servant au chauffage de l'eau chaude domestique et au chauffage des zones du périmètre et de l'air en saison hivernale. La faible consommation électrique des compresseurs centrifuges constitue un avantage indéniable sur les autres options.

   Option 4: compresseurs à vis avec réserve de glace. Dans cette option, on propose l'installation d'une réserve de glace utilisée comme source de froid lors des demandes de refroidissement. Des compresseurs à vis sont prévus étant donné la basse température de succion nécessaire à la formation de la glace autour des tubes de la réserve. L'avantage de ce système est de favoriser une consommation d'énergie électrique en dehors des périodes de pointe.

   Coûts de la consommation d'énergie. Étant donné que les coûts de la consommation d'énergie représentent un élément majeur du coût global du bâtiment, on a décidé de faire une simulation informatique de la consommation énergétique du bâtiment. Les ingénieurs ont modélisé le bâtiment en ce qui concerne son architecture et son activité. Le modèle permet de quantifier 2 types de charges, les charges internes et les charges externes. Les charges externes sont causées par la conduction des toits, des murs et des planchers, de même que par l'ensoleillement et la conduction par le verre des puits de lumière et des fenêtres. Les charges internes sont causées par l'éclairage, l'équipement du bureau, les ascenseurs et les besoins des occupants du bâtiment.

De plus, les ingénieurs doivent tenir compte des particularités suivantes:

- l'emplacement géographique du bâtiment;
- l'orientation du bâtiment;
- les conditions extérieures de design;
- l'opacité atmosphérique;
- le fuseau horaire;
- le type de mur, de toit et de verre;
- le pourcentage de verre et le facteur d'ombre;
- le coefficient de conduction du toit, des murs et du verre;
- les conditions de confort intérieur;
- la densité et les activités des occupants du bâtiment;
- l'éclairage et les appareils utilisés.

Finalement, le modèle tient compte des horaires d'utilisation des locaux, de la demande d'énergie en degrés-jours de chauffage et des types d'équipements mécaniques proposés.

Résultats de la simulation. Pour réaliser la simulation, les ingénieurs ont utilisé un logiciel commercial qui leur a permis de modéliser le bâtiment d'une façon très précise. On retrouve au tableau 11.6 les données sur la consommation annuelle d'énergie prévue pour chacune des 4 options.

Tableau 11.6 (probl. 5) Consommation d'énergie des 4 options

	Consommation annuelle d'énergie ($\times 10^9$ joules)	
Option	**Électricité**	**Gaz naturel**
1	6041	1032
2	6041	1032
3	3157	2128
4	3706	2144

Données économiques. La durée d'étude de ce projet a été fixée à 20 ans. Le taux T_{rm} est de 12 %. Les taxes foncières représentent 1 % du coût d'installation du système et les assurances, 0,5 % de ce coût. Le sommaire des coûts d'investissement et d'entretien de même que la durée de vie utile des équipements apparaissent au tableau 11.7.

Coûts annuels de consommation d'énergie. Les coûts annuels de consommation d'énergie des 4 options ont été établis à partir des tarifs du gaz naturel et de l'électricité en vigueur au moment de l'étude préliminaire du projet (tabl. 11.8).

Tableau 11.7 (probl. 5) Données économiques des 4 options

Option	Débours d'investissement	Coûts d'entretien annuels	Durée de vie
1	1 500 000 $	40 000 $	14 ans
2	1 600 000 $	20 000 $	18 ans
3	1 800 000 $	20 000 $	25 ans
4	1 925 000 $	5 000 $	25 ans

Tableau 11.8 (probl. 5) Coûts annuels de consommation d'énergie

	Option 1	Option 2	Option 3	Option 4
Électricité				
énergie	61 626 $	61 626 $	34 413 $	38 559 $
puissance	20 640	20 640	13 572	12 996
Gaz naturel	6 530	6 530	13 309	13 420
Total	88 796 $	88 796 $	61 294 $	64 975 $

On demande:

de calculer le coût global de chaque option pour un cycle de vie de 20 ans en utilisant la méthode de la valeur V_{an}.

6. L'entreprise 340-4919 Québec inc. désire remplacer 10 des moteurs actuels de son système de pompes maîtresses utilisées pour le traitement des eaux usées par 10 moteurs électriques à haut rendement, qui permettraient de réaliser des économies d'énergie et de puissance. On vous remet les renseignements suivants:

Données relatives à un moteur

Puissance nominale du moteur	15 hp
Efficacité du moteur standard	90,2 %
Efficacité du moteur à haut rendement	92,4 %
Efficacité de base permettant de calculer l'aide financière	88,4 %
Heures de fonctionnement par année	6000
Facteur de charge du moteur	75 %
Coût de l'énergie (tarif en mai 19XX)	0,0238 $/kW·h
Prime de puissance	11,61 $/kW
Facteur de simultanéité	1,0
Prix d'achat du moteur standard	670 $
Prix d'achat du moteur à haut rendement	900 $

On demande:

a) de calculer les kilowatts économisés;

b) de calculer les économies d'énergie et de puissance en dollars;

c) de calculer le délai D_r et la valeur V_{an} du projet;

d) de calculer le délai D_r et la valeur V_{an} du projet, en tenant compte de la possibilité d'obtenir d'Hydro-Québec une subvention de 175 $ par kilowatt économisé pour chacun des moteurs à haut rendement qui sera acheté.

Note: On doit ignorer les effets de l'impôt.

Chapitre 12

Analyse du risque

INTRODUCTION

La valeur des études économiques de projets ne dépend pas seulement des méthodes d'évaluation utilisées, mais également des hypothèses à la base des prévisions. Parmi les méthodes vues jusqu'à présent, il y en a 3 qui tiennent compte de l'incertitude et du risque dans l'évaluation des projets. Premièrement, la méthode du point mort permet de trouver un point d'équivalence entre des projets dont la valeur globale dépend de la même variable. Cette notion a permis de déterminer la durée de vie de divers équipements pour obtenir des coûts totaux équivalents. Deuxièmement, la méthode du délai D_r évalue le risque d'un projet en fonction du temps et suppose que plus il faut du temps pour récupérer un investissement, plus ce dernier représente un risque important. Troisièmement, la méthode d'analyse de sensibilité permet de mesurer tour à tour les effets du changement de plusieurs variables sur la rentabilité d'un projet. Ces méthodes sont très populaires auprès des dirigeants d'entreprises. En effet, les enquêtes effectuées auprès d'entreprises à travers le monde indiquent que le délai D_r et l'analyse de sensibilité demeurent, en pratique, les méthodes les plus utilisées pour évaluer le risque que comportent les projets.

Ces méthodes présentent cependant des limites, déjà vues, qui nous amènent à examiner d'autres méthodes permettant de faire une évaluation plus globale du risque des projets. Nous consacrons ce chapitre à l'étude de 5 méthodes d'analyse du risque, soit le taux T_{rm} ajusté au risque, le modèle d'équilibre des actifs financiers, la valeur actuelle nette d'abandon, notée V_{ana}, l'analyse de probabilité et l'arbre de décision.

12.1 UTILITÉ DE L'ANALYSE DU RISQUE ET DÉFINITION DU RISQUE

Dans le chapitre 10, nous avons vu, par l'analyse de sensibilité, que les prévisions quant aux valeurs des facteurs significatifs d'un projet peuvent varier à l'intérieur de certaines limites. En effet, par exemple, il est possible que les coûts d'investissement ou d'exploitation soient plus élevés que prévu au départ par suite d'une augmentation des salaires ou du prix de matériaux. Il se peut aussi que les revenus anticipés soient inférieurs à ceux prévus étant donné un changement dans la qualité des produits, dans les prix de vente ou dans le nombre d'unités vendues. Par conséquent, il devient nécessaire d'envisager plusieurs estimations des coûts d'investissement, des coûts d'entretien et d'exploitation, des bénéfices, des valeurs résiduelles et de la durée de vie du projet. Dans ce chapitre, nous allons considérer les possibilités de déviation par rapport aux prévisions les plus probables, à la base jusqu'à présent de nos études de projets.

L'analyse du risque a pour but de fournir de meilleurs renseignements au décideur, celui-ci devant évaluer la possibilité qu'un projet soit moins rentable que prévu et décider s'il est prêt à assumer ce risque.

Chaque organisation et chaque individu courent plusieurs sortes de risque financier, qu'on peut regrouper en 2 catégories: le risque du marché et le risque d'affaires. Le risque du marché est un risque systématique qui dépend de conditions générales qui affectent le marché, telles que l'inflation, la législation et l'imposition. Le risque d'affaires est un risque non systématique lié à des conditions spécifiques dont les grèves, les changements technologiques et les conditions climatiques.

Pour nous, le risque représente *la possibilité de ne pas réaliser le taux* T_{rm} *sur un projet.*

Un certain nombre d'auteurs font une distinction entre le risque et l'incertitude. Selon la majorité d'entre eux, on parle de risque lorsque tous les événements susceptibles d'affecter un projet sont connus et qu'on peut leur associer des probabilités. Et si, à cause d'un manque d'information, on ne peut quantifier la probabilité qu'un événement survienne, on parlera d'incertitude. Nous utiliserons indifféremment les 2 termes parce que nous ne croyons pas utile de les distinguer dans le contexte d'une étude économique menée par un ingénieur.

12.2 TAUX T_{rm} AJUSTÉ AU RISQUE

L'entreprise qui n'utilise qu'un seul taux T_{rm} pour évaluer ses projets s'expose à favoriser des projets dont la rentabilité et le risque sont élevés au détriment de projets à faible rentabilité et à faible risque. Pour contrer cette lacune, les décideurs regroupent les projets par catégories de risque et attribuent à chacune un taux T_{rm} différent qui augmente avec le risque. Cette méthode ne fait que quantifier une attitude adoptée par l'investisseur rationnel lorsqu'il envisage de placer son argent.

Dans chaque catégorie, le taux T_{rm} comporte 2 éléments:

- un taux minimal correspondant au rendement d'un projet ne comportant aucun risque;
- un taux additionnel qui sert de prime et de compensation pour le risque que comporte l'investissement.

Exemple 12.1 *Catégories de risque*

Certaines entreprises classent leurs projets dans les catégories de risque suivantes:

1. Projets de maintien ou de protection de la position concurrentielle de l'entreprise. On retrouve dans cette catégorie les projets suivants:

   a) remplacement d'équipement;
   b) entretien des immeubles;
   c) protection de la santé et de la sécurité du personnel;
   d) amélioration de la qualité des produits ou des services;
   e) installation visant à respecter des normes sur la protection de l'environnement.

   Le taux T_{rm} de cette catégorie pourrait être fixé à 10 %, par exemple. En fait, ce taux devrait correspondre au coût du capital de l'entreprise.

2. Projets de réduction de coûts. Cette catégorie regroupe tous les projets visant à améliorer la productivité d'une organisation. Ils comportent plus d'incertitude dans les prévisions des facteurs de rentabilité. Dans cette catégorie, le taux T_{rm} pourrait être de 15 %.

3. Projets d'expansion des affaires. Cette catégorie regroupe les projets d'augmentation de la production ou d'ajout de nouveaux services ou de nouveaux produits. Ces projets peuvent comporter encore plus d'incertitude que ceux de la deuxième catégorie. Pour l'évaluation des projets de cette catégorie, le taux T_{rm} pourrait être de 20 %.

Cette règle n'est cependant pas valable si l'entreprise se voit obligée de réaliser des investissements stratégiques devenus essentiels pour son avenir. Ce type de projets comporte en effet des risques élevés et le fait de les soumettre à un taux T_{rm} élevé entraînerait leur rejet, alors qu'ils pourraient s'avérer nécessaires au développement et même à la survie d'une entreprise.

La méthode du taux T_{rm} ajusté au risque comporte certaines limites. Premièrement, il est difficile de déterminer des primes de risque qui reflètent l'attitude du décideur vis-à-vis du risque. Deuxièmement, plusieurs projets comportent un risque qui diminue avec le temps, entre autres certains projets d'investissements stratégiques. Or, on utilise un taux T_{rm} constant pour évaluer ces derniers.

12.3 MODÈLE D'ÉQUILIBRE DES ACTIFS FINANCIERS

Le modèle d'équilibre des actifs financiers propose de diviser le risque d'un investissement en 2 parties: d'une part, le risque spécifique, qu'on peut éviter par un choix éclairé des titres ou des actions et, d'autre part, le risque systématique et inévitable lié aux actions elles-mêmes. Un coefficient associé au modèle, appelé β, permet de mesurer ce risque systéma-tique.

Dans le marché des capitaux, on suppose que les investisseurs ajustent le taux de rendement d'un placement selon le risque qu'il comporte. Ainsi, le taux d'actualisation des bénéfices d'une action ou d'une obligation augmente avec son risque. Le modèle d'équilibre des actifs financiers établit une relation entre le risque et le rendement d'une action ou d'une obligation. Ici aussi, une prime au risque s'ajoute au taux d'intérêt d'un investissement considéré sans risque, tel que les obligations d'épargne du Québec ou du Canada. On détermine cette prime au risque à l'aide d'un indice du marché des actions qui dépend de la sensibilité du taux de rendement des actions d'une entreprise aux changements du marché. Le coefficient β désigne cette sensibilité.

Le coefficient β a une valeur moyenne de 1 correspondant au risque de la moyenne des actions. Si le coefficient β d'une action est supérieur à 1, l'action comporte un risque plus élevé que la moyenne des actions sur le marché. Si le coefficient β d'une action est inférieur à 1, l'action est moins risquée que la moyenne. Si le coefficient β est égal à 0, l'action ne comporte aucun risque.

Le taux de rendement ajusté au risque calculé selon le modèle d'équilibre des actifs financiers sert à déterminer le taux T_{rm} d'un projet. On considère chaque projet comme une mini-entreprise. Il s'agit alors d'en estimer le coefficient β et de l'utiliser pour déterminer le taux T_{rm}, lui-même repris dans le calcul de la valeur V_{an} et du taux T_{ri}.

Le taux de rendement d'un projet à risque comporte les 2 éléments suivants:

taux de rendement d'un projet à risque	=	taux de rendement d'un projet sans risque	+	coefficient β de la catégorie du projet	×	prime au risque du marché

Exemple 12.2 *Coefficient* β *et calcul du taux* T_{rm}

Supposons que le taux de rendement moyen des actions sur le marché est de 11 % et que le taux de rendement d'une action sans risque est de 8 %. La prime au risque pour l'ensemble des actions du marché est donc de 3 % (11 % – 8 %). Supposons que le coefficient β d'une action est de 1,5. Il s'agit alors d'une action à risque élevé et le taux T_{rm} de cet investissement sera alors de 12,5 % (8 % + 1,5 × 3 %). Supposons maintenant que le coefficient β d'une action est de 0. Il s'agit alors d'une action sans risque et le taux T_{rm} de cet investissement sera de 8 %.

Exemple 12.3 *Analyse de projets à risque*

Une entreprise doit choisir parmi 3 projets à risque ceux qu'elle pourra réaliser. Le taux de rendement d'un placement sans risque est présentement de 7 % et le taux de rendement moyen des actions sur le marché est de 11 %. On a calculé le taux de rendement de chaque projet et on a identifié le risque que chacun d'eux représente.

Les taux T_{ri} et les coefficients β de chaque projet sont les suivants:

Projet	T_{ri}	β
A	10 %	1,0
B	12 %	0,8
C	14 %	1,5

Solution

Pour évaluer chaque projet, il faut comparer son taux T_{ri} au taux T_{rm} de sa catégorie:

$$T_{rm}\text{ (projet A)} = 7\ \% + 1{,}0\ (11\ \% - 7\ \%) = 11\ \%$$
$$T_{rm}\text{ (projet B)} = 7\ \% + 0{,}8\ (11\ \% - 7\ \%) = 10{,}2\ \%$$
$$T_{rm}\text{ (projet C)} = 7\ \% + 1{,}5\ (11\ \% - 7\ \%) = 13\ \%$$

L'entreprise devrait rejeter le projet A, puisque son taux T_{ri} est inférieur au taux T_{rm} de sa catégorie, et accepter les projets B et C, puisque leurs taux T_{ri} respectifs, soit 12 % et 14 %, sont supérieurs à leurs taux T_{rm}, soit 10,2 % et 13 %.

....

Le modèle d'équilibre des actifs financiers comme méthode d'analyse du risque comporte une limite. C'est que, dans la pratique, il est difficile d'estimer le coefficient β d'un projet et plus généralement les coefficients β des diverses catégories.

12.4 VALEUR ACTUELLE NETTE D'ABANDON, V_{ana}

Pour évaluer le risque associé à la poursuite d'un projet sur un certain nombre d'années, on peut en calculer la valeur actuelle nette d'abandon, V_{ana}. Il s'agit de calculer la valeur résiduelle des investissements d'un projet pour chacune des années de la durée de vie du projet. Il faut donc obtenir 2 types de données:

- bénéfices nets annuels sous forme de flux monétaires pour chacune des années de la durée de vie du projet;
- valeurs résiduelles annuelles des investissements pour chacune des années de la durée de vie du projet.

Il existe des données reconnues sur les valeurs marchandes de biens usagés tels que les véhicules, les équipements utilisés dans un immeuble, un bureau ou une usine. Cependant, il peut être difficile, voire impossible, d'établir la valeur de liquidation de biens pour lesquels il n'existe pas de marché ou pour lesquels il est difficile de trouver un acheteur potentiel. Il faut alors fixer une valeur marchande très basse ou nulle.

Calculer la valeur V_{ana} consiste à établir les conséquences économiques de mettre fin à un projet à la fin de chacune des années de sa durée de vie. Cela revient à calculer la valeur V_{an} du projet pour une année additionnelle, pendant chacune des années de la durée de vie du projet. Si la valeur V_{an} additionnelle est supérieure à 0, cela signifie que la valeur de l'entreprise augmente si on prolonge le projet pendant un an de plus. Au contraire, si la valeur V_{an} additionnelle est inférieure à 0, la valeur de l'entreprise diminue si on poursuit le projet. On peut ainsi calculer la durée de vie économique d'un projet, c'est-à-dire le nombre d'années qui permet de réaliser la valeur V_{an} la plus élevée. La durée de vie économique peut être très différente de la durée d'étude et de la durée de vie d'un projet. On peut calculer les valeurs V_{ana} avant de réaliser un projet ou au cours de sa durée de vie.

....

Exemple 12.4 *Analyse du risque d'un projet par le calcul des valeurs* V_{ana}

Une entreprise désire lancer un nouveau produit dont la durée de vie est estimée à 6 ans. Le nombre d'unités vendues augmentera au cours de la première année et atteindra un maximum au cours des deuxième et troisième années. Par la suite, on prévoit l'arrivée de nouveaux compétiteurs sur le marché, ce qui entraînera une diminution progressive des ventes au cours des 3 dernières années de la vie du produit.

L'investissement requis pour ce projet est de 100 000 $. Il s'agit d'une pièce d'équipement qui fait partie de la catégorie 8 aux fins de la déduction D_{pa}. L'entreprise paie un taux T_I de 50 % et exige un taux T_{rm} de 10 % après impôt pour réaliser ses projets.

Les recettes annuelles nettes du projet et les valeurs résiduelles de la pièce d'équipement sont les suivantes:

Année	Recettes nettes ($)	$V_{rés}$ ($)
1	30 000	70 000
2	50 000	55 000
3	50 000	40 000
4	30 000	30 000
5	10 000	10 000
6	5 000	0

Quelles sont les valeurs V_{ana} du projet?

Solution

Premièrement, le tableau 12.1 donne les recettes nettes actualisées après impôt du projet.

Tableau 12.1 (ex. 12.4) Recettes nettes actualisées après impôt

Année n	Recettes nettes ($)	Coûts de l'impôt ($)	Recettes nettes après impôt ($)	F_{T2} (10 %, n)	Recettes nettes actualisées après impôt ($)
1	30 000	15 000	15 000	0,909 1	13 637
2	50 000	25 000	25 000	0,826 4	20 660
3	50 000	25 000	25 000	0,751 3	18 783
4	30 000	15 000	15 000	0,683 0	10 245
5	10 000	5 000	5 000	0,620 9	3 105
6	5 000	2 500	2 500	0,564 5	1 411

Deuxièmement, calculons à l'aide de l'équation 9.5 la valeur V_a ($É_I$) de ce projet:

$$V_a\left(É_I\right) = 100\ 000 \times \frac{0,5 \times 0,2}{0,1 + 0,2} \times \frac{2,10}{2,20}$$

$$= 100\ 000 \times 0,334 \times 0,9545$$

$$= 31\ 880\ \$$$

Troisièmement, calculons la valeur actuelle de la valeur résiduelle de l'équipement après impôt, pour chaque année:

Année n: $V_a\left(V_{rés}\right)_{ap} = V_{rés}\left(1 - \dfrac{T_I d}{T_{rm} + d}\right) F_{T2}\left(T_{rm}, n\right)$

Année 1: $= 70\,000\left(1 - \dfrac{0{,}5 \times 0{,}2}{0{,}1 + 0{,}2}\right) 0{,}9091 = 42\,382$ $

Année 2: $= 55\,000\,(1 - 0{,}334)\; 0{,}8264 = 30\,271$ $

Année 3: $= 40\,000\;(0{,}666)\; 0{,}7513 = 20\,015$ $

Année 4: $= 30\,000\;(0{,}666)\; 0{,}683 = 13\,646$ $

Année 5: $= 10\,000\;(0{,}666)\; 0{,}6209 = 4135$ $

Année 6: $= 0$ $

Quatrièmement, calculons les valeurs V_{ana} pour chaque année.

$(V_{ana})_1$ = -100 000 + 31 880 + 13 637 + 42 382
= -12 101 $

$(V_{ana})_2$ = -100 000 + 31 880 + (13 637 + 20 660) + 30 271
= -3552 $

$(V_{ana})_3$ = -100 000 + 31 880 + (13 637 + 20 660 + 18 783) + 20 015
= +4975 $

$(V_{ana})_4$ = -100 000 + 31 880 + (13 637 + 20 660 + 18 783 + 10 245) + 13 646
= +2028 $

$(V_{ana})_5$ = -100 000 + 31 880 + (13 637 + 20 660 + 18 783 + 10 245 + 3105) + 4135
= +378 $

$(V_{ana})_6$ = -100 000 + 31 880 + (13 637 + 20 660 + 18 783 + 10 245 + 3105 + 1411) + 0
= -279 $

Finalement, la valeur V_{an} additionnelle pour chaque année est:

$(V_{ana})_1$ = -12 101 $

$(V_{ana})_2$ = +8549 $

$(V_{ana})_3$ = +8527 $

$(V_{ana})_4$ = -2949 $

$(V_{ana})_5$ = -1650 $

$(V_{ana})_6$ = -657 $

En comparant les valeurs V_{ana}, on constate que la durée de vie économique de ce projet est de 3 ans. Il s'agit du nombre d'années qui permet de réaliser la valeur V_{ana} la plus élevée pour le projet, soit 4975 $. Au-delà de cette période, la valeur V_{ana} diminue jusqu'à la fin de la sixième année. Les valeurs V_{an} additionnelles négatives des années 4, 5 et 6 indiquent que le taux T_{ri} du projet au-delà de l'année 3 est inférieur au taux T_{rm} fixé à 10 %.

....

La valeur V_{ana} comme méthode d'analyse du risque présente une limite. En effet, dans la pratique, il est souvent impossible d'établir la valeur $V_{rés}$ de certains biens, ce qui incite l'analyste à adopter une attitude conservatrice et à fixer des valeurs $V_{rés}$ nulles ou très faibles.

12.5 ANALYSE DE PROBABILITÉS

Depuis plusieurs années, on observe, dans l'analyse du risque à des fins de décision, une tendance assez marquée à l'utilisation des concepts statistiques d'espérance mathématique, d'écart-type et de distribution de probabilités.

L'analyse du risque par l'analyse de probabilités suppose dès le départ que l'ingénieur peut fixer le nombre de valeurs possibles pour la variable la plus significative de la rentabilité d'un projet. Supposons que cette variable pour un projet d'acquisition d'un brevet soit le chiffre d'affaires annuel. L'analyste détermine 3 valeurs possibles d'augmentation des ventes, soit 200 000 $, 400 000 $ et 600 000 $, correspondant respectivement à un scénario pessimiste, à un scénario très probable et à un scénario optimiste. Il peut aussi déterminer plus de valeurs s'il le juge nécessaire. Le nombre de valeurs utilisées pour l'analyse du risque dépend de l'étendue des variations anticipées pour le projet.

L'étape suivante consiste à déterminer les probabilités que chacun des scénarios étudiés se réalise. Ces probabilités peuvent être objectives ou subjectives. Les probabilités objectives reposent sur des données historiques ou sur l'expérience acquise. Cependant, comme chaque projet constitue un événement unique qui n'est généralement pas la répétition de projets déjà réalisés, les probabilités attribuées aux divers scénarios sont souvent subjectives puisqu'elles sont basées sur le jugement de l'analyste.

Une fois qu'on a déterminé les probabilités liées à chaque scénario, on peut évaluer le risque d'un projet à partir de calculs de l'espérance mathématique, de l'écart-type et du coefficient de variation.

12.5.1 Espérance mathématique, E

L'espérance mathématique de la variable la plus significative du rendement d'un projet se définit par:

$$E = \sum_{m=1}^{n} x_m \; P(x_m)$$

où E = espérance mathématique de la variable

x = valeur prise par la variable

$P(x)$ = probabilité attribuée à la valeur x de la variable
n = nombre de valeurs ou de scénarios envisagés

Les exemples 12.5 et 12.6 nous permettent de mieux saisir ce concept.

Exemple 12.5 *Espérance mathématique des allocations quotidiennes pour des heures supplémentaires*

Les chauffeurs de camion qui s'occupent de la livraison des produits d'une entreprise de transformation de produits alimentaires reçoivent 18 $ pour couvrir leurs frais de repas et 0,5 heure supplémentaire lorsqu'ils doivent travailler plus de 8 heures par jour. Or, cet événement se produit dans 90 % des cas. L'espérance mathématique de ces allocations est donc:

$$\begin{aligned} E &= (18{,}0 \times 0{,}9) + (0 \times 0{,}1) \\ &= 16{,}20\ \$ \end{aligned}$$

Exemple 12.6 *Espérance mathématique des revenus des ventes*

Une entreprise se propose de moderniser l'équipement de son usine pour augmenter la vente d'un de ses produits. Les revenus des ventes constituent la variable la plus significative du rendement de ce projet. On a déterminé 4 valeurs de cette variable et une étude de marché révèle la distribution de probabilités suivante:

Probabilités	**Revenus des ventes ($)**
0,10	170 000
0,30	210 000
0,50	250 000
0,10	300 000

L'espérance mathématique des bénéfices est:

$$\begin{aligned} E &= (170\,000 \times 0{,}10) + (210\,000 \times 0{,}30) + (250\,000 \times 0{,}50) + (300\,000 \times 0{,}10) \\ &= 235\,000\ \$ \end{aligned}$$

12.5.2 Écart-type, σ

L'écart-type est une mesure de la variabilité de l'espérance mathématique et donc du risque d'un projet. En effet, il donne la dispersion de la variable la plus importante dans la rentabilité d'un projet. On obtient l'écart-type au moyen de l'équation suivante:

$$\sigma = \sqrt[2]{\sum_{m=1}^{n} (x - E)^2 \ P(x)}$$

où σ = écart-type

On peut aussi évaluer le risque d'un projet à partir de la variance, qui est égale au carré de l'écart-type. Reprenons aux exemples 12.7 et 12.8 les données des exemples 12.5 et 12.6 et calculons l'écart-type.

Exemple 12.7 *Écart-type des allocations quotidiennes de 16,20 $*

L'écart-type est donné par:

$$\sigma = \sqrt{(18 - 16{,}20)^2 (0{,}90) + (0 - 16{,}20)^2 (0{,}10)} = 5{,}40 \text{ \$}$$

Exemple 12.8 *Écart-type des revenus de ventes de 235 000 $*

$$\sigma = \sqrt{\begin{aligned}&(170\,000 - 235\,000)^2 (0{,}10) + (210\,000 - 235\,000)^2 (0{,}30) \\ &+ (250\,000 - 235\,000)^2 (0{,}50) + (300\,000 - 235\,000)^2 (0{,}10)\end{aligned}} = 33\,837{,}35 \text{ \$}$$

12.5.3 Coefficient de variation, V

L'écart-type permet d'évaluer le risque absolu d'un projet en donnant la dispersion de la variable la plus importante, mais il ne permet pas de comparer le risque associé à divers projets. Ceci nous amène au coefficient de variation, V, donné par l'équation suivante:

$$V = \frac{\sigma}{E}$$

Plus le coefficient de variation est élevé, plus le risque du projet est lui aussi élevé. Ce concept permet la comparaison, entre eux, des risques de projets autrement incomparables. Ainsi, le coefficient de variation des exemples 12.5 et 12.7 est:

$$V = \frac{5{,}40}{16{,}20} = 33\ \%$$

Pour le coefficient de variation du projet présenté aux exemples 12.6 et 12.8, on obtient:

$$V = \frac{33\,837}{235\,000} = 14\ \%$$

Exemple 12.9 *Analyse du risque de projets par probabilités et statistiques*

Une compagnie étudie 3 projets d'investissement dont les données apparaissent au tableau 12.2.

Tableau 12.2 (ex. 12.9) Données économiques des projets A, B et C

	Projet A		Projet B		Projet C	
Débours d'investissement ($)	900 000		900 000		500 000	
Durée d'étude (ans)	4		5		4	
Valeur résiduelle ($)	300 000		150 000		200 000	
Recettes annuelles nettes	300 000	0,2	275 000	0,3	190 000	0,1
(montant et probabilité)	315 000	0,3	300 000	0,4	200 000	0,2
	325 000	0,2	325 000	0,3	210 000	0,3
	350 000	0,1			250 000	0,2
	375 000	0,2			275 000	0,1
					290 000	0,1

Ces 3 projets s'excluent mutuellement, c'est-à-dire que la réalisation de l'un d'eux entraîne automatiquement le rejet des 2 autres. L'entreprise exige un taux T_{rm} de 10 % après impôt. Elle dispose des fonds disponibles pour financer un seul de ces projets. Les données du tableau 12.2 tiennent compte de l'impôt sur le revenu. Recommander, avec chiffres à l'appui, le projet à réaliser.

Solution

Calculons en premier lieu l'espérance mathématique, l'écart-type et le coefficient de variation des projets A, B et C. Cette étape nous permettra de comparer leurs degrés de risque respectifs. Établissons ensuite leur valeur V_{an} spécifique ainsi que leur indice de rentabilité pour être en mesure de comparer leur rentabilité. Calculons tout d'abord l'espérance mathéma-tique.

$$E\left(\text{projet A}\right) = \left(300\,000 \times 0{,}2\right) + \left(315\,000 \times 0{,}3\right) + \left(325\,000 \times 0{,}2\right) + \left(350\,000 \times 0{,}1\right) + \left(375\,000 \times 0{,}2\right) = 329\,500\ \$$$

$$E\left(\text{projet B}\right) = \left(275\,000 \times 0{,}3\right) + \left(300\,000 \times 0{,}4\right) + \left(325\,000 \times 0{,}3\right) = 300\,000\ \$$$

$$
\begin{aligned}
E(\text{projet C}) &= (190\,000 \times 0{,}1) + (200\,000 \times 0{,}2) + (210\,000 \times 0{,}3) \\
&\quad + (250\,000 \times 0{,}2) + (275\,000 \times 0{,}1) + (290\,000 \times 0{,}1) \\
&= 228\,500\ \$
\end{aligned}
$$

Calculons l'écart-type des projets.

$$
\begin{aligned}
\sigma(\text{projet A}) &= \sqrt{\begin{aligned}&(300\,000 - 329\,500)^2\,(0{,}2) + (315\,000 - 329\,500)^2\,(0{,}3)\\ &+ (325\,000 - 329\,500)^2\,(0{,}2) + (350\,000 - 329\,500)^2\,(0{,}1)\\ &+ (375\,000 - 329\,500)^2\,(0{,}2)\end{aligned}} \\
&= 26\,400\ \$
\end{aligned}
$$

$$
\begin{aligned}
\sigma(\text{projet B}) &= \sqrt{\begin{aligned}&(275\,000 - 300\,000)^2\,(0{,}3) + (300\,000 - 300\,000)^2\,(0{,}4)\\ &+ (325\,000 - 300\,000)^2\,(0{,}3)\end{aligned}} \\
&= 19\,364\ \$
\end{aligned}
$$

$$
\begin{aligned}
\sigma(\text{projet C}) &= \sqrt{\begin{aligned}&(190\,000 - 228\,500)^2\,(0{,}1) + (200\,000 - 228\,500)^2\,(0{,}2)\\ &+ (210\,000 - 228\,500)^2\,(0{,}3) + (250\,000 - 228\,500)^2\,(0{,}2)\\ &+ (275\,000 - 228\,500)^2\,(0{,}1) + (290\,000 - 228\,500)^2\,(0{,}1)\end{aligned}} \\
&= 33\,170\ \$
\end{aligned}
$$

Calculons enfin le coefficient de variation des projets A, B et C.

$$V(\text{projet A}) = \frac{\sigma(\text{projet A})}{E(\text{projet A})} = \frac{26\,400}{329\,500} = 0{,}08$$

$$V(\text{projet B}) = \frac{19\,364}{300\,000} = 0{,}06$$

$$V(\text{projet C}) = \frac{33\,170}{228\,500} = 0{,}15$$

Le tableau 12.3 présente le calcul de la valeur V_{an} et de l'indice de rentabilité des projets A, B et C.

Tableau 12.3 (ex. 12.9) Calcul de la valeur V_{an} et de l'indice de rentabilité des projets A, B et C

	Projet A		**Projet B**		**Projet C**	
Recettes						
V_a (recettes annuelles nettes)	$329\ 500 \times F_{T4}$ (10 %, 4) =	1 044 515 $	$300\ 000 \times F_{T4}$ (10 %, 5) =	1 137 300 $	$228\ 500 \times F_{T4}$ (10 %, 4) =	724 345 $
V_a (valeur résiduelle)	$300\ 000 \times F_{T2}$ (10 %, 4) =	204 900	$150\ 000 \times F_{T2}$ (10 %, 5) =	93 150	$200\ 000 \times F_{T2}$ (10 %, 4) =	136 600
Total		1 249 415		1 230 450		860 945
Débours d'investissement		900 000		900 000		500 000
Valeur actuelle nette		349 415 $		330 450 $		360 945 $
Indice de rentabilité	1 249 415 ÷ 900 000 = 1,39		1 230 450 ÷ 900 000 = 1,37		860 945 ÷ 500 000 = 1,72	

Analysons le risque et la rentabilité des projets A, B et C à partir de leur coefficient de variation et de leur indice de rentabilité respectifs, résumés ici.

	V	**Indice de rentabilité**
Projet A	0,08	1,39
Projet B	0,06	1,37
Projet C	0,15	1,72

Le critère de choix d'un décideur rationnel est le suivant:

À rendement égal, on choisit le projet qui comporte le risque le plus faible et, à risque égal, on choisit le projet dont le rendement est le plus élevé.

On remarque que les projets A et B ont, à toutes fins pratiques, le même rendement avec des indices de rentabilité respectifs de 1,39 et de 1,37. Cependant, le projet B comporte un risque sensiblement moins élevé, avec un coefficient de variation de 0,06 comparativement à un coefficient *V* de 0,08 pour le projet A. C'est pourquoi on recommandera le projet B plutôt que le projet A.

D'autre part, si on compare le projet B et le projet C, on constate que le projet C a un rendement plus élevé tandis que le projet B présente moins de risque. Dans de tels cas, il n'y a aucune règle de décision qui puisse convenir à tous les individus ou à toutes les organisations. Le choix dépendra de l'attitude du décideur quant au risque. La personne prudente et désireuse de prendre le moins de risque possible choisira le projet B. Une autre plus audacieuse et aimant prendre des risques choisira le projet C parce qu'il donne le rendement le plus élevé même s'il est le plus risqué. Finalement, la décision demeure liée au tempérament du décideur, à l'importance des sommes à investir dans chaque projet par rapport à l'actif total de l'entreprise et aussi parfois aux intérêts personnels à court terme, comme l'obtention d'une promotion. Des auteurs ont tenté d'établir une théorie de l'utilité qui mesure l'attitude du décideur vis-à-vis du risque, attitude qu'ils cherchent à résumer dans une «courbe de préférence».

....

La limite que présente l'analyse des probabilités comme méthode d'analyse du risque est que, dans la pratique, les probabilités associées aux diverses valeurs de la variable la plus significative pour le rendement d'un projet sont très souvent tout à fait subjectives et, de ce fait, assez peu fiables.

12.6 ARBRE DE DÉCISION

Il arrive que des projets proposés à différentes périodes de temps soient reliés entre eux tant du point de vue technique que du point de vue économique. Des gestionnaires rejettent même certains projets en démontrant que, s'ils étaient réalisés, ces projets nuiraient à d'autres projets déjà approuvés et complétés.

La technique de l'arbre de décision permet de faire l'analyse de projets qui doivent se réaliser séquentiellement. Il s'agit de représenter sous forme d'un diagramme une décision d'investissement et de la situer dans le contexte d'une série de décisions et d'événements susceptibles de survenir. De cette façon, l'arbre de décision illustre les options possibles lorsqu'on prend une décision ainsi que l'interdépendance entre des décisions et des événements dont on a évalué les probabilités.

La figure 12.1 qui illustre l'exemple 12.10 est un arbre de décision. Chaque rectangle représente une décision et chaque cercle, un événement. Le premier noeud est un point de décision d'où partent 2 ou plusieurs branches correspondant aux diverses options. À l'extrémité de chaque branche on retrouve un événement duquel émanent plusieurs autres événements. On retrouve autant de branches qu'il y a d'événements possibles. L'arbre peut contenir plusieurs décisions à prendre et il se termine avec le dernier événement correspondant à la décision la plus éloignée dans la séquence.

Exemple 12.10 *Arbre de décision d'un projet à l'étude*

Le service de recherche d'une entreprise a mis au point un nouveau produit dans son laboratoire. Des études effectuées par le service de production ont révélé que l'entreprise devrait engager des coûts additionnels pour développer ce nouveau produit avant de s'engager dans sa production en série. Ces coûts de développement ont une probabilité de 30 % de s'élever à 200 000 $ et une probabilité de 70 % de s'élever à 350 000 $. Le service de mise en marché estime que le cycle de vie de ce produit sera de 10 ans. Il estime également que les recettes annuelles nettes de ce projet ont une probabilité de 30 % de s'élever à 50 000 $, une probabilité de 50 % de s'élever à 60 000 $ et une probabilité de 20 % de s'élever à 75 000 $.

Il n'y aura aucune valeur résiduelle de l'investissement effectué dans ce projet. Le taux T_I est de 40 % et les coûts de développement du nouveau produit sont considérés comme des dépenses d'exploitation aux fins de l'impôt. Le taux T_{rm} de l'entreprise est de 10 % après impôt.

On demande:

1. de tracer l'arbre de décision du projet;
2. d'établir la valeur V_{an} de chacun des événements possibles du projet;
3. de calculer la valeur V_{an} espérée du projet, notée V_{ane}, qui est, en d'autres termes, l'espérance mathématique de la valeur V_{an};
4. d'établir finalement si le projet devrait être réalisé.

Solution

1. L'arbre de décision du projet est présenté à la figure 12.1.

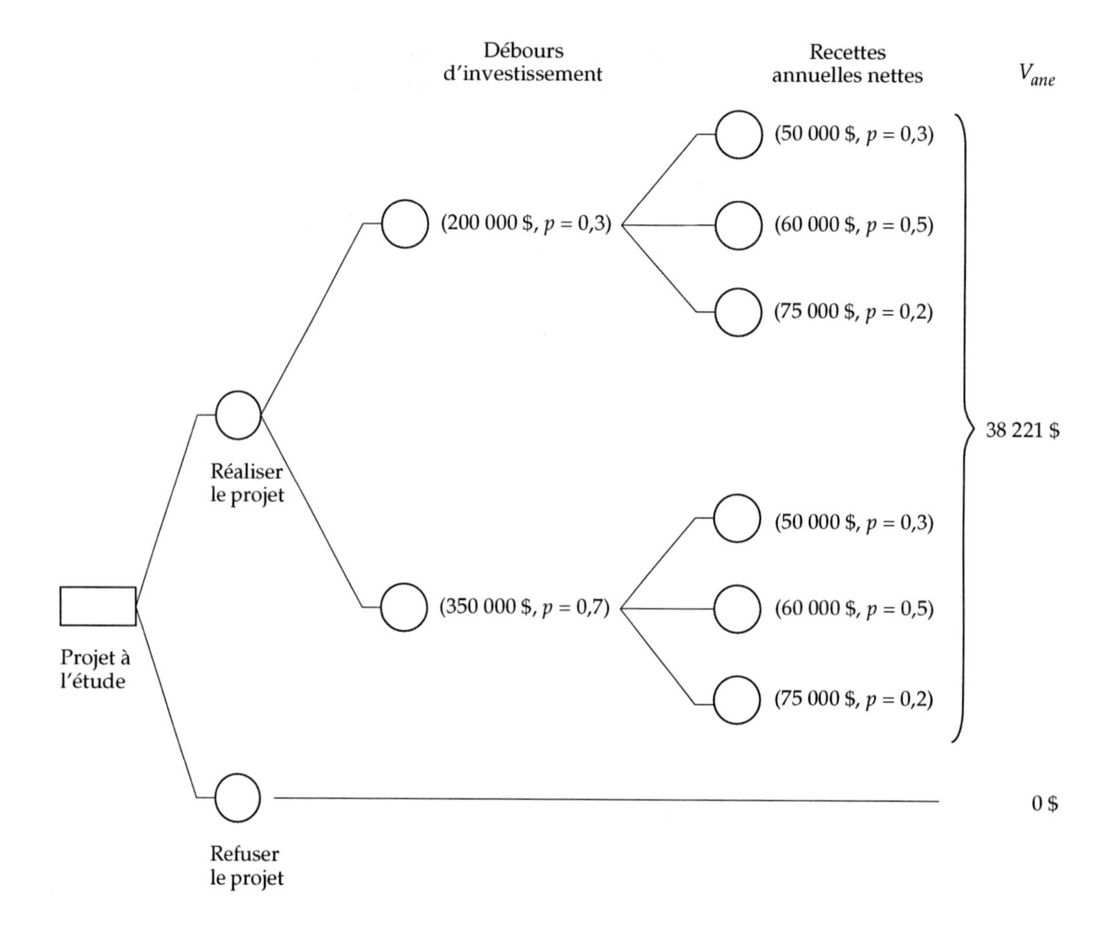

Figure 12.1 (ex. 12.10) Arbre de décision d'un projet à l'étude.

2. Le tableau 12.4 présente le calcul de la valeur V_{an} de chacun des événements probables de ce projet.

3. La valeur V_{ane} du projet est donnée par:

$$\begin{aligned} V_{ane} &= (64\,350 \times 0{,}09) + (101\,220 \times 0{,}15) + (156\,525 \times 0{,}06) \\ &\quad + (-25\,650 \times 0{,}21) + (11\,220 \times 0{,}35) + (66\,525 \times 0{,}14) \\ &= 5792 + 15\,183 + 9392 - 5387 + 3927 + 9314 \\ &= 38\,221 \$ \end{aligned}$$

Tableau 12.4 (ex. 12.10) Calcul de la valeur V_{an} des événements probables du projet

Recettes annuelles nettes ($)	Recettes annuelles nettes après impôt (T_I = 40 %) ($)	V_a (recettes annuelles nettes après impôt) (F_{T4}, 10 %, 10 ans = 6,145) ($)	Débours d'investissement après impôt (T_I = 40 %) ($)	V_{an} ($)	p
50 000	30 000	184 350	120 000	+ 64 350	0,09
60 000	36 000	221 220	120 000	+101 220	0,15
75 000	45 000	276 525	120 000	+156 525	0,06
50 000	30 000	184 350	210 000	- 25 650	0,21
60 000	36 000	221 220	210 000	+ 11 220	0,35
75 000	45 000	276 525	210 000	+ 66 525	0,14

4. Étant donné que la valeur V_{ane} de l'option «réaliser le projet» est positive, le projet devrait être réalisé. Il faut noter que la valeur V_{ane} de l'option «refuser le projet» est nulle étant donné qu'il s'agit du résultat du produit d'une valeur V_{an} de 0 et d'une probabilité p de 1,0.

La méthode de l'arbre de décision comporte une limite comme méthode d'analyse du risque. Comme dans le cas de l'analyse de probabilités, les probabilités associées aux événements de l'arbre de décision sont elles aussi tout à fait subjectives et varieront d'un analyste à l'autre.

CONCLUSION

L'analyse du risque n'augmente pas nécessairement la précision d'une étude économique. Cependant, elle la rend plus crédible auprès des décideurs puisqu'elle leur permet d'ajuster leur attitude vis-à-vis du risque des projets étudiés et de prendre conscience des risques auxquels ils s'exposent en choisissant de réaliser un projet.

Analyser le risque des projets nécessite de choisir parmi plusieurs méthodes d'analyse du risque, dont certaines reposent sur des calculs assez complexes, celle qui sera appropriée aux besoins des décideurs. Signalons que toutes les méthodes qui font appel aux calculs de probabilités comprennent des calculs complexes.

L'analyse du risque est un sujet vaste et les méthodes vues dans ce chapitre comportent toutes des limites. L'objectif de ce chapitre et de la section 10.4 sur l'analyse de sensibilité n'est pas de faire une revue exhaustive du sujet, mais plutôt de sensibiliser les ingénieurs aux méthodes d'analyse du risque les plus utilisées dans les entreprises pour l'étude de projets importants.

QUESTIONS

1. Donner une définition du risque d'un projet.
2. Comparer le risque et l'incertitude.
3. Définir le taux T_{rm} ajusté au risque.
4. Expliquer brièvement une des limites de la méthode du taux T_{rm} ajusté au risque.
5. Sur quelle hypothèse repose le modèle d'équilibre des actifs financiers?
6. Donner une définition du coefficient β.
7. Donner une définition de la valeur V_{ana}.
8. Expliquer brièvement la façon de calculer les valeurs résiduelles dans le modèle de la valeur V_{ana}.
9. Définir l'espérance mathématique, E.
10. Définir l'écart-type, σ, et décrire son utilité.
11. Définir le coefficient de variation, V, et décrire son utilité.
12. En quoi consiste la méthode de l'arbre de décision dans l'analyse du risque?
13. Quelle est, à votre avis, la meilleure méthode pour évaluer le risque d'un projet?

PROBLÈMES

1. Le comité du budget des investissements d'une entreprise doit examiner 5 projets proposés par les services de production et de mise en marché. Le taux T_{rm} de l'entreprise est de 13 % après impôt. Le taux de rendement sur les obligations d'épargne du Québec et du Canada est de 8 %. Le comité n'acceptera que les projets dont le taux T_{ri} est supérieur au taux T_{rm} ajusté au risque et calculé selon le modèle d'équilibre des marchés financiers. Voici les renseignements soumis au comité du budget des investissements.

Projet	**Taux T_{ri}**	**Coefficient β**
A	12 %	0,50
B	13 %	1,50
C	14 %	1,75
D	16 %	1,25
E	20 %	2,00

Les taux T_{ri} tiennent compte de l'impôt sur le revenu. Le taux de rendement moyen des actions sur le marché est présentement de 12 % après impôt.

On demande:

de déterminer les projets qui devraient être choisis par le comité du budget des investissements.

2. Calculer les valeurs V_{ana} des 2 projets du problème 1 du chapitre 9 concernant l'achat de pièces d'équipement à la compagnie Tricotex. Vous devez considérer les renseignements présentés au tableau 12.5.

Tableau 12.5 (probl. 2) Données sur les projets A et B de la compagnie Tricotex

	Projet A	**Projet B**
Valeur $V_{rés}$ des débours d'investissement		
Année 1	37 500	50 000
Année 2	25 000	40 000
Année 3	13 000	30 000
Année 4	2 000	20 000
Année 5	–	10 000
Bénéfices (flux monétaires nets)		
Année 1	30 000	12 000
Année 2	30 000	20 000
Année 3	20 000	40 000
Année 4	20 000	40 000
Année 5	–	40 000

On demande:

d'identifier le projet le plus risqué à l'aide des calculs des valeurs V_{ana}.

3. La direction d'une compagnie dont l'actif s'élève à 10 000 000 $ étudie actuellement 2 projets d'investissement. Elle ne peut en retenir qu'un seul. La mise de fonds initiale serait de 300 000 $ pour le projet A et de 600 000 $ pour le projet B. Pour chacun de ces projets, il n'existe chaque année que 2 montants possibles de recettes annuelles nettes. Le tableau 12.6 présente ces montants, calculés après impôt, ainsi que leur probabilité de réalisation.

Tableau 12.6 (probl. 3) Données économiques concernant les projets A et B

	Pour chacune des 3 premières années		**Pour chacune des 3 années suivantes**		**Pour chacune des 3 dernières années**	
	Montant ($)	p	**Montant ($)**	p	**Montant ($)**	p
Projet A	135 000	0,50	60 000	0,75	30 000	0,50
	45 000	0,50	0	0,25	0	0,50
Projet B	75 000	0,50	50 000	0,60	100 000	0,75
	15 000	0,50	200 000	0,40	400 000	0,25

La compagnie ne dispose pas actuellement de fonds lui permettant de s'autofinancer, mais elle peut obtenir, de sources extérieures, les fonds nécessaires pour réaliser le projet A ou le projet B à un taux qui lui permettrait de maintenir, à son niveau actuel de 8 %, son taux T_{rm} après impôt. La compagnie utilise la méthode de la valeur V_{an} pour évaluer ses projets.

On demande:

a) d'évaluer la rentabilité de chaque projet à partir de la méthode de la valeur V_{an}, en tenant compte du risque;

b) de recommander un des 2 projets.

4. Le comité des priorités d'une entreprise doit se prononcer sur un projet d'expansion qui consiste à mettre en marché un nouveau produit. Le projet exige des investissements qui s'échelonnent sur 3 ans, présentés au tableau 12.7.

Tableau 12.7 (probl. 4) Débours d'investissement du projet

Début d'année			
Année 1	Agrandissement de l'usine	2 000 000	
	Achat d'équipement	2 000 000	
	Coûts de développement du produit	2 000 000	
	Total		6 000 000 $
Année 2	Agrandissement de l'usine	8 000 000	
	Achat d'équipement	3 000 000	
	Coûts de développement du produit	1 000 000	
	Total		12 000 000 $
Année 3	Augmentation du fonds de roulement		2 000 000 $

Les débours d'investissement totaux prévus seraient donc de 20 000 000 $. De plus, on n'enregistrera des revenus que lorsque l'investissement total sera effectué. Les possibilités de flux monétaires annuels nets après impôt sont présentées au tableau 12.8.

Tableau 12.8 (probl. 4) Flux monétaires du projet

Début d'année	**Flux monétaires annuels nets après impôt ($)**	***p***
Année 4	+4 000 000	0,1
	+6 000 000	0,4
	+7 200 000	0,5
Année 5	+4 800 000	0,5
	+7 200 000	0,5
Année 6	+6 000 000	0,4
	+8 000 000	0,6
Année 7	+6 000 000	1,0
Année 8	-400 000	1,0

La durée de vie économique du projet, qui correspond au cycle de vie prévu pour le nouveau produit, devrait se terminer à la fin de la huitième année. À ce moment-là, la compagnie pourrait récupérer la totalité de son fonds de roulement et l'investir dans d'autres projets. Ensuite, elle procéderait à un ralentissement graduel des opérations au cours de la huitième année, ce qui entraînerait une perte de 800 000 $ après impôt à la fin de la huitième année. Elle pourrait de cette façon liquider ses actifs immobilisés au 31 décembre de la huitième année pour un montant de 2 000 000 $.

Le taux T_{rm} est de 10 % après impôt et le taux T_I est de 50 %. L'entreprise utilise la méthode de la valeur V_{an} pour évaluer ses projets. L'investissement sous forme d'agrandissement de l'usine est sujet à un amortissement fiscal de 4 % calculé sur le solde résiduel et l'achat d'équipement est sujet à un amortissement fiscal de 30 % calculé sur le solde résiduel.

On demande:

de déterminer si l'entreprise doit réaliser le projet.

5. Une petite entreprise de fabrication envisage 2 projets mutuellement exclusifs et dont les données sont présentées au tableau 12.9.

Tableau 12.9 (probl. 5) Flux monétaires des projets A et B

	Flux monétaires ($)	*p*
Projet A	- 40 000	0,25
	+ 30 000	0,50
	+ 70 000	0,25
Projet B	- 50 000	0,30
	+ 30 000	0,40
	+150 000	0,30

Pour chaque projet, les mêmes flux monétaires vont se produire pendant 3 ans. Les administrateurs ont décidé d'accepter le projet ayant la valeur V_{an} la plus élevée compte tenu du risque. Comme les projets A et B sont considérés comme risqués, ils ont décidé d'accroître de 5 % le taux T_{rm} de 10 % utilisé pour les projets exempts de risque.

On demande:

a) de calculer l'espérance mathématique de la valeur V_{an} pour chacun des projets;

b) de déterminer le projet qui comporte le plus de risque si σ_A = 42 000 $ et σ_B = 78 000 $;

c) de déterminer le projet qui a la valeur V_{an} la plus élevée compte tenu du risque si les débours d'investissement du projet A sont de 50 000 $ et ceux du projet B sont de 100 000 $.

6. Une compagnie de l'Ouest canadien envisage d'investir 20 000 000 $ dans la location d'un puits de pétrole. On a estimé que si l'on découvre du pétrole, les recettes ramenées à leurs valeurs actuelles seraient les suivantes:

Recettes nettes ($)	*p*
20 millions	0,10
40 millions	0,25
60 millions	0,40
80 millions	0,15
100 millions	0,10

Ces recettes ne tiennent pas compte de la mise de fonds initiale, mais prennent en considération les coûts d'exploitation. La compagnie évalue à 50 % ses chances de découvrir du pétrole dans ce puits. Ignorer l'effet de l'impôt.

On demande:

de déterminer si oui ou non la compagnie devrait investir dans la location du puits de pétrole, compte tenu qu'elle désire maximiser la valeur espérée des flux monétaires annuels nets.

Réponses à certains problèmes[1]

Chapitre 1

1. a) Les revenus des ventes, les dépenses et le bénéfice net sont respectivement de 250 000 $, de 230 000 $ et de 20 000 $.
   b) Le flux monétaire net pour la prochaine année est de 57 000 $.
   c) Dépenses d'amortissement + augmentation des comptes fournisseurs – augmentation des comptes clients – augmentation des stocks = flux monétaire net annuel – bénéfice net annuel = 37 000 $.

2. a) Le flux monétaire net pour la première année est de 155 000 $.
   b) Le bénéfice net pour la première année est de 140 000 $.
   c) Dépenses d'amortissement + augmentation des comptes fournisseurs – augmentation des comptes clients – augmentation des stocks = flux monétaire net annuel – bénéfice net annuel = 15 000 $.

Chapitre 2

1. a) Les coûts annuels du transport en commun sont de 600 $ et les coûts annuels de possession d'une voiture si on fait du covoiturage, de 977,50 $.

3. a) Avec une seconde équipe de travail, le bénéfice de l'année qui se termine serait augmenté de 20 000 $.
   b) En employant une seconde équipe, la compagnie réaliserait un bénéfice additionnel de 60 000 $, pour l'année à venir.

5. a) Les coûts des fournitures sont des coûts semi-variables linéaires et ceux de la main-d'oeuvre, des coûts semi-variables en escalier.
   b) $y = ax + b$.

7. a) Les coûts d'exploitation pour 100 000 km sont de 33 071 $.
   b) Les coûts d'un voyage spécial sont de 72,45 $.
   c) On a oublié les coûts d'opportunité de 685 $.
   d) Les coûts variables ne changent pas, mais les coûts fixes augmentent de 16 781 $.
   e) Les coûts de l'option location sont de 32 339 $ et ceux de l'option de demeurer propriétaire, de 31 249 $.

---

1. Nous avons obtenu les réponses à l'aide du logiciel Écono.xls.

Chapitre 3

2. Le volume de production est de 60 000 unités et le prix de vente, de 24 $ l'unité.
4. Le prix de vente est de 1,50 $ l'unité et le bénéfice net, de 153 750 $.
6. a) À partir de 1500 km par mois, par voiture, il est plus économique pour la municipalité d'être propriétaire des voitures.
   b) Ci-dessous le graphique du point d'équivalence entre les 2 options:

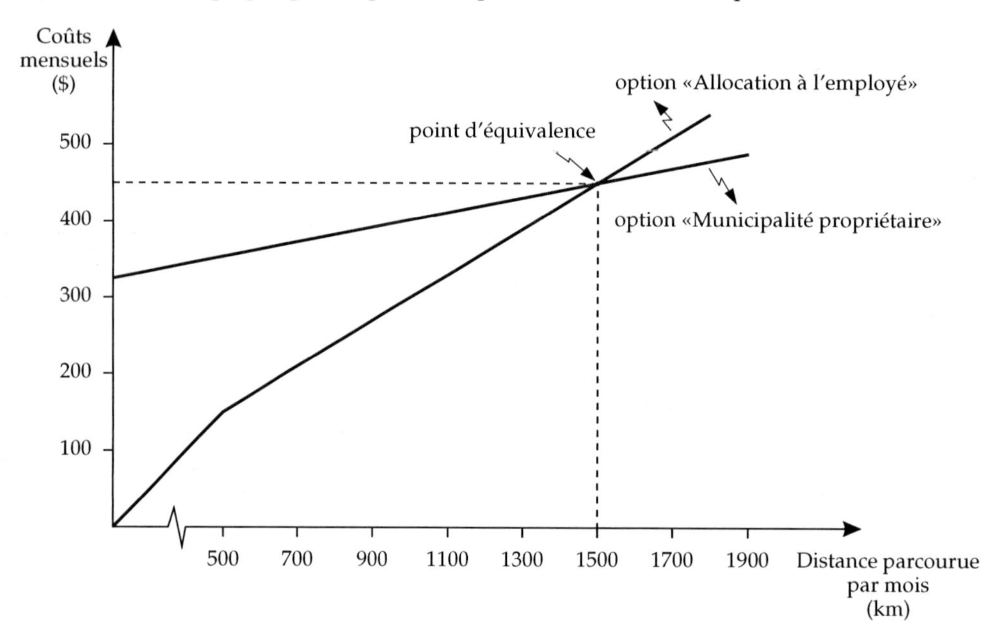

8. Dans le plan A, on diminue les bénéfices de 32 500 $; dans le plan B, on les augmente de 12 000 $.
10. a) Les coûts fixes totaux de production sont de 223 000 $.
    b) Les coûts variables totaux de production à l'unité sont de 11,75 $.
    c) Les coûts fixes totaux de vente et d'administration sont de 230 000 $.
    d) Les coûts variables totaux de vente et d'administration à l'unité sont de 0,56 $.
    e) Le point mort est de 35 698 unités et de 892 450 $.
    f) La marge de sécurité est de 10,75 % et de 107 550 $.

Chapitre 4

1. La valeur V_f de l'emprunt est de 12 682 $.
3. Le montant annuel d'intérêt est de 1218 $.
5. Le capital accumulé au début de la quatrième année est de 304 432 $.
7. a) Le temps requis est de 8 ans.
   b) Le temps requis est de 5,74 ans.

Chapitre 5

Questions à choix multiples

10. a) 3
    b) 2
11. a)
12. b)
13. b)
14. a)
15. c)

Problèmes

2. Il est moins coûteux de construire un atelier que d'en louer un. Les coûts totaux de construction actualisés à la troisième année sont de 48 965 000 \$. Les annuités pour l'option construction sont de 5 753 000 \$. Les annuités pour l'option location sont de 7 000 000 \$.

4. a) Le montant maximal à investir est de 87 525 \$.
   b) La valeur V_f des bénéfices est de 203 750 \$.
   c) Vendre l'équipement à la fin de la quatrième année, soit l'option B, est plus avantageux que de le garder pendant 8 ans, soit l'option A. La valeur V_{an} de l'option A est de +87 525 \$ et celle de l'option B, de +90 435 \$; il y a donc une différence de 2910 \$ en faveur de l'option B.

6. a) Les annuités sont de 6392 \$.
   b) La valeur V_a des coûts est de 31 118 \$.

Chapitre 6

1. a) La valeur V_{an} du projet est de -80 375 \$, si on ne considère que les économies annuelles de salaires comme bénéfices.
   b) Si on ajoute les autres bénéfices aux économies annuelles de salaires, la valeur V_{an} du projet est de +143 920 \$.

3. a) Si on considère la valeur V_{an}, c'est l'option D qui est la plus rentable:

	Valeur V_{an}	**Taux T_{ri}**
Option A	+11 446 \$	15 %
Option B	+ 1 807 \$	10 %
Option C	- 7 831 \$	8 %
Option D	+18 976 \$	13 %

   b) Pour ce qui est du taux T_{ri}, il faut faire une analyse différentielle d'options mutuellement exclusives pour déterminer la plus rentable. L'option A constitue l'option repère parce que c'est celle qui nécessite le moins de débours d'investissement, soit 50 000 \$.

On calcule ensuite les taux T_{ri} différentiels par rapport à l'option A et on les compare au taux T_{rm} de 10 %. Ceci permet d'éliminer les options B et C. Finalement, comme les recettes annuelles nettes totales de l'option D, de 27 500 $, sont supérieures à celles de l'option A, évaluées à 10 000 $, c'est ici aussi l'option D qui s'avère la plus rentable.

5. a) Si on considère la valeur V_{an}, c'est le projet B qui est le plus rentable. Pour ce qui est des 2 taux, T_{ri} et T_{rB}, une analyse différentielle des projets, mutuellement exclusifs, permet de déterminer le projet B comme le plus rentable:

	Taux T_{ri}	**Valeur V_{an}**	**Taux T_{rB}**
Projet A	16 %	+45 930 $	12 %
Projet B	15 %	+57 250 $	11,4 %

   b) Les 2 facteurs les plus importants dans ce projet sont la mise à pied de 10 employés et le cycle de vie des produits. La mise à pied d'employés est un facteur qui déborde largement les seules considérations économiques. Quant au cycle de vie des produits, d'une durée de 10 ans, il est assez long et représente donc un risque.

7. La valeur V_{an} est de +242 900 $. L'offre est donc acceptable, puisque la valeur V_{an} est positive.

Chapitre 7

2. a) Les coûts $C_{aé}$ du robot de type M sont de 18 963 $ et ceux du robot de type N, de 19 834 $. C'est donc le robot de type M qui est le choix le plus économique.
   b) Si on tient compte de ces nouvelles hypothèses, les coûts $C_{aé}$ du robot de type M sont de 19 800 $.
   c) Le robot de type M s'avère encore le meilleur choix: il offre une meilleure protection contre des développements technologiques inconnus, nécessite des débours d'investissement moindres et offre la possibilité de réévaluer la stratégie de l'entreprise après 4 ans.

4. Les coûts $C_{aé}$ de l'option A sont de 32 530 $ et ceux de l'option B, de 42 870 $. L'option A est donc le choix le plus économique.

6. La durée de vie économique est de 2 ans, ce qui correspond à des coûts $C_{aé}$ de 31 368 $. Quoique à compter de la 7e année les coûts $C_{aé}$ soient inférieurs à ceux d'après 2 ans, la durée de vie économique est de 2 ans, car on n'a pas tenu compte, dans les dépenses annuelles, des coûts de location de l'équipement de remplacement pour pallier les pannes de plus en plus fréquentes au fil des ans.

Année	**Coûts $C_{aé}$ ($)**	**Année**	**Coûts $C_{aé}$ ($)**
1	35 199	6	31 417
2	31 368	7	30 690
3	33 128	8	30 328
4	32 018	9	30 199
5	32 787	10	29 959

Chapitre 8

1. a) Le délai D_r de 3 ans pour les projets d'achat n'est pas réaliste, parce qu'il équivaut à un taux T_{ri} de 31 % pour une période de 10 ans, taux établi à l'aide de la table 4, valeur actuelle d'annuités. Quant au délai D_r de 10 ans pour les projets de construction, il est réaliste puisqu'il correspond, toujours d'après la même table, à un taux T_{ri} de 8 % pour une période de 20 ans.
   b) Le délai D_r est de 3 ans et le taux T_{ri}, de 30 %.

3. a) Le délai D_r est de 5,8 ans et le taux $(T_{rc})_{moy}$, de 25,9 %.
   b) La durée du projet est de 6,6 ans.

5. a)

Revenus annuels nets	Option achat	Option location
Année 1	140 000 $	68 000 $
Année 2	240 000 $	164 000 $
Année 3	240 000 $	164 000 $

   b) Le délai D_r se situe entre 3 et 4 ans, et le taux $(T_{rc})_{moy}$ est de 21,96 %.

Chapitre 9

2. a)

Prix de vente ($)	Amortissement ($)	Impôt à payer sur le gain en capital ($)
5 000	30 247	–
25 000	24 247	–
60 000	16 747	3 000

   b) L'amortissement réclamé en trop est de 9175 $ et constitue un revenu imposable. L'impôt à payer sur ce revenu est de 40 % du revenu, soit 3670 $.

4. Les économies annuelles après impôt sont de 113 700 $. Les économies provenant de la déduction D_{pa} sont de 12 802 $. La valeur V_{an} est de +67 375 $.

6. Si on tient compte de l'impôt, les coûts $C_{aé}$ de l'option A sont de 22 460 $ et ceux de l'option B, de 29 734 $. L'option A demeure encore la plus économique.

8. La valeur V_{an} de l'option vente-location est de -84 544 $, celle de l'option du transporteur public, de -96 072 $ et celle du statu quo, de -80 943 $. L'option vente-location est donc la moins coûteuse.

10. a)

Flux monétaire annuel après impôt	
Année 1	6750 $
Année 2	8150 $

   b) La valeur V_{an} du projet de remplacement est de 4355 $.

c) Les coûts $C_{aé}$ de la machine A sont de 9 031 $ et ceux de la machine B, de 8 323 $.

Chapitre 10

1. a)

Variable	Variation de la variable	Variation de la valeur V_{an}
Débours d'investissement	±10 %	-193 461 $ à +193 461 $
Recettes annuelles nettes	±10 %	-202 465 $ à +202 465 $
Durée de vie du projet	±10 %	-91 199 $ à + 82 978 $
Taux T_{rm} après impôt	±10 %	-140 762 $ à +150 591 $

b) Les débours d'investissement et les recettes annuelles nettes sont les 2 variables les plus significatives, c'est-à-dire celles qui font le plus varier la valeur V_{an}.

3. a) La valeur V_{an} du projet dans le cas du scénario le plus pessimiste est de -70 790 $.
b) La valeur V_{an} dans le cas du scénario le plus optimiste est de +928 319 $.
c) Le montant maximal à investir est de 1 228 920 $.

5. a) La valeur V_{an} du projet est +40 038 $.
b)

Variable	Variation de la variable	Variation de la valeur V_{an}
Prix de vente unitaire	- 10 %	- 51 943 $
Nombre d'unités vendues	- 10 %	- 13 571 $
Nombre d'unités vendues	+10 %	+13 571 $
Débours d'investissement	+10 %	- 2 674 $
Coûts variables	+10 %	- 38 372 $
Valeur résiduelle	- 10 %	- 1 033 $

Chapitre 11

2.

Fabricant	Coût global
A	5 894 000 $
B	6 056 764 $
C	7 115 000 $
D	6 258 834 $
E	5 699 772 $

4. La valeur V_{an} de l'option qui consiste à ajouter de l'isolant est de +40 759 $. La valeur V_{ar} est de 93 079 $ et la valeur V_{ad}, de 52 320 $.

Chapitre 12

1. On doit retenir les projets A, D et E parce que leur taux T_{ri} est supérieur à leur taux T_{rm} ajusté au risque.

Projet	Taux T_{rm} ajusté au risque
A	10 %
B	14 %
C	15 %
D	13 %
E	16 %

3. a) La valeur V_{an} du projet A est de +48 450 $ et celle du projet B, de +25 750 $.
   b) On recommande le projet A parce que le projet B produit des bénéfices différentiels actualisés inférieurs aux débours d'investissement additionnels qu'il nécessite.

5. a) La valeur V_{ane} du projet A est de +22 500 $ et celle du projet B, de +42 000 $.
   b) Les projets A et B comportent un risque équivalent, car leurs coefficients de variation V sont presque égaux. Ils sont respectivement de 187 % et de 186 %.
   c) La valeur V_{an} du projet A est de +1372 $ et celle du projet B, de -4106 $.

ANNEXE A

Inflation et actualisation des flux monétaires d'un projet

Inflation. Hausse du prix à payer pour un bien ou un service qui sera acheté au cours des mois ou des années à venir.

Indices de prix. Les prix de tous les biens et services ne varient pas au même rythme et dans le même sens. Par conséquent, il est nécessaire de faire différentes prévisions au moyen d'indices de prix spécifiques.

L'indice des prix à la consommation, qui sert à étudier le niveau général des prix, est l'indice le plus connu. Il existe plusieurs autres indices qui peuvent être plus appropriés à l'estimation de l'évolution des coûts et des bénéfices propres à un projet.

Choix des indices des prix. Il est nécessaire de choisir ou de mettre au point un indice pour chaque élément ou catégorie de coûts qui subit des changements de prix différents de ceux relatifs à l'indice des prix à la consommation.

Il est préférable d'utiliser des indices de prix publiés régulièrement, comme c'est le cas pour l'indice des prix à la consommation, par Statistique Canada ou par d'autres sources indépendantes comme les associations commerciales.

Avant de choisir un indice de prix «externe», il faut en vérifier la précision et la facilité de prédiction. On doit alors examiner sa correspondance avec l'élément ou la catégorie de coûts qu'il va servir à prédire.

Lorsque aucun indice de prix «externe» n'est disponible pour qu'on puisse prédire le comportement d'un élément de coûts qui doit être évalué séparément, on doit alors développer un indice de prix «interne».

Dollars courants. Dollars effectivement reçus ou déboursés au cours des différentes années de la durée d'un projet.

Dollars constants. Estimation du pouvoir d'achat des dollars reçus ou déboursés, à partir d'une comparaison avec le pouvoir d'achat d'une année de référence (année 0).

Choix du taux d'actualisation. Pour faire des calculs d'actualisation, il faut utiliser, comme taux d'actualisation, un taux d'intérêt courant lorsqu'on détermine les recettes et débours en dollars courants et un taux d'intérêt réel, sans prime à l'inflation, lorsqu'on estime les entrées et sorties d'argent en dollars constants.

Actualisation avec un taux d'intérêt réel. Les valeurs actualisées d'un projet sont identiques, et ce pour un taux annuel d'inflation donné, peu importe si on actualise avec un taux d'intérêt courant ou avec un taux d'intérêt réel. De plus, lorsqu'on désire se servir d'un taux d'intérêt réel aux fins d'actualisation, il est possible de l'établir à partir du taux d'inflation et du taux d'intérêt courant choisis.

Calcul du taux d'intérêt réel. Si on suppose que la valeur du dollar actuel dans un an, au taux d'intérêt courant de i, sera de $1 + i$ et que la valeur nominale de ce dollar sera augmentée de $1 + e$ à cause d'un taux d'inflation annuel de e, la valeur réelle du dollar à la fin de cette année sera de:

$$\frac{1 + i}{1 + e} = 1 + R$$

où R représente le taux d'intérêt réel.

En transformant cette équation, on obtient:

$$R = \frac{1 + i}{1 + e} - 1 \quad \text{(A.1)}$$

Exemple 1 *Calcul du taux d'intérêt réel*

Transposons dans l'équation A.1 les valeurs de 12 % pour i et de 6 % pour e; on obtient ainsi:

$$R = \frac{1 + 12\,\%}{1 + 6\,\%} - 1$$

ou

$$R = \frac{1{,}12}{1{,}06} - 1 = 1{,}0566 - 1 = 5{,}66\,\%$$

Il s'agit évidemment du taux d'intérêt réel avant l'effet de l'impôt sur le revenu.

Exemple 2 *Calcul de la valeur actualisée*

On cherche à déterminer la valeur actualisée du coût de l'essence consommée par un véhicule qui parcourt le même nombre de kilomètres chaque année. Si on pose comme hypothèses qu'on paye un taux d'intérêt réel de 5 %, qu'on anticipe un taux d'inflation annuel de 10 % au cours de cette période et que le coût réel de l'essence a été de 5000 $ au cours de l'année qui vient de se terminer, on obtient les données qui figurent aux tableaux A.1 et A.2.

Tableau A.1 Évaluation en dollars courants

Année n	Coût de l'essence ($ courants)	Taux d'actualisation combiné (15,5 %)	Valeur actualisée du coût de l'essence ($)
1	5 500	0,866	4 761
2	6 050	0,749	4 535
3	6 655	0,649	4 319
			13 615

Tableau A.2 Évaluation en dollars constants

Année *n*	Coût de l'essence ($ réels)	Taux d'actualisation réel (5 %)	Valeur actualisée du coût de l'essence ($)
1	5 000	0,952	4 761
2	5 000	0,907	4 535
3	5 000	0,863	4 319
			13 615

ÉTAPES À SUIVRE POUR L'ÉVALUATION DES EFFETS DE L'INFLATION SUR LES COÛTS ET BÉNÉFICES D'UN PROJET

1. Prévoir un taux général d'inflation anticipé au cours de la durée d'étude: étant donné la difficulté de faire des prévisions fiables à long terme, ce taux devrait généralement demeurer le même pendant toute la durée d'étude.
2. Établir un taux de rendement minimal réel anticipé par les actionnaires de l'entreprise: en ce qui concerne les projets d'investissement du secteur public, il faut choisir un taux d'intérêt réel à payer sur les emprunts publics nécessaires au financement des projets qui seront réalisés.
3. Établir un taux de rendement minimal ajusté à un taux général d'inflation ou un taux d'intérêt courant, à l'aide de l'équation suivante:

$$1 + i = (1 + R)(1 + e)$$

4. Estimer en dollars constants les flux monétaires du projet à évaluer, et ce à partir d'une année de référence, en général l'année 0.
5. Regrouper les flux monétaires d'exploitation suivant chaque élément ou catégorie de coûts et de bénéfices. Ce regroupement permet d'anticiper le comportement des flux monétaires en fonction de l'évolution générale des prix de biens ou services de la région où le projet sera réalisé.
6. Prévoir des taux d'inflation différents pour chaque élément de coûts et de bénéfices du projet dont les prix évoluent différemment de l'indice général des prix à la consommation.
7. Actualiser les flux monétaires d'un projet en procédant à une évaluation soit en dollars constants, soit en dollars courants.

ANNEXE B

Tables à capitalisation discrète

Table 1 Valeur future d'un montant actuel

$V_f = M_a\ (1 + i)^n$

Période	1%	2%	3%	4%	5%	6%	7%	8%	9%	10%
1	1.0100	1.0200	1.0300	1.0400	1.0500	1.0600	1.0700	1.0800	1.0900	1.1000
2	1.0201	1.0404	1.0609	1.0816	1.1025	1.1236	1.1449	1.1664	1.1881	1.2100
3	1.0303	1.0612	1.0927	1.1249	1.1576	1.1910	1.2250	1.2597	1.2950	1.3310
4	1.0406	1.0824	1.1255	1.1699	1.2155	1.2625	1.3108	1.3605	1.4116	1.4641
5	1.0510	1.1041	1.1593	1.2167	1.2763	1.3382	1.4026	1.4693	1.5386	1.6105
6	1.0615	1.1262	1.1941	1.2653	1.3401	1.4185	1.5007	1.5869	1.6771	1.7716
7	1.0721	1.1487	1.2299	1.3159	1.4071	1.5036	1.6058	1.7138	1.8280	1.9487
8	1.0829	1.1717	1.2668	1.3686	1.4775	1.5938	1.7182	1.8509	1.9926	2.1436
9	1.0937	1.1951	1.3048	1.4233	1.5513	1.6895	1.8385	1.9990	2.1719	2.3579
10	1.1046	1.2190	1.3439	1.4802	1.6289	1.7908	1.9672	2.1589	2.3674	2.5937
11	1.1157	1.2434	1.3842	1.5395	1.7103	1.8983	2.1049	2.3316	2.5804	2.8531
12	1.1268	1.2682	1.4258	1.6010	1.7959	2.0122	2.2522	2.5182	2.8127	3.1384
13	1.1381	1.2936	1.4685	1.6651	1.8856	2.1329	2.4098	2.7196	3.0658	3.4523
14	1.1495	1.3195	1.5126	1.7317	1.9799	2.2609	2.5785	2.9372	3.3417	3.7975
15	1.1610	1.3459	1.5580	1.8009	2.0789	2.3966	2.7590	3.1722	3.6425	4.1772
16	1.1726	1.3728	1.6047	1.8730	2.1829	2.5404	2.9522	3.4259	3.9703	4.5950
17	1.1843	1.4002	1.6528	1.9479	2.2920	2.6928	3.1588	3.7000	4.3276	5.0545
18	1.1961	1.4282	1.7024	2.0258	2.4066	2.8543	3.3799	3.9960	4.7171	5.5599
19	1.2081	1.4568	1.7535	2.1068	2.5270	3.0256	3.6165	4.3157	5.1417	6.1159
20	1.2202	1.4859	1.8061	2.1911	2.6533	3.2071	3.8697	4.6610	5.6044	6.7275
21	1.2324	1.5157	1.8603	2.2788	2.7860	3.3996	4.1406	5.0338	6.1088	7.4002
22	1.2447	1.5460	1.9161	2.3699	2.9253	3.6035	4.4304	5.4365	6.6586	8.1403
23	1.2572	1.5769	1.9736	2.4647	3.0715	3.8197	4.7405	5.8715	7.2579	8.9543
24	1.2697	1.6084	2.0328	2.5633	3.2251	4.0489	5.0724	6.3412	7.9111	9.8497
25	1.2824	1.6406	2.0938	2.6658	3.3864	4.2919	5.4274	6.8485	8.6231	10.8347
26	1.2953	1.6734	2.1566	2.7725	3.5557	4.5494	5.8074	7.3964	9.3992	11.9182
27	1.3082	1.7069	2.2213	2.8834	3.7335	4.8223	6.2139	7.9881	10.2451	13.1100
28	1.3213	1.7410	2.2879	2.9987	3.9201	5.1117	6.6488	8.6271	11.1671	14.4210
29	1.3345	1.7758	2.3566	3.1187	4.1161	5.4184	7.1143	9.3173	12.1722	15.8631
30	1.3478	1.8114	2.4273	3.2434	4.3219	5.7435	7.6123	10.0627	13.2677	17.4494
31	1.3613	1.8476	2.5001	3.3731	4.5380	6.0881	8.1451	10.8677	14.4618	19.1943
32	1.3749	1.8845	2.5751	3.5081	4.7649	6.4534	8.7153	11.7371	15.7633	21.1138
33	1.3887	1.9222	2.6523	3.6484	5.0032	6.8406	9.3253	12.6760	17.1820	23.2252
34	1.4026	1.9607	2.7319	3.7943	5.2533	7.2510	9.9781	13.6901	18.7284	25.5477
35	1.4166	1.9999	2.8139	3.9461	5.5160	7.6861	10.6766	14.7853	20.4140	28.1024
36	1.4308	2.0399	2.8983	4.1039	5.7918	8.1473	11.4239	15.9682	22.2512	30.9127
37	1.4451	2.0807	2.9852	4.2681	6.0814	8.6361	12.2236	17.2456	24.2538	34.0039
38	1.4595	2.1223	3.0748	4.4388	6.3855	9.1543	13.0793	18.6253	26.4367	37.4043
39	1.4741	2.1647	3.1670	4.6164	6.7048	9.7035	13.9948	20.1153	28.8160	41.1448
40	1.4889	2.2080	3.2620	4.8010	7.0400	10.2857	14.9745	21.7245	31.4094	45.2593
41	1.5038	2.2522	3.3599	4.9931	7.3920	10.9029	16.0227	23.4625	34.2363	49.7852
42	1.5188	2.2972	3.4607	5.1928	7.7616	11.5570	17.1443	25.3395	37.3175	54.7637
43	1.5340	2.3432	3.5645	5.4005	8.1497	12.2505	18.3444	27.3666	40.6761	60.2401
44	1.5493	2.3901	3.6715	5.6165	8.5572	12.9855	19.6285	29.5560	44.3370	66.2641
45	1.5648	2.4379	3.7816	5.8412	8.9850	13.7646	21.0025	31.9204	48.3273	72.8905
46	1.5805	2.4866	3.8950	6.0748	9.4343	14.5905	22.4726	34.4741	52.6767	80.1795
47	1.5963	2.5363	4.0119	6.3178	9.9060	15.4659	24.0457	37.2320	57.4176	88.1975
48	1.6122	2.5871	4.1323	6.5705	10.4013	16.3939	25.7289	40.2106	62.5852	97.0172
49	1.6283	2.6388	4.2562	6.8333	10.9213	17.3775	27.5299	43.4274	68.2179	106.7190
50	1.6446	2.6916	4.3839	7.1067	11.4674	18.4202	29.4570	46.9016	74.3575	117.3909

Table 1 Valeur future d'un montant actuel

Période	11%	12%	13%	14%	15%	16%	17%	18%	19%	20%
1	1.1100	1.1200	1.1300	1.1400	1.1500	1.1600	1.1700	1.1800	1.1900	1.2000
2	1.2321	1.2544	1.2769	1.2996	1.3225	1.3456	1.3689	1.3924	1.4161	1.4400
3	1.3676	1.4049	1.4429	1.4815	1.5209	1.5609	1.6016	1.6430	1.6852	1.7280
4	1.5181	1.5735	1.6305	1.6890	1.7490	1.8106	1.8739	1.9388	2.0053	2.0736
5	1.6851	1.7623	1.8424	1.9254	2.0114	2.1003	2.1924	2.2878	2.3864	2.4883
6	1.8704	1.9738	2.0820	2.1950	2.3131	2.4364	2.5652	2.6996	2.8398	2.9860
7	2.0762	2.2107	2.3526	2.5023	2.6600	2.8262	3.0012	3.1855	3.3793	3.5832
8	2.3045	2.4760	2.6584	2.8526	3.0590	3.2784	3.5115	3.7589	4.0214	4.2998
9	2.5580	2.7731	3.0040	3.2519	3.5179	3.8030	4.1084	4.4355	4.7854	5.1598
10	2.8394	3.1058	3.3946	3.7072	4.0456	4.4114	4.8068	5.2338	5.6947	6.1917
11	3.1518	3.4785	3.8359	4.2262	4.6524	5.1173	5.6240	6.1759	6.7767	7.4301
12	3.4985	3.8960	4.3345	4.8179	5.3503	5.9360	6.5801	7.2876	8.0642	8.9161
13	3.8833	4.3635	4.8980	5.4924	6.1528	6.8858	7.6987	8.5994	9.5964	10.6993
14	4.3104	4.8871	5.5348	6.2613	7.0757	7.9875	9.0075	10.1472	11.4198	12.8392
15	4.7846	5.4736	6.2543	7.1379	8.1371	9.2655	10.5387	11.9737	13.5895	15.4070
16	5.3109	6.1304	7.0673	8.1372	9.3576	10.7480	12.3303	14.1290	16.1715	18.4884
17	5.8951	6.8660	7.9861	9.2765	10.7613	12.4677	14.4265	16.6722	19.2441	22.1861
18	6.5436	7.6900	9.0243	10.5752	12.3755	14.4625	16.8790	19.6733	22.9005	26.6233
19	7.2633	8.6128	10.1974	12.0557	14.2318	16.7765	19.7484	23.2144	27.2516	31.9480
20	8.0623	9.6463	11.5231	13.7435	16.3665	19.4608	23.1056	27.3930	32.4294	38.3376
21	8.9492	10.8038	13.0211	15.6676	18.8215	22.5745	27.0336	32.3238	38.5910	46.0051
22	9.9336	12.1003	14.7138	17.8610	21.6447	26.1864	31.6293	38.1421	45.9233	55.2061
23	11.0263	13.5523	16.6266	20.3616	24.8915	30.3762	37.0062	45.0076	54.6487	66.2474
24	12.2392	15.1786	18.7881	23.2122	28.6252	35.2364	43.2973	53.1090	65.0320	79.4968
25	13.5855	17.0001	21.2305	26.4619	32.9190	40.8742	50.6578	62.6686	77.3881	95.3962
26	15.0799	19.0401	23.9905	30.1666	37.8568	47.4141	59.2697	73.9490	92.0918	114.4755
27	16.7386	21.3249	27.1093	34.3899	43.5353	55.0004	69.3455	87.2598	109.5893	137.3706
28	18.5799	23.8839	30.6335	39.2045	50.0656	63.8004	81.1342	102.9666	130.4112	164.8447
29	20.6237	26.7499	34.6158	44.6931	57.5755	74.0085	94.9271	121.5005	155.1893	197.8136
30	22.8923	29.9599	39.1159	50.9502	66.2118	85.8499	111.0647	143.3706	184.6753	237.3763
31	25.4104	33.5551	44.2010	58.0832	76.1435	99.5859	129.9456	169.1774	219.7636	284.8516
32	28.2056	37.5817	49.9471	66.2148	87.5651	115.5196	152.0364	199.6293	261.5187	341.8219
33	31.3082	42.0915	56.4402	75.4849	100.6998	134.0027	177.8826	235.5625	311.2073	410.1863
34	34.7521	47.1425	63.7774	86.0528	115.8048	155.4432	208.1226	277.9638	370.3366	492.2235
35	38.5749	52.7996	72.0685	98.1002	133.1755	180.3141	243.5035	327.9973	440.7006	590.6682
36	42.8181	59.1356	81.4374	111.8342	153.1519	209.1643	284.8991	387.0368	524.4337	708.8019
37	47.5281	66.2318	92.0243	127.4910	176.1246	242.6306	333.3319	456.7034	624.0761	850.5622
38	52.7562	74.1797	103.9874	145.3397	202.5433	281.4515	389.9983	538.9100	742.6506	1020.6747
39	58.5593	83.0812	117.5058	165.6873	232.9248	326.4838	456.2980	635.9139	883.7542	1224.8096
40	65.0009	93.0510	132.7816	188.8835	267.8635	378.7212	533.8687	750.3783	1051.6675	1469.7716
41	72.1510	104.2171	150.0432	215.3272	308.0431	439.3165	624.6264	885.4464	1251.4843	1763.7259
42	80.0876	116.7231	169.5488	245.4730	354.2495	509.6072	730.8129	1044.8268	1489.2664	2116.4711
43	88.8972	130.7299	191.5901	279.8392	407.3870	591.1443	855.0511	1232.8956	1772.2270	2539.7653
44	98.6759	146.4175	216.4968	319.0167	468.4950	685.7274	1000.4098	1454.8168	2108.9501	3047.7183
45	109.5302	163.9876	244.6414	363.6791	538.7693	795.4438	1170.4794	1716.6839	2509.6506	3657.2620
46	121.5786	183.6661	276.4448	414.5941	619.5847	922.7148	1369.4609	2025.6870	2986.4842	4388.7144
47	134.9522	205.7061	312.3826	472.6373	712.5224	1070.3492	1602.2693	2390.3106	3553.9162	5266.4573
48	149.7970	230.3908	352.9923	538.8065	819.4007	1241.6051	1874.6550	2820.5665	4229.1603	6319.7487
49	166.2746	258.0377	398.8813	614.2395	942.3108	1440.2619	2193.3464	3328.2685	5032.7008	7583.6985
50	184.5648	289.0022	450.7359	700.2330	1083.6574	1670.7038	2566.2153	3927.3569	5988.9139	9100.4382

Table 1 Valeur future d'un montant actuel

Période	21%	22%	23%	24%	25%	26%	27%	28%
1	1.2100	1.2200	1.2300	1.2400	1.2500	1.2600	1.2700	1.2800
2	1.4641	1.4884	1.5129	1.5376	1.5625	1.5876	1.6129	1.6384
3	1.7716	1.8158	1.8609	1.9066	1.9531	2.0004	2.0484	2.0972
4	2.1436	2.2153	2.2889	2.3642	2.4414	2.5205	2.6014	2.6844
5	2.5937	2.7027	2.8153	2.9316	3.0518	3.1758	3.3038	3.4360
6	3.1384	3.2973	3.4628	3.6352	3.8147	4.0015	4.1959	4.3980
7	3.7975	4.0227	4.2593	4.5077	4.7684	5.0419	5.3288	5.6295
8	4.5950	4.9077	5.2389	5.5895	5.9605	6.3528	6.7675	7.2058
9	5.5599	5.9874	6.4439	6.9310	7.4506	8.0045	8.5948	9.2234
10	6.7275	7.3046	7.9259	8.5944	9.3132	10.0857	10.9153	11.8059
11	8.1403	8.9117	9.7489	10.6571	11.6415	12.7080	13.8625	15.1116
12	9.8497	10.8722	11.9912	13.2148	14.5519	16.0120	17.6053	19.3428
13	11.9182	13.2641	14.7491	16.3863	18.1899	20.1752	22.3588	24.7588
14	14.4210	16.1822	18.1414	20.3191	22.7374	25.4207	28.3957	31.6913
15	17.4494	19.7423	22.3140	25.1956	28.4217	32.0301	36.0625	40.5648
16	21.1138	24.0856	27.4462	31.2426	35.5271	40.3579	45.7994	51.9230
17	25.5477	29.3844	33.7588	38.7408	44.4089	50.8510	58.1652	66.4614
18	30.9127	35.8490	41.5233	48.0386	55.5112	64.0722	73.8698	85.0706
19	37.4043	43.7358	51.0737	59.5679	69.3889	80.7310	93.8147	108.8904
20	45.2593	53.3576	62.8206	73.8641	86.7362	101.7211	119.1446	139.3797
21	54.7637	65.0963	77.2694	91.5915	108.4202	128.1685	151.3137	178.4060
22	66.2641	79.4175	95.0413	113.5735	135.5253	161.4924	192.1683	228.3596
23	80.1795	96.8894	116.9008	140.8312	169.4066	203.4804	244.0538	292.3003
24	97.0172	118.2050	143.7880	174.6306	211.7582	256.3853	309.9483	374.1444
25	117.3909	144.2101	176.8593	216.5420	264.6978	323.0454	393.6344	478.9049
26	142.0429	175.9364	217.5369	268.5121	330.8722	407.0373	499.9157	612.9982
27	171.8719	214.6424	267.5704	332.9550	413.5903	512.8670	634.8929	784.6377
28	207.9651	261.8637	329.1115	412.8642	516.9879	646.2124	806.3140	1004.3363
29	251.6377	319.4737	404.8072	511.9516	646.2349	814.2276	1024.0187	1285.5504
30	304.4816	389.7579	497.9129	634.8199	807.7936	1025.9267	1300.5038	1645.5046
31	368.4228	475.5046	612.4328	787.1767	1009.7420	1292.6677	1651.6398	2106.2458
32	445.7916	580.1156	753.2924	976.0991	1262.1774	1628.7613	2097.5826	2695.9947
33	539.4078	707.7411	926.5496	1210.3629	1577.7218	2052.2392	2663.9299	3450.8732
34	652.6834	863.4441	1139.6560	1500.8500	1972.1523	2585.8215	3383.1910	4417.1177
35	789.7470	1053.4018	1401.7769	1861.0540	2465.1903	3258.1350	4296.6525	5653.9106
36	955.5938	1285.1502	1724.1856	2307.7070	3081.4879	4105.2501	5456.7487	7237.0056
37	1156.2685	1567.8833	2120.7483	2861.5567	3851.8599	5172.6152	6930.0709	9263.3671
38	1399.0849	1912.8176	2608.5204	3548.3303	4814.8249	6517.4951	8801.1900	11857.1099
39	1692.8927	2333.6375	3208.4801	4399.9295	6018.5311	8212.0438	11177.5113	15177.1007
40	2048.4002	2847.0378	3946.4305	5455.9126	7523.1638	10347.1752	14195.4393	19426.6889
41	2478.5643	3473.3861	4854.1095	6765.3317	9403.9548	13037.4408	18028.2080	24866.1618
42	2999.0628	4237.5310	5970.5547	8389.0113	11754.9435	16427.1754	22895.8241	31828.6871
43	3628.8659	5169.7878	7343.7823	10402.3740	14693.6794	20698.2410	29077.6966	40740.7195
44	4390.9278	6307.1411	9032.8522	12898.9437	18367.0992	26079.7837	36928.6747	52148.1210
45	5313.0226	7694.7122	11110.4082	15994.6902	22958.8740	32860.5275	46899.4169	66749.5949
46	6428.7574	9387.5489	13665.8021	19833.4158	28698.5925	41404.2646	59562.2594	85439.4814
47	7778.7964	11452.8096	16808.9365	24593.4356	35873.2407	52169.3734	75644.0695	109362.5362
48	9412.3437	13972.4277	20674.9919	30495.8602	44841.5509	65733.4105	96067.9683	139984.0464
49	11388.9358	17046.3618	25430.2401	37814.8666	56051.9386	82824.0972	122006.3197	179179.5794
50	13780.6123	20796.5615	31279.1953	46890.4346	70064.9232	104358.3625	154948.0260	229349.8616

Table 1 Valeur future d'un montant actuel

Période	29%	30%	31%	32%	33%	34%	35%
1	1.2900	1.3000	1.3100	1.3200	1.3300	1.3400	1.3500
2	1.6641	1.6900	1.7161	1.7424	1.7689	1.7956	1.8225
3	2.1467	2.1970	2.2481	2.3000	2.3526	2.4061	2.4604
4	2.7692	2.8561	2.9450	3.0360	3.1290	3.2242	3.3215
5	3.5723	3.7129	3.8579	4.0075	4.1616	4.3204	4.4840
6	4.6083	4.8268	5.0539	5.2899	5.5349	5.7893	6.0534
7	5.9447	6.2749	6.6206	6.9826	7.3614	7.7577	8.1722
8	7.6686	8.1573	8.6730	9.2170	9.7907	10.3953	11.0324
9	9.8925	10.6045	11.3617	12.1665	13.0216	13.9297	14.8937
10	12.7614	13.7858	14.8838	16.0598	17.3187	18.6659	20.1066
11	16.4622	17.9216	19.4977	21.1989	23.0339	25.0123	27.1439
12	21.2362	23.2981	25.5420	27.9825	30.6351	33.5164	36.6442
13	27.3947	30.2875	33.4601	36.9370	40.7447	44.9120	49.4697
14	35.3391	39.3738	43.8327	48.7568	54.1905	60.1821	66.7841
15	45.5875	51.1859	57.4208	64.3590	72.0733	80.6440	90.1585
16	58.8079	66.5417	75.2213	84.9538	95.8575	108.0629	121.7139
17	75.8621	86.5042	98.5399	112.1390	127.4905	144.8043	164.3138
18	97.8622	112.4554	129.0872	148.0235	169.5624	194.0378	221.8236
19	126.2422	146.1920	169.1043	195.3911	225.5180	260.0107	299.4619
20	162.8524	190.0496	221.5266	257.9162	299.9389	348.4143	404.2736
21	210.0796	247.0645	290.1999	340.4494	398.9188	466.8752	545.7693
22	271.0027	321.1839	380.1618	449.3932	530.5620	625.6127	736.7886
23	349.5935	417.5391	498.0120	593.1990	705.6474	838.3210	994.6646
24	450.9756	542.8008	652.3957	783.0227	938.5110	1123.3502	1342.7973
25	581.7585	705.6410	854.6384	1033.5900	1248.2197	1505.2892	1812.7763
26	750.4685	917.3333	1119.5763	1364.3387	1660.1322	2017.0876	2447.2480
27	968.1044	1192.5333	1466.6449	1800.9271	2207.9758	2702.8974	3303.7848
28	1248.8546	1550.2933	1921.3048	2377.2238	2936.6078	3621.8825	4460.1095
29	1611.0225	2015.3813	2516.9093	3137.9354	3905.6884	4853.3225	6021.1478
30	2078.2190	2619.9956	3297.1512	4142.0748	5194.5655	6503.4522	8128.5495
31	2680.9025	3405.9943	4319.2681	5467.5387	6908.7722	8714.6259	10973.5418
32	3458.3642	4427.7926	5658.2413	7217.1511	9188.6670	11677.5987	14814.2815
33	4461.2898	5756.1304	7412.2960	9526.6395	12220.9271	15647.9823	19999.2800
34	5755.0639	7482.9696	9710.1078	12575.1641	16253.8330	20968.2963	26999.0280
35	7424.0324	9727.8604	12720.2412	16599.2166	21617.5979	28097.5170	36448.6878
36	9577.0018	12646.2186	16663.5160	21910.9659	28751.4052	37650.6728	49205.7285
37	12354.3324	16440.0841	21829.2060	28922.4750	38239.3689	50451.9015	66427.7334
38	15937.0888	21372.1094	28596.2599	38177.6670	50858.3606	67605.5481	89677.4402
39	20558.8445	27783.7422	37461.1004	50394.5205	67641.6196	90591.4344	121064.5442
40	26520.9094	36118.8648	49074.0415	66520.7670	89963.3541	121392.5221	163437.1347
41	34211.9731	46954.5243	64286.9944	87807.4125	119651.2609	162665.9796	220640.1318
42	44133.4453	61040.8815	84215.9627	115905.7845	159136.1770	217972.4127	297864.1780
43	56932.1445	79353.1460	110322.9111	152995.6355	211651.1154	292083.0330	402116.6402
44	73442.4664	103159.0898	144523.0136	201954.2388	281495.9835	391391.2642	542857.4643
45	94740.7816	134106.8167	189325.1478	266579.5953	374389.6581	524464.2940	732857.5768
46	122215.6083	174338.8617	248015.9436	351885.0658	497938.2452	702782.1540	989357.7287
47	157658.1347	226640.5202	324900.8861	464488.2868	662257.8662	941728.0864	1335632.9338
48	203378.9938	294632.6763	425620.1608	613124.5386	880802.9620	1261915.6358	1803104.4606
49	262358.9020	383022.4792	557562.4107	809324.3909	1171467.9394	1690966.9519	2434191.0218
50	338442.9836	497929.2230	730406.7580	1068308.1960	1558052.3594	2265895.7156	3286157.8795

Table 1 Valeur future d'un montant actuel

Période	36%	37%	38%	39%	40%	41%	42 %
1	1.3600	1.3700	1.3800	1.3900	1.4000	1.4100	1.4200
2	1.8496	1.8769	1.9044	1.9321	1.9600	1.9881	2.0164
3	2.5155	2.5714	2.6281	2.6856	2.7440	2.8032	2.8633
4	3.4210	3.5228	3.6267	3.7330	3.8416	3.9525	4.0659
5	4.6526	4.8262	5.0049	5.1889	5.3782	5.5731	5.7735
6	6.3275	6.6119	6.9068	7.2125	7.5295	7.8580	8.1984
7	8.6054	9.0582	9.5313	10.0254	10.5414	11.0798	11.6418
8	11.7034	12.4098	13.1532	13.9354	14.7579	15.6226	16.5313
9	15.9166	17.0014	18.1515	19.3702	20.6610	22.0278	23.4744
10	21.6466	23.2919	25.0490	26.9245	28.9255	31.0593	33.3337
11	29.4393	31.9100	34.5677	37.4251	40.4957	43.7936	47.3338
12	40.0375	43.7166	47.7034	52.0209	56.6939	61.7489	67.2141
13	54.4510	59.8918	65.8306	72.3090	79.3715	87.0660	95.4440
14	74.0534	82.0518	90.8463	100.5095	111.1201	122.7630	135.5304
15	100.7126	112.4109	125.3679	139.7082	155.5681	173.0959	192.4532
16	136.9691	154.0030	173.0077	194.1944	217.7953	244.0652	273.2836
17	186.2779	210.9841	238.7506	269.9303	304.9135	344.1319	388.0627
18	253.3380	289.0482	329.4758	375.2031	426.8789	485.2260	551.0490
19	344.5397	395.9960	454.6766	521.5323	597.6304	684.1686	782.4895
20	468.5740	542.5145	627.4538	724.9299	836.6826	964.6777	1111.1352
21	637.2606	743.2449	865.8862	1007.6525	1171.3556	1360.1956	1577.8119
22	866.6744	1018.2454	1194.9229	1400.6370	1639.8978	1917.8758	2240.4929
23	1178.6772	1394.9963	1648.9937	1946.8855	2295.8569	2704.2049	3181.5000
24	1603.0010	1911.1449	2275.6113	2706.1708	3214.1997	3812.9289	4517.7299
25	2180.0814	2618.2685	3140.3435	3761.5774	4499.8796	5376.2297	6415.1765
26	2964.9107	3587.0278	4333.6741	5228.5926	6299.8314	7580.4839	9109.5506
27	4032.2786	4914.2281	5980.4702	7267.7438	8819.7640	10688.4823	12935.5619
28	5483.8988	6732.4925	8253.0489	10102.1638	12347.6696	15070.7600	18368.4979
29	7458.1024	9223.5148	11389.2075	14042.0077	17286.7374	21249.7716	26083.2670
30	10143.0193	12636.2152	15717.1064	19518.3907	24201.4324	29962.1780	37038.2391
31	13794.5062	17311.6149	21689.6068	27130.5631	33882.0053	42246.6710	52594.2996
32	18760.5285	23716.9124	29931.6573	37711.4827	47434.8074	59567.8061	74683.9054
33	25514.3187	32492.1700	41305.6871	52418.9610	66408.7304	83990.6066	106051.1457
34	34699.4734	44514.2728	57001.8483	72862.3558	92972.2225	118426.7552	150592.6269
35	47191.2839	60984.5538	78662.5506	101278.6745	130161.1116	166981.7249	213841.5302
36	64180.1461	83548.8387	108554.3198	140777.3576	182225.5562	235444.2321	303654.9728
37	87284.9987	114461.9090	149804.9613	195680.5270	255115.7786	331976.3673	431190.0614
38	118707.5982	156812.8153	206730.8466	271995.9326	357162.0901	468086.6778	612289.8872
39	161442.3336	214833.5570	285288.5684	378074.3463	500026.9261	660002.2158	869451.6399
40	219561.5736	294321.9731	393698.2244	525523.3413	700037.6966	930603.1242	1234621.3286
41	298603.7402	403221.1031	543303.5496	730477.4445	980052.7752	1312150.4052	1753162.2866
42	406101.0866	552412.9113	749758.8985	1015363.6478	1372073.8853	1850132.0713	2489490.4470
43	552297.4778	756805.6884	1034667.2799	1411355.4704	1920903.4394	2608686.2205	3535076.4348
44	751124.5698	1036823.7932	1427840.8462	1961784.1039	2689264.8152	3678247.5709	5019808.5374
45	1021529.4149	1420448.5966	1970420.3678	2726879.9044	3764970.7413	5186329.0750	7128128.1231
46	1389280.0043	1946014.5774	2719180.1075	3790363.0672	5270959.0378	7312723.9957	10121941.9348
47	1889420.8059	2666039.9710	3752468.5484	5268604.6634	7379342.6530	10310940.8339	14373157.5474
48	2569612.2960	3652474.7603	5178406.5968	7323360.4821	10331079.7142	14538426.5758	20409883.7173
49	3494672.7226	5003890.4216	7146201.1036	10179471.0701	14463511.5998	20499181.4719	28982034.8786
50	4752754.9027	6855329.8776	9861757.5229	14149464.7875	20248916.2398	28903845.8754	41154489.5276

Table 1 Valeur future d'un montant actuel

Période	43%	44%	45%	46%	47%	48%
1	1.4300	1.4400	1.4500	1.4600	1.4700	1.4800
2	2.0449	2.0736	2.1025	2.1316	2.1609	2.1904
3	2.9242	2.9860	3.0486	3.1121	3.1765	3.2418
4	4.1816	4.2998	4.4205	4.5437	4.6695	4.7979
5	5.9797	6.1917	6.4097	6.6338	6.8641	7.1008
6	8.5510	8.9161	9.2941	9.6854	10.0903	10.5092
7	12.2279	12.8392	13.4765	14.1407	14.8327	15.5536
8	17.4859	18.4884	19.5409	20.6454	21.8041	23.0194
9	25.0049	26.6233	28.3343	30.1423	32.0521	34.0687
10	35.7569	38.3376	41.0847	44.0077	47.1165	50.4217
11	51.1324	55.2061	59.5728	64.2512	69.2613	74.6241
12	73.1194	79.4968	86.3806	93.8068	101.8141	110.4436
13	104.5607	114.4755	125.2518	136.9579	149.6668	163.4565
14	149.5218	164.8447	181.6151	199.9586	220.0101	241.9157
15	213.8162	237.3763	263.3419	291.9395	323.4149	358.0352
16	305.7571	341.8219	381.8458	426.2316	475.4199	529.8921
17	437.2327	492.2235	553.6764	622.2982	698.8673	784.2403
18	625.2428	708.8019	802.8308	908.5554	1027.3349	1160.6757
19	894.0972	1020.6747	1164.1047	1326.4909	1510.1822	1717.8000
20	1278.5589	1469.7716	1687.9518	1936.6766	2219.9679	2542.3440
21	1828.3393	2116.4711	2447.5301	2827.5479	3263.3528	3762.6691
22	2614.5252	3047.7183	3548.9187	4128.2199	4797.1286	5568.7502
23	3738.7710	4388.7144	5145.9321	6027.2011	7051.7791	8241.7503
24	5346.4425	6319.7487	7461.6015	8799.7136	10366.1153	12197.7905
25	7645.4128	9100.4382	10819.3222	12847.5819	15238.1895	18052.7299
26	10932.9402	13104.6309	15688.0172	18757.4696	22400.1385	26718.0403
27	15634.1045	18870.6685	22747.6250	27385.9056	32928.2036	39542.6996
28	22356.7695	27173.7627	32984.0563	39983.4221	48404.4593	58523.1954
29	31970.1804	39130.2183	47826.8816	58375.7963	71154.5551	86614.3292
30	45717.3579	56347.5144	69348.9783	85228.6626	104597.1960	128189.2073
31	65375.8218	81140.4207	100556.0185	124433.8474	153757.8782	189720.0268
32	93487.4252	116842.2058	145806.2269	181673.4172	226024.0809	280785.6396
33	133687.0181	168252.7763	211419.0289	265243.1891	332255.3989	415562.7466
34	191172.4358	242283.9979	306557.5920	387255.0561	488415.4364	615032.8650
35	273376.5833	348888.9569	444508.5083	565392.3818	717970.6916	910248.6402
36	390928.5141	502400.0980	644537.3371	825472.8775	1055416.9166	1347167.9875
37	559027.7751	723456.1411	934579.1388	1205190.4011	1551462.8674	1993808.6215
38	799409.7184	1041776.8432	1355139.7513	1759577.9856	2280650.4151	2950836.7598
39	1143155.8973	1500158.6542	1964952.6393	2568983.8590	3352556.1102	4367238.4045
40	1634712.9332	2160228.4620	2849181.3270	3750716.4342	4928257.4821	6463512.8387
41	2337639.4945	3110728.9853	4131312.9242	5476045.9939	7244538.4986	9565999.0013
42	3342824.4771	4479449.7388	5990403.7400	7995027.1511	10649471.5930	14157678.5219
43	4780239.0022	6450407.6239	8686085.4231	11672739.6406	15654723.2417	20953364.2124
44	6835741.7732	9288586.9784	12594823.8634	17042199.8752	23012443.1653	31010979.0343
45	9775110.7357	13375565.2489	18262494.6020	24881611.8178	33828291.4530	45896248.9707
46	13978408.3520	19260813.9585	26480617.1729	36327153.2540	49727588.4359	67926448.4767
47	19989123.9434	27735572.1002	38396894.9007	53037643.7508	73099555.0007	100531143.7455
48	28584447.2391	39939223.8243	55675497.6060	77434959.8762	107456345.8511	148786092.7434
49	40875759.5519	57512482.3070	80729471.5287	113055041.4193	157960828.4011	220203417.2602
50	58452336.1592	82817974.5220	117057733.7166	165060360.4722	232202417.7496	325901057.5451

Table 1 Valeur future d'un montant actuel

Période	49%	50%
1	1.4900	1.5000
2	2.2201	2.2500
3	3.3079	3.3750
4	4.9288	5.0625
5	7.3440	7.5938
6	10.9425	11.3906
7	16.3044	17.0859
8	24.2935	25.6289
9	36.1973	38.4434
10	53.9340	57.6650
11	80.3617	86.4976
12	119.7389	129.7463
13	178.4109	194.6195
14	265.8323	291.9293
15	396.0901	437.8939
16	590.1743	656.8408
17	879.3597	985.2613
18	1310.2460	1477.8919
19	1952.2665	2216.8378
20	2908.8771	3325.2567
21	4334.2268	4987.8851
22	6457.9980	7481.8276
23	9622.4170	11222.7415
24	14337.4013	16834.1122
25	21362.7280	25251.1683
26	31830.4647	37876.7524
27	47427.3924	56815.1287
28	70666.8146	85222.6930
29	105293.5538	127834.0395
30	156887.3952	191751.0592
31	233762.2188	287626.5888
32	348305.7060	431439.8833
33	518975.5019	647159.8249
34	773273.4979	970739.7374
35	1152177.5118	1456109.6060
36	1716744.4926	2184164.4091
37	2557949.2940	3276246.6136
38	3811344.4481	4914369.9204
39	5678903.2277	7371554.8806
40	8461565.8093	11057332.3209
41	12607733.0558	16585998.4814
42	18785522.2532	24878997.7221
43	27990428.1572	37318496.5832
44	41705737.9542	55977744.8748
45	62141549.5518	83966617.3121
46	92590908.8322	125949925.9682
47	137960454.1600	188924888.9523
48	205561076.6984	283387333.4285
49	306286004.2806	425081000.1427
50	456366146.3782	637621500.2140

Table 2 Valeur actuelle d'un montant futur

$V_a = M_f \ (1 + i)^{-n}$

Période	1%	2%	3%	4%	5%	6%	7%	8%	9%	10%
1	0.9901	0.9804	0.9709	0.9615	0.9524	0.9434	0.9346	0.9259	0.9174	0.9091
2	0.9803	0.9612	0.9426	0.9246	0.9070	0.8900	0.8734	0.8573	0.8417	0.8264
3	0.9706	0.9423	0.9151	0.8890	0.8638	0.8396	0.8163	0.7938	0.7722	0.7513
4	0.9610	0.9238	0.8885	0.8548	0.8227	0.7921	0.7629	0.7350	0.7084	0.6830
5	0.9515	0.9057	0.8626	0.8219	0.7835	0.7473	0.7130	0.6806	0.6499	0.6209
6	0.9420	0.8880	0.8375	0.7903	0.7462	0.7050	0.6663	0.6302	0.5963	0.5645
7	0.9327	0.8706	0.8131	0.7599	0.7107	0.6651	0.6227	0.5835	0.5470	0.5132
8	0.9235	0.8535	0.7894	0.7307	0.6768	0.6274	0.5820	0.5403	0.5019	0.4665
9	0.9143	0.8368	0.7664	0.7026	0.6446	0.5919	0.5439	0.5002	0.4604	0.4241
10	0.9053	0.8203	0.7441	0.6756	0.6139	0.5584	0.5083	0.4632	0.4224	0.3855
11	0.8963	0.8043	0.7224	0.6496	0.5847	0.5268	0.4751	0.4289	0.3875	0.3505
12	0.8874	0.7885	0.7014	0.6246	0.5568	0.4970	0.4440	0.3971	0.3555	0.3186
13	0.8787	0.7730	0.6810	0.6006	0.5303	0.4688	0.4150	0.3677	0.3262	0.2897
14	0.8700	0.7579	0.6611	0.5775	0.5051	0.4423	0.3878	0.3405	0.2992	0.2633
15	0.8613	0.7430	0.6419	0.5553	0.4810	0.4173	0.3624	0.3152	0.2745	0.2394
16	0.8528	0.7284	0.6232	0.5339	0.4581	0.3936	0.3387	0.2919	0.2519	0.2176
17	0.8444	0.7142	0.6050	0.5134	0.4363	0.3714	0.3166	0.2703	0.2311	0.1978
18	0.8360	0.7002	0.5874	0.4936	0.4155	0.3503	0.2959	0.2502	0.2120	0.1799
19	0.8277	0.6864	0.5703	0.4746	0.3957	0.3305	0.2765	0.2317	0.1945	0.1635
20	0.8195	0.6730	0.5537	0.4564	0.3769	0.3118	0.2584	0.2145	0.1784	0.1486
21	0.8114	0.6598	0.5375	0.4388	0.3589	0.2942	0.2415	0.1987	0.1637	0.1351
22	0.8034	0.6468	0.5219	0.4220	0.3418	0.2775	0.2257	0.1839	0.1502	0.1228
23	0.7954	0.6342	0.5067	0.4057	0.3256	0.2618	0.2109	0.1703	0.1378	0.1117
24	0.7876	0.6217	0.4919	0.3901	0.3101	0.2470	0.1971	0.1577	0.1264	0.1015
25	0.7798	0.6095	0.4776	0.3751	0.2953	0.2330	0.1842	0.1460	0.1160	0.0923
26	0.7720	0.5976	0.4637	0.3607	0.2812	0.2198	0.1722	0.1352	0.1064	0.0839
27	0.7644	0.5859	0.4502	0.3468	0.2678	0.2074	0.1609	0.1252	0.0976	0.0763
28	0.7568	0.5744	0.4371	0.3335	0.2551	0.1956	0.1504	0.1159	0.0895	0.0693
29	0.7493	0.5631	0.4243	0.3207	0.2429	0.1846	0.1406	0.1073	0.0822	0.0630
30	0.7419	0.5521	0.4120	0.3083	0.2314	0.1741	0.1314	0.0994	0.0754	0.0573
31	0.7346	0.5412	0.4000	0.2965	0.2204	0.1643	0.1228	0.0920	0.0691	0.0521
32	0.7273	0.5306	0.3883	0.2851	0.2099	0.1550	0.1147	0.0852	0.0634	0.0474
33	0.7201	0.5202	0.3770	0.2741	0.1999	0.1462	0.1072	0.0789	0.0582	0.0431
34	0.7130	0.5100	0.3660	0.2636	0.1904	0.1379	0.1002	0.0730	0.0534	0.0391
35	0.7059	0.5000	0.3554	0.2534	0.1813	0.1301	0.0937	0.0676	0.0490	0.0356
36	0.6989	0.4902	0.3450	0.2437	0.1727	0.1227	0.0875	0.0626	0.0449	0.0323
37	0.6920	0.4806	0.3350	0.2343	0.1644	0.1158	0.0818	0.0580	0.0412	0.0294
38	0.6852	0.4712	0.3252	0.2253	0.1566	0.1092	0.0765	0.0537	0.0378	0.0267
39	0.6784	0.4619	0.3158	0.2166	0.1491	0.1031	0.0715	0.0497	0.0347	0.0243
40	0.6717	0.4529	0.3066	0.2083	0.1420	0.0972	0.0668	0.0460	0.0318	0.0221
41	0.6650	0.4440	0.2976	0.2003	0.1353	0.0917	0.0624	0.0426	0.0292	0.0201
42	0.6584	0.4353	0.2890	0.1926	0.1288	0.0865	0.0583	0.0395	0.0268	0.0183
43	0.6519	0.4268	0.2805	0.1852	0.1227	0.0816	0.0545	0.0365	0.0246	0.0166
44	0.6454	0.4184	0.2724	0.1780	0.1169	0.0770	0.0509	0.0338	0.0226	0.0151
45	0.6391	0.4102	0.2644	0.1712	0.1113	0.0727	0.0476	0.0313	0.0207	0.0137
46	0.6327	0.4022	0.2567	0.1646	0.1060	0.0685	0.0445	0.0290	0.0190	0.0125
47	0.6265	0.3943	0.2493	0.1583	0.1009	0.0647	0.0416	0.0269	0.0174	0.0113
48	0.6203	0.3865	0.2420	0.1522	0.0961	0.0610	0.0389	0.0249	0.0160	0.0103
49	0.6141	0.3790	0.2350	0.1463	0.0916	0.0575	0.0363	0.0230	0.0147	0.0094
50	0.6080	0.3715	0.2281	0.1407	0.0872	0.0543	0.0339	0.0213	0.0134	0.0085

Table 2 Valeur actuelle d'un montant futur

Période	11%	12%	13%	14%	15%	16%	17%	18%	19%	20%
1	0.9009	0.8929	0.8850	0.8772	0.8696	0.8621	0.8547	0.8475	0.8403	0.8333
2	0.8116	0.7972	0.7831	0.7695	0.7561	0.7432	0.7305	0.7182	0.7062	0.6944
3	0.7312	0.7118	0.6931	0.6750	0.6575	0.6407	0.6244	0.6086	0.5934	0.5787
4	0.6587	0.6355	0.6133	0.5921	0.5718	0.5523	0.5337	0.5158	0.4987	0.4823
5	0.5935	0.5674	0.5428	0.5194	0.4972	0.4761	0.4561	0.4371	0.4190	0.4019
6	0.5346	0.5066	0.4803	0.4556	0.4323	0.4104	0.3898	0.3704	0.3521	0.3349
7	0.4817	0.4523	0.4251	0.3996	0.3759	0.3538	0.3332	0.3139	0.2959	0.2791
8	0.4339	0.4039	0.3762	0.3506	0.3269	0.3050	0.2848	0.2660	0.2487	0.2326
9	0.3909	0.3606	0.3329	0.3075	0.2843	0.2630	0.2434	0.2255	0.2090	0.1938
10	0.3522	0.3220	0.2946	0.2697	0.2472	0.2267	0.2080	0.1911	0.1756	0.1615
11	0.3173	0.2875	0.2607	0.2366	0.2149	0.1954	0.1778	0.1619	0.1476	0.1346
12	0.2858	0.2567	0.2307	0.2076	0.1869	0.1685	0.1520	0.1372	0.1240	0.1122
13	0.2575	0.2292	0.2042	0.1821	0.1625	0.1452	0.1299	0.1163	0.1042	0.0935
14	0.2320	0.2046	0.1807	0.1597	0.1413	0.1252	0.1110	0.0985	0.0876	0.0779
15	0.2090	0.1827	0.1599	0.1401	0.1229	0.1079	0.0949	0.0835	0.0736	0.0649
16	0.1883	0.1631	0.1415	0.1229	0.1069	0.0930	0.0811	0.0708	0.0618	0.0541
17	0.1696	0.1456	0.1252	0.1078	0.0929	0.0802	0.0693	0.0600	0.0520	0.0451
18	0.1528	0.1300	0.1108	0.0946	0.0808	0.0691	0.0592	0.0508	0.0437	0.0376
19	0.1377	0.1161	0.0981	0.0829	0.0703	0.0596	0.0506	0.0431	0.0367	0.0313
20	0.1240	0.1037	0.0868	0.0728	0.0611	0.0514	0.0433	0.0365	0.0308	0.0261
21	0.1117	0.0926	0.0768	0.0638	0.0531	0.0443	0.0370	0.0309	0.0259	0.0217
22	0.1007	0.0826	0.0680	0.0560	0.0462	0.0382	0.0316	0.0262	0.0218	0.0181
23	0.0907	0.0738	0.0601	0.0491	0.0402	0.0329	0.0270	0.0222	0.0183	0.0151
24	0.0817	0.0659	0.0532	0.0431	0.0349	0.0284	0.0231	0.0188	0.0154	0.0126
25	0.0736	0.0588	0.0471	0.0378	0.0304	0.0245	0.0197	0.0160	0.0129	0.0105
26	0.0663	0.0525	0.0417	0.0331	0.0264	0.0211	0.0169	0.0135	0.0109	0.0087
27	0.0597	0.0469	0.0369	0.0291	0.0230	0.0182	0.0144	0.0115	0.0091	0.0073
28	0.0538	0.0419	0.0326	0.0255	0.0200	0.0157	0.0123	0.0097	0.0077	0.0061
29	0.0485	0.0374	0.0289	0.0224	0.0174	0.0135	0.0105	0.0082	0.0064	0.0051
30	0.0437	0.0334	0.0256	0.0196	0.0151	0.0116	0.0090	0.0070	0.0054	0.0042
31	0.0394	0.0298	0.0226	0.0172	0.0131	0.0100	0.0077	0.0059	0.0046	0.0035
32	0.0355	0.0266	0.0200	0.0151	0.0114	0.0087	0.0066	0.0050	0.0038	0.0029
33	0.0319	0.0238	0.0177	0.0132	0.0099	0.0075	0.0056	0.0042	0.0032	0.0024
34	0.0288	0.0212	0.0157	0.0116	0.0086	0.0064	0.0048	0.0036	0.0027	0.0020
35	0.0259	0.0189	0.0139	0.0102	0.0075	0.0055	0.0041	0.0030	0.0023	0.0017
36	0.0234	0.0169	0.0123	0.0089	0.0065	0.0048	0.0035	0.0026	0.0019	0.0014
37	0.0210	0.0151	0.0109	0.0078	0.0057	0.0041	0.0030	0.0022	0.0016	0.0012
38	0.0190	0.0135	0.0096	0.0069	0.0049	0.0036	0.0026	0.0019	0.0013	0.0010
39	0.0171	0.0120	0.0085	0.0060	0.0043	0.0031	0.0022	0.0016	0.0011	0.0008
40	0.0154	0.0107	0.0075	0.0053	0.0037	0.0026	0.0019	0.0013	0.0010	0.0007
41	0.0139	0.0096	0.0067	0.0046	0.0032	0.0023	0.0016	0.0011	0.0008	0.0006
42	0.0125	0.0086	0.0059	0.0041	0.0028	0.0020	0.0014	0.0010	0.0007	0.0005
43	0.0112	0.0076	0.0052	0.0036	0.0025	0.0017	0.0012	0.0008	0.0006	0.0004
44	0.0101	0.0068	0.0046	0.0031	0.0021	0.0015	0.0010	0.0007	0.0005	0.0003
45	0.0091	0.0061	0.0041	0.0027	0.0019	0.0013	0.0009	0.0006	0.0004	0.0003
46	0.0082	0.0054	0.0036	0.0024	0.0016	0.0011	0.0007	0.0005	0.0003	0.0002
47	0.0074	0.0049	0.0032	0.0021	0.0014	0.0009	0.0006	0.0004	0.0003	0.0002
48	0.0067	0.0043	0.0028	0.0019	0.0012	0.0008	0.0005	0.0004	0.0002	0.0002
49	0.0060	0.0039	0.0025	0.0016	0.0011	0.0007	0.0005	0.0003	0.0002	0.0001
50	0.0054	0.0035	0.0022	0.0014	0.0009	0.0006	0.0004	0.0003	0.0002	0.0001

Table 2 Valeur actuelle d'un montant futur

Période	21%	22%	23%	24%	25%	26%	27%	28%	29%	30%
1	0.8264	0.8197	0.8130	0.8065	0.8000	0.7937	0.7874	0.7813	0.7752	0.7692
2	0.6830	0.6719	0.6610	0.6504	0.6400	0.6299	0.6200	0.6104	0.6009	0.5917
3	0.5645	0.5507	0.5374	0.5245	0.5120	0.4999	0.4882	0.4768	0.4658	0.4552
4	0.4665	0.4514	0.4369	0.4230	0.4096	0.3968	0.3844	0.3725	0.3611	0.3501
5	0.3855	0.3700	0.3552	0.3411	0.3277	0.3149	0.3027	0.2910	0.2799	0.2693
6	0.3186	0.3033	0.2888	0.2751	0.2621	0.2499	0.2383	0.2274	0.2170	0.2072
7	0.2633	0.2486	0.2348	0.2218	0.2097	0.1983	0.1877	0.1776	0.1682	0.1594
8	0.2176	0.2038	0.1909	0.1789	0.1678	0.1574	0.1478	0.1388	0.1304	0.1226
9	0.1799	0.1670	0.1552	0.1443	0.1342	0.1249	0.1164	0.1084	0.1011	0.0943
10	0.1486	0.1369	0.1262	0.1164	0.1074	0.0992	0.0916	0.0847	0.0784	0.0725
11	0.1228	0.1122	0.1026	0.0938	0.0859	0.0787	0.0721	0.0662	0.0607	0.0558
12	0.1015	0.0920	0.0834	0.0757	0.0687	0.0625	0.0568	0.0517	0.0471	0.0429
13	0.0839	0.0754	0.0678	0.0610	0.0550	0.0496	0.0447	0.0404	0.0365	0.0330
14	0.0693	0.0618	0.0551	0.0492	0.0440	0.0393	0.0352	0.0316	0.0283	0.0254
15	0.0573	0.0507	0.0448	0.0397	0.0352	0.0312	0.0277	0.0247	0.0219	0.0195
16	0.0474	0.0415	0.0364	0.0320	0.0281	0.0248	0.0218	0.0193	0.0170	0.0150
17	0.0391	0.0340	0.0296	0.0258	0.0225	0.0197	0.0172	0.0150	0.0132	0.0116
18	0.0323	0.0279	0.0241	0.0208	0.0180	0.0156	0.0135	0.0118	0.0102	0.0089
19	0.0267	0.0229	0.0196	0.0168	0.0144	0.0124	0.0107	0.0092	0.0079	0.0068
20	0.0221	0.0187	0.0159	0.0135	0.0115	0.0098	0.0084	0.0072	0.0061	0.0053
21	0.0183	0.0154	0.0129	0.0109	0.0092	0.0078	0.0066	0.0056	0.0048	0.0040
22	0.0151	0.0126	0.0105	0.0088	0.0074	0.0062	0.0052	0.0044	0.0037	0.0031
23	0.0125	0.0103	0.0086	0.0071	0.0059	0.0049	0.0041	0.0034	0.0029	0.0024
24	0.0103	0.0085	0.0070	0.0057	0.0047	0.0039	0.0032	0.0027	0.0022	0.0018
25	0.0085	0.0069	0.0057	0.0046	0.0038	0.0031	0.0025	0.0021	0.0017	0.0014
26	0.0070	0.0057	0.0046	0.0037	0.0030	0.0025	0.0020	0.0016	0.0013	0.0011
27	0.0058	0.0047	0.0037	0.0030	0.0024	0.0019	0.0016	0.0013	0.0010	0.0008
28	0.0048	0.0038	0.0030	0.0024	0.0019	0.0015	0.0012	0.0010	0.0008	0.0006
29	0.0040	0.0031	0.0025	0.0020	0.0015	0.0012	0.0010	0.0008	0.0006	0.0005
30	0.0033	0.0026	0.0020	0.0016	0.0012	0.0010	0.0008	0.0006	0.0005	0.0004
31	0.0027	0.0021	0.0016	0.0013	0.0010	0.0008	0.0006	0.0005	0.0004	0.0003
32	0.0022	0.0017	0.0013	0.0010	0.0008	0.0006	0.0005	0.0004	0.0003	0.0002
33	0.0019	0.0014	0.0011	0.0008	0.0006	0.0005	0.0004	0.0003	0.0002	0.0002
34	0.0015	0.0012	0.0009	0.0007	0.0005	0.0004	0.0003	0.0002	0.0002	0.0001
35	0.0013	0.0009	0.0007	0.0005	0.0004	0.0003	0.0002	0.0002	0.0001	0.0001
36	0.0010	0.0008	0.0006	0.0004	0.0003	0.0002	0.0002	0.0001	0.0001	0.0001
37	0.0009	0.0006	0.0005	0.0003	0.0003	0.0002	0.0001	0.0001	0.0001	0.0001
38	0.0007	0.0005	0.0004	0.0003	0.0002	0.0002	0.0001	0.0001	0.0001	0.0000
39	0.0006	0.0004	0.0003	0.0002	0.0002	0.0001	0.0001	0.0001	0.0000	
40	0.0005	0.0004	0.0003	0.0002	0.0001	0.0001	0.0001	0.0001		
41	0.0004	0.0003	0.0002	0.0001	0.0001	0.0001	0.0001	0.0000		
42	0.0003	0.0002	0.0002	0.0001	0.0001	0.0001	0.0000			
43	0.0003	0.0002	0.0001	0.0001	0.0001	0.0000				
44	0.0002	0.0002	0.0001	0.0001	0.0001					
45	0.0002	0.0001	0.0001	0.0001	0.0000					
46	0.0002	0.0001	0.0001	0.0001						
47	0.0001	0.0001	0.0001	0.0000						
48	0.0001	0.0001	0.0000							
49	0.0001	0.0001								
50	0.0001	0.0000								

Table 2 Valeur actuelle d'un montant futur

Période	31%	32%	33%	34%	35%	36%	37%	38%	39%	40%
1	0.7634	0.7576	0.7519	0.7463	0.7407	0.7353	0.7299	0.7246	0.7194	0.7143
2	0.5827	0.5739	0.5653	0.5569	0.5487	0.5407	0.5328	0.5251	0.5176	0.5102
3	0.4448	0.4348	0.4251	0.4156	0.4064	0.3975	0.3889	0.3805	0.3724	0.3644
4	0.3396	0.3294	0.3196	0.3102	0.3011	0.2923	0.2839	0.2757	0.2679	0.2603
5	0.2592	0.2495	0.2403	0.2315	0.2230	0.2149	0.2072	0.1998	0.1927	0.1859
6	0.1979	0.1890	0.1807	0.1727	0.1652	0.1580	0.1512	0.1448	0.1386	0.1328
7	0.1510	0.1432	0.1358	0.1289	0.1224	0.1162	0.1104	0.1049	0.0997	0.0949
8	0.1153	0.1085	0.1021	0.0962	0.0906	0.0854	0.0806	0.0760	0.0718	0.0678
9	0.0880	0.0822	0.0768	0.0718	0.0671	0.0628	0.0588	0.0551	0.0516	0.0484
10	0.0672	0.0623	0.0577	0.0536	0.0497	0.0462	0.0429	0.0399	0.0371	0.0346
11	0.0513	0.0472	0.0434	0.0400	0.0368	0.0340	0.0313	0.0289	0.0267	0.0247
12	0.0392	0.0357	0.0326	0.0298	0.0273	0.0250	0.0229	0.0210	0.0192	0.0176
13	0.0299	0.0271	0.0245	0.0223	0.0202	0.0184	0.0167	0.0152	0.0138	0.0126
14	0.0228	0.0205	0.0185	0.0166	0.0150	0.0135	0.0122	0.0110	0.0099	0.0090
15	0.0174	0.0155	0.0139	0.0124	0.0111	0.0099	0.0089	0.0080	0.0072	0.0064
16	0.0133	0.0118	0.0104	0.0093	0.0082	0.0073	0.0065	0.0058	0.0051	0.0046
17	0.0101	0.0089	0.0078	0.0069	0.0061	0.0054	0.0047	0.0042	0.0037	0.0033
18	0.0077	0.0068	0.0059	0.0052	0.0045	0.0039	0.0035	0.0030	0.0027	0.0023
19	0.0059	0.0051	0.0044	0.0038	0.0033	0.0029	0.0025	0.0022	0.0019	0.0017
20	0.0045	0.0039	0.0033	0.0029	0.0025	0.0021	0.0018	0.0016	0.0014	0.0012
21	0.0034	0.0029	0.0025	0.0021	0.0018	0.0016	0.0013	0.0012	0.0010	0.0009
22	0.0026	0.0022	0.0019	0.0016	0.0014	0.0012	0.0010	0.0008	0.0007	0.0006
23	0.0020	0.0017	0.0014	0.0012	0.0010	0.0008	0.0007	0.0006	0.0005	0.0004
24	0.0015	0.0013	0.0011	0.0009	0.0007	0.0006	0.0005	0.0004	0.0004	0.0003
25	0.0012	0.0010	0.0008	0.0007	0.0006	0.0005	0.0004	0.0003	0.0003	0.0002
26	0.0009	0.0007	0.0006	0.0005	0.0004	0.0003	0.0003	0.0002	0.0002	0.0002
27	0.0007	0.0006	0.0005	0.0004	0.0003	0.0002	0.0002	0.0002	0.0001	0.0001
28	0.0005	0.0004	0.0003	0.0003	0.0002	0.0002	0.0001	0.0001	0.0001	0.0001
29	0.0004	0.0003	0.0003	0.0002	0.0002	0.0001	0.0001	0.0001	0.0001	0.0001
30	0.0003	0.0002	0.0002	0.0002	0.0001	0.0001	0.0001	0.0001	0.0001	0.0000
31	0.0002	0.0002	0.0001	0.0001	0.0001	0.0001	0.0001	0.0000	0.0000	
32	0.0002	0.0001	0.0001	0.0001	0.0001	0.0001	0.0000			
33	0.0001	0.0001	0.0001	0.0001	0.0001	0.0000				
34	0.0001	0.0001	0.0001	0.0000	0.0000					
35	0.0001	0.0001	0.0000							
36	0.0001	0.0000								
37	0.0000									

Table 2 Valeur actuelle d'un montant futur

Période	41%	42%	43%	44%	45%	46%	47%	48%	49%	50%
1	0.7092	0.7042	0.6993	0.6944	0.6897	0.6849	0.6803	0.6757	0.6711	0.6667
2	0.5030	0.4959	0.4890	0.4823	0.4756	0.4691	0.4628	0.4565	0.4504	0.4444
3	0.3567	0.3492	0.3420	0.3349	0.3280	0.3213	0.3148	0.3085	0.3023	0.2963
4	0.2530	0.2459	0.2391	0.2326	0.2262	0.2201	0.2142	0.2084	0.2029	0.1975
5	0.1794	0.1732	0.1672	0.1615	0.1560	0.1507	0.1457	0.1408	0.1362	0.1317
6	0.1273	0.1220	0.1169	0.1122	0.1076	0.1032	0.0991	0.0952	0.0914	0.0878
7	0.0903	0.0859	0.0818	0.0779	0.0742	0.0707	0.0674	0.0643	0.0613	0.0585
8	0.0640	0.0605	0.0572	0.0541	0.0512	0.0484	0.0459	0.0434	0.0412	0.0390
9	0.0454	0.0426	0.0400	0.0376	0.0353	0.0332	0.0312	0.0294	0.0276	0.0260
10	0.0322	0.0300	0.0280	0.0261	0.0243	0.0227	0.0212	0.0198	0.0185	0.0173
11	0.0228	0.0211	0.0196	0.0181	0.0168	0.0156	0.0144	0.0134	0.0124	0.0116
12	0.0162	0.0149	0.0137	0.0126	0.0116	0.0107	0.0098	0.0091	0.0084	0.0077
13	0.0115	0.0105	0.0096	0.0087	0.0080	0.0073	0.0067	0.0061	0.0056	0.0051
14	0.0081	0.0074	0.0067	0.0061	0.0055	0.0050	0.0045	0.0041	0.0038	0.0034
15	0.0058	0.0052	0.0047	0.0042	0.0038	0.0034	0.0031	0.0028	0.0025	0.0023
16	0.0041	0.0037	0.0033	0.0029	0.0026	0.0023	0.0021	0.0019	0.0017	0.0015
17	0.0029	0.0026	0.0023	0.0020	0.0018	0.0016	0.0014	0.0013	0.0011	0.0010
18	0.0021	0.0018	0.0016	0.0014	0.0012	0.0011	0.0010	0.0009	0.0008	0.0007
19	0.0015	0.0013	0.0011	0.0010	0.0009	0.0008	0.0007	0.0006	0.0005	0.0005
20	0.0010	0.0009	0.0008	0.0007	0.0006	0.0005	0.0005	0.0004	0.0003	0.0003
21	0.0007	0.0006	0.0005	0.0005	0.0004	0.0004	0.0003	0.0003	0.0002	0.0002
22	0.0005	0.0004	0.0004	0.0003	0.0003	0.0002	0.0002	0.0002	0.0002	0.0001
23	0.0004	0.0003	0.0003	0.0002	0.0002	0.0002	0.0001	0.0001	0.0001	0.0001
24	0.0003	0.0002	0.0002	0.0002	0.0001	0.0001	0.0001	0.0001	0.0001	0.0001
25	0.0002	0.0002	0.0001	0.0001	0.0001	0.0001	0.0001	0.0001	0.0000	0.0000
26	0.0001	0.0001	0.0001	0.0001	0.0001	0.0001	0.0000	0.0000		
27	0.0001	0.0001	0.0001	0.0001	0.0000	0.0000				
28	0.0001	0.0001	0.0000	0.0000						
29	0.0000	0.0000								

Table 3 Valeur future d'annuités

$$V_f = A\,\frac{(1+i)^n - 1}{i}$$

Période	1%	2%	3%	4%	5%	6%	7%	8%	9%	10%
1	1.0000	1.0000	1.0000	1.0000	1.0000	1.0000	1.0000	1.0000	1.0000	1.0000
2	2.0100	2.0200	2.0300	2.0400	2.0500	2.0600	2.0700	2.0800	2.0900	2.1000
3	3.0301	3.0604	3.0909	3.1216	3.1525	3.1836	3.2149	3.2464	3.2781	3.3100
4	4.0604	4.1216	4.1836	4.2465	4.3101	4.3746	4.4399	4.5061	4.5731	4.6410
5	5.1010	5.2040	5.3091	5.4163	5.5256	5.6371	5.7507	5.8666	5.9847	6.1051
6	6.1520	6.3081	6.4684	6.6330	6.8019	6.9753	7.1533	7.3359	7.5233	7.7156
7	7.2135	7.4343	7.6625	7.8983	8.1420	8.3938	8.6540	8.9228	9.2004	9.4872
8	8.2857	8.5830	8.8923	9.2142	9.5491	9.8975	10.2598	10.6366	11.0285	11.4359
9	9.3685	9.7546	10.1591	10.5828	11.0266	11.4913	11.9780	12.4876	13.0210	13.5795
10	10.4622	10.9497	11.4639	12.0061	12.5779	13.1808	13.8164	14.4866	15.1929	15.9374
11	11.5668	12.1687	12.8078	13.4864	14.2068	14.9716	15.7836	16.6455	17.5603	18.5312
12	12.6825	13.4121	14.1920	15.0258	15.9171	16.8699	17.8885	18.9771	20.1407	21.3843
13	13.8093	14.6803	15.6178	16.6268	17.7130	18.8821	20.1406	21.4953	22.9534	24.5227
14	14.9474	15.9739	17.0863	18.2919	19.5986	21.0151	22.5505	24.2149	26.0192	27.9750
15	16.0969	17.2934	18.5989	20.0236	21.5786	23.2760	25.1290	27.1521	29.3609	31.7725
16	17.2579	18.6393	20.1569	21.8245	23.6575	25.6725	27.8881	30.3243	33.0034	35.9497
17	18.4304	20.0121	21.7616	23.6975	25.8404	28.2129	30.8402	33.7502	36.9737	40.5447
18	19.6147	21.4123	23.4144	25.6454	28.1324	30.9057	33.9990	37.4502	41.3013	45.5992
19	20.8109	22.8406	25.1169	27.6712	30.5390	33.7600	37.3790	41.4463	46.0185	51.1591
20	22.0190	24.2974	26.8704	29.7781	33.0660	36.7856	40.9955	45.7620	51.1601	57.2750
21	23.2392	25.7833	28.6765	31.9692	35.7193	39.9927	44.8652	50.4229	56.7645	64.0025
22	24.4716	27.2990	30.5368	34.2480	38.5052	43.3923	49.0057	55.4568	62.8733	71.4027
23	25.7163	28.8450	32.4529	36.6179	41.4305	46.9958	53.4361	60.8933	69.5319	79.5430
24	26.9735	30.4219	34.4265	39.0826	44.5020	50.8156	58.1767	66.7648	76.7898	88.4973
25	28.2432	32.0303	36.4593	41.6459	47.7271	54.8645	63.2490	73.1059	84.7009	98.3471
26	29.5256	33.6709	38.5530	44.3117	51.1135	59.1564	68.6765	79.9544	93.3240	109.1818
27	30.8209	35.3443	40.7096	47.0842	54.6691	63.7058	74.4838	87.3508	102.7231	121.0999
28	32.1291	37.0512	42.9309	49.9676	58.4026	68.5281	80.6977	95.3388	112.9682	134.2099
29	33.4504	38.7922	45.2189	52.9663	62.3227	73.6398	87.3465	103.9659	124.1354	148.6309
30	34.7849	40.5681	47.5754	56.0849	66.4388	79.0582	94.4608	113.2832	136.3075	164.4940
31	36.1327	42.3794	50.0027	59.3283	70.7608	84.8017	102.0730	123.3459	149.5752	181.9434
32	37.4941	44.2270	52.5028	62.7015	75.2988	90.8898	110.2182	134.2135	164.0370	201.1378
33	38.8690	46.1116	55.0778	66.2095	80.0638	97.3432	118.9334	145.9506	179.8003	222.2515
34	40.2577	48.0338	57.7302	69.8579	85.0670	104.1838	128.2588	158.6267	196.9823	245.4767
35	41.6603	49.9945	60.4621	73.6522	90.3203	111.4348	138.2369	172.3168	215.7108	271.0244
36	43.0769	51.9944	63.2759	77.5983	95.8363	119.1209	148.9135	187.1021	236.1247	299.1268
37	44.5076	54.0343	66.1742	81.7022	101.6281	127.2681	160.3374	203.0703	258.3759	330.0395
38	45.9527	56.1149	69.1594	85.9703	107.7095	135.9042	172.5610	220.3159	282.6298	364.0434
39	47.4123	58.2372	72.2342	90.4091	114.0950	145.0585	185.6403	238.9412	309.0665	401.4478
40	48.8864	60.4020	75.4013	95.0255	120.7998	154.7620	199.6351	259.0565	337.8824	442.5926
41	50.3752	62.6100	78.6633	99.8265	127.8398	165.0477	214.6096	280.7810	369.2919	487.8518
42	51.8790	64.8622	82.0232	104.8196	135.2318	175.9505	230.6322	304.2435	403.5281	537.6370
43	53.3978	67.1595	85.4839	110.0124	142.9933	187.5076	247.7765	329.5830	440.8457	592.4007
44	54.9318	69.5027	89.0484	115.4129	151.1430	199.7580	266.1209	356.9496	481.5218	652.6408
45	56.4811	71.8927	92.7199	121.0294	159.7002	212.7435	285.7493	386.5056	525.8587	718.9048
46	58.0459	74.3306	96.5015	126.8706	168.6852	226.5081	306.7518	418.4261	574.1860	791.7953
47	59.6263	76.8172	100.3965	132.9454	178.1194	241.0986	329.2244	452.9002	626.8628	871.9749
48	61.2226	79.3535	104.4084	139.2632	188.0254	256.5645	353.2701	490.1322	684.2804	960.1723
49	62.8348	81.9406	108.5406	145.8337	198.4267	272.9584	378.9990	530.3427	746.8656	1057.1896
50	64.4632	84.5794	112.7969	152.6671	209.3480	290.3359	406.5289	573.7702	815.0836	1163.9085

Table 3 Valeur future d'annuités

Période	11%	12%	13%	14%	15%	16%	17%	18%	19%
1	1.0000	1.0000	1.0000	1.0000	1.0000	1.0000	1.0000	1.0000	1.0000
2	2.1100	2.1200	2.1300	2.1400	2.1500	2.1600	2.1700	2.1800	2.1900
3	3.3421	3.3744	3.4069	3.4396	3.4725	3.5056	3.5389	3.5724	3.6061
4	4.7097	4.7793	4.8498	4.9211	4.9934	5.0665	5.1405	5.2154	5.2913
5	6.2278	6.3528	6.4803	6.6101	6.7424	6.8771	7.0144	7.1542	7.2966
6	7.9129	8.1152	8.3227	8.5355	8.7537	8.9775	9.2068	9.4420	9.6830
7	9.7833	10.0890	10.4047	10.7305	11.0668	11.4139	11.7720	12.1415	12.5227
8	11.8594	12.2997	12.7573	13.2328	13.7268	14.2401	14.7733	15.3270	15.9020
9	14.1640	14.7757	15.4157	16.0853	16.7858	17.5185	18.2847	19.0859	19.9234
10	16.7220	17.5487	18.4197	19.3373	20.3037	21.3215	22.3931	23.5213	24.7089
11	19.5614	20.6546	21.8143	23.0445	24.3493	25.7329	27.1999	28.7551	30.4035
12	22.7132	24.1331	25.6502	27.2707	29.0017	30.8502	32.8239	34.9311	37.1802
13	26.2116	28.0291	29.9847	32.0887	34.3519	36.7862	39.4040	42.2187	45.2445
14	30.0949	32.3926	34.8827	37.5811	40.5047	43.6720	47.1027	50.8180	54.8409
15	34.4054	37.2797	40.4175	43.8424	47.5804	51.6595	56.1101	60.9653	66.2607
16	39.1899	42.7533	46.6717	50.9804	55.7175	60.9250	66.6488	72.9390	79.8502
17	44.5008	48.8837	53.7391	59.1176	65.0751	71.6730	78.9792	87.0680	96.0218
18	50.3959	55.7497	61.7251	68.3941	75.8364	84.1407	93.4056	103.7403	115.2659
19	56.9395	63.4397	70.7494	78.9692	88.2118	98.6032	110.2846	123.4135	138.1664
20	64.2028	72.0524	80.9468	91.0249	102.4436	115.3797	130.0329	146.6280	165.4180
21	72.2651	81.6987	92.4699	104.7684	118.8101	134.8405	153.1385	174.0210	197.8474
22	81.2143	92.5026	105.4910	120.4360	137.6316	157.4150	180.1721	206.3448	236.4385
23	91.1479	104.6029	120.2048	138.2970	159.2764	183.6014	211.8013	244.4868	282.3618
24	102.1742	118.1552	136.8315	158.6586	184.1678	213.9776	248.8076	289.4945	337.0105
25	114.4133	133.3339	155.6196	181.8708	212.7930	249.2140	292.1049	342.6035	402.0425
26	127.9988	150.3339	176.8501	208.3327	245.7120	290.0883	342.7627	405.2721	479.4306
27	143.0786	169.3740	200.8406	238.4993	283.5688	337.5024	402.0323	479.2211	571.5224
28	159.8173	190.6989	227.9499	272.8892	327.1041	392.5028	471.3778	566.4809	681.1116
29	178.3972	214.5828	258.5834	312.0937	377.1697	456.3032	552.5121	669.4475	811.5228
30	199.0209	241.3327	293.1992	356.7868	434.7451	530.3117	647.4391	790.9480	966.7122
31	221.9132	271.2926	332.3151	407.7370	500.9569	616.1616	758.5038	934.3186	1151.3875
32	247.3236	304.8477	376.5161	465.8202	577.1005	715.7475	888.4494	1103.4960	1371.1511
33	275.5292	342.4294	426.4632	532.0350	664.6655	831.2671	1040.4858	1303.1253	1632.6698
34	306.8374	384.5210	482.9034	607.5199	765.3654	965.2698	1218.3684	1538.6878	1943.8771
35	341.5896	431.6635	546.6808	693.5727	881.1702	1120.7130	1426.4910	1816.6516	2314.2137
36	380.1644	484.4631	618.7493	791.6729	1014.3457	1301.0270	1669.9945	2144.6489	2754.9143
37	422.9825	543.5987	700.1867	903.5071	1167.4975	1510.1914	1954.8936	2531.6857	3279.3481
38	470.5106	609.8305	792.2110	1030.9981	1343.6222	1752.8220	2288.2255	2988.3891	3903.4242
39	523.2667	684.0102	896.1984	1176.3378	1546.1655	2034.2735	2678.2238	3527.2992	4646.0748
40	581.8261	767.0914	1013.7042	1342.0251	1779.0903	2360.7572	3134.5218	4163.2130	5529.8290
41	646.8269	860.1424	1146.4858	1530.9086	2046.9539	2739.4784	3668.3906	4913.5914	6581.4965
42	718.9779	964.3595	1296.5289	1746.2358	2354.9969	3178.7949	4293.0169	5799.0378	7832.9808
43	799.0655	1081.0826	1466.0777	1991.7088	2709.2465	3688.4021	5023.8298	6843.8646	9322.2472
44	887.9627	1211.8125	1657.6678	2271.5481	3116.6334	4279.5465	5878.8809	8076.7603	11094.4741
45	986.6386	1358.2300	1874.1646	2590.5648	3585.1285	4965.2739	6879.2907	9531.5771	13203.4242
46	1096.1688	1522.2176	2118.8060	2954.2439	4123.8977	5760.7177	8049.7701	11248.2610	15713.0748
47	1217.7474	1705.8838	2395.2508	3368.8380	4743.4824	6683.4326	9419.2310	13273.9480	18699.5590
48	1352.6996	1911.5898	2707.6334	3841.4753	5456.0047	7753.7818	11021.5002	15664.2586	22253.4753
49	1502.4965	2141.9806	3060.6258	4380.2819	6275.4055	8995.3869	12896.1553	18484.8251	26482.6356
50	1668.7712	2400.0182	3459.5071	4994.5213	7217.7163	10435.6488	15089.5017	21813.0937	31515.3363

Table 3 Valeur future d'annuités

Période	20%	21%	22%	23%	24%	25%	26%	27%
1	1.0000	1.0000	1.0000	1.0000	1.0000	1.0000	1.0000	1.0000
2	2.2000	2.2100	2.2200	2.2300	2.2400	2.2500	2.2600	2.2700
3	3.6400	3.6741	3.7084	3.7429	3.7776	3.8125	3.8476	3.8829
4	5.3680	5.4457	5.5242	5.6038	5.6842	5.7656	5.8480	5.9313
5	7.4416	7.5892	7.7396	7.8926	8.0484	8.2070	8.3684	8.5327
6	9.9299	10.1830	10.4423	10.7079	10.9801	11.2588	11.5442	11.8366
7	12.9159	13.3214	13.7396	14.1708	14.6153	15.0735	15.5458	16.0324
8	16.4991	17.1189	17.7623	18.4300	19.1229	19.8419	20.5876	21.3612
9	20.7989	21.7139	22.6700	23.6690	24.7125	25.8023	26.9404	28.1287
10	25.9587	27.2738	28.6574	30.1128	31.6434	33.2529	34.9449	36.7235
11	32.1504	34.0013	35.9620	38.0388	40.2379	42.5661	45.0306	47.6388
12	39.5805	42.1416	44.8737	47.7877	50.8950	54.2077	57.7386	61.5013
13	48.4966	51.9913	55.7459	59.7788	64.1097	68.7596	73.7506	79.1066
14	59.1959	63.9095	69.0100	74.5280	80.4961	86.9495	93.9258	101.4654
15	72.0351	78.3305	85.1922	92.6694	100.8151	109.6868	119.3465	129.8611
16	87.4421	95.7799	104.9345	114.9834	126.0108	138.1085	151.3766	165.9236
17	105.9306	116.8937	129.0201	142.4295	157.2534	173.6357	191.7345	211.7230
18	128.1167	142.4413	158.4045	176.1883	195.9942	218.0446	242.5855	269.8882
19	154.7400	173.3540	194.2535	217.7116	244.0328	273.5558	306.6577	343.7580
20	186.6880	210.7584	237.9893	268.7853	303.6006	342.9447	387.3887	437.5726
21	225.0256	256.0176	291.3469	331.6059	377.4648	429.6809	489.1098	556.7173
22	271.0307	310.7813	356.4432	408.8753	469.0563	538.1011	617.2783	708.0309
23	326.2369	377.0454	435.8607	503.9166	582.6298	673.6264	778.7707	900.1993
24	392.4842	457.2249	532.7501	620.8174	723.4610	843.0329	982.2511	1144.2531
25	471.9811	554.2422	650.9551	764.6054	898.0916	1054.7912	1238.6363	1454.2014
26	567.3773	671.6330	795.1653	941.4647	1114.6336	1319.4890	1561.6818	1847.8358
27	681.8528	813.6759	971.1016	1159.0016	1383.1457	1650.3612	1968.7191	2347.7515
28	819.2233	985.5479	1185.7440	1426.5719	1716.1007	2063.9515	2481.5860	2982.6443
29	984.0680	1193.5129	1447.6077	1755.6835	2128.9648	2580.9394	3127.7984	3788.9583
30	1181.8816	1445.1507	1767.0813	2160.4907	2640.9164	3227.1743	3942.0260	4812.9771
31	1419.2579	1749.6323	2156.8392	2658.4036	3275.7363	4034.9678	4967.9527	6113.4809
32	1704.1095	2118.0551	2632.3439	3270.8364	4062.9130	5044.7098	6260.6204	7765.1207
33	2045.9314	2563.8467	3212.4595	4024.1287	5039.0122	6306.8872	7889.3817	9862.7033
34	2456.1176	3103.2545	3920.2006	4950.6783	6249.3751	7884.6091	9941.6210	12526.6332
35	2948.3411	3755.9379	4783.6447	6090.3344	7750.2251	9856.7613	12527.4424	15909.8242
36	3539.0094	4545.6848	5837.0466	7492.1113	9611.2791	12321.9516	15785.5774	20206.4767
37	4247.8112	5501.2787	7122.1968	9216.2969	11918.9861	15403.4396	19890.8276	25663.2254
38	5098.3735	6657.5472	8690.0801	11337.0451	14780.5428	19255.2994	25063.4428	32593.2963
39	6119.0482	8056.6321	10602.8978	13945.5655	18328.8731	24070.1243	31580.9379	41394.4863
40	7343.8578	9749.5248	12936.5353	17154.0456	22728.8026	30088.6554	39792.9817	52571.9976
41	8813.6294	11797.9250	15783.5730	21100.4761	28184.7152	37611.8192	50140.1570	66767.4369
42	10577.3553	14276.4893	19256.9591	25954.5856	34950.0469	47015.7740	63177.5978	84795.6449
43	12693.8263	17275.5521	23494.4901	31925.1403	43339.0581	58770.7175	79604.7732	107691.4690
44	15233.5916	20904.4180	28664.2779	39268.9225	53741.4321	73464.3969	100303.0142	136769.1656
45	18281.3099	25295.3458	34971.4191	48301.7747	66640.3758	91831.4962	126382.7979	173697.8403
46	21938.5719	30608.3684	42666.1312	59412.1829	82635.0660	114790.3702	159243.3254	220597.2572
47	26327.2863	37037.1257	52053.6801	73077.9850	102468.4818	143488.9627	200647.5900	280159.5166
48	31593.7436	44815.9221	63506.4897	89886.9215	127061.9174	179362.2034	252816.9634	355803.5861
49	37913.4923	54228.2658	77478.9175	110561.9135	157557.7776	224203.7543	318550.3739	451871.5544
50	45497.1908	65617.2016	94525.2793	135992.1536	195372.6442	280255.6929	401374.4711	573877.8741

Table 3 Valeur future d'annuités

Période	28%	29%	30%	31%	32%	33%	34%
1	1.0000	1.0000	1.0000	1.0000	1.0000	1.0000	1.0000
2	2.2800	2.2900	2.3000	2.3100	2.3200	2.3300	2.3400
3	3.9184	3.9541	3.9900	4.0261	4.0624	4.0989	4.1356
4	6.0156	6.1008	6.1870	6.2742	6.3624	6.4515	6.5417
5	8.6999	8.8700	9.0431	9.2192	9.3983	9.5805	9.7659
6	12.1359	12.4423	12.7560	13.0771	13.4058	13.7421	14.0863
7	16.5339	17.0506	17.5828	18.1311	18.6956	19.2770	19.8756
8	22.1634	22.9953	23.8577	24.7517	25.6782	26.6384	27.6333
9	29.3692	30.6639	32.0150	33.4247	34.8953	36.4291	38.0287
10	38.5926	40.5564	42.6195	44.7864	47.0618	49.4507	51.9584
11	50.3985	53.3178	56.4053	59.6701	63.1215	66.7695	70.6243
12	65.5100	69.7800	74.3270	79.1679	84.3204	89.8034	95.6365
13	84.8529	91.0161	97.6250	104.7099	112.3030	120.4385	129.1529
14	109.6117	118.4108	127.9125	138.1700	149.2399	161.1833	174.0649
15	141.3029	153.7500	167.2863	182.0027	197.9967	215.3737	234.2470
16	181.8677	199.3374	218.4722	239.4235	262.3557	287.4471	314.8910
17	233.7907	258.1453	285.0139	314.6448	347.3095	383.3046	422.9539
18	300.2521	334.0074	371.5180	413.1847	459.4485	510.7951	567.7583
19	385.3227	431.8696	483.9734	542.2719	607.4721	680.3575	761.7961
20	494.2131	558.1118	630.1655	711.3762	802.8631	905.8755	1021.8068
21	633.5927	720.9642	820.2151	932.9028	1060.7793	1205.8144	1370.2211
22	811.9987	931.0438	1067.2796	1223.1027	1401.2287	1604.7332	1837.0962
23	1040.3583	1202.0465	1388.4635	1603.2645	1850.6219	2135.2951	2462.7089
24	1332.6586	1551.6400	1806.0026	2101.2765	2443.8209	2840.9425	3301.0300
25	1706.8031	2002.6156	2348.8033	2753.6722	3226.8436	3779.4536	4424.3801
26	2185.7079	2584.3741	3054.4443	3608.3106	4260.4336	5027.6732	5929.6694
27	2798.7061	3334.8426	3971.7776	4727.8868	5624.7723	6687.8054	7946.7570
28	3583.3438	4302.9470	5164.3109	6194.5318	7425.6994	8895.7812	10649.6543
29	4587.6801	5551.8016	6714.6042	8115.8366	9802.9233	11832.3890	14271.5368
30	5873.2306	7162.8241	8729.9855	10632.7460	12940.8587	15738.0774	19124.8593
31	7518.7351	9241.0431	11349.9811	13929.8972	17082.9335	20932.6429	25628.3115
32	9624.9810	11921.9456	14755.9755	18249.1653	22550.4722	27841.4150	34342.9374
33	12320.9756	15380.3098	19183.7681	23907.4066	29767.6233	37030.0820	46020.5362
34	15771.8488	19841.5997	24939.8985	31319.7026	39294.2628	49251.0090	61668.5185
35	20188.9665	25596.6636	32422.8681	41029.8105	51869.4269	65504.8420	82636.8147
36	25842.8771	33020.6960	42150.7285	53750.0517	68468.6435	87122.4399	110734.3317
37	33079.8826	42597.6978	54796.9471	70413.5677	90379.6094	115873.8451	148385.0045
38	42343.2498	54952.0302	71237.0312	92242.7737	119302.0844	154113.2139	198836.9061
39	54200.3597	70889.1190	92609.1405	120839.0336	157479.7515	204971.5745	266442.4541
40	69377.4604	91447.9635	120392.8827	158300.1340	207874.2719	272613.1941	357033.8885
41	88804.1494	117968.8729	156511.7475	207374.1756	274395.0390	362576.5482	478426.4106
42	113670.3112	152180.8460	203466.2718	271661.1700	362202.4514	482227.8091	641092.3902
43	145498.9983	196314.2913	264507.1533	355877.1327	478108.2359	641363.9861	859064.8029
44	186239.7178	253246.4358	343860.2993	466200.0438	631103.8714	853015.1015	1151147.8359
45	238387.8388	326688.9022	447019.3890	610723.0574	833058.1102	1134511.0850	1542539.1001
46	305137.4337	421429.6838	581126.2058	800048.2052	1099637.7055	1508900.7431	2067003.3942
47	390576.9151	543645.2922	755465.0675	1048064.1488	1451522.7712	2006838.9883	2769785.5482
48	499939.4514	701303.4269	982105.5877	1372965.0349	1916011.0580	2669096.8545	3711513.6346
49	639923.4978	904682.4207	1276738.2640	1798585.1957	2529135.5966	3549899.8165	4973429.2704
50	819103.0771	1167041.3227	1659760.7433	2356147.6064	3338459.9875	4721367.7559	6664396.2223

Table 3 Valeur future d'annuités

Période	35%	36%	37%	38%	39%	40%
1	1.0000	1.0000	1.0000	1.0000	1.0000	1.0000
2	2.3500	2.3600	2.3700	2.3800	2.3900	2.4000
3	4.1725	4.2096	4.2469	4.2844	4.3221	4.3600
4	6.6329	6.7251	6.8183	6.9125	7.0077	7.1040
5	9.9544	10.1461	10.3410	10.5392	10.7407	10.9456
6	14.4384	14.7987	15.1672	15.5441	15.9296	16.3238
7	20.4919	21.1262	21.7790	22.4509	23.1422	23.8534
8	28.6640	29.7316	30.8373	31.9822	33.1676	34.3947
9	39.6964	41.4350	43.2471	45.1354	47.1030	49.1526
10	54.5902	57.3516	60.2485	63.2869	66.4731	69.8137
11	74.6967	78.9982	83.5404	88.3359	93.3977	98.7391
12	101.8406	108.4375	115.4504	122.9036	130.8227	139.2348
13	138.4848	148.4750	159.1670	170.6070	182.8436	195.9287
14	187.9544	202.9260	219.0588	236.4376	255.1526	275.3002
15	254.7385	276.9793	301.1106	327.2839	355.6621	386.4202
16	344.8970	377.6919	413.5215	452.6518	495.3704	541.9883
17	466.6109	514.6610	567.5245	625.6595	689.5648	759.7837
18	630.9247	700.9389	778.5085	864.4101	959.4951	1064.6971
19	852.7483	954.2769	1067.5567	1193.8859	1334.6982	1491.5760
20	1152.2103	1298.8166	1463.5527	1648.5625	1856.2305	2089.2064
21	1556.4838	1767.3906	2006.0672	2276.0163	2581.1604	2925.8889
22	2102.2532	2404.6512	2749.3120	3141.9025	3588.8129	4097.2445
23	2839.0418	3271.3256	3767.5575	4336.8254	4989.4499	5737.1423
24	3833.7064	4450.0029	5162.5537	5985.8191	6936.3354	8032.9993
25	5176.5037	6053.0039	7073.6986	8261.4304	9642.5062	11247.1990
26	6989.2800	8233.0853	9691.9671	11401.7739	13404.0837	15747.0785
27	9436.5280	11197.9960	13278.9949	15735.4480	18632.6763	22046.9099
28	12740.3128	15230.2745	18193.2231	21715.9182	25900.4201	30866.6739
29	17200.4222	20714.1734	24925.7156	29968.9671	36002.5839	43214.3435
30	23221.5700	28172.2758	34149.2304	41358.1746	50044.5916	60501.0809
31	31350.1195	38315.2951	46785.4456	57075.2810	69562.9823	84702.5132
32	42323.6613	52109.8013	64097.0605	78764.8878	96693.5454	118584.5185
33	57137.9428	70870.3298	87813.9728	108696.5451	134405.0282	166019.3260
34	77137.2228	96384.6485	120306.1428	150002.2322	186823.9891	232428.0563
35	104136.2508	131084.1219	164820.4156	207004.0805	259686.3449	325400.2789
36	140584.9385	178275.4058	225804.9694	285666.6311	360965.0194	455561.3904
37	189790.6670	242455.5519	309353.8081	394220.9509	501742.3770	637786.9466
38	256218.4004	329740.5506	423815.7171	544025.9122	697422.9041	892902.7252
39	345895.8406	448448.1488	580628.5324	750756.7589	969418.8366	1250064.8153
40	466960.3848	609890.4824	795462.0894	1036045.3272	1347493.1829	1750091.7415
41	630397.5195	829452.0560	1089784.0625	1429743.5516	1873016.5243	2450129.4381
42	851037.6513	1128055.7962	1493005.1656	1973047.1012	2603493.9687	3430182.2133
43	1148901.8293	1534156.8828	2045418.0768	2722805.9996	3618857.6165	4802256.0986
44	1551018.4695	2086454.3606	2802223.7653	3757473.2795	5030213.0870	6723159.5381
45	2093875.9338	2837578.9304	3839047.5584	5185314.1257	6991997.1909	9412424.3533
46	2826733.5107	3859108.3453	5259496.1551	7155734.4935	9718877.0953	13177395.0946
47	3816091.2394	5248388.3497	7205510.7324	9874914.6010	13509240.1625	18448354.1324
48	5151724.1732	7137809.1555	9871550.7034	13627383.1494	18777844.8259	25827696.7854
49	6954828.6338	9707421.4515	13524025.4637	18805789.7462	26101205.3080	36158776.4996
50	9389019.6556	13202094.1741	18527915.8853	25951990.8498	36280676.3781	50622288.0994

Table 3 Valeur future d'annuités

Période	41%	42%	43%	44%	45%	46%
1	1.0000	1.0000	1.0000	1.0000	1.0000	1.0000
2	2.4100	2.4200	2.4300	2.4400	2.4500	2.4600
3	4.3981	4.4364	4.4749	4.5136	4.5525	4.5916
4	7.2013	7.2997	7.3991	7.4996	7.6011	7.7037
5	11.1539	11.3656	11.5807	11.7994	12.0216	12.2475
6	16.7269	17.1391	17.5604	17.9911	18.4314	18.8813
7	24.5850	25.3375	26.1114	26.9072	27.7255	28.5667
8	35.6648	36.9793	38.3393	39.7464	41.2019	42.7073
9	51.2874	53.5106	55.8252	58.2348	60.7428	63.3527
10	73.3153	76.9850	80.8301	84.8582	89.0771	93.4950
11	104.3745	110.3187	116.5870	123.1958	130.1618	137.5027
12	148.1681	157.6525	167.7195	178.4019	189.7346	201.7539
13	209.9170	224.8666	240.8388	257.8988	276.1151	295.5607
14	296.9830	320.3106	345.3995	372.3742	401.3670	432.5186
15	419.7460	455.8410	494.9213	537.2189	582.9821	632.4771
16	592.8419	648.2942	708.7375	774.5952	846.3240	924.4166
17	836.9070	921.5778	1014.4947	1116.4171	1228.1699	1350.6483
18	1181.0389	1309.6404	1451.7274	1608.6406	1781.8463	1972.9465
19	1666.2649	1860.6894	2076.9701	2317.4425	2584.6771	2881.5019
20	2350.4335	2643.1789	2971.0673	3338.1172	3748.7818	4207.9927
21	3315.1112	3754.3141	4249.6262	4807.8888	5436.7336	6144.6694
22	4675.3068	5332.1260	6077.9655	6924.3598	7884.2638	8972.2173
23	6593.1826	7572.6189	8692.4906	9972.0781	11433.1824	13100.4372
24	9297.3875	10754.1189	12431.2616	14360.7925	16579.1145	19127.6383
25	13110.3164	15271.8488	17777.7041	20680.5413	24040.7161	27927.3519
26	18486.5461	21687.0253	25423.1168	29780.9794	34860.0383	40774.9338
27	26067.0300	30796.5759	36356.0571	42885.6103	50548.0556	59532.4034
28	36755.5122	43732.1378	51990.1616	61756.2789	73295.6806	86918.3090
29	51826.2723	62100.6357	74346.9311	88930.0416	106279.7368	126901.7311
30	73076.0439	88183.9027	106317.1115	128060.2599	154106.6184	185277.5274
31	103038.2219	125222.1419	152034.4694	184407.7742	223455.5967	270506.1900
32	145284.8929	177816.4415	217410.2912	265548.1949	324011.6152	394940.0373
33	204852.6989	252500.3469	310897.7165	382390.4007	469817.8421	576613.4545
34	288843.3055	358551.4926	444584.7345	550643.1770	681236.8710	841856.6436
35	407270.0607	509144.1195	635757.1704	792927.1748	987794.4630	1229111.6996
36	574251.7856	722985.6496	909133.7536	1141816.1318	1432302.9713	1794504.0815
37	809696.0177	1026640.6225	1300062.2677	1644216.2298	2076840.3084	2619976.9589
38	1141672.3850	1457830.6839	1859090.0428	2367672.3709	3011419.4472	3825167.3601
39	1609759.0628	2070120.5711	2658499.7613	3409449.2140	4366559.1985	5584745.3457
40	2269761.2786	2939572.2110	3801655.6586	4909607.8682	6331511.8378	8153729.2047
41	3200364.4028	4174193.5396	5436368.5918	7069836.3302	9180693.1648	11904445.6389
42	4512514.8080	5927355.8263	7774008.0863	10180565.3155	13312006.0890	17380491.6328
43	6362646.8793	8416846.2733	11116832.5634	14660015.0543	19302409.8290	25375518.7838
44	8971333.0997	11951922.7081	15897071.5656	21110422.6782	27988495.2521	37048258.4244
45	12649580.6706	16971731.2455	22732813.3388	30399009.6567	40583319.1155	54090458.2996
46	17835909.7456	24099859.3686	32507924.0745	43774574.9056	58845813.7175	78972070.1174
47	25148633.7413	34221801.3034	46486332.4266	63035388.8641	85326430.8904	115299223.3714
48	35459574.5752	48594958.8508	66475456.3700	90770960.9643	123723325.7910	168336867.1223
49	49998001.1511	69004842.5681	95059903.6091	130710184.7885	179398823.3970	245771826.9985
50	70497182.6230	97986877.4468	135935663.1610	188222667.0955	260128294.9257	358826868.4178

Table 3 Valeur future d'annuités

Période	47%	48%	49%	50%
1	1.0000	1.0000	1.0000	1.0000
2	2.4700	2.4800	2.4900	2.5000
3	4.6309	4.6704	4.7101	4.7500
4	7.8074	7.9122	8.0180	8.1250
5	12.4769	12.7100	12.9469	13.1875
6	19.3411	19.8109	20.2909	20.7813
7	29.4314	30.3201	31.2334	32.1719
8	44.2641	45.8737	47.5378	49.2578
9	66.0682	68.8931	71.8313	74.8867
10	98.1203	102.9618	108.0286	113.3301
11	145.2368	153.3835	161.9626	170.9951
12	214.4981	228.0075	242.3243	257.4927
13	316.3123	338.4511	362.0631	387.2390
14	465.9790	501.9077	540.4741	581.8585
15	685.9891	743.8233	806.3064	873.7878
16	1009.4040	1101.8585	1202.3965	1311.6817
17	1484.8239	1631.7506	1792.5708	1968.5225
18	2183.6912	2415.9910	2671.9305	2953.7838
19	3211.0261	3576.6666	3982.1765	4431.6756
20	4721.2083	5294.4666	5934.4430	6648.5135
21	6941.1762	7836.8106	8843.3201	9973.7702
22	10204.5290	11599.4796	13177.5469	14961.6553
23	15001.6577	17168.2299	19635.5449	22443.4829
24	22053.4368	25409.9802	29257.9619	33666.2244
25	32419.5520	37607.7707	43595.3632	50500.3366
26	47657.7415	55660.5006	64958.0912	75751.5049
27	70057.8800	82378.5409	96788.5559	113628.2573
28	102986.0836	121921.2405	144215.9482	170443.3860
29	151390.5428	180444.4359	214882.7629	255666.0790
30	222545.0980	267058.7652	320176.3167	383500.1185
31	327142.2940	395247.9724	477063.7118	575251.1777
32	480900.1722	584967.9992	710825.9306	862877.7665
33	706924.2531	865753.6388	1059131.6366	1294317.6498
34	1039179.6520	1281316.3854	1578107.1385	1941477.4747
35	1527595.0885	1896349.2504	2351380.6364	2912217.2121
36	2245565.7801	2806597.8906	3503558.1483	4368326.8181
37	3300982.6967	4153765.8781	5220302.6409	6552491.2272
38	4852445.5641	6147574.4996	7778251.9349	9828737.8408
39	7133095.9792	9098411.2594	11589596.3831	14743107.7613
40	10485652.0895	13465649.6639	17268499.6108	22114662.6419
41	15413909.5716	19929162.5026	25730065.4200	33171994.9628
42	22658448.0702	29495161.5039	38337798.4758	49757993.4442
43	33307919.6632	43652840.0257	57123320.7290	74636991.1663
44	48962642.9049	64606204.2381	85113748.8862	111955487.7495
45	71975086.0702	95617183.2724	126819486.8405	167933232.6243
46	105803377.5231	141513432.2431	188961036.3923	251899849.9364
47	155530965.9590	209439880.7198	281551945.2245	377849775.9046
48	228630520.9598	309971024.4653	419512399.3845	566774664.8569
49	336086866.8109	458757117.2087	625073476.0830	850161998.2854
50	494047695.2120	678960534.4689	931359480.3636	1275242998.4281

Table 4 Valeur actuelle d'annuités

$$V_a = A \frac{(1+i)^n - 1}{i(1+i)^n}$$

Période	1%	2%	3%	4%	5%	6%	7%	8%	9%	10%
1	0.9901	0.9804	0.9709	0.9615	0.9524	0.9434	0.9346	0.9259	0.9174	0.9091
2	1.9704	1.9416	1.9135	1.8861	1.8594	1.8334	1.8080	1.7833	1.7591	1.7355
3	2.9410	2.8839	2.8286	2.7751	2.7232	2.6730	2.6243	2.5771	2.5313	2.4869
4	3.9020	3.8077	3.7171	3.6299	3.5460	3.4651	3.3872	3.3121	3.2397	3.1699
5	4.8534	4.7135	4.5797	4.4518	4.3295	4.2124	4.1002	3.9927	3.8897	3.7908
6	5.7955	5.6014	5.4172	5.2421	5.0757	4.9173	4.7665	4.6229	4.4859	4.3553
7	6.7282	6.4720	6.2303	6.0021	5.7864	5.5824	5.3893	5.2064	5.0330	4.8684
8	7.6517	7.3255	7.0197	6.7327	6.4632	6.2098	5.9713	5.7466	5.5348	5.3349
9	8.5660	8.1622	7.7861	7.4353	7.1078	6.8017	6.5152	6.2469	5.9952	5.7590
10	9.4713	8.9826	8.5302	8.1109	7.7217	7.3601	7.0236	6.7101	6.4177	6.1446
11	10.3676	9.7868	9.2526	8.7605	8.3064	7.8869	7.4987	7.1390	6.8052	6.4951
12	11.2551	10.5753	9.9540	9.3851	8.8633	8.3838	7.9427	7.5361	7.1607	6.8137
13	12.1337	11.3484	10.6350	9.9856	9.3936	8.8527	8.3577	7.9038	7.4869	7.1034
14	13.0037	12.1062	11.2961	10.5631	9.8986	9.2950	8.7455	8.2442	7.7862	7.3667
15	13.8651	12.8493	11.9379	11.1184	10.3797	9.7122	9.1079	8.5595	8.0607	7.6061
16	14.7179	13.5777	12.5611	11.6523	10.8378	10.1059	9.4466	8.8514	8.3126	7.8237
17	15.5623	14.2919	13.1661	12.1657	11.2741	10.4773	9.7632	9.1216	8.5436	8.0216
18	16.3983	14.9920	13.7535	12.6593	11.6896	10.8276	10.0591	9.3719	8.7556	8.2014
19	17.2260	15.6785	14.3238	13.1339	12.0853	11.1581	10.3356	9.6036	8.9501	8.3649
20	18.0456	16.3514	14.8775	13.5903	12.4622	11.4699	10.5940	9.8181	9.1285	8.5136
21	18.8570	17.0112	15.4150	14.0292	12.8212	11.7641	10.8355	10.0168	9.2922	8.6487
22	19.6604	17.6580	15.9369	14.4511	13.1630	12.0416	11.0612	10.2007	9.4424	8.7715
23	20.4558	18.2922	16.4436	14.8568	13.4886	12.3034	11.2722	10.3711	9.5802	8.8832
24	21.2434	18.9139	16.9355	15.2470	13.7986	12.5504	11.4693	10.5288	9.7066	8.9847
25	22.0232	19.5235	17.4131	15.6221	14.0939	12.7834	11.6536	10.6748	9.8226	9.0770
26	22.7952	20.1210	17.8768	15.9828	14.3752	13.0032	11.8258	10.8100	9.9290	9.1609
27	23.5596	20.7069	18.3270	16.3296	14.6430	13.2105	11.9867	10.9352	10.0266	9.2372
28	24.3164	21.2813	18.7641	16.6631	14.8981	13.4062	12.1371	11.0511	10.1161	9.3066
29	25.0658	21.8444	19.1885	16.9837	15.1411	13.5907	12.2777	11.1584	10.1983	9.3696
30	25.8077	22.3965	19.6004	17.2920	15.3725	13.7648	12.4090	11.2578	10.2737	9.4269
31	26.5423	22.9377	20.0004	17.5885	15.5928	13.9291	12.5318	11.3498	10.3428	9.4790
32	27.2696	23.4683	20.3888	17.8736	15.8027	14.0840	12.6466	11.4350	10.4062	9.5264
33	27.9897	23.9886	20.7658	18.1476	16.0025	14.2302	12.7538	11.5139	10.4644	9.5694
34	28.7027	24.4986	21.1318	18.4112	16.1929	14.3681	12.8540	11.5869	10.5178	9.6086
35	29.4086	24.9986	21.4872	18.6646	16.3742	14.4982	12.9477	11.6546	10.5668	9.6442
36	30.1075	25.4888	21.8323	18.9083	16.5469	14.6210	13.0352	11.7172	10.6118	9.6765
37	30.7995	25.9695	22.1672	19.1426	16.7113	14.7368	13.1170	11.7752	10.6530	9.7059
38	31.4847	26.4406	22.4925	19.3679	16.8679	14.8460	13.1935	11.8289	10.6908	9.7327
39	32.1630	26.9026	22.8082	19.5845	17.0170	14.9491	13.2649	11.8786	10.7255	9.7570
40	32.8347	27.3555	23.1148	19.7928	17.1591	15.0463	13.3317	11.9246	10.7574	9.7791
41	33.4997	27.7995	23.4124	19.9931	17.2944	15.1380	13.3941	11.9672	10.7866	9.7991
42	34.1581	28.2348	23.7014	20.1856	17.4232	15.2245	13.4524	12.0067	10.8134	9.8174
43	34.8100	28.6616	23.9819	20.3708	17.5459	15.3062	13.5070	12.0432	10.8380	9.8340
44	35.4555	29.0800	24.2543	20.5488	17.6628	15.3832	13.5579	12.0771	10.8605	9.8491
45	36.0945	29.4902	24.5187	20.7200	17.7741	15.4558	13.6055	12.1084	10.8812	9.8628
46	36.7272	29.8923	24.7754	20.8847	17.8801	15.5244	13.6500	12.1374	10.9002	9.8753
47	37.3537	30.2866	25.0247	21.0429	17.9810	15.5890	13.6916	12.1643	10.9176	9.8866
48	37.9740	30.6731	25.2667	21.1951	18.0772	15.6500	13.7305	12.1891	10.9336	9.8969
49	38.5881	31.0521	25.5017	21.3415	18.1687	15.7076	13.7668	12.2122	10.9482	9.9063
50	39.1961	31.4236	25.7298	21.4822	18.2559	15.7619	13.8007	12.2335	10.9617	9.9148

Table 4 Valeur actuelle d'annuités

Période	11%	12%	13%	14%	15%	16%	17%	18%	19%	20%
1	0.9009	0.8929	0.8850	0.8772	0.8696	0.8621	0.8547	0.8475	0.8403	0.8333
2	1.7125	1.6901	1.6681	1.6467	1.6257	1.6052	1.5852	1.5656	1.5465	1.5278
3	2.4437	2.4018	2.3612	2.3216	2.2832	2.2459	2.2096	2.1743	2.1399	2.1065
4	3.1024	3.0373	2.9745	2.9137	2.8550	2.7982	2.7432	2.6901	2.6386	2.5887
5	3.6959	3.6048	3.5172	3.4331	3.3522	3.2743	3.1993	3.1272	3.0576	2.9906
6	4.2305	4.1114	3.9975	3.8887	3.7845	3.6847	3.5892	3.4976	3.4098	3.3255
7	4.7122	4.5638	4.4226	4.2883	4.1604	4.0386	3.9224	3.8115	3.7057	3.6046
8	5.1461	4.9676	4.7988	4.6389	4.4873	4.3436	4.2072	4.0776	3.9544	3.8372
9	5.5370	5.3282	5.1317	4.9464	4.7716	4.6065	4.4506	4.3030	4.1633	4.0310
10	5.8892	5.6502	5.4262	5.2161	5.0188	4.8332	4.6586	4.4941	4.3389	4.1925
11	6.2065	5.9377	5.6869	5.4527	5.2337	5.0286	4.8364	4.6560	4.4865	4.3271
12	6.4924	6.1944	5.9176	5.6603	5.4206	5.1971	4.9884	4.7932	4.6105	4.4392
13	6.7499	6.4235	6.1218	5.8424	5.5831	5.3423	5.1183	4.9095	4.7147	4.5327
14	6.9819	6.6282	6.3025	6.0021	5.7245	5.4675	5.2293	5.0081	4.8023	4.6106
15	7.1909	6.8109	6.4624	6.1422	5.8474	5.5755	5.3242	5.0916	4.8759	4.6755
16	7.3792	6.9740	6.6039	6.2651	5.9542	5.6685	5.4053	5.1624	4.9377	4.7296
17	7.5488	7.1196	6.7291	6.3729	6.0472	5.7487	5.4746	5.2223	4.9897	4.7746
18	7.7016	7.2497	6.8399	6.4674	6.1280	5.8178	5.5339	5.2732	5.0333	4.8122
19	7.8393	7.3658	6.9380	6.5504	6.1982	5.8775	5.5845	5.3162	5.0700	4.8435
20	7.9633	7.4694	7.0248	6.6231	6.2593	5.9288	5.6278	5.3527	5.1009	4.8696
21	8.0751	7.5620	7.1016	6.6870	6.3125	5.9731	5.6648	5.3837	5.1268	4.8913
22	8.1757	7.6446	7.1695	6.7429	6.3587	6.0113	5.6964	5.4099	5.1486	4.9094
23	8.2664	7.7184	7.2297	6.7921	6.3988	6.0442	5.7234	5.4321	5.1668	4.9245
24	8.3481	7.7843	7.2829	6.8351	6.4338	6.0726	5.7465	5.4509	5.1822	4.9371
25	8.4217	7.8431	7.3300	6.8729	6.4641	6.0971	5.7662	5.4669	5.1951	4.9476
26	8.4881	7.8957	7.3717	6.9061	6.4906	6.1182	5.7831	5.4804	5.2060	4.9563
27	8.5478	7.9426	7.4086	6.9352	6.5135	6.1364	5.7975	5.4919	5.2151	4.9636
28	8.6016	7.9844	7.4412	6.9607	6.5335	6.1520	5.8099	5.5016	5.2228	4.9697
29	8.6501	8.0218	7.4701	6.9830	6.5509	6.1656	5.8204	5.5098	5.2292	4.9747
30	8.6938	8.0552	7.4957	7.0027	6.5660	6.1772	5.8294	5.5168	5.2347	4.9789
31	8.7331	8.0850	7.5183	7.0199	6.5791	6.1872	5.8371	5.5227	5.2392	4.9824
32	8.7686	8.1116	7.5383	7.0350	6.5905	6.1959	5.8437	5.5277	5.2430	4.9854
33	8.8005	8.1354	7.5560	7.0482	6.6005	6.2034	5.8493	5.5320	5.2462	4.9878
34	8.8293	8.1566	7.5717	7.0599	6.6091	6.2098	5.8541	5.5356	5.2489	4.9898
35	8.8552	8.1755	7.5856	7.0700	6.6166	6.2153	5.8582	5.5386	5.2512	4.9915
36	8.8786	8.1924	7.5979	7.0790	6.6231	6.2201	5.8617	5.5412	5.2531	4.9929
37	8.8996	8.2075	7.6087	7.0868	6.6288	6.2242	5.8647	5.5434	5.2547	4.9941
38	8.9186	8.2210	7.6183	7.0937	6.6338	6.2278	5.8673	5.5452	5.2561	4.9951
39	8.9357	8.2330	7.6268	7.0997	6.6380	6.2309	5.8695	5.5468	5.2572	4.9959
40	8.9511	8.2438	7.6344	7.1050	6.6418	6.2335	5.8713	5.5482	5.2582	4.9966
41	8.9649	8.2534	7.6410	7.1097	6.6450	6.2358	5.8729	5.5493	5.2590	4.9972
42	8.9774	8.2619	7.6469	7.1138	6.6478	6.2377	5.8743	5.5502	5.2596	4.9976
43	8.9886	8.2696	7.6522	7.1173	6.6503	6.2394	5.8755	5.5510	5.2602	4.9980
44	8.9988	8.2764	7.6568	7.1205	6.6524	6.2409	5.8765	5.5517	5.2607	4.9984
45	9.0079	8.2825	7.6609	7.1232	6.6543	6.2421	5.8773	5.5523	5.2611	4.9986
46	9.0161	8.2880	7.6645	7.1256	6.6559	6.2432	5.8781	5.5528	5.2614	4.9989
47	9.0235	8.2928	7.6677	7.1277	6.6573	6.2442	5.8787	5.5532	5.2617	4.9991
48	9.0302	8.2972	7.6705	7.1296	6.6585	6.2450	5.8792	5.5536	5.2619	4.9992
49	9.0362	8.3010	7.6730	7.1312	6.6596	6.2457	5.8797	5.5539	5.2621	4.9993
50	9.0417	8.3045	7.6752	7.1327	6.6605	6.2463	5.8801	5.5541	5.2623	4.9995

Table 4 Valeur actuelle d'annuités

Période	21%	22%	23%	24%	25%	26%	27%	28%	29%	30%
1	0.8264	0.8197	0.8130	0.8065	0.8000	0.7937	0.7874	0.7813	0.7752	0.7692
2	1.5095	1.4915	1.4740	1.4568	1.4400	1.4235	1.4074	1.3916	1.3761	1.3609
3	2.0739	2.0422	2.0114	1.9813	1.9520	1.9234	1.8956	1.8684	1.8420	1.8161
4	2.5404	2.4936	2.4483	2.4043	2.3616	2.3202	2.2800	2.2410	2.2031	2.1662
5	2.9260	2.8636	2.8035	2.7454	2.6893	2.6351	2.5827	2.5320	2.4830	2.4356
6	3.2446	3.1669	3.0923	3.0205	2.9514	2.8850	2.8210	2.7594	2.7000	2.6427
7	3.5079	3.4155	3.3270	3.2423	3.1611	3.0833	3.0087	2.9370	2.8682	2.8021
8	3.7256	3.6193	3.5179	3.4212	3.3289	3.2407	3.1564	3.0758	2.9986	2.9247
9	3.9054	3.7863	3.6731	3.5655	3.4631	3.3657	3.2728	3.1842	3.0997	3.0190
10	4.0541	3.9232	3.7993	3.6819	3.5705	3.4648	3.3644	3.2689	3.1781	3.0915
11	4.1769	4.0354	3.9018	3.7757	3.6564	3.5435	3.4365	3.3351	3.2388	3.1473
12	4.2784	4.1274	3.9852	3.8514	3.7251	3.6059	3.4933	3.3868	3.2859	3.1903
13	4.3624	4.2028	4.0530	3.9124	3.7801	3.6555	3.5381	3.4272	3.3224	3.2233
14	4.4317	4.2646	4.1082	3.9616	3.8241	3.6949	3.5733	3.4587	3.3507	3.2487
15	4.4890	4.3152	4.1530	4.0013	3.8593	3.7261	3.6010	3.4834	3.3726	3.2682
16	4.5364	4.3567	4.1894	4.0333	3.8874	3.7509	3.6228	3.5026	3.3896	3.2832
17	4.5755	4.3908	4.2190	4.0591	3.9099	3.7705	3.6400	3.5177	3.4028	3.2948
18	4.6079	4.4187	4.2431	4.0799	3.9279	3.7861	3.6536	3.5294	3.4130	3.3037
19	4.6346	4.4415	4.2627	4.0967	3.9424	3.7985	3.6642	3.5386	3.4210	3.3105
20	4.6567	4.4603	4.2786	4.1103	3.9539	3.8083	3.6726	3.5458	3.4271	3.3158
21	4.6750	4.4756	4.2916	4.1212	3.9631	3.8161	3.6792	3.5514	3.4319	3.3198
22	4.6900	4.4882	4.3021	4.1300	3.9705	3.8223	3.6844	3.5558	3.4356	3.3230
23	4.7025	4.4985	4.3106	4.1371	3.9764	3.8273	3.6885	3.5592	3.4384	3.3254
24	4.7128	4.5070	4.3176	4.1428	3.9811	3.8312	3.6918	3.5619	3.4406	3.3272
25	4.7213	4.5139	4.3232	4.1474	3.9849	3.8342	3.6943	3.5640	3.4423	3.3286
26	4.7284	4.5196	4.3278	4.1511	3.9879	3.8367	3.6963	3.5656	3.4437	3.3297
27	4.7342	4.5243	4.3316	4.1542	3.9903	3.8387	3.6979	3.5669	3.4447	3.3305
28	4.7390	4.5281	4.3346	4.1566	3.9923	3.8402	3.6991	3.5679	3.4455	3.3312
29	4.7430	4.5312	4.3371	4.1585	3.9938	3.8414	3.7001	3.5687	3.4461	3.3317
30	4.7463	4.5338	4.3391	4.1601	3.9950	3.8424	3.7009	3.5693	3.4466	3.3321
31	4.7490	4.5359	4.3407	4.1614	3.9960	3.8432	3.7015	3.5697	3.4470	3.3324
32	4.7512	4.5376	4.3421	4.1624	3.9968	3.8438	3.7019	3.5701	3.4473	3.3326
33	4.7531	4.5390	4.3431	4.1632	3.9975	3.8443	3.7023	3.5704	3.4475	3.3328
34	4.7546	4.5402	4.3440	4.1639	3.9980	3.8447	3.7026	3.5706	3.4477	3.3329
35	4.7559	4.5411	4.3447	4.1644	3.9984	3.8450	3.7028	3.5708	3.4478	3.3330
36	4.7569	4.5419	4.3453	4.1649	3.9987	3.8452	3.7030	3.5709	3.4479	3.3331
37	4.7578	4.5426	4.3458	4.1652	3.9990	3.8454	3.7032	3.5710	3.4480	3.3331
38	4.7585	4.5431	4.3462	4.1655	3.9992	3.8456	3.7033	3.5711	3.4481	3.3332
39	4.7591	4.5435	4.3465	4.1657	3.9993	3.8457	3.7034	3.5712	3.4481	3.3332
40	4.7596	4.5439	4.3467	4.1659	3.9995	3.8458	3.7034	3.5712	3.4481	3.3332
41	4.7600	4.5441	4.3469	4.1661	3.9996	3.8459	3.7035	3.5713	3.4482	3.3333
42	4.7603	4.5444	4.3471	4.1662	3.9997	3.8459	3.7035	3.5713	3.4482	3.3333
43	4.7606	4.5446	4.3472	4.1663	3.9997	3.8460	3.7036	3.5713	3.4482	3.3333
44	4.7608	4.5447	4.3473	4.1663	3.9998	3.8460	3.7036	3.5714	3.4482	3.3333
45	4.7610	4.5449	4.3474	4.1664	3.9998	3.8460	3.7036	3.5714	3.4482	3.3333
46	4.7612	4.5450	4.3475	4.1665	3.9999	3.8461	3.7036	3.5714	3.4482	3.3333
47	4.7613	4.5451	4.3476	4.1665	3.9999	3.8461	3.7037	3.5714	3.4483	3.3333
48	4.7614	4.5451	4.3476	4.1665	3.9999	3.8461	3.7037	3.5714	3.4483	3.3333
49	4.7615	4.5452	4.3477	4.1666	3.9999	3.8461	3.7037	3.5714	3.4483	3.3333
50	4.7616	4.5452	4.3477	4.1666	3.9999	3.8461	3.7037	3.5714	3.4483	3.3333

Table 4 Valeur actuelle d'annuités

Période	31%	32%	33%	34%	35%	36%	37%	38%	39%	40%
1	0.7634	0.7576	0.7519	0.7463	0.7407	0.7353	0.7299	0.7246	0.7194	0.7143
2	1.3461	1.3315	1.3172	1.3032	1.2894	1.2760	1.2627	1.2497	1.2370	1.2245
3	1.7909	1.7663	1.7423	1.7188	1.6959	1.6735	1.6516	1.6302	1.6093	1.5889
4	2.1305	2.0957	2.0618	2.0290	1.9969	1.9658	1.9355	1.9060	1.8772	1.8492
5	2.3897	2.3452	2.3021	2.2604	2.2200	2.1807	2.1427	2.1058	2.0699	2.0352
6	2.5875	2.5342	2.4828	2.4331	2.3852	2.3388	2.2939	2.2506	2.2086	2.1680
7	2.7386	2.6775	2.6187	2.5620	2.5075	2.4550	2.4043	2.3555	2.3083	2.2628
8	2.8539	2.7860	2.7208	2.6582	2.5982	2.5404	2.4849	2.4315	2.3801	2.3306
9	2.9419	2.8681	2.7976	2.7300	2.6653	2.6033	2.5437	2.4866	2.4317	2.3790
10	3.0091	2.9304	2.8553	2.7836	2.7150	2.6495	2.5867	2.5265	2.4689	2.4136
11	3.0604	2.9776	2.8987	2.8236	2.7519	2.6834	2.6180	2.5555	2.4956	2.4383
12	3.0995	3.0133	2.9314	2.8534	2.7792	2.7084	2.6409	2.5764	2.5148	2.4559
13	3.1294	3.0404	2.9559	2.8757	2.7994	2.7268	2.6576	2.5916	2.5286	2.4685
14	3.1522	3.0609	2.9744	2.8923	2.8144	2.7403	2.6698	2.6026	2.5386	2.4775
15	3.1696	3.0764	2.9883	2.9047	2.8255	2.7502	2.6787	2.6106	2.5457	2.4839
16	3.1829	3.0882	2.9987	2.9140	2.8337	2.7575	2.6852	2.6164	2.5509	2.4885
17	3.1931	3.0971	3.0065	2.9209	2.8398	2.7629	2.6899	2.6206	2.5546	2.4918
18	3.2008	3.1039	3.0124	2.9260	2.8443	2.7668	2.6934	2.6236	2.5573	2.4941
19	3.2067	3.1090	3.0169	2.9299	2.8476	2.7697	2.6959	2.6258	2.5592	2.4958
20	3.2112	3.1129	3.0202	2.9327	2.8501	2.7718	2.6977	2.6274	2.5606	2.4970
21	3.2147	3.1158	3.0227	2.9349	2.8519	2.7734	2.6991	2.6285	2.5616	2.4979
22	3.2173	3.1180	3.0246	2.9365	2.8533	2.7746	2.7000	2.6294	2.5623	2.4985
23	3.2193	3.1197	3.0260	2.9377	2.8543	2.7754	2.7008	2.6300	2.5628	2.4989
24	3.2209	3.1210	3.0271	2.9386	2.8550	2.7760	2.7013	2.6304	2.5632	2.4992
25	3.2220	3.1220	3.0279	2.9392	2.8556	2.7765	2.7017	2.6307	2.5634	2.4994
26	3.2229	3.1227	3.0285	2.9397	2.8560	2.7768	2.7019	2.6310	2.5636	2.4996
27	3.2236	3.1233	3.0289	2.9401	2.8563	2.7771	2.7022	2.6311	2.5637	2.4997
28	3.2241	3.1237	3.0293	2.9404	2.8565	2.7773	2.7023	2.6313	2.5638	2.4998
29	3.2245	3.1240	3.0295	2.9406	2.8567	2.7774	2.7024	2.6313	2.5639	2.4999
30	3.2248	3.1242	3.0297	2.9407	2.8568	2.7775	2.7025	2.6314	2.5640	2.4999
31	3.2251	3.1244	3.0299	2.9408	2.8569	2.7776	2.7025	2.6315	2.5640	2.4999
32	3.2252	3.1246	3.0300	2.9409	2.8569	2.7776	2.7026	2.6315	2.5640	2.4999
33	3.2254	3.1247	3.0301	2.9410	2.8570	2.7777	2.7026	2.6315	2.5641	2.5000
34	3.2255	3.1248	3.0301	2.9410	2.8570	2.7777	2.7026	2.6315	2.5641	2.5000
35	3.2256	3.1248	3.0302	2.9411	2.8571	2.7777	2.7027	2.6315	2.5641	2.5000
36	3.2256	3.1249	3.0302	2.9411	2.8571	2.7777	2.7027	2.6316	2.5641	2.5000
37	3.2257	3.1249	3.0302	2.9411	2.8571	2.7777	2.7027	2.6316	2.5641	2.5000
38	3.2257	3.1249	3.0302	2.9411	2.8571	2.7778	2.7027	2.6316	2.5641	2.5000
39	3.2257	3.1249	3.0303	2.9411	2.8571	2.7778	2.7027	2.6316	2.5641	2.5000
40	3.2257	3.1250	3.0303	2.9412	2.8571	2.7778	2.7027	2.6316	2.5641	2.5000
41	3.2258	3.1250	3.0303	2.9412	2.8571	2.7778	2.7027	2.6316	2.5641	2.5000
42	3.2258	3.1250	3.0303	2.9412	2.8571	2.7778	2.7027	2.6316	2.5641	2.5000
43	3.2258	3.1250	3.0303	2.9412	2.8571	2.7778	2.7027	2.6316	2.5641	2.5000
44	3.2258	3.1250	3.0303	2.9412	2.8571	2.7778	2.7027	2.6316	2.5641	2.5000
45	3.2258	3.1250	3.0303	2.9412	2.8571	2.7778	2.7027	2.6316	2.5641	2.5000
46	3.2258	3.1250	3.0303	2.9412	2.8571	2.7778	2.7027	2.6316	2.5641	2.5000
47	3.2258	3.1250	3.0303	2.9412	2.8571	2.7778	2.7027	2.6316	2.5641	2.5000
48	3.2258	3.1250	3.0303	2.9412	2.8571	2.7778	2.7027	2.6316	2.5641	2.5000
49	3.2258	3.1250	3.0303	2.9412	2.8571	2.7778	2.7027	2.6316	2.5641	2.5000
50	3.2258	3.1250	3.0303	2.9412	2.8571	2.7778	2.7027	2.6316	2.5641	2.5000

Table 4 Valeur actuelle d'annuités

Période	41%	42%	43%	44%	45%	46%	47%	48%	49%	50%
1	0.7092	0.7042	0.6993	0.6944	0.6897	0.6849	0.6803	0.6757	0.6711	0.6667
2	1.2122	1.2002	1.1883	1.1767	1.1653	1.1541	1.1430	1.1322	1.1216	1.1111
3	1.5689	1.5494	1.5303	1.5116	1.4933	1.4754	1.4579	1.4407	1.4239	1.4074
4	1.8219	1.7954	1.7694	1.7442	1.7195	1.6955	1.6720	1.6491	1.6268	1.6049
5	2.0014	1.9686	1.9367	1.9057	1.8755	1.8462	1.8177	1.7899	1.7629	1.7366
6	2.1286	2.0905	2.0536	2.0178	1.9831	1.9495	1.9168	1.8851	1.8543	1.8244
7	2.2189	2.1764	2.1354	2.0957	2.0573	2.0202	1.9842	1.9494	1.9156	1.8829
8	2.2829	2.2369	2.1926	2.1498	2.1085	2.0686	2.0301	1.9928	1.9568	1.9220
9	2.3283	2.2795	2.2326	2.1874	2.1438	2.1018	2.0613	2.0222	1.9844	1.9480
10	2.3605	2.3095	2.2605	2.2134	2.1681	2.1245	2.0825	2.0420	2.0030	1.9653
11	2.3833	2.3307	2.2801	2.2316	2.1849	2.1401	2.0969	2.0554	2.0154	1.9769
12	2.3995	2.3455	2.2938	2.2441	2.1965	2.1507	2.1068	2.0645	2.0238	1.9846
13	2.4110	2.3560	2.3033	2.2529	2.2045	2.1580	2.1134	2.0706	2.0294	1.9897
14	2.4192	2.3634	2.3100	2.2589	2.2100	2.1630	2.1180	2.0747	2.0331	1.9931
15	2.4249	2.3686	2.3147	2.2632	2.2138	2.1665	2.1211	2.0775	2.0357	1.9954
16	2.4290	2.3722	2.3180	2.2661	2.2164	2.1688	2.1232	2.0794	2.0374	1.9970
17	2.4319	2.3748	2.3203	2.2681	2.2182	2.1704	2.1246	2.0807	2.0385	1.9980
18	2.4340	2.3766	2.3219	2.2695	2.2195	2.1715	2.1256	2.0815	2.0393	1.9986
19	2.4355	2.3779	2.3230	2.2705	2.2203	2.1723	2.1263	2.0821	2.0398	1.9991
20	2.4365	2.3788	2.3238	2.2712	2.2209	2.1728	2.1267	2.0825	2.0401	1.9994
21	2.4372	2.3794	2.3243	2.2717	2.2213	2.1731	2.1270	2.0828	2.0403	1.9996
22	2.4378	2.3799	2.3247	2.2720	2.2216	2.1734	2.1272	2.0830	2.0405	1.9997
23	2.4381	2.3802	2.3250	2.2722	2.2218	2.1736	2.1274	2.0831	2.0406	1.9998
24	2.4384	2.3804	2.3251	2.2724	2.2219	2.1737	2.1275	2.0832	2.0407	1.9999
25	2.4386	2.3806	2.3253	2.2725	2.2220	2.1737	2.1275	2.0832	2.0407	1.9999
26	2.4387	2.3807	2.3254	2.2726	2.2221	2.1738	2.1276	2.0833	2.0408	1.9999
27	2.4388	2.3808	2.3254	2.2726	2.2221	2.1738	2.1276	2.0833	2.0408	2.0000
28	2.4389	2.3808	2.3255	2.2726	2.2222	2.1739	2.1276	2.0833	2.0408	2.0000
29	2.4389	2.3809	2.3255	2.2727	2.2222	2.1739	2.1276	2.0833	2.0408	2.0000
30	2.4389	2.3809	2.3255	2.2727	2.2222	2.1739	2.1276	2.0833	2.0408	2.0000
31	2.4390	2.3809	2.3255	2.2727	2.2222	2.1739	2.1276	2.0833	2.0408	2.0000
32	2.4390	2.3809	2.3256	2.2727	2.2222	2.1739	2.1277	2.0833	2.0408	2.0000
33	2.4390	2.3809	2.3256	2.2727	2.2222	2.1739	2.1277	2.0833	2.0408	2.0000
34	2.4390	2.3809	2.3256	2.2727	2.2222	2.1739	2.1277	2.0833	2.0408	2.0000
35	2.4390	2.3809	2.3256	2.2727	2.2222	2.1739	2.1277	2.0833	2.0408	2.0000
36	2.4390	2.3809	2.3256	2.2727	2.2222	2.1739	2.1277	2.0833	2.0408	2.0000
37	2.4390	2.3809	2.3256	2.2727	2.2222	2.1739	2.1277	2.0833	2.0408	2.0000
38	2.4390	2.3809	2.3256	2.2727	2.2222	2.1739	2.1277	2.0833	2.0408	2.0000
39	2.4390	2.3809	2.3256	2.2727	2.2222	2.1739	2.1277	2.0833	2.0408	2.0000
40	2.4390	2.3810	2.3256	2.2727	2.2222	2.1739	2.1277	2.0833	2.0408	2.0000
41	2.4390	2.3810	2.3256	2.2727	2.2222	2.1739	2.1277	2.0833	2.0408	2.0000
42	2.4390	2.3810	2.3256	2.2727	2.2222	2.1739	2.1277	2.0833	2.0408	2.0000
43	2.4390	2.3810	2.3256	2.2727	2.2222	2.1739	2.1277	2.0833	2.0408	2.0000
44	2.4390	2.3810	2.3256	2.2727	2.2222	2.1739	2.1277	2.0833	2.0408	2.0000
45	2.4390	2.3810	2.3256	2.2727	2.2222	2.1739	2.1277	2.0833	2.0408	2.0000
46	2.4390	2.3810	2.3256	2.2727	2.2222	2.1739	2.1277	2.0833	2.0408	2.0000
47	2.4390	2.3810	2.3256	2.2727	2.2222	2.1739	2.1277	2.0833	2.0408	2.0000
48	2.4390	2.3810	2.3256	2.2727	2.2222	2.1739	2.1277	2.0833	2.0408	2.0000
49	2.4390	2.3810	2.3256	2.2727	2.2222	2.1739	2.1277	2.0833	2.0408	2.0000
50	2.4390	2.3810	2.3256	2.2727	2.2222	2.1739	2.1277	2.0833	2.0408	2.0000

Table 5 Annuités équivalentes à un montant actuel

$$A = M_a \frac{i(1+i)^n}{(1+i)^n - 1}$$

Période	1%	2%	3%	4%	5%	6%	7%	8%	9%	10%
1	1.0100	1.0200	1.0300	1.0400	1.0500	1.0600	1.0700	1.0800	1.0900	1.1000
2	0.5075	0.5150	0.5226	0.5302	0.5378	0.5454	0.5531	0.5608	0.5685	0.5762
3	0.3400	0.3468	0.3535	0.3603	0.3672	0.3741	0.3811	0.3880	0.3951	0.4021
4	0.2563	0.2626	0.2690	0.2755	0.2820	0.2886	0.2952	0.3019	0.3087	0.3155
5	0.2060	0.2122	0.2184	0.2246	0.2310	0.2374	0.2439	0.2505	0.2571	0.2638
6	0.1725	0.1785	0.1846	0.1908	0.1970	0.2034	0.2098	0.2163	0.2229	0.2296
7	0.1486	0.1545	0.1605	0.1666	0.1728	0.1791	0.1856	0.1921	0.1987	0.2054
8	0.1307	0.1365	0.1425	0.1485	0.1547	0.1610	0.1675	0.1740	0.1807	0.1874
9	0.1167	0.1225	0.1284	0.1345	0.1407	0.1470	0.1535	0.1601	0.1668	0.1736
10	0.1056	0.1113	0.1172	0.1233	0.1295	0.1359	0.1424	0.1490	0.1558	0.1627
11	0.0965	0.1022	0.1081	0.1141	0.1204	0.1268	0.1334	0.1401	0.1469	0.1540
12	0.0888	0.0946	0.1005	0.1066	0.1128	0.1193	0.1259	0.1327	0.1397	0.1468
13	0.0824	0.0881	0.0940	0.1001	0.1065	0.1130	0.1197	0.1265	0.1336	0.1408
14	0.0769	0.0826	0.0885	0.0947	0.1010	0.1076	0.1143	0.1213	0.1284	0.1357
15	0.0721	0.0778	0.0838	0.0899	0.0963	0.1030	0.1098	0.1168	0.1241	0.1315
16	0.0679	0.0737	0.0796	0.0858	0.0923	0.0990	0.1059	0.1130	0.1203	0.1278
17	0.0643	0.0700	0.0760	0.0822	0.0887	0.0954	0.1024	0.1096	0.1170	0.1247
18	0.0610	0.0667	0.0727	0.0790	0.0855	0.0924	0.0994	0.1067	0.1142	0.1219
19	0.0581	0.0638	0.0698	0.0761	0.0827	0.0896	0.0968	0.1041	0.1117	0.1195
20	0.0554	0.0612	0.0672	0.0736	0.0802	0.0872	0.0944	0.1019	0.1095	0.1175
21	0.0530	0.0588	0.0649	0.0713	0.0780	0.0850	0.0923	0.0998	0.1076	0.1156
22	0.0509	0.0566	0.0627	0.0692	0.0760	0.0830	0.0904	0.0980	0.1059	0.1140
23	0.0489	0.0547	0.0608	0.0673	0.0741	0.0813	0.0887	0.0964	0.1044	0.1126
24	0.0471	0.0529	0.0590	0.0656	0.0725	0.0797	0.0872	0.0950	0.1030	0.1113
25	0.0454	0.0512	0.0574	0.0640	0.0710	0.0782	0.0858	0.0937	0.1018	0.1102
26	0.0439	0.0497	0.0559	0.0626	0.0696	0.0769	0.0846	0.0925	0.1007	0.1092
27	0.0424	0.0483	0.0546	0.0612	0.0683	0.0757	0.0834	0.0914	0.0997	0.1083
28	0.0411	0.0470	0.0533	0.0600	0.0671	0.0746	0.0824	0.0905	0.0989	0.1075
29	0.0399	0.0458	0.0521	0.0589	0.0660	0.0736	0.0814	0.0896	0.0981	0.1067
30	0.0387	0.0446	0.0510	0.0578	0.0651	0.0726	0.0806	0.0888	0.0973	0.1061
31	0.0377	0.0436	0.0500	0.0569	0.0641	0.0718	0.0798	0.0881	0.0967	0.1055
32	0.0367	0.0426	0.0490	0.0559	0.0633	0.0710	0.0791	0.0875	0.0961	0.1050
33	0.0357	0.0417	0.0482	0.0551	0.0625	0.0703	0.0784	0.0869	0.0956	0.1045
34	0.0348	0.0408	0.0473	0.0543	0.0618	0.0696	0.0778	0.0863	0.0951	0.1041
35	0.0340	0.0400	0.0465	0.0536	0.0611	0.0690	0.0772	0.0858	0.0946	0.1037
36	0.0332	0.0392	0.0458	0.0529	0.0604	0.0684	0.0767	0.0853	0.0942	0.1033
37	0.0325	0.0385	0.0451	0.0522	0.0598	0.0679	0.0762	0.0849	0.0939	0.1030
38	0.0318	0.0378	0.0445	0.0516	0.0593	0.0674	0.0758	0.0845	0.0935	0.1027
39	0.0311	0.0372	0.0438	0.0511	0.0588	0.0669	0.0754	0.0842	0.0932	0.1025
40	0.0305	0.0366	0.0433	0.0505	0.0583	0.0665	0.0750	0.0839	0.0930	0.1023
41	0.0299	0.0360	0.0427	0.0500	0.0578	0.0661	0.0747	0.0836	0.0927	0.1020
42	0.0293	0.0354	0.0422	0.0495	0.0574	0.0657	0.0743	0.0833	0.0925	0.1019
43	0.0287	0.0349	0.0417	0.0491	0.0570	0.0653	0.0740	0.0830	0.0923	0.1017
44	0.0282	0.0344	0.0412	0.0487	0.0566	0.0650	0.0738	0.0828	0.0921	0.1015
45	0.0277	0.0339	0.0408	0.0483	0.0563	0.0647	0.0735	0.0826	0.0919	0.1014
46	0.0272	0.0335	0.0404	0.0479	0.0559	0.0644	0.0733	0.0824	0.0917	0.1013
47	0.0268	0.0330	0.0400	0.0475	0.0556	0.0641	0.0730	0.0822	0.0916	0.1011
48	0.0263	0.0326	0.0396	0.0472	0.0553	0.0639	0.0728	0.0820	0.0915	0.1010
49	0.0259	0.0322	0.0392	0.0469	0.0550	0.0637	0.0726	0.0819	0.0913	0.1009
50	0.0255	0.0318	0.0389	0.0466	0.0548	0.0634	0.0725	0.0817	0.0912	0.1009

Table 5 Annuités équivalentes à un montant actuel

Période	11%	12%	13%	14%	15%	16%	17%	18%	19%	20%
1	1.1100	1.1200	1.1300	1.1400	1.1500	1.1600	1.1700	1.1800	1.1900	1.2000
2	0.5839	0.5917	0.5995	0.6073	0.6151	0.6230	0.6308	0.6387	0.6466	0.6545
3	0.4092	0.4163	0.4235	0.4307	0.4380	0.4453	0.4526	0.4599	0.4673	0.4747
4	0.3223	0.3292	0.3362	0.3432	0.3503	0.3574	0.3645	0.3717	0.3790	0.3863
5	0.2706	0.2774	0.2843	0.2913	0.2983	0.3054	0.3126	0.3198	0.3271	0.3344
6	0.2364	0.2432	0.2502	0.2572	0.2642	0.2714	0.2786	0.2859	0.2933	0.3007
7	0.2122	0.2191	0.2261	0.2332	0.2404	0.2476	0.2549	0.2624	0.2699	0.2774
8	0.1943	0.2013	0.2084	0.2156	0.2229	0.2302	0.2377	0.2452	0.2529	0.2606
9	0.1806	0.1877	0.1949	0.2022	0.2096	0.2171	0.2247	0.2324	0.2402	0.2481
10	0.1698	0.1770	0.1843	0.1917	0.1993	0.2069	0.2147	0.2225	0.2305	0.2385
11	0.1611	0.1684	0.1758	0.1834	0.1911	0.1989	0.2068	0.2148	0.2229	0.2311
12	0.1540	0.1614	0.1690	0.1767	0.1845	0.1924	0.2005	0.2086	0.2169	0.2253
13	0.1482	0.1557	0.1634	0.1712	0.1791	0.1872	0.1954	0.2037	0.2121	0.2206
14	0.1432	0.1509	0.1587	0.1666	0.1747	0.1829	0.1912	0.1997	0.2082	0.2169
15	0.1391	0.1468	0.1547	0.1628	0.1710	0.1794	0.1878	0.1964	0.2051	0.2139
16	0.1355	0.1434	0.1514	0.1596	0.1679	0.1764	0.1850	0.1937	0.2025	0.2114
17	0.1325	0.1405	0.1486	0.1569	0.1654	0.1740	0.1827	0.1915	0.2004	0.2094
18	0.1298	0.1379	0.1462	0.1546	0.1632	0.1719	0.1807	0.1896	0.1987	0.2078
19	0.1276	0.1358	0.1441	0.1527	0.1613	0.1701	0.1791	0.1881	0.1972	0.2065
20	0.1256	0.1339	0.1424	0.1510	0.1598	0.1687	0.1777	0.1868	0.1960	0.2054
21	0.1238	0.1322	0.1408	0.1495	0.1584	0.1674	0.1765	0.1857	0.1951	0.2044
22	0.1223	0.1308	0.1395	0.1483	0.1573	0.1664	0.1756	0.1848	0.1942	0.2037
23	0.1210	0.1296	0.1383	0.1472	0.1563	0.1654	0.1747	0.1841	0.1935	0.2031
24	0.1198	0.1285	0.1373	0.1463	0.1554	0.1647	0.1740	0.1835	0.1930	0.2025
25	0.1187	0.1275	0.1364	0.1455	0.1547	0.1640	0.1734	0.1829	0.1925	0.2021
26	0.1178	0.1267	0.1357	0.1448	0.1541	0.1634	0.1729	0.1825	0.1921	0.2018
27	0.1170	0.1259	0.1350	0.1442	0.1535	0.1630	0.1725	0.1821	0.1917	0.2015
28	0.1163	0.1252	0.1344	0.1437	0.1531	0.1625	0.1721	0.1818	0.1915	0.2012
29	0.1156	0.1247	0.1339	0.1432	0.1527	0.1622	0.1718	0.1815	0.1912	0.2010
30	0.1150	0.1241	0.1334	0.1428	0.1523	0.1619	0.1715	0.1813	0.1910	0.2008
31	0.1145	0.1237	0.1330	0.1425	0.1520	0.1616	0.1713	0.1811	0.1909	0.2007
32	0.1140	0.1233	0.1327	0.1421	0.1517	0.1614	0.1711	0.1809	0.1907	0.2006
33	0.1136	0.1229	0.1323	0.1419	0.1515	0.1612	0.1710	0.1808	0.1906	0.2005
34	0.1133	0.1226	0.1321	0.1416	0.1513	0.1610	0.1708	0.1806	0.1905	0.2004
35	0.1129	0.1223	0.1318	0.1414	0.1511	0.1609	0.1707	0.1806	0.1904	0.2003
36	0.1126	0.1221	0.1316	0.1413	0.1510	0.1608	0.1706	0.1805	0.1904	0.2003
37	0.1124	0.1218	0.1314	0.1411	0.1509	0.1607	0.1705	0.1804	0.1903	0.2002
38	0.1121	0.1216	0.1313	0.1410	0.1507	0.1606	0.1704	0.1803	0.1903	0.2002
39	0.1119	0.1215	0.1311	0.1409	0.1506	0.1605	0.1704	0.1803	0.1902	0.2002
40	0.1117	0.1213	0.1310	0.1407	0.1506	0.1604	0.1703	0.1802	0.1902	0.2001
41	0.1115	0.1212	0.1309	0.1407	0.1505	0.1604	0.1703	0.1802	0.1902	0.2001
42	0.1114	0.1210	0.1308	0.1406	0.1504	0.1603	0.1702	0.1802	0.1901	0.2001
43	0.1113	0.1209	0.1307	0.1405	0.1504	0.1603	0.1702	0.1801	0.1901	0.2001
44	0.1111	0.1208	0.1306	0.1404	0.1503	0.1602	0.1702	0.1801	0.1901	0.2001
45	0.1110	0.1207	0.1305	0.1404	0.1503	0.1602	0.1701	0.1801	0.1901	0.2001
46	0.1109	0.1207	0.1305	0.1403	0.1502	0.1602	0.1701	0.1801	0.1901	0.2000
47	0.1108	0.1206	0.1304	0.1403	0.1502	0.1601	0.1701	0.1801	0.1901	0.2000
48	0.1107	0.1205	0.1304	0.1403	0.1502	0.1601	0.1701	0.1801	0.1900	0.2000
49	0.1107	0.1205	0.1303	0.1402	0.1502	0.1601	0.1701	0.1801	0.1900	0.2000
50	0.1106	0.1204	0.1303	0.1402	0.1501	0.1601	0.1701	0.1800	0.1900	0.2000

Table 5 Annuités équivalentes à un montant actuel

Période	21%	22%	23%	24%	25%	26%	27%	28%	29%	30%
1	1.2100	1.2200	1.2300	1.2400	1.2500	1.2600	1.2700	1.2800	1.2900	1.3000
2	0.6625	0.6705	0.6784	0.6864	0.6944	0.7025	0.7105	0.7186	0.7267	0.7348
3	0.4822	0.4897	0.4972	0.5047	0.5123	0.5199	0.5275	0.5352	0.5429	0.5506
4	0.3936	0.4010	0.4085	0.4159	0.4234	0.4310	0.4386	0.4462	0.4539	0.4616
5	0.3418	0.3492	0.3567	0.3642	0.3718	0.3795	0.3872	0.3949	0.4027	0.4106
6	0.3082	0.3158	0.3234	0.3311	0.3388	0.3466	0.3545	0.3624	0.3704	0.3784
7	0.2851	0.2928	0.3006	0.3084	0.3163	0.3243	0.3324	0.3405	0.3486	0.3569
8	0.2684	0.2763	0.2843	0.2923	0.3004	0.3086	0.3168	0.3251	0.3335	0.3419
9	0.2561	0.2641	0.2722	0.2805	0.2888	0.2971	0.3056	0.3140	0.3226	0.3312
10	0.2467	0.2549	0.2632	0.2716	0.2801	0.2886	0.2972	0.3059	0.3147	0.3235
11	0.2394	0.2478	0.2563	0.2649	0.2735	0.2822	0.2910	0.2998	0.3088	0.3177
12	0.2337	0.2423	0.2509	0.2596	0.2684	0.2773	0.2863	0.2953	0.3043	0.3135
13	0.2292	0.2379	0.2467	0.2556	0.2645	0.2736	0.2826	0.2918	0.3010	0.3102
14	0.2256	0.2345	0.2434	0.2524	0.2615	0.2706	0.2799	0.2891	0.2984	0.3078
15	0.2228	0.2317	0.2408	0.2499	0.2591	0.2684	0.2777	0.2871	0.2965	0.3060
16	0.2204	0.2295	0.2387	0.2479	0.2572	0.2666	0.2760	0.2855	0.2950	0.3046
17	0.2186	0.2278	0.2370	0.2464	0.2558	0.2652	0.2747	0.2843	0.2939	0.3035
18	0.2170	0.2263	0.2357	0.2451	0.2546	0.2641	0.2737	0.2833	0.2930	0.3027
19	0.2158	0.2251	0.2346	0.2441	0.2537	0.2633	0.2729	0.2826	0.2923	0.3021
20	0.2147	0.2242	0.2337	0.2433	0.2529	0.2626	0.2723	0.2820	0.2918	0.3016
21	0.2139	0.2234	0.2330	0.2426	0.2523	0.2620	0.2718	0.2816	0.2914	0.3012
22	0.2132	0.2228	0.2324	0.2421	0.2519	0.2616	0.2714	0.2812	0.2911	0.3009
23	0.2127	0.2223	0.2320	0.2417	0.2515	0.2613	0.2711	0.2810	0.2908	0.3007
24	0.2122	0.2219	0.2316	0.2414	0.2512	0.2610	0.2709	0.2808	0.2906	0.3006
25	0.2118	0.2215	0.2313	0.2411	0.2509	0.2608	0.2707	0.2806	0.2905	0.3004
26	0.2115	0.2213	0.2311	0.2409	0.2508	0.2606	0.2705	0.2805	0.2904	0.3003
27	0.2112	0.2210	0.2309	0.2407	0.2506	0.2605	0.2704	0.2804	0.2903	0.3003
28	0.2110	0.2208	0.2307	0.2406	0.2505	0.2604	0.2703	0.2803	0.2902	0.3002
29	0.2108	0.2207	0.2306	0.2405	0.2504	0.2603	0.2703	0.2802	0.2902	0.3001
30	0.2107	0.2206	0.2305	0.2404	0.2503	0.2603	0.2702	0.2802	0.2901	0.3001
31	0.2106	0.2205	0.2304	0.2403	0.2502	0.2602	0.2702	0.2801	0.2901	0.3001
32	0.2105	0.2204	0.2303	0.2402	0.2502	0.2602	0.2701	0.2801	0.2901	0.3001
33	0.2104	0.2203	0.2302	0.2402	0.2502	0.2601	0.2701	0.2801	0.2901	0.3001
34	0.2103	0.2203	0.2302	0.2402	0.2501	0.2601	0.2701	0.2801	0.2901	0.3000
35	0.2103	0.2202	0.2302	0.2401	0.2501	0.2601	0.2701	0.2800	0.2900	0.3000
36	0.2102	0.2202	0.2301	0.2401	0.2501	0.2601	0.2700	0.2800	0.2900	0.3000
37	0.2102	0.2201	0.2301	0.2401	0.2501	0.2601	0.2700	0.2800	0.2900	0.3000
38	0.2102	0.2201	0.2301	0.2401	0.2501	0.2600	0.2700	0.2800	0.2900	0.3000
39	0.2101	0.2201	0.2301	0.2401	0.2500	0.2600	0.2700	0.2800	0.2900	0.3000
40	0.2101	0.2201	0.2301	0.2400	0.2500	0.2600	0.2700	0.2800	0.2900	0.3000
41	0.2101	0.2201	0.2300	0.2400	0.2500	0.2600	0.2700	0.2800	0.2900	0.3000
42	0.2101	0.2201	0.2300	0.2400	0.2500	0.2600	0.2700	0.2800	0.2900	0.3000
43	0.2101	0.2200	0.2300	0.2400	0.2500	0.2600	0.2700	0.2800	0.2900	0.3000
44	0.2100	0.2200	0.2300	0.2400	0.2500	0.2600	0.2700	0.2800	0.2900	0.3000
45	0.2100	0.2200	0.2300	0.2400	0.2500	0.2600	0.2700	0.2800	0.2900	0.3000
46	0.2100	0.2200	0.2300	0.2400	0.2500	0.2600	0.2700	0.2800	0.2900	0.3000
47	0.2100	0.2200	0.2300	0.2400	0.2500	0.2600	0.2700	0.2800	0.2900	0.3000
48	0.2100	0.2200	0.2300	0.2400	0.2500	0.2600	0.2700	0.2800	0.2900	0.3000
49	0.2100	0.2200	0.2300	0.2400	0.2500	0.2600	0.2700	0.2800	0.2900	0.3000
50	0.2100	0.2200	0.2300	0.2400	0.2500	0.2600	0.2700	0.2800	0.2900	0.3000

Table 5 Annuités équivalentes à un montant actuel

Période	31%	32%	33%	34%	35%	36%	37%	38%	39%	40%
1	1.3100	1.3200	1.3300	1.3400	1.3500	1.3600	1.3700	1.3800	1.3900	1.4000
2	0.7429	0.7510	0.7592	0.7674	0.7755	0.7837	0.7919	0.8002	0.8084	0.8167
3	0.5584	0.5662	0.5740	0.5818	0.5897	0.5976	0.6055	0.6134	0.6214	0.6294
4	0.4694	0.4772	0.4850	0.4929	0.5008	0.5087	0.5167	0.5247	0.5327	0.5408
5	0.4185	0.4264	0.4344	0.4424	0.4505	0.4586	0.4667	0.4749	0.4831	0.4914
6	0.3865	0.3946	0.4028	0.4110	0.4193	0.4276	0.4359	0.4443	0.4528	0.4613
7	0.3652	0.3735	0.3819	0.3903	0.3988	0.4073	0.4159	0.4245	0.4332	0.4419
8	0.3504	0.3589	0.3675	0.3762	0.3849	0.3936	0.4024	0.4113	0.4201	0.4291
9	0.3399	0.3487	0.3575	0.3663	0.3752	0.3841	0.3931	0.4022	0.4112	0.4203
10	0.3323	0.3412	0.3502	0.3592	0.3683	0.3774	0.3866	0.3958	0.4050	0.4143
11	0.3268	0.3358	0.3450	0.3542	0.3634	0.3727	0.3820	0.3913	0.4007	0.4101
12	0.3226	0.3319	0.3411	0.3505	0.3598	0.3692	0.3787	0.3881	0.3976	0.4072
13	0.3196	0.3289	0.3383	0.3477	0.3572	0.3667	0.3763	0.3859	0.3955	0.4051
14	0.3172	0.3267	0.3362	0.3457	0.3553	0.3649	0.3746	0.3842	0.3939	0.4036
15	0.3155	0.3251	0.3346	0.3443	0.3539	0.3636	0.3733	0.3831	0.3928	0.4026
16	0.3142	0.3238	0.3335	0.3432	0.3529	0.3626	0.3724	0.3822	0.3920	0.4018
17	0.3132	0.3229	0.3326	0.3424	0.3521	0.3619	0.3718	0.3816	0.3915	0.4013
18	0.3124	0.3222	0.3320	0.3418	0.3516	0.3614	0.3713	0.3812	0.3910	0.4009
19	0.3118	0.3216	0.3315	0.3413	0.3512	0.3610	0.3709	0.3808	0.3907	0.4007
20	0.3114	0.3212	0.3311	0.3410	0.3509	0.3608	0.3707	0.3806	0.3905	0.4005
21	0.3111	0.3209	0.3308	0.3407	0.3506	0.3606	0.3705	0.3804	0.3904	0.4003
22	0.3108	0.3207	0.3306	0.3405	0.3505	0.3604	0.3704	0.3803	0.3903	0.4002
23	0.3106	0.3205	0.3305	0.3404	0.3504	0.3603	0.3703	0.3802	0.3902	0.4002
24	0.3105	0.3204	0.3304	0.3403	0.3503	0.3602	0.3702	0.3802	0.3901	0.4001
25	0.3104	0.3203	0.3303	0.3402	0.3502	0.3602	0.3701	0.3801	0.3901	0.4001
26	0.3103	0.3202	0.3302	0.3402	0.3501	0.3601	0.3701	0.3801	0.3901	0.4001
27	0.3102	0.3202	0.3301	0.3401	0.3501	0.3601	0.3701	0.3801	0.3901	0.4000
28	0.3102	0.3201	0.3301	0.3401	0.3501	0.3601	0.3701	0.3800	0.3900	0.4000
29	0.3101	0.3201	0.3301	0.3401	0.3501	0.3600	0.3700	0.3800	0.3900	0.4000
30	0.3101	0.3201	0.3301	0.3401	0.3500	0.3600	0.3700	0.3800	0.3900	0.4000
31	0.3101	0.3201	0.3300	0.3400	0.3500	0.3600	0.3700	0.3800	0.3900	0.4000
32	0.3101	0.3200	0.3300	0.3400	0.3500	0.3600	0.3700	0.3800	0.3900	0.4000
33	0.3100	0.3200	0.3300	0.3400	0.3500	0.3600	0.3700	0.3800	0.3900	0.4000
34	0.3100	0.3200	0.3300	0.3400	0.3500	0.3600	0.3700	0.3800	0.3900	0.4000
35	0.3100	0.3200	0.3300	0.3400	0.3500	0.3600	0.3700	0.3800	0.3900	0.4000
36	0.3100	0.3200	0.3300	0.3400	0.3500	0.3600	0.3700	0.3800	0.3900	0.4000
37	0.3100	0.3200	0.3300	0.3400	0.3500	0.3600	0.3700	0.3800	0.3900	0.4000
38	0.3100	0.3200	0.3300	0.3400	0.3500	0.3600	0.3700	0.3800	0.3900	0.4000
39	0.3100	0.3200	0.3300	0.3400	0.3500	0.3600	0.3700	0.3800	0.3900	0.4000
40	0.3100	0.3200	0.3300	0.3400	0.3500	0.3600	0.3700	0.3800	0.3900	0.4000
41	0.3100	0.3200	0.3300	0.3400	0.3500	0.3600	0.3700	0.3800	0.3900	0.4000
42	0.3100	0.3200	0.3300	0.3400	0.3500	0.3600	0.3700	0.3800	0.3900	0.4000
43	0.3100	0.3200	0.3300	0.3400	0.3500	0.3600	0.3700	0.3800	0.3900	0.4000
44	0.3100	0.3200	0.3300	0.3400	0.3500	0.3600	0.3700	0.3800	0.3900	0.4000
45	0.3100	0.3200	0.3300	0.3400	0.3500	0.3600	0.3700	0.3800	0.3900	0.4000
46	0.3100	0.3200	0.3300	0.3400	0.3500	0.3600	0.3700	0.3800	0.3900	0.4000
47	0.3100	0.3200	0.3300	0.3400	0.3500	0.3600	0.3700	0.3800	0.3900	0.4000
48	0.3100	0.3200	0.3300	0.3400	0.3500	0.3600	0.3700	0.3800	0.3900	0.4000
49	0.3100	0.3200	0.3300	0.3400	0.3500	0.3600	0.3700	0.3800	0.3900	0.4000
50	0.3100	0.3200	0.3300	0.3400	0.3500	0.3600	0.3700	0.3800	0.3900	0.4000

Table 5 Annuités équivalentes à un montant actuel

Période	41%	42%	43%	44%	45%	46%	47%	48%	49%	50%
1	1.4100	1.4200	1.4300	1.4400	1.4500	1.4600	1.4700	1.4800	1.4900	1.5000
2	0.8249	0.8332	0.8415	0.8498	0.8582	0.8665	0.8749	0.8832	0.8916	0.9000
3	0.6374	0.6454	0.6535	0.6616	0.6697	0.6778	0.6859	0.6941	0.7023	0.7105
4	0.5489	0.5570	0.5652	0.5733	0.5816	0.5898	0.5981	0.6064	0.6147	0.6231
5	0.4997	0.5080	0.5164	0.5248	0.5332	0.5416	0.5501	0.5587	0.5672	0.5758
6	0.4698	0.4783	0.4869	0.4956	0.5043	0.5130	0.5217	0.5305	0.5393	0.5481
7	0.4507	0.4595	0.4683	0.4772	0.4861	0.4950	0.5040	0.5130	0.5220	0.5311
8	0.4380	0.4470	0.4561	0.4652	0.4743	0.4834	0.4926	0.5018	0.5110	0.5203
9	0.4295	0.4387	0.4479	0.4572	0.4665	0.4758	0.4851	0.4945	0.5039	0.5134
10	0.4236	0.4330	0.4424	0.4518	0.4612	0.4707	0.4802	0.4897	0.4993	0.5088
11	0.4196	0.4291	0.4386	0.4481	0.4577	0.4673	0.4769	0.4865	0.4962	0.5058
12	0.4167	0.4263	0.4360	0.4456	0.4553	0.4650	0.4747	0.4844	0.4941	0.5039
13	0.4148	0.4244	0.4342	0.4439	0.4536	0.4634	0.4732	0.4830	0.4928	0.5026
14	0.4134	0.4231	0.4329	0.4427	0.4525	0.4623	0.4721	0.4820	0.4919	0.5017
15	0.4124	0.4222	0.4320	0.4419	0.4517	0.4616	0.4715	0.4813	0.4912	0.5011
16	0.4117	0.4215	0.4314	0.4413	0.4512	0.4611	0.4710	0.4809	0.4908	0.5008
17	0.4112	0.4211	0.4310	0.4409	0.4508	0.4607	0.4707	0.4806	0.4906	0.5005
18	0.4108	0.4208	0.4307	0.4406	0.4506	0.4605	0.4705	0.4804	0.4904	0.5003
19	0.4106	0.4205	0.4305	0.4404	0.4504	0.4603	0.4703	0.4803	0.4903	0.5002
20	0.4104	0.4204	0.4303	0.4403	0.4503	0.4602	0.4702	0.4802	0.4902	0.5002
21	0.4103	0.4203	0.4302	0.4402	0.4502	0.4602	0.4701	0.4801	0.4901	0.5001
22	0.4102	0.4202	0.4302	0.4401	0.4501	0.4601	0.4701	0.4801	0.4901	0.5001
23	0.4102	0.4201	0.4301	0.4401	0.4501	0.4601	0.4701	0.4801	0.4901	0.5000
24	0.4101	0.4201	0.4301	0.4401	0.4501	0.4601	0.4700	0.4800	0.4900	0.5000
25	0.4101	0.4201	0.4301	0.4400	0.4500	0.4600	0.4700	0.4800	0.4900	0.5000
26	0.4101	0.4200	0.4300	0.4400	0.4500	0.4600	0.4700	0.4800	0.4900	0.5000
27	0.4100	0.4200	0.4300	0.4400	0.4500	0.4600	0.4700	0.4800	0.4900	0.5000
28	0.4100	0.4200	0.4300	0.4400	0.4500	0.4600	0.4700	0.4800	0.4900	0.5000
29	0.4100	0.4200	0.4300	0.4400	0.4500	0.4600	0.4700	0.4800	0.4900	0.5000
30	0.4100	0.4200	0.4300	0.4400	0.4500	0.4600	0.4700	0.4800	0.4900	0.5000
31	0.4100	0.4200	0.4300	0.4400	0.4500	0.4600	0.4700	0.4800	0.4900	0.5000
32	0.4100	0.4200	0.4300	0.4400	0.4500	0.4600	0.4700	0.4800	0.4900	0.5000
33	0.4100	0.4200	0.4300	0.4400	0.4500	0.4600	0.4700	0.4800	0.4900	0.5000
34	0.4100	0.4200	0.4300	0.4400	0.4500	0.4600	0.4700	0.4800	0.4900	0.5000
35	0.4100	0.4200	0.4300	0.4400	0.4500	0.4600	0.4700	0.4800	0.4900	0.5000
36	0.4100	0.4200	0.4300	0.4400	0.4500	0.4600	0.4700	0.4800	0.4900	0.5000
37	0.4100	0.4200	0.4300	0.4400	0.4500	0.4600	0.4700	0.4800	0.4900	0.5000
38	0.4100	0.4200	0.4300	0.4400	0.4500	0.4600	0.4700	0.4800	0.4900	0.5000
39	0.4100	0.4200	0.4300	0.4400	0.4500	0.4600	0.4700	0.4800	0.4900	0.5000
40	0.4100	0.4200	0.4300	0.4400	0.4500	0.4600	0.4700	0.4800	0.4900	0.5000
41	0.4100	0.4200	0.4300	0.4400	0.4500	0.4600	0.4700	0.4800	0.4900	0.5000
42	0.4100	0.4200	0.4300	0.4400	0.4500	0.4600	0.4700	0.4800	0.4900	0.5000
43	0.4100	0.4200	0.4300	0.4400	0.4500	0.4600	0.4700	0.4800	0.4900	0.5000
44	0.4100	0.4200	0.4300	0.4400	0.4500	0.4600	0.4700	0.4800	0.4900	0.5000
45	0.4100	0.4200	0.4300	0.4400	0.4500	0.4600	0.4700	0.4800	0.4900	0.5000
46	0.4100	0.4200	0.4300	0.4400	0.4500	0.4600	0.4700	0.4800	0.4900	0.5000
47	0.4100	0.4200	0.4300	0.4400	0.4500	0.4600	0.4700	0.4800	0.4900	0.5000
48	0.4100	0.4200	0.4300	0.4400	0.4500	0.4600	0.4700	0.4800	0.4900	0.5000
49	0.4100	0.4200	0.4300	0.4400	0.4500	0.4600	0.4700	0.4800	0.4900	0.5000
50	0.4100	0.4200	0.4300	0.4400	0.4500	0.4600	0.4700	0.4800	0.4900	0.5000

Table 6 Annuités équivalentes à un montant futur

$$A = M_f \frac{i}{(1+i)^n - 1}$$

Période	1%	2%	3%	4%	5%	6%	7%	8%	9%	10%
1	1.0000	1.0000	1.0000	1.0000	1.0000	1.0000	1.0000	1.0000	1.0000	1.0000
2	0.4975	0.4950	0.4926	0.4902	0.4878	0.4854	0.4831	0.4808	0.4785	0.4762
3	0.3300	0.3268	0.3235	0.3203	0.3172	0.3141	0.3111	0.3080	0.3051	0.3021
4	0.2463	0.2426	0.2390	0.2355	0.2320	0.2286	0.2252	0.2219	0.2187	0.2155
5	0.1960	0.1922	0.1884	0.1846	0.1810	0.1774	0.1739	0.1705	0.1671	0.1638
6	0.1625	0.1585	0.1546	0.1508	0.1470	0.1434	0.1398	0.1363	0.1329	0.1296
7	0.1386	0.1345	0.1305	0.1266	0.1228	0.1191	0.1156	0.1121	0.1087	0.1054
8	0.1207	0.1165	0.1125	0.1085	0.1047	0.1010	0.0975	0.0940	0.0907	0.0874
9	0.1067	0.1025	0.0984	0.0945	0.0907	0.0870	0.0835	0.0801	0.0768	0.0736
10	0.0956	0.0913	0.0872	0.0833	0.0795	0.0759	0.0724	0.0690	0.0658	0.0627
11	0.0865	0.0822	0.0781	0.0741	0.0704	0.0668	0.0634	0.0601	0.0569	0.0540
12	0.0788	0.0746	0.0705	0.0666	0.0628	0.0593	0.0559	0.0527	0.0497	0.0468
13	0.0724	0.0681	0.0640	0.0601	0.0565	0.0530	0.0497	0.0465	0.0436	0.0408
14	0.0669	0.0626	0.0585	0.0547	0.0510	0.0476	0.0443	0.0413	0.0384	0.0357
15	0.0621	0.0578	0.0538	0.0499	0.0463	0.0430	0.0398	0.0368	0.0341	0.0315
16	0.0579	0.0537	0.0496	0.0458	0.0423	0.0390	0.0359	0.0330	0.0303	0.0278
17	0.0543	0.0500	0.0460	0.0422	0.0387	0.0354	0.0324	0.0296	0.0270	0.0247
18	0.0510	0.0467	0.0427	0.0390	0.0355	0.0324	0.0294	0.0267	0.0242	0.0219
19	0.0481	0.0438	0.0398	0.0361	0.0327	0.0296	0.0268	0.0241	0.0217	0.0195
20	0.0454	0.0412	0.0372	0.0336	0.0302	0.0272	0.0244	0.0219	0.0195	0.0175
21	0.0430	0.0388	0.0349	0.0313	0.0280	0.0250	0.0223	0.0198	0.0176	0.0156
22	0.0409	0.0366	0.0327	0.0292	0.0260	0.0230	0.0204	0.0180	0.0159	0.0140
23	0.0389	0.0347	0.0308	0.0273	0.0241	0.0213	0.0187	0.0164	0.0144	0.0126
24	0.0371	0.0329	0.0290	0.0256	0.0225	0.0197	0.0172	0.0150	0.0130	0.0113
25	0.0354	0.0312	0.0274	0.0240	0.0210	0.0182	0.0158	0.0137	0.0118	0.0102
26	0.0339	0.0297	0.0259	0.0226	0.0196	0.0169	0.0146	0.0125	0.0107	0.0092
27	0.0324	0.0283	0.0246	0.0212	0.0183	0.0157	0.0134	0.0114	0.0097	0.0083
28	0.0311	0.0270	0.0233	0.0200	0.0171	0.0146	0.0124	0.0105	0.0089	0.0075
29	0.0299	0.0258	0.0221	0.0189	0.0160	0.0136	0.0114	0.0096	0.0081	0.0067
30	0.0287	0.0246	0.0210	0.0178	0.0151	0.0126	0.0106	0.0088	0.0073	0.0061
31	0.0277	0.0236	0.0200	0.0169	0.0141	0.0118	0.0098	0.0081	0.0067	0.0055
32	0.0267	0.0226	0.0190	0.0159	0.0133	0.0110	0.0091	0.0075	0.0061	0.0050
33	0.0257	0.0217	0.0182	0.0151	0.0125	0.0103	0.0084	0.0069	0.0056	0.0045
34	0.0248	0.0208	0.0173	0.0143	0.0118	0.0096	0.0078	0.0063	0.0051	0.0041
35	0.0240	0.0200	0.0165	0.0136	0.0111	0.0090	0.0072	0.0058	0.0046	0.0037
36	0.0232	0.0192	0.0158	0.0129	0.0104	0.0084	0.0067	0.0053	0.0042	0.0033
37	0.0225	0.0185	0.0151	0.0122	0.0098	0.0079	0.0062	0.0049	0.0039	0.0030
38	0.0218	0.0178	0.0145	0.0116	0.0093	0.0074	0.0058	0.0045	0.0035	0.0027
39	0.0211	0.0172	0.0138	0.0111	0.0088	0.0069	0.0054	0.0042	0.0032	0.0025
40	0.0205	0.0166	0.0133	0.0105	0.0083	0.0065	0.0050	0.0039	0.0030	0.0023
41	0.0199	0.0160	0.0127	0.0100	0.0078	0.0061	0.0047	0.0036	0.0027	0.0020
42	0.0193	0.0154	0.0122	0.0095	0.0074	0.0057	0.0043	0.0033	0.0025	0.0019
43	0.0187	0.0149	0.0117	0.0091	0.0070	0.0053	0.0040	0.0030	0.0023	0.0017
44	0.0182	0.0144	0.0112	0.0087	0.0066	0.0050	0.0038	0.0028	0.0021	0.0015
45	0.0177	0.0139	0.0108	0.0083	0.0063	0.0047	0.0035	0.0026	0.0019	0.0014
46	0.0172	0.0135	0.0104	0.0079	0.0059	0.0044	0.0033	0.0024	0.0017	0.0013
47	0.0168	0.0130	0.0100	0.0075	0.0056	0.0041	0.0030	0.0022	0.0016	0.0011
48	0.0163	0.0126	0.0096	0.0072	0.0053	0.0039	0.0028	0.0020	0.0015	0.0010
49	0.0159	0.0122	0.0092	0.0069	0.0050	0.0037	0.0026	0.0019	0.0013	0.0009
50	0.0155	0.0118	0.0089	0.0066	0.0048	0.0034	0.0025	0.0017	0.0012	0.0009

Table 6 Annuités équivalentes à un montant futur

Période	11%	12%	13%	14%	15%	16%	17%	18%	19%	20%
1	1.0000	1.0000	1.0000	1.0000	1.0000	1.0000	1.0000	1.0000	1.0000	1.0000
2	0.4739	0.4717	0.4695	0.4673	0.4651	0.4630	0.4608	0.4587	0.4566	0.4545
3	0.2992	0.2963	0.2935	0.2907	0.2880	0.2853	0.2826	0.2799	0.2773	0.2747
4	0.2123	0.2092	0.2062	0.2032	0.2003	0.1974	0.1945	0.1917	0.1890	0.1863
5	0.1606	0.1574	0.1543	0.1513	0.1483	0.1454	0.1426	0.1398	0.1371	0.1344
6	0.1264	0.1232	0.1202	0.1172	0.1142	0.1114	0.1086	0.1059	0.1033	0.1007
7	0.1022	0.0991	0.0961	0.0932	0.0904	0.0876	0.0849	0.0824	0.0799	0.0774
8	0.0843	0.0813	0.0784	0.0756	0.0729	0.0702	0.0677	0.0652	0.0629	0.0606
9	0.0706	0.0677	0.0649	0.0622	0.0596	0.0571	0.0547	0.0524	0.0502	0.0481
10	0.0598	0.0570	0.0543	0.0517	0.0493	0.0469	0.0447	0.0425	0.0405	0.0385
11	0.0511	0.0484	0.0458	0.0434	0.0411	0.0389	0.0368	0.0348	0.0329	0.0311
12	0.0440	0.0414	0.0390	0.0367	0.0345	0.0324	0.0305	0.0286	0.0269	0.0253
13	0.0382	0.0357	0.0334	0.0312	0.0291	0.0272	0.0254	0.0237	0.0221	0.0206
14	0.0332	0.0309	0.0287	0.0266	0.0247	0.0229	0.0212	0.0197	0.0182	0.0169
15	0.0291	0.0268	0.0247	0.0228	0.0210	0.0194	0.0178	0.0164	0.0151	0.0139
16	0.0255	0.0234	0.0214	0.0196	0.0179	0.0164	0.0150	0.0137	0.0125	0.0114
17	0.0225	0.0205	0.0186	0.0169	0.0154	0.0140	0.0127	0.0115	0.0104	0.0094
18	0.0198	0.0179	0.0162	0.0146	0.0132	0.0119	0.0107	0.0096	0.0087	0.0078
19	0.0176	0.0158	0.0141	0.0127	0.0113	0.0101	0.0091	0.0081	0.0072	0.0065
20	0.0156	0.0139	0.0124	0.0110	0.0098	0.0087	0.0077	0.0068	0.0060	0.0054
21	0.0138	0.0122	0.0108	0.0095	0.0084	0.0074	0.0065	0.0057	0.0051	0.0044
22	0.0123	0.0108	0.0095	0.0083	0.0073	0.0064	0.0056	0.0048	0.0042	0.0037
23	0.0110	0.0096	0.0083	0.0072	0.0063	0.0054	0.0047	0.0041	0.0035	0.0031
24	0.0098	0.0085	0.0073	0.0063	0.0054	0.0047	0.0040	0.0035	0.0030	0.0025
25	0.0087	0.0075	0.0064	0.0055	0.0047	0.0040	0.0034	0.0029	0.0025	0.0021
26	0.0078	0.0067	0.0057	0.0048	0.0041	0.0034	0.0029	0.0025	0.0021	0.0018
27	0.0070	0.0059	0.0050	0.0042	0.0035	0.0030	0.0025	0.0021	0.0017	0.0015
28	0.0063	0.0052	0.0044	0.0037	0.0031	0.0025	0.0021	0.0018	0.0015	0.0012
29	0.0056	0.0047	0.0039	0.0032	0.0027	0.0022	0.0018	0.0015	0.0012	0.0010
30	0.0050	0.0041	0.0034	0.0028	0.0023	0.0019	0.0015	0.0013	0.0010	0.0008
31	0.0045	0.0037	0.0030	0.0025	0.0020	0.0016	0.0013	0.0011	0.0009	0.0007
32	0.0040	0.0033	0.0027	0.0021	0.0017	0.0014	0.0011	0.0009	0.0007	0.0006
33	0.0036	0.0029	0.0023	0.0019	0.0015	0.0012	0.0010	0.0008	0.0006	0.0005
34	0.0033	0.0026	0.0021	0.0016	0.0013	0.0010	0.0008	0.0006	0.0005	0.0004
35	0.0029	0.0023	0.0018	0.0014	0.0011	0.0009	0.0007	0.0006	0.0004	0.0003
36	0.0026	0.0021	0.0016	0.0013	0.0010	0.0008	0.0006	0.0005	0.0004	0.0003
37	0.0024	0.0018	0.0014	0.0011	0.0009	0.0007	0.0005	0.0004	0.0003	0.0002
38	0.0021	0.0016	0.0013	0.0010	0.0007	0.0006	0.0004	0.0003	0.0003	0.0002
39	0.0019	0.0015	0.0011	0.0009	0.0006	0.0005	0.0004	0.0003	0.0002	0.0002
40	0.0017	0.0013	0.0010	0.0007	0.0006	0.0004	0.0003	0.0002	0.0002	0.0001
41	0.0015	0.0012	0.0009	0.0007	0.0005	0.0004	0.0003	0.0002	0.0002	0.0001
42	0.0014	0.0010	0.0008	0.0006	0.0004	0.0003	0.0002	0.0002	0.0001	0.0001
43	0.0013	0.0009	0.0007	0.0005	0.0004	0.0003	0.0002	0.0001	0.0001	0.0001
44	0.0011	0.0008	0.0006	0.0004	0.0003	0.0002	0.0002	0.0001	0.0001	0.0001
45	0.0010	0.0007	0.0005	0.0004	0.0003	0.0002	0.0001	0.0001	0.0001	0.0001
46	0.0009	0.0007	0.0005	0.0003	0.0002	0.0002	0.0001	0.0001	0.0001	0.0000
47	0.0008	0.0006	0.0004	0.0003	0.0002	0.0001	0.0001	0.0001	0.0001	
48	0.0007	0.0005	0.0004	0.0003	0.0002	0.0001	0.0001	0.0001	0.0000	
49	0.0007	0.0005	0.0003	0.0002	0.0002	0.0001	0.0001	0.0001		
50	0.0006	0.0004	0.0003	0.0002	0.0001	0.0001	0.0001	0.0000		

Table 6 Annuités équivalentes à un montant futur

Période	21%	22%	23%	24%	25%	26%	27%	28%	29%	30%
1	1.0000	1.0000	1.0000	1.0000	1.0000	1.0000	1.0000	1.0000	1.0000	1.0000
2	0.4525	0.4505	0.4484	0.4464	0.4444	0.4425	0.4405	0.4386	0.4367	0.4348
3	0.2722	0.2697	0.2672	0.2647	0.2623	0.2599	0.2575	0.2552	0.2529	0.2506
4	0.1836	0.1810	0.1785	0.1759	0.1734	0.1710	0.1686	0.1662	0.1639	0.1616
5	0.1318	0.1292	0.1267	0.1242	0.1218	0.1195	0.1172	0.1149	0.1127	0.1106
6	0.0982	0.0958	0.0934	0.0911	0.0888	0.0866	0.0845	0.0824	0.0804	0.0784
7	0.0751	0.0728	0.0706	0.0684	0.0663	0.0643	0.0624	0.0605	0.0586	0.0569
8	0.0584	0.0563	0.0543	0.0523	0.0504	0.0486	0.0468	0.0451	0.0435	0.0419
9	0.0461	0.0441	0.0422	0.0405	0.0388	0.0371	0.0356	0.0340	0.0326	0.0312
10	0.0367	0.0349	0.0332	0.0316	0.0301	0.0286	0.0272	0.0259	0.0247	0.0235
11	0.0294	0.0278	0.0263	0.0249	0.0235	0.0222	0.0210	0.0198	0.0188	0.0177
12	0.0237	0.0223	0.0209	0.0196	0.0184	0.0173	0.0163	0.0153	0.0143	0.0135
13	0.0192	0.0179	0.0167	0.0156	0.0145	0.0136	0.0126	0.0118	0.0110	0.0102
14	0.0156	0.0145	0.0134	0.0124	0.0115	0.0106	0.0099	0.0091	0.0084	0.0078
15	0.0128	0.0117	0.0108	0.0099	0.0091	0.0084	0.0077	0.0071	0.0065	0.0060
16	0.0104	0.0095	0.0087	0.0079	0.0072	0.0066	0.0060	0.0055	0.0050	0.0046
17	0.0086	0.0078	0.0070	0.0064	0.0058	0.0052	0.0047	0.0043	0.0039	0.0035
18	0.0070	0.0063	0.0057	0.0051	0.0046	0.0041	0.0037	0.0033	0.0030	0.0027
19	0.0058	0.0051	0.0046	0.0041	0.0037	0.0033	0.0029	0.0026	0.0023	0.0021
20	0.0047	0.0042	0.0037	0.0033	0.0029	0.0026	0.0023	0.0020	0.0018	0.0016
21	0.0039	0.0034	0.0030	0.0026	0.0023	0.0020	0.0018	0.0016	0.0014	0.0012
22	0.0032	0.0028	0.0024	0.0021	0.0019	0.0016	0.0014	0.0012	0.0011	0.0009
23	0.0027	0.0023	0.0020	0.0017	0.0015	0.0013	0.0011	0.0010	0.0008	0.0007
24	0.0022	0.0019	0.0016	0.0014	0.0012	0.0010	0.0009	0.0008	0.0006	0.0006
25	0.0018	0.0015	0.0013	0.0011	0.0009	0.0008	0.0007	0.0006	0.0005	0.0004
26	0.0015	0.0013	0.0011	0.0009	0.0008	0.0006	0.0005	0.0005	0.0004	0.0003
27	0.0012	0.0010	0.0009	0.0007	0.0006	0.0005	0.0004	0.0004	0.0003	0.0003
28	0.0010	0.0008	0.0007	0.0006	0.0005	0.0004	0.0003	0.0003	0.0002	0.0002
29	0.0008	0.0007	0.0006	0.0005	0.0004	0.0003	0.0003	0.0002	0.0002	0.0001
30	0.0007	0.0006	0.0005	0.0004	0.0003	0.0003	0.0002	0.0002	0.0001	0.0001
31	0.0006	0.0005	0.0004	0.0003	0.0002	0.0002	0.0002	0.0001	0.0001	0.0001
32	0.0005	0.0004	0.0003	0.0002	0.0002	0.0002	0.0001	0.0001	0.0001	0.0001
33	0.0004	0.0003	0.0002	0.0002	0.0002	0.0001	0.0001	0.0001	0.0001	0.0001
34	0.0003	0.0003	0.0002	0.0002	0.0001	0.0001	0.0001	0.0001	0.0001	0.0000
35	0.0003	0.0002	0.0002	0.0001	0.0001	0.0001	0.0001	0.0000	0.0000	
36	0.0002	0.0002	0.0001	0.0001	0.0001	0.0001	0.0000			
37	0.0002	0.0001	0.0001	0.0001	0.0001	0.0001				
38	0.0002	0.0001	0.0001	0.0001	0.0001	0.0000				
39	0.0001	0.0001	0.0001	0.0001	0.0000					
40	0.0001	0.0001	0.0001	0.0000						
41	0.0001	0.0001	0.0000							
42	0.0001	0.0001								
43	0.0001	0.0000								
44	0.0000									

Table 6 Annuités équivalentes à un montant futur

Période	31%	32%	33%	34%	35%	36%	37%	38%	39%	40%
1	1.0000	1.0000	1.0000	1.0000	1.0000	1.0000	1.0000	1.0000	1.0000	1.0000
2	0.4329	0.4310	0.4292	0.4274	0.4255	0.4237	0.4219	0.4202	0.4184	0.4167
3	0.2484	0.2462	0.2440	0.2418	0.2397	0.2376	0.2355	0.2334	0.2314	0.2294
4	0.1594	0.1572	0.1550	0.1529	0.1508	0.1487	0.1467	0.1447	0.1427	0.1408
5	0.1085	0.1064	0.1044	0.1024	0.1005	0.0986	0.0967	0.0949	0.0931	0.0914
6	0.0765	0.0746	0.0728	0.0710	0.0693	0.0676	0.0659	0.0643	0.0628	0.0613
7	0.0552	0.0535	0.0519	0.0503	0.0488	0.0473	0.0459	0.0445	0.0432	0.0419
8	0.0404	0.0389	0.0375	0.0362	0.0349	0.0336	0.0324	0.0313	0.0301	0.0291
9	0.0299	0.0287	0.0275	0.0263	0.0252	0.0241	0.0231	0.0222	0.0212	0.0203
10	0.0223	0.0212	0.0202	0.0192	0.0183	0.0174	0.0166	0.0158	0.0150	0.0143
11	0.0168	0.0158	0.0150	0.0142	0.0134	0.0127	0.0120	0.0113	0.0107	0.0101
12	0.0126	0.0119	0.0111	0.0105	0.0098	0.0092	0.0087	0.0081	0.0076	0.0072
13	0.0096	0.0089	0.0083	0.0077	0.0072	0.0067	0.0063	0.0059	0.0055	0.0051
14	0.0072	0.0067	0.0062	0.0057	0.0053	0.0049	0.0046	0.0042	0.0039	0.0036
15	0.0055	0.0051	0.0046	0.0043	0.0039	0.0036	0.0033	0.0031	0.0028	0.0026
16	0.0042	0.0038	0.0035	0.0032	0.0029	0.0026	0.0024	0.0022	0.0020	0.0018
17	0.0032	0.0029	0.0026	0.0024	0.0021	0.0019	0.0018	0.0016	0.0015	0.0013
18	0.0024	0.0022	0.0020	0.0018	0.0016	0.0014	0.0013	0.0012	0.0010	0.0009
19	0.0018	0.0016	0.0015	0.0013	0.0012	0.0010	0.0009	0.0008	0.0007	0.0007
20	0.0014	0.0012	0.0011	0.0010	0.0009	0.0008	0.0007	0.0006	0.0005	0.0005
21	0.0011	0.0009	0.0008	0.0007	0.0006	0.0006	0.0005	0.0004	0.0004	0.0003
22	0.0008	0.0007	0.0006	0.0005	0.0005	0.0004	0.0004	0.0003	0.0003	0.0002
23	0.0006	0.0005	0.0005	0.0004	0.0004	0.0003	0.0003	0.0002	0.0002	0.0002
24	0.0005	0.0004	0.0004	0.0003	0.0003	0.0002	0.0002	0.0002	0.0001	0.0001
25	0.0004	0.0003	0.0003	0.0002	0.0002	0.0002	0.0001	0.0001	0.0001	0.0001
26	0.0003	0.0002	0.0002	0.0002	0.0001	0.0001	0.0001	0.0001	0.0001	0.0001
27	0.0002	0.0002	0.0001	0.0001	0.0001	0.0001	0.0001	0.0001	0.0001	0.0000
28	0.0002	0.0001	0.0001	0.0001	0.0001	0.0001	0.0001	0.0000	0.0000	
29	0.0001	0.0001	0.0001	0.0001	0.0001	0.0000	0.0000			
30	0.0001	0.0001	0.0001	0.0001	0.0000					
31	0.0001	0.0001	0.0000	0.0000						
32	0.0001	0.0000								
33	0.0000									

Table 6 Annuités équivalentes à un montant futur

Période	41%	42%	43%	44%	45%	46%	47%	48%	49%	50%
1	1.0000	1.0000	1.0000	1.0000	1.0000	1.0000	1.0000	1.0000	1.0000	1.0000
2	0.4149	0.4132	0.4115	0.4098	0.4082	0.4065	0.4049	0.4032	0.4016	0.4000
3	0.2274	0.2254	0.2235	0.2216	0.2197	0.2178	0.2159	0.2141	0.2123	0.2105
4	0.1389	0.1370	0.1352	0.1333	0.1316	0.1298	0.1281	0.1264	0.1247	0.1231
5	0.0897	0.0880	0.0864	0.0848	0.0832	0.0816	0.0801	0.0787	0.0772	0.0758
6	0.0598	0.0583	0.0569	0.0556	0.0543	0.0530	0.0517	0.0505	0.0493	0.0481
7	0.0407	0.0395	0.0383	0.0372	0.0361	0.0350	0.0340	0.0330	0.0320	0.0311
8	0.0280	0.0270	0.0261	0.0252	0.0243	0.0234	0.0226	0.0218	0.0210	0.0203
9	0.0195	0.0187	0.0179	0.0172	0.0165	0.0158	0.0151	0.0145	0.0139	0.0134
10	0.0136	0.0130	0.0124	0.0118	0.0112	0.0107	0.0102	0.0097	0.0093	0.0088
11	0.0096	0.0091	0.0086	0.0081	0.0077	0.0073	0.0069	0.0065	0.0062	0.0058
12	0.0067	0.0063	0.0060	0.0056	0.0053	0.0050	0.0047	0.0044	0.0041	0.0039
13	0.0048	0.0044	0.0042	0.0039	0.0036	0.0034	0.0032	0.0030	0.0028	0.0026
14	0.0034	0.0031	0.0029	0.0027	0.0025	0.0023	0.0021	0.0020	0.0019	0.0017
15	0.0024	0.0022	0.0020	0.0019	0.0017	0.0016	0.0015	0.0013	0.0012	0.0011
16	0.0017	0.0015	0.0014	0.0013	0.0012	0.0011	0.0010	0.0009	0.0008	0.0008
17	0.0012	0.0011	0.0010	0.0009	0.0008	0.0007	0.0007	0.0006	0.0006	0.0005
18	0.0008	0.0008	0.0007	0.0006	0.0006	0.0005	0.0005	0.0004	0.0004	0.0003
19	0.0006	0.0005	0.0005	0.0004	0.0004	0.0003	0.0003	0.0003	0.0003	0.0002
20	0.0004	0.0004	0.0003	0.0003	0.0003	0.0002	0.0002	0.0002	0.0002	0.0002
21	0.0003	0.0003	0.0002	0.0002	0.0002	0.0002	0.0001	0.0001	0.0001	0.0001
22	0.0002	0.0002	0.0002	0.0001	0.0001	0.0001	0.0001	0.0001	0.0001	0.0001
23	0.0002	0.0001	0.0001	0.0001	0.0001	0.0001	0.0001	0.0001	0.0001	0.0000
24	0.0001	0.0001	0.0001	0.0001	0.0001	0.0001	0.0000	0.0000	0.0000	
25	0.0001	0.0001	0.0001	0.0000	0.0000	0.0000				
26	0.0001	0.0000	0.0000							
27	0.0000									

Table 7 Valeur actuelle d'une série de montants à croissance arithmétique

$$V_a = G\left\{\frac{1}{i}\left[\frac{(1+i)^n - 1}{i(1+i)^n} - \frac{n}{(1+i)^n}\right]\right\}$$

Période	1%	2%	3%	4%	5%	6%	7%	8%	9%	10%
1	0.0000	0.0000	0.0000	0.0000	0.0000	0.0000	0.0000	0.0000	0.0000	0.0000
2	0.9803	0.9612	0.9426	0.9246	0.9070	0.8900	0.8734	0.8573	0.8417	0.8264
3	2.9215	2.8458	2.7729	2.7025	2.6347	2.5692	2.5060	2.4450	2.3860	2.3291
4	5.8044	5.6173	5.4383	5.2670	5.1028	4.9455	4.7947	4.6501	4.5113	4.3781
5	9.6103	9.2403	8.8888	8.5547	8.2369	7.9345	7.6467	7.3724	7.1110	6.8618
6	14.3205	13.6801	13.0762	12.5062	11.9680	11.4594	10.9784	10.5233	10.0924	9.6842
7	19.9168	18.9035	17.9547	17.0657	16.2321	15.4497	14.7149	14.0242	13.3746	12.7631
8	26.3812	24.8779	23.4806	22.1806	20.9700	19.8416	18.7889	17.8061	16.8877	16.0287
9	33.6959	31.5720	29.6119	27.8013	26.1268	24.5768	23.1404	21.8081	20.5711	19.4215
10	41.8435	38.9551	36.3088	33.8814	31.6520	29.6023	27.7156	25.9768	24.3728	22.8913
11	50.8067	46.9977	43.5330	40.3772	37.4988	34.8702	32.4665	30.2657	28.2481	26.3963
12	60.5687	55.6712	51.2482	47.2477	43.6241	40.3369	37.3506	34.6339	32.1590	29.9012
13	71.1126	64.9475	59.4196	54.4546	49.9879	45.9629	42.3302	39.0463	36.0731	33.3772
14	82.4221	74.7999	68.0141	61.9618	56.5538	51.7128	47.3718	43.4723	39.9633	36.8005
15	94.4810	85.2021	77.0002	69.7355	63.2880	57.5546	52.4461	47.8857	43.8069	40.1520
16	107.2734	96.1288	86.3477	77.7441	70.1597	63.4592	57.5271	52.2640	47.5849	43.4164
17	120.7834	107.5554	96.0280	85.9581	77.1405	69.4011	62.5923	56.5883	51.2821	46.5819
18	134.9957	119.4581	106.0137	94.3498	84.2043	75.3569	67.6219	60.8426	54.8860	49.6395
19	149.8950	131.8139	116.2788	102.8933	91.3275	81.3062	72.5991	65.0134	58.3868	52.5827
20	165.4664	144.6003	126.7987	111.5647	98.4884	87.2304	77.5091	69.0898	61.7770	55.4069
21	181.6950	157.7959	137.5496	120.3414	105.6673	93.1136	82.3393	73.0629	65.0509	58.1095
22	198.5663	171.3795	148.5094	129.2024	112.8461	98.9412	87.0793	76.9257	68.2048	60.6893
23	216.0660	185.3309	159.6566	138.1284	120.0087	104.7007	91.7201	80.6726	71.2359	63.1462
24	234.1800	199.6305	170.9711	147.1012	127.1402	110.3812	96.2545	84.2997	74.1433	65.4813
25	252.8945	214.2592	182.4336	156.1040	134.2275	115.9732	100.6765	87.8041	76.9265	67.6964
26	272.1957	229.1987	194.0260	165.1212	141.2585	121.4684	104.9814	91.1842	79.5863	69.7940
27	292.0702	244.4311	205.7309	174.1385	148.2226	126.8600	109.1656	94.4390	82.1241	71.7773
28	312.5047	259.9392	217.5320	183.1424	155.1101	132.1420	113.2264	97.5687	84.5419	73.6495
29	333.4863	275.7064	229.4137	192.1206	161.9126	137.3096	117.1622	100.5738	86.8422	75.4146
30	355.0021	291.7164	241.3613	201.0618	168.6226	142.3588	120.9718	103.4558	89.0280	77.0766
31	377.0394	307.9538	253.3609	209.9556	175.2333	147.2864	124.6550	106.2163	91.1024	78.6395
32	399.5858	324.4035	265.3993	218.7924	181.7392	152.0901	128.2120	108.8575	93.0690	80.1078
33	422.6291	341.0508	277.4642	227.5634	188.1351	156.7681	131.6435	111.3819	94.9314	81.4856
34	446.1572	357.8817	289.5437	236.2607	194.4168	161.3192	134.9507	113.7924	96.6935	82.7773
35	470.1583	374.8826	301.6267	244.8768	200.5807	165.7427	138.1353	116.0920	98.3590	83.9872
36	494.6207	392.0405	313.7028	253.4052	206.6237	170.0387	141.1990	118.2839	99.9319	85.1194
37	519.5329	409.3424	325.7622	261.8399	212.5434	174.2072	144.1441	120.3713	101.4162	86.1781
38	544.8835	426.7764	337.7956	270.1754	218.3378	178.2490	146.9730	122.3579	102.8158	87.1673
39	570.6616	444.3304	349.7942	278.4070	224.0054	182.1652	149.6883	124.2470	104.1345	88.0908
40	596.8561	461.9931	361.7499	286.5303	229.5452	185.9568	152.2928	126.0422	105.3762	88.9525
41	623.4562	479.7535	373.6551	294.5414	234.9564	189.6256	154.7892	127.7470	106.5445	89.7560
42	650.4514	497.6010	385.5024	302.4370	240.2389	193.1732	157.1807	129.3651	107.6432	90.5047
43	677.8312	515.5253	397.2852	310.2141	245.3925	196.6017	159.4702	130.8998	108.6758	91.2019
44	705.5853	533.5165	408.9972	317.8700	250.4175	199.9130	161.6609	132.3547	109.6456	91.8508
45	733.7037	551.5652	420.6325	325.4028	255.3145	203.1096	163.7559	133.7331	110.5561	92.4544
46	762.1765	569.6621	432.1856	332.8104	260.0844	206.1938	165.7584	135.0384	111.4103	93.0157
47	790.9938	587.7985	443.6515	340.0914	264.7281	209.1681	167.6714	136.2739	112.2115	93.5372
48	820.1460	605.9657	455.0255	347.2446	269.2467	212.0351	169.4981	137.4428	112.9625	94.0217
49	849.6237	624.1557	466.3031	354.2689	273.6418	214.7972	171.2417	138.5480	113.6661	94.4715
50	879.4176	642.3606	477.4803	361.1638	277.9148	217.4574	172.9051	139.5928	114.3251	94.8889

Table 7 Valeur actuelle d'une série de montants à croissance arithmétique

Période	11%	12%	13%	14%	15%	16%	17%	18%	19%	20%
1	0.0000	0.0000	0.0000	0.0000	0.0000	0.0000	0.0000	0.0000	0.0000	0.0000
2	0.8116	0.7972	0.7831	0.7695	0.7561	0.7432	0.7305	0.7182	0.7062	0.6944
3	2.2740	2.2208	2.1692	2.1194	2.0712	2.0245	1.9793	1.9354	1.8930	1.8519
4	4.2502	4.1273	4.0092	3.8957	3.7864	3.6814	3.5802	3.4828	3.3890	3.2986
5	6.6240	6.3970	6.1802	5.9731	5.7751	5.5858	5.4046	5.2312	5.0652	4.9061
6	9.2972	8.9302	8.5818	8.2511	7.9368	7.6380	7.3538	7.0834	6.8259	6.5806
7	12.1872	11.6443	11.1322	10.6489	10.1924	9.7610	9.3530	8.9670	8.6014	8.2551
8	15.2246	14.4714	13.7653	13.1028	12.4807	11.8962	11.3465	10.8292	10.3421	9.8831
9	18.3520	17.3563	16.4284	15.5629	14.7548	13.9998	13.2937	12.6329	12.0138	11.4335
10	21.5217	20.2541	19.0797	17.9906	16.9795	16.0399	15.1661	14.3525	13.5943	12.8871
11	24.6945	23.1288	21.6867	20.3567	19.1289	17.9941	16.9442	15.9716	15.0699	14.2330
12	27.8388	25.9523	24.2244	22.6399	21.1849	19.8472	18.6159	17.4811	16.4340	15.4667
13	30.9290	28.7024	26.6744	24.8247	23.1352	21.5899	20.1746	18.8765	17.6844	16.5883
14	33.9449	31.3624	29.0232	26.9009	24.9725	23.2175	21.6178	20.1576	18.8228	17.6008
15	36.8709	33.9202	31.2617	28.8623	26.6930	24.7284	22.9463	21.3269	19.8530	18.5095
16	39.6953	36.3670	33.3841	30.7057	28.2960	26.1241	24.1628	22.3885	20.7806	19.3208
17	42.4095	38.6973	35.3876	32.4305	29.7828	27.4074	25.2719	23.3482	21.6120	20.0419
18	45.0074	40.9080	37.2714	34.0380	31.1565	28.5828	26.2790	24.2123	22.3543	20.6805
19	47.4856	42.9979	39.0366	35.5311	32.4213	29.6557	27.1905	24.9877	23.0148	21.2439
20	49.8423	44.9676	40.6854	36.9135	33.5822	30.6321	28.0128	25.6813	23.6007	21.7395
21	52.0771	46.8188	42.2214	38.1901	34.6448	31.5180	28.7526	26.3000	24.1190	22.1742
22	54.1912	48.5543	43.6486	39.3658	35.6150	32.3200	29.4166	26.8506	24.5763	22.5546
23	56.1864	50.1776	44.9718	40.4463	36.4988	33.0442	30.0111	27.3394	24.9788	22.8867
24	58.0656	51.6929	46.1960	41.4371	37.3023	33.6970	30.5423	27.7725	25.3325	23.1760
25	59.8322	53.1046	47.3264	42.3441	38.0314	34.2841	31.0160	28.1555	25.6426	23.4276
26	61.4900	54.4177	48.3685	43.1728	38.6918	34.8114	31.4378	28.4935	25.9141	23.6460
27	63.0433	55.6369	49.3276	43.9289	39.2890	35.2841	31.8128	28.7915	26.1514	23.8353
28	64.4965	56.7674	50.2090	44.6176	39.8283	35.7073	32.1456	29.0537	26.3584	23.9991
29	65.8542	57.8141	51.0179	45.2441	40.3146	36.0856	32.4405	29.2842	26.5388	24.1406
30	67.1210	58.7821	51.7592	45.8132	40.7526	36.4234	32.7016	29.4864	26.6958	24.2628
31	68.3016	59.6761	52.4380	46.3297	41.1466	36.7247	32.9325	29.6638	26.8324	24.3681
32	69.4007	60.5010	53.0586	46.7979	41.5006	36.9930	33.1364	29.8191	26.9509	24.4588
33	70.4228	61.2612	53.6256	47.2218	41.8184	37.2318	33.3163	29.9549	27.0537	24.5368
34	71.3724	61.9612	54.1430	47.6053	42.1033	37.4441	33.4748	30.0736	27.1428	24.6038
35	72.2538	62.6052	54.6148	47.9519	42.3586	37.6327	33.6145	30.1773	27.2200	24.6614
36	73.0712	63.1970	55.0446	48.2649	42.5872	37.8000	33.7373	30.2677	27.2867	24.7108
37	73.8286	63.7406	55.4358	48.5472	42.7916	37.9484	33.8453	30.3465	27.3444	24.7531
38	74.5300	64.2394	55.7916	48.8018	42.9743	38.0799	33.9402	30.4152	27.3942	24.7894
39	75.1789	64.6967	56.1150	49.0312	43.1374	38.1963	34.0235	30.4749	27.4372	24.8204
40	75.7789	65.1159	56.4087	49.2376	43.2830	38.2992	34.0965	30.5269	27.4743	24.8469
41	76.3333	65.4997	56.6753	49.4234	43.4128	38.3903	34.1606	30.5721	27.5063	24.8696
42	76.8452	65.8509	56.9171	49.5904	43.5286	38.4707	34.2167	30.6113	27.5338	24.8890
43	77.3176	66.1722	57.1363	49.7405	43.6317	38.5418	34.2658	30.6454	27.5575	24.9055
44	77.7534	66.4659	57.3349	49.8753	43.7235	38.6045	34.3088	30.6750	27.5779	24.9196
45	78.1551	66.7342	57.5148	49.9963	43.8051	38.6598	34.3464	30.7006	27.5954	24.9316
46	78.5253	66.9792	57.6776	50.1048	43.8778	38.7086	34.3792	30.7228	27.6105	24.9419
47	78.8661	67.2028	57.8248	50.2022	43.9423	38.7516	34.4079	30.7420	27.6234	24.9506
48	79.1799	67.4068	57.9580	50.2894	43.9997	38.7894	34.4330	30.7587	27.6345	24.9581
49	79.4686	67.5929	58.0783	50.3675	44.0506	38.8227	34.4549	30.7731	27.6441	24.9644
50	79.7341	67.7624	58.1870	50.4375	44.0958	38.8521	34.4740	30.7856	27.6523	24.9698

Table 7 Valeur actuelle d'une série de montants à croissance arithmétique

Période	21%	22%	23%	24%	25%	26%	27%	28%	29%	30%
1	0.0000	0.0000	0.0000	0.0000	0.0000	0.0000	0.0000	0.0000	0.0000	0.0000
2	0.6830	0.6719	0.6610	0.6504	0.6400	0.6299	0.6200	0.6104	0.6009	0.5917
3	1.8120	1.7733	1.7358	1.6993	1.6640	1.6297	1.5964	1.5640	1.5326	1.5020
4	3.2115	3.1275	3.0464	2.9683	2.8928	2.8199	2.7496	2.6816	2.6159	2.5524
5	4.7537	4.6075	4.4672	4.3327	4.2035	4.0795	3.9603	3.8458	3.7357	3.6297
6	6.3468	6.1239	5.9112	5.7081	5.5142	5.3290	5.1519	4.9826	4.8207	4.6656
7	7.9268	7.6154	7.3198	7.0392	6.7725	6.5190	6.2779	6.0484	5.8300	5.6218
8	9.4502	9.0417	8.6560	8.2915	7.9469	7.6209	7.3123	7.0199	6.7428	6.4800
9	10.8891	10.3779	9.8975	9.4458	9.0207	8.6203	8.2431	7.8873	7.5515	7.2343
10	12.2269	11.6100	11.0330	10.4930	9.9870	9.5127	9.0676	8.6496	8.2567	7.8872
11	13.4553	12.7321	12.0588	11.4313	10.8460	10.2996	9.7890	9.3113	8.8642	8.4452
12	14.5721	13.7438	12.9761	12.2637	11.6020	10.9866	10.4138	9.8800	9.3822	8.9173
13	15.5790	14.6485	13.7897	12.9960	12.2617	11.5814	10.9505	10.3647	9.8202	9.3135
14	16.4804	15.4519	14.5063	13.6358	12.8334	12.0928	11.4083	10.7749	10.1881	9.6437
15	17.2828	16.1610	15.1337	14.1915	13.3260	12.5299	11.7965	11.1200	10.4952	9.9172
16	17.9932	16.7838	15.6802	14.6716	13.7482	12.9015	12.1240	11.4089	10.7502	10.1426
17	18.6195	17.3283	16.1542	15.0846	14.1085	13.2162	12.3991	11.6497	10.9611	10.3276
18	19.1694	17.8025	16.5636	15.4385	14.4147	13.4815	12.6292	11.8495	11.1349	10.4788
19	19.6506	18.2141	16.9160	15.7406	14.6741	13.7045	12.8211	12.0148	11.2774	10.6019
20	20.0704	18.5702	17.2185	15.9979	14.8932	13.8913	12.9806	12.1511	11.3941	10.7019
21	20.4356	18.8774	17.4773	16.2162	15.0777	14.0473	13.1127	12.2632	11.4893	10.7828
22	20.7526	19.1418	17.6983	16.4011	15.2326	14.1773	13.2220	12.3552	11.5668	10.8482
23	21.0269	19.3689	17.8865	16.5574	15.3625	14.2855	13.3122	12.4304	11.6297	10.9009
24	21.2640	19.5635	18.0464	16.6891	15.4711	14.3752	13.3864	12.4919	11.6807	10.9433
25	21.4685	19.7299	18.1821	16.7999	15.5618	14.4495	13.4473	12.5420	11.7220	10.9773
26	21.6445	19.8720	18.2970	16.8930	15.6373	14.5109	13.4974	12.5828	11.7553	11.0045
27	21.7957	19.9931	18.3942	16.9711	15.7002	14.5616	13.5383	12.6160	11.7822	11.0263
28	21.9256	20.0962	18.4763	17.0365	15.7524	14.6034	13.5718	12.6428	11.8038	11.0437
29	22.0368	20.1839	18.5454	17.0912	15.7957	14.6377	13.5991	12.6646	11.8212	11.0576
30	22.1321	20.2583	18.6037	17.1369	15.8316	14.6660	13.6214	12.6822	11.8351	11.0687
31	22.2135	20.3214	18.6526	17.1750	15.8614	14.6892	13.6396	12.6965	11.8463	11.0775
32	22.2830	20.3748	18.6938	17.2067	15.8859	14.7083	13.6544	12.7080	11.8553	11.0845
33	22.3424	20.4200	18.7283	17.2332	15.9062	14.7238	13.6664	12.7173	11.8624	11.0901
34	22.3929	20.4582	18.7573	17.2552	15.9229	14.7366	13.6761	12.7247	11.8682	11.0945
35	22.4360	20.4905	18.7815	17.2734	15.9367	14.7470	13.6841	12.7307	11.8727	11.0980
36	22.4726	20.5178	18.8018	17.2886	15.9481	14.7556	13.6905	12.7356	11.8764	11.1007
37	22.5037	20.5407	18.8188	17.3012	15.9574	14.7625	13.6957	12.7395	11.8793	11.1029
38	22.5302	20.5601	18.8330	17.3116	15.9651	14.7682	13.6999	12.7426	11.8816	11.1047
39	22.5526	20.5763	18.8449	17.3202	15.9714	14.7728	13.7033	12.7451	11.8835	11.1060
40	22.5717	20.5900	18.8547	17.3274	15.9766	14.7766	13.7060	12.7471	11.8850	11.1071
41	22.5878	20.6016	18.8630	17.3333	15.9809	14.7797	13.7082	12.7487	11.8861	11.1080
42	22.6015	20.6112	18.8698	17.3382	15.9843	14.7822	13.7100	12.7500	11.8871	11.1086
43	22.6131	20.6194	18.8756	17.3422	15.9872	14.7842	13.7115	12.7510	11.8878	11.1092
44	22.6229	20.6262	18.8803	17.3456	15.9895	14.7858	13.7126	12.7518	11.8884	11.1096
45	22.6311	20.6319	18.8843	17.3483	15.9915	14.7872	13.7136	12.7525	11.8888	11.1099
46	22.6381	20.6367	18.8876	17.3506	15.9930	14.7883	13.7143	12.7530	11.8892	11.1102
47	22.6441	20.6407	18.8903	17.3524	15.9943	14.7892	13.7149	12.7535	11.8895	11.1104
48	22.6490	20.6441	18.8926	17.3540	15.9954	14.7899	13.7154	12.7538	11.8897	11.1105
49	22.6533	20.6469	18.8945	17.3553	15.9962	14.7904	13.7158	12.7541	11.8899	11.1107
50	22.6568	20.6492	18.8960	17.3563	15.9969	14.7909	13.7161	12.7543	11.8901	11.1108

Table 7 Valeur actuelle d'une série de montants à croissance arithmétique

Période	31%	32%	33%	34%	35%	36%	37%	38%	39%	40%
1	0.0000	0.0000	0.0000	0.0000	0.0000	0.0000	0.0000	0.0000	0.0000	0.0000
2	0.5827	0.5739	0.5653	0.5569	0.5487	0.5407	0.5328	0.5251	0.5176	0.5102
3	1.4724	1.4435	1.4154	1.3881	1.3616	1.3357	1.3106	1.2861	1.2623	1.2391
4	2.4910	2.4317	2.3742	2.3186	2.2648	2.2127	2.1622	2.1133	2.0659	2.0200
5	3.5279	3.4298	3.3354	3.2444	3.1568	3.0724	2.9910	2.9125	2.8368	2.7637
6	4.5172	4.3750	4.2387	4.1081	3.9828	3.8626	3.7472	3.6364	3.5300	3.4278
7	5.4234	5.2343	5.0538	4.8815	4.7170	4.5598	4.4096	4.2660	4.1285	3.9970
8	6.2305	5.9937	5.7688	5.5549	5.3515	5.1580	4.9737	4.7981	4.6308	4.4713
9	6.9347	6.6513	6.3831	6.1292	5.8886	5.6606	5.4442	5.2389	5.0438	4.8585
10	7.5394	7.2117	6.9028	6.6114	6.3363	6.0764	5.8306	5.5982	5.3781	5.1696
11	8.0522	7.6834	7.3369	7.0112	6.7047	6.4160	6.1440	5.8875	5.6453	5.4166
12	8.4829	8.0765	7.6960	7.3394	7.0049	6.6908	6.3956	6.1180	5.8568	5.6106
13	8.8415	8.4014	7.9905	7.6066	7.2474	6.9112	6.5960	6.3003	6.0227	5.7618
14	9.1381	8.6680	8.2304	7.8226	7.4421	7.0867	6.7544	6.4434	6.1521	5.8788
15	9.3819	8.8856	8.4247	7.9962	7.5974	7.2257	6.8790	6.5551	6.2523	5.9688
16	9.5813	9.0621	8.5811	8.1350	7.7206	7.3352	6.9764	6.6418	6.3295	6.0376
17	9.7437	9.2048	8.7066	8.2455	7.8180	7.4211	7.0522	6.7088	6.3888	6.0901
18	9.8754	9.3196	8.8069	8.3331	7.8946	7.4882	7.1110	6.7604	6.4341	6.1299
19	9.9819	9.4118	8.8867	8.4023	7.9547	7.5405	7.1565	6.8000	6.4686	6.1601
20	10.0676	9.4854	8.9501	8.4569	8.0017	7.5810	7.1915	6.8303	6.4948	6.1828
21	10.1365	9.5442	9.0002	8.4997	8.0384	7.6124	7.2184	6.8534	6.5147	6.1998
22	10.1918	9.5909	9.0398	8.5333	8.0669	7.6366	7.2390	6.8710	6.5297	6.2127
23	10.2360	9.6280	9.0710	8.5595	8.0890	7.6553	7.2548	6.8843	6.5410	6.2222
24	10.2712	9.6574	9.0955	8.5800	8.1061	7.6696	7.2668	6.8944	6.5495	6.2294
25	10.2993	9.6806	9.1147	8.5959	8.1194	7.6807	7.2760	6.9021	6.5558	6.2347
26	10.3216	9.6989	9.1297	8.6083	8.1296	7.6891	7.2830	6.9078	6.5606	6.2387
27	10.3393	9.7134	9.1415	8.6179	8.1374	7.6955	7.2883	6.9122	6.5642	6.2416
28	10.3534	9.7247	9.1507	8.6254	8.1435	7.7005	7.2923	6.9154	6.5669	6.2438
29	10.3645	9.7336	9.1579	8.6312	8.1481	7.7042	7.2953	6.9179	6.5689	6.2454
30	10.3733	9.7406	9.1635	8.6356	8.1517	7.7071	7.2976	6.9197	6.5703	6.2466
31	10.3803	9.7461	9.1678	8.6391	8.1545	7.7092	7.2993	6.9211	6.5714	6.2475
32	10.3857	9.7504	9.1712	8.6417	8.1565	7.7109	7.3006	6.9222	6.5723	6.2482
33	10.3901	9.7538	9.1738	8.6438	8.1581	7.7122	7.3016	6.9229	6.5729	6.2487
34	10.3935	9.7564	9.1758	8.6453	8.1594	7.7131	7.3024	6.9235	6.5733	6.2490
35	10.3961	9.7584	9.1774	8.6465	8.1603	7.7138	7.3029	6.9239	6.5737	6.2493
36	10.3982	9.7600	9.1786	8.6475	8.1610	7.7144	7.3033	6.9243	6.5739	6.2495
37	10.3999	9.7613	9.1796	8.6482	8.1616	7.7148	7.3037	6.9245	6.5741	6.2496
38	10.4012	9.7623	9.1803	8.6487	8.1620	7.7151	7.3039	6.9247	6.5742	6.2497
39	10.4022	9.7630	9.1809	8.6492	8.1623	7.7153	7.3041	6.9248	6.5743	6.2498
40	10.4030	9.7636	9.1813	8.6495	8.1625	7.7155	7.3042	6.9249	6.5744	6.2498
41	10.4036	9.7641	9.1816	8.6497	8.1627	7.7156	7.3043	6.9250	6.5745	6.2499
42	10.4041	9.7644	9.1819	8.6499	8.1628	7.7157	7.3044	6.9251	6.5745	6.2499
43	10.4045	9.7647	9.1821	8.6501	8.1629	7.7158	7.3044	6.9251	6.5745	6.2499
44	10.4048	9.7649	9.1822	8.6502	8.1630	7.7159	7.3045	6.9251	6.5746	6.2500
45	10.4050	9.7651	9.1823	8.6503	8.1631	7.7159	7.3045	6.9251	6.5746	6.2500
46	10.4052	9.7652	9.1824	8.6503	8.1631	7.7160	7.3045	6.9252	6.5746	6.2500
47	10.4053	9.7653	9.1825	8.6504	8.1632	7.7160	7.3046	6.9252	6.5746	6.2500
48	10.4054	9.7654	9.1826	8.6504	8.1632	7.7160	7.3046	6.9252	6.5746	6.2500
49	10.4055	9.7654	9.1826	8.6504	8.1632	7.7160	7.3046	6.9252	6.5746	6.2500
50	10.4056	9.7655	9.1826	8.6505	8.1632	7.7160	7.3046	6.9252	6.5746	6.2500

Table 7 Valeur actuelle d'une série de montants à croissance arithmétique

Période	41%	42%	43%	44%	45%	46%	47%	48%	49%	50%
1	0.0000	0.0000	0.0000	0.0000	0.0000	0.0000	0.0000	0.0000	0.0000	0.0000
2	0.5030	0.4959	0.4890	0.4823	0.4756	0.4691	0.4628	0.4565	0.4504	0.4444
3	1.2165	1.1944	1.1730	1.1520	1.1317	1.1118	1.0924	1.0735	1.0550	1.0370
4	1.9755	1.9323	1.8904	1.8498	1.8103	1.7720	1.7349	1.6988	1.6637	1.6296
5	2.6932	2.6251	2.5593	2.4958	2.4344	2.3750	2.3176	2.2621	2.2084	2.1564
6	3.3295	3.2350	3.1441	3.0566	2.9723	2.8912	2.8131	2.7378	2.6653	2.5953
7	3.8710	3.7504	3.6347	3.5239	3.4176	3.3155	3.2176	3.1236	3.0333	2.9465
8	4.3191	4.1738	4.0351	3.9025	3.7758	3.6546	3.5387	3.4277	3.3214	3.2196
9	4.6823	4.5146	4.3550	4.2030	4.0581	3.9200	3.7883	3.6625	3.5424	3.4277
10	4.9720	4.7846	4.6067	4.4377	4.2772	4.1245	3.9793	3.8410	3.7093	3.5838
11	5.2004	4.9959	4.8023	4.6189	4.4450	4.2802	4.1237	3.9750	3.8338	3.6994
12	5.3785	5.1595	4.9527	4.7572	4.5724	4.3974	4.2317	4.0746	3.9256	3.7842
13	5.5163	5.2852	5.0675	4.8621	4.6682	4.4850	4.3119	4.1480	3.9929	3.8459
14	5.6222	5.3812	5.1544	4.9409	4.7398	4.5501	4.3710	4.2018	4.0418	3.8904
15	5.7031	5.4539	5.2199	4.9999	4.7929	4.5980	4.4143	4.2409	4.0771	3.9224
16	5.7646	5.5088	5.2689	5.0438	4.8322	4.6332	4.4458	4.2692	4.1025	3.9452
17	5.8111	5.5500	5.3055	5.0763	4.8611	4.6589	4.4687	4.2896	4.1207	3.9614
18	5.8461	5.5809	5.3327	5.1003	4.8823	4.6776	4.4852	4.3042	4.1337	3.9729
19	5.8724	5.6039	5.3529	5.1179	4.8978	4.6912	4.4972	4.3147	4.1429	3.9811
20	5.8921	5.6210	5.3677	5.1308	4.9090	4.7010	4.5057	4.3222	4.1495	3.9868
21	5.9068	5.6337	5.3787	5.1403	4.9172	4.7081	4.5119	4.3275	4.1541	3.9908
22	5.9178	5.6430	5.3867	5.1472	4.9231	4.7132	4.5162	4.3313	4.1573	3.9936
23	5.9259	5.6499	5.3926	5.1522	4.9274	4.7168	4.5194	4.3339	4.1596	3.9955
24	5.9319	5.6550	5.3969	5.1558	4.9305	4.7194	4.5216	4.3358	4.1612	3.9969
25	5.9364	5.6588	5.4000	5.1585	4.9327	4.7213	4.5231	4.3372	4.1623	3.9979
26	5.9397	5.6615	5.4023	5.1604	4.9343	4.7226	4.5243	4.3381	4.1631	3.9985
27	5.9421	5.6635	5.4040	5.1618	4.9354	4.7236	4.5251	4.3387	4.1637	3.9990
28	5.9439	5.6650	5.4052	5.1628	4.9362	4.7243	4.5256	4.3392	4.1641	3.9993
29	5.9452	5.6661	5.4061	5.1635	4.9368	4.7247	4.5260	4.3395	4.1643	3.9995
30	5.9462	5.6669	5.4067	5.1640	4.9372	4.7251	4.5263	4.3398	4.1645	3.9997
31	5.9469	5.6674	5.4071	5.1644	4.9375	4.7253	4.5265	4.3399	4.1646	3.9998
32	5.9474	5.6678	5.4075	5.1646	4.9378	4.7255	4.5266	4.3400	4.1647	3.9998
33	5.9478	5.6681	5.4077	5.1648	4.9379	4.7256	4.5267	4.3401	4.1648	3.9999
34	5.9481	5.6684	5.4079	5.1649	4.9380	4.7257	4.5268	4.3402	4.1648	3.9999
35	5.9483	5.6685	5.4080	5.1650	4.9381	4.7258	4.5268	4.3402	4.1649	3.9999
36	5.9484	5.6686	5.4081	5.1651	4.9381	4.7258	4.5269	4.3402	4.1649	4.0000
37	5.9486	5.6687	5.4082	5.1652	4.9382	4.7258	4.5269	4.3402	4.1649	4.0000
38	5.9486	5.6688	5.4082	5.1652	4.9382	4.7258	4.5269	4.3402	4.1649	4.0000
39	5.9487	5.6688	5.4082	5.1652	4.9382	4.7259	4.5269	4.3403	4.1649	4.0000
40	5.9487	5.6689	5.4083	5.1652	4.9382	4.7259	4.5269	4.3403	4.1649	4.0000
41	5.9488	5.6689	5.4083	5.1653	4.9382	4.7259	4.5269	4.3403	4.1649	4.0000
42	5.9488	5.6689	5.4083	5.1653	4.9383	4.7259	4.5269	4.3403	4.1649	4.0000
43	5.9488	5.6689	5.4083	5.1653	4.9383	4.7259	4.5269	4.3403	4.1649	4.0000
44	5.9488	5.6689	5.4083	5.1653	4.9383	4.7259	4.5269	4.3403	4.1649	4.0000
45	5.9488	5.6689	5.4083	5.1653	4.9383	4.7259	4.5269	4.3403	4.1649	4.0000
46	5.9488	5.6689	5.4083	5.1653	4.9383	4.7259	4.5269	4.3403	4.1649	4.0000
47	5.9488	5.6689	5.4083	5.1653	4.9383	4.7259	4.5269	4.3403	4.1649	4.0000
48	5.9488	5.6689	5.4083	5.1653	4.9383	4.7259	4.5269	4.3403	4.1649	4.0000
49	5.9488	5.6689	5.4083	5.1653	4.9383	4.7259	4.5269	4.3403	4.1649	4.0000
50	5.9488	5.6689	5.4083	5.1653	4.9383	4.7259	4.5269	4.3403	4.1649	4.0000

Table 8 Annuités équivalentes à une série de montants à croissance arithmétique

$$A = G\left[\frac{1}{i} - \frac{n}{(1+i)^n - 1}\right]$$

Période	1%	2%	3%	4%	5%	6%	7%	8%	9%	10%
1	0.0000	0.0000	0.0000	0.0000	0.0000	0.0000	0.0000	0.0000	0.0000	0.0000
2	0.4975	0.4950	0.4926	0.4902	0.4878	0.4854	0.4831	0.4808	0.4785	0.4762
3	0.9934	0.9868	0.9803	0.9739	0.9675	0.9612	0.9549	0.9487	0.9426	0.9366
4	1.4876	1.4752	1.4631	1.4510	1.4391	1.4272	1.4155	1.4040	1.3925	1.3812
5	1.9801	1.9604	1.9409	1.9216	1.9025	1.8836	1.8650	1.8465	1.8282	1.8101
6	2.4710	2.4423	2.4138	2.3857	2.3579	2.3304	2.3032	2.2763	2.2498	2.2236
7	2.9602	2.9208	2.8819	2.8433	2.8052	2.7676	2.7304	2.6937	2.6574	2.6216
8	3.4478	3.3961	3.3450	3.2944	3.2445	3.1952	3.1465	3.0985	3.0512	3.0045
9	3.9337	3.8681	3.8032	3.7391	3.6758	3.6133	3.5517	3.4910	3.4312	3.3724
10	4.4179	4.3367	4.2565	4.1773	4.0991	4.0220	3.9461	3.8713	3.7978	3.7255
11	4.9005	4.8021	4.7049	4.6090	4.5144	4.4213	4.3296	4.2395	4.1510	4.0641
12	5.3815	5.2642	5.1485	5.0343	4.9219	4.8113	4.7025	4.5957	4.4910	4.3884
13	5.8607	5.7231	5.5872	5.4533	5.3215	5.1920	5.0648	4.9402	4.8182	4.6988
14	6.3384	6.1786	6.0210	5.8659	5.7133	5.5635	5.4167	5.2731	5.1326	4.9955
15	6.8143	6.6309	6.4500	6.2721	6.0973	5.9260	5.7583	5.5945	5.4346	5.2789
16	7.2886	7.0799	6.8742	6.6720	6.4736	6.2794	6.0897	5.9046	5.7245	5.5493
17	7.7613	7.5256	7.2936	7.0656	6.8423	6.6240	6.4110	6.2037	6.0024	5.8071
18	8.2323	7.9681	7.7081	7.4530	7.2034	6.9597	6.7225	6.4920	6.2687	6.0526
19	8.7017	8.4073	8.1179	7.8342	7.5569	7.2867	7.0242	6.7697	6.5236	6.2861
20	9.1694	8.8433	8.5229	8.2091	7.9030	7.6051	7.3163	7.0369	6.7674	6.5081
21	9.6354	9.2760	8.9231	8.5779	8.2416	7.9151	7.5990	7.2940	7.0006	6.7189
22	10.0998	9.7055	9.3186	8.9407	8.5730	8.2166	7.8725	7.5412	7.2232	6.9189
23	10.5626	10.1317	9.7093	9.2973	8.8971	8.5099	8.1369	7.7786	7.4357	7.1085
24	11.0237	10.5547	10.0954	9.6479	9.2140	8.7951	8.3923	8.0066	7.6384	7.2881
25	11.4831	10.9745	10.4768	9.9925	9.5238	9.0722	8.6391	8.2254	7.8316	7.4580
26	11.9409	11.3910	10.8535	10.3312	9.8266	9.3414	8.8773	8.4352	8.0156	7.6186
27	12.3971	11.8043	11.2255	10.6640	10.1224	9.6029	9.1072	8.6363	8.1906	7.7704
28	12.8516	12.2145	11.5930	10.9909	10.4114	9.8568	9.3289	8.8289	8.3571	7.9137
29	13.3044	12.6214	11.9558	11.3120	10.6936	10.1032	9.5427	9.0133	8.5154	8.0489
30	13.7557	13.0251	12.3141	11.6274	10.9691	10.3422	9.7487	9.1897	8.6657	8.1762
31	14.2052	13.4257	12.6678	11.9371	11.2381	10.5740	9.9471	9.3584	8.8083	8.2962
32	14.6532	13.8230	13.0169	12.2411	11.5005	10.7988	10.1381	9.5197	8.9436	8.4091
33	15.0995	14.2172	13.3616	12.5396	11.7566	11.0166	10.3219	9.6737	9.0718	8.5152
34	15.5441	14.6083	13.7018	12.8324	12.0063	11.2276	10.4987	9.8208	9.1933	8.6149
35	15.9871	14.9961	14.0375	13.1198	12.2498	11.4319	10.6687	9.9611	9.3083	8.7086
36	16.4285	15.3809	14.3688	13.4018	12.4872	11.6298	10.8321	10.0949	9.4171	8.7965
37	16.8682	15.7625	14.6957	13.6784	12.7186	11.8213	10.9891	10.2225	9.5200	8.8789
38	17.3063	16.1409	15.0182	13.9497	12.9440	12.0065	11.1398	10.3440	9.6172	8.9562
39	17.7428	16.5163	15.3363	14.2157	13.1636	12.1857	11.2845	10.4597	9.7090	9.0285
40	18.1776	16.8885	15.6502	14.4765	13.3775	12.3590	11.4233	10.5699	9.7957	9.0962
41	18.6108	17.2576	15.9597	14.7322	13.5857	12.5264	11.5565	10.6747	9.8775	9.1596
42	19.0424	17.6237	16.2650	14.9828	13.7884	12.6883	11.6842	10.7744	9.9546	9.2188
43	19.4723	17.9866	16.5660	15.2284	13.9857	12.8446	11.8065	10.8692	10.0273	9.2741
44	19.9006	18.3465	16.8629	15.4690	14.1777	12.9956	11.9237	10.9592	10.0958	9.3258
45	20.3273	18.7034	17.1556	15.7047	14.3644	13.1413	12.0360	11.0447	10.1603	9.3740
46	20.7524	19.0571	17.4441	15.9356	14.5461	13.2819	12.1435	11.1258	10.2210	9.4190
47	21.1758	19.4079	17.7285	16.1618	14.7226	13.4177	12.2463	11.2028	10.2780	9.4610
48	21.5976	19.7556	18.0089	16.3832	14.8943	13.5485	12.3447	11.2758	10.3317	9.5001
49	22.0178	20.1003	18.2852	16.6000	15.0611	13.6748	12.4387	11.3451	10.3821	9.5365
50	22.4363	20.4420	18.5575	16.8122	15.2233	13.7964	12.5287	11.4107	10.4295	9.5704

Table 8 Annuités équivalentes à une série de montants à croissance arithmétique

Période	11%	12%	13%	14%	15%	16%	17%	18%	19%	20%
1	0.0000	0.0000	0.0000	0.0000	0.0000	0.0000	0.0000	0.0000	0.0000	0.0000
2	0.4739	0.4717	0.4695	0.4673	0.4651	0.4630	0.4608	0.4587	0.4566	0.4545
3	0.9306	0.9246	0.9187	0.9129	0.9071	0.9014	0.8958	0.8902	0.8846	0.8791
4	1.3700	1.3589	1.3479	1.3370	1.3263	1.3156	1.3051	1.2947	1.2844	1.2742
5	1.7923	1.7746	1.7571	1.7399	1.7228	1.7060	1.6893	1.6728	1.6566	1.6405
6	2.1976	2.1720	2.1468	2.1218	2.0972	2.0729	2.0489	2.0252	2.0019	1.9788
7	2.5863	2.5515	2.5171	2.4832	2.4498	2.4169	2.3845	2.3526	2.3211	2.2902
8	2.9585	2.9131	2.8685	2.8246	2.7813	2.7388	2.6969	2.6558	2.6154	2.5756
9	3.3144	3.2574	3.2014	3.1463	3.0922	3.0391	2.9870	2.9358	2.8856	2.8364
10	3.6544	3.5847	3.5162	3.4490	3.3832	3.3187	3.2555	3.1936	3.1331	3.0739
11	3.9788	3.8953	3.8134	3.7333	3.6549	3.5783	3.5035	3.4303	3.3589	3.2893
12	4.2879	4.1897	4.0936	3.9998	3.9082	3.8189	3.7318	3.6470	3.5645	3.4841
13	4.5822	4.4683	4.3573	4.2491	4.1438	4.0413	3.9417	3.8449	3.7509	3.6597
14	4.8619	4.7317	4.6050	4.4819	4.3624	4.2464	4.1340	4.0250	3.9196	3.8175
15	5.1275	4.9803	4.8375	4.6990	4.5650	4.4352	4.3098	4.1887	4.0717	3.9588
16	5.3794	5.2147	5.0552	4.9011	4.7522	4.6086	4.4702	4.3369	4.2086	4.0851
17	5.6180	5.4353	5.2589	5.0888	4.9251	4.7676	4.6162	4.4708	4.3314	4.1976
18	5.8439	5.6427	5.4491	5.2630	5.0843	4.9130	4.7488	4.5916	4.4413	4.2975
19	6.0574	5.8375	5.6265	5.4243	5.2307	5.0457	4.8689	4.7003	4.5394	4.3861
20	6.2590	6.0202	5.7917	5.5734	5.3651	5.1666	4.9776	4.7978	4.6268	4.4643
21	6.4491	6.1913	5.9454	5.7111	5.4883	5.2766	5.0757	4.8851	4.7045	4.5334
22	6.6283	6.3514	6.0881	5.8381	5.6010	5.3765	5.1641	4.9632	4.7734	4.5941
23	6.7969	6.5010	6.2205	5.9549	5.7040	5.4671	5.2436	5.0329	4.8344	4.6475
24	6.9555	6.6406	6.3431	6.0624	5.7979	5.5490	5.3149	5.0950	4.8883	4.6943
25	7.1045	6.7708	6.4566	6.1610	5.8834	5.6230	5.3789	5.1502	4.9359	4.7352
26	7.2443	6.8921	6.5614	6.2514	5.9612	5.6898	5.4362	5.1991	4.9777	4.7709
27	7.3754	7.0049	6.6582	6.3342	6.0319	5.7500	5.4873	5.2425	5.0145	4.8020
28	7.4982	7.1098	6.7474	6.4100	6.0960	5.8041	5.5329	5.2810	5.0468	4.8291
29	7.6131	7.2071	6.8296	6.4791	6.1541	5.8528	5.5736	5.3149	5.0751	4.8527
30	7.7206	7.2974	6.9052	6.5423	6.2066	5.8964	5.6098	5.3448	5.0998	4.8731
31	7.8210	7.3811	6.9747	6.5998	6.2541	5.9356	5.6419	5.3712	5.1215	4.8908
32	7.9147	7.4586	7.0385	6.6522	6.2970	5.9706	5.6705	5.3945	5.1403	4.9061
33	8.0021	7.5302	7.0971	6.6998	6.3357	6.0019	5.6958	5.4149	5.1568	4.9194
34	8.0836	7.5965	7.1507	6.7431	6.3705	6.0299	5.7182	5.4328	5.1711	4.9308
35	8.1594	7.6577	7.1998	6.7824	6.4019	6.0548	5.7380	5.4485	5.1836	4.9406
36	8.2300	7.7141	7.2448	6.8180	6.4301	6.0771	5.7555	5.4623	5.1944	4.9491
37	8.2957	7.7661	7.2858	6.8503	6.4554	6.0969	5.7710	5.4744	5.2038	4.9564
38	8.3567	7.8141	7.3233	6.8796	6.4781	6.1145	5.7847	5.4849	5.2119	4.9627
39	8.4133	7.8582	7.3576	6.9060	6.4985	6.1302	5.7967	5.4941	5.2190	4.9681
40	8.4659	7.8988	7.3888	6.9300	6.5168	6.1441	5.8073	5.5022	5.2251	4.9728
41	8.5147	7.9361	7.4172	6.9516	6.5331	6.1565	5.8166	5.5092	5.2304	4.9767
42	8.5599	7.9704	7.4431	6.9711	6.5478	6.1674	5.8248	5.5153	5.2349	4.9801
43	8.6017	8.0019	7.4667	6.9886	6.5609	6.1771	5.8320	5.5207	5.2389	4.9831
44	8.6404	8.0308	7.4881	7.0045	6.5725	6.1857	5.8383	5.5253	5.2423	4.9856
45	8.6763	8.0572	7.5076	7.0188	6.5830	6.1934	5.8439	5.5293	5.2452	4.9877
46	8.7094	8.0815	7.5253	7.0316	6.5923	6.2001	5.8487	5.5328	5.2478	4.9895
47	8.7400	8.1037	7.5414	7.0432	6.6006	6.2060	5.8530	5.5359	5.2499	4.9911
48	8.7683	8.1241	7.5559	7.0536	6.6080	6.2113	5.8567	5.5385	5.2518	4.9924
49	8.7944	8.1427	7.5692	7.0630	6.6146	6.2160	5.8600	5.5408	5.2534	4.9935
50	8.8185	8.1597	7.5811	7.0714	6.6205	6.2201	5.8629	5.5428	5.2548	4.9945

Table 8 Annuités équivalentes à une série de montants à croissance arithmétique

Période	21%	22%	23%	24%	25%	26%	27%	28%	29%	30%
1	0.0000	0.0000	0.0000	0.0000	0.0000	0.0000	0.0000	0.0000	0.0000	0.0000
2	0.4525	0.4505	0.4484	0.4464	0.4444	0.4425	0.4405	0.4386	0.4367	0.4348
3	0.8737	0.8683	0.8630	0.8577	0.8525	0.8473	0.8422	0.8371	0.8320	0.8271
4	1.2641	1.2542	1.2443	1.2346	1.2249	1.2154	1.2060	1.1966	1.1874	1.1783
5	1.6246	1.6090	1.5935	1.5782	1.5631	1.5481	1.5334	1.5189	1.5045	1.4903
6	1.9561	1.9337	1.9116	1.8898	1.8683	1.8472	1.8263	1.8057	1.7854	1.7654
7	2.2597	2.2297	2.2001	2.1710	2.1424	2.1143	2.0866	2.0594	2.0326	2.0063
8	2.5366	2.4982	2.4605	2.4236	2.3872	2.3516	2.3166	2.2823	2.2486	2.2156
9	2.7882	2.7409	2.6946	2.6492	2.6048	2.5613	2.5187	2.4770	2.4362	2.3963
10	3.0159	2.9593	2.9040	2.8499	2.7971	2.7455	2.6952	2.6460	2.5980	2.5512
11	3.2213	3.1551	3.0905	3.0276	2.9663	2.9066	2.8485	2.7919	2.7369	2.6833
12	3.4059	3.3299	3.2560	3.1843	3.1145	3.0468	2.9810	2.9172	2.8553	2.7952
13	3.5712	3.4855	3.4023	3.3218	3.2437	3.1682	3.0951	3.0243	2.9558	2.8895
14	3.7188	3.6233	3.5311	3.4420	3.3559	3.2729	3.1927	3.1153	3.0406	2.9685
15	3.8500	3.7451	3.6441	3.5467	3.4530	3.3628	3.2759	3.1923	3.1119	3.0344
16	3.9664	3.8524	3.7428	3.6376	3.5366	3.4396	3.3466	3.2572	3.1715	3.0892
17	4.0694	3.9465	3.8289	3.7162	3.6084	3.5051	3.4063	3.3117	3.2212	3.1345
18	4.1602	4.0289	3.9036	3.7840	3.6698	3.5608	3.4567	3.3573	3.2624	3.1718
19	4.2400	4.1009	3.9684	3.8423	3.7222	3.6079	3.4990	3.3953	3.2966	3.2025
20	4.3100	4.1635	4.0243	3.8922	3.7667	3.6476	3.5344	3.4269	3.3247	3.2275
21	4.3713	4.2178	4.0725	3.9349	3.8045	3.6810	3.5640	3.4531	3.3478	3.2480
22	4.4248	4.2649	4.1139	3.9712	3.8365	3.7091	3.5886	3.4747	3.3668	3.2646
23	4.4714	4.3056	4.1494	4.0022	3.8634	3.7326	3.6091	3.4925	3.3823	3.2781
24	4.5119	4.3407	4.1797	4.0284	3.8861	3.7522	3.6260	3.5071	3.3949	3.2890
25	4.5471	4.3709	4.2057	4.0507	3.9052	3.7685	3.6400	3.5191	3.4052	3.2979
26	4.5776	4.3968	4.2278	4.0695	3.9212	3.7821	3.6516	3.5289	3.4136	3.3050
27	4.6039	4.4191	4.2465	4.0853	3.9346	3.7934	3.6611	3.5370	3.4204	3.3107
28	4.6266	4.4381	4.2625	4.0987	3.9457	3.8028	3.6689	3.5435	3.4258	3.3153
29	4.6462	4.4544	4.2760	4.1099	3.9551	3.8105	3.6754	3.5489	3.4303	3.3189
30	4.6631	4.4683	4.2875	4.1193	3.9628	3.8169	3.6806	3.5532	3.4338	3.3219
31	4.6775	4.4801	4.2971	4.1272	3.9693	3.8222	3.6849	3.5567	3.4367	3.3242
32	4.6900	4.4902	4.3053	4.1338	3.9746	3.8265	3.6884	3.5596	3.4390	3.3261
33	4.7006	4.4988	4.3122	4.1394	3.9791	3.8301	3.6913	3.5619	3.4409	3.3276
34	4.7097	4.5060	4.3180	4.1440	3.9828	3.8330	3.6937	3.5637	3.4424	3.3288
35	4.7175	4.5122	4.3228	4.1479	3.9858	3.8354	3.6956	3.5652	3.4436	3.3297
36	4.7242	4.5174	4.3269	4.1511	3.9883	3.8374	3.6971	3.5665	3.4445	3.3305
37	4.7299	4.5218	4.3304	4.1537	3.9904	3.8390	3.6984	3.5674	3.4453	3.3311
38	4.7347	4.5256	4.3333	4.1560	3.9921	3.8403	3.6994	3.5682	3.4459	3.3316
39	4.7389	4.5287	4.3357	4.1578	3.9935	3.8414	3.7002	3.5689	3.4464	3.3319
40	4.7424	4.5314	4.3377	4.1593	3.9947	3.8423	3.7009	3.5694	3.4468	3.3322
41	4.7454	4.5336	4.3394	4.1606	3.9956	3.8430	3.7014	3.5698	3.4471	3.3325
42	4.7479	4.5355	4.3408	4.1617	3.9964	3.8436	3.7019	3.5701	3.4473	3.3326
43	4.7501	4.5371	4.3420	4.1625	3.9971	3.8441	3.7022	3.5704	3.4475	3.3328
44	4.7519	4.5385	4.3430	4.1633	3.9976	3.8445	3.7025	3.5706	3.4477	3.3329
45	4.7534	4.5396	4.3438	4.1639	3.9980	3.8448	3.7027	3.5708	3.4478	3.3330
46	4.7547	4.5406	4.3445	4.1643	3.9984	3.8450	3.7029	3.5709	3.4479	3.3331
47	4.7559	4.5414	4.3450	4.1648	3.9987	3.8453	3.7031	3.5710	3.4480	3.3331
48	4.7568	4.5420	4.3455	4.1651	3.9989	3.8454	3.7032	3.5711	3.4480	3.3332
49	4.7576	4.5426	4.3459	4.1654	3.9991	3.8456	3.7033	3.5712	3.4481	3.3332
50	4.7583	4.5431	4.3462	4.1656	3.9993	3.8457	3.7034	3.5712	3.4481	3.3332

Table 8 Annuités équivalentes à une série de montants à croissance arithmétique

Période	31%	32%	33%	34%	35%	36%	37%	38%	39%	40%
1	0.0000	0.0000	0.0000	0.0000	0.0000	0.0000	0.0000	0.0000	0.0000	0.0000
2	0.4329	0.4310	0.4292	0.4274	0.4255	0.4237	0.4219	0.4202	0.4184	0.4167
3	0.8221	0.8173	0.8124	0.8076	0.8029	0.7982	0.7935	0.7889	0.7843	0.7798
4	1.1693	1.1603	1.1515	1.1428	1.1341	1.1256	1.1171	1.1088	1.1005	1.0923
5	1.4763	1.4625	1.4488	1.4353	1.4220	1.4089	1.3959	1.3831	1.3705	1.3580
6	1.7458	1.7264	1.7072	1.6884	1.6698	1.6515	1.6335	1.6158	1.5983	1.5811
7	1.9804	1.9549	1.9299	1.9053	1.8811	1.8574	1.8340	1.8111	1.7885	1.7664
8	2.1832	2.1514	2.1202	2.0897	2.0597	2.0304	2.0016	1.9733	1.9456	1.9185
9	2.3572	2.3190	2.2817	2.2451	2.2094	2.1744	2.1403	2.1068	2.0742	2.0422
10	2.5055	2.4610	2.4175	2.3751	2.3338	2.2934	2.2541	2.2158	2.1784	2.1419
11	2.6311	2.5804	2.5311	2.4831	2.4364	2.3910	2.3468	2.3039	2.2621	2.2215
12	2.7368	2.6803	2.6254	2.5721	2.5205	2.4704	2.4218	2.3746	2.3289	2.2845
13	2.8253	2.7633	2.7032	2.6451	2.5889	2.5346	2.4820	2.4311	2.3818	2.3341
14	2.8990	2.8318	2.7671	2.7046	2.6443	2.5861	2.5300	2.4758	2.4234	2.3729
15	2.9599	2.8883	2.8193	2.7528	2.6889	2.6273	2.5681	2.5110	2.4560	2.4030
16	3.0102	2.9344	2.8616	2.7917	2.7246	2.6601	2.5981	2.5386	2.4813	2.4262
17	3.0515	2.9720	2.8959	2.8230	2.7530	2.6860	2.6217	2.5601	2.5009	2.4441
18	3.0853	3.0026	2.9235	2.8479	2.7756	2.7064	2.6402	2.5768	2.5160	2.4577
19	3.1128	3.0273	2.9457	2.8678	2.7935	2.7225	2.6546	2.5897	2.5276	2.4682
20	3.1351	3.0472	2.9634	2.8836	2.8075	2.7350	2.6658	2.5997	2.5365	2.4761
21	3.1532	3.0631	2.9775	2.8961	2.8186	2.7448	2.6744	2.6073	2.5432	2.4821
22	3.1678	3.0759	2.9888	2.9060	2.8272	2.7524	2.6811	2.6132	2.5484	2.4866
23	3.1795	3.0862	2.9977	2.9137	2.8340	2.7582	2.6862	2.6176	2.5523	2.4900
24	3.1890	3.0943	3.0047	2.9198	2.8393	2.7628	2.6901	2.6210	2.5552	2.4925
25	3.1965	3.1008	3.0103	2.9246	2.8433	2.7663	2.6932	2.6236	2.5575	2.4944
26	3.2026	3.1059	3.0146	2.9283	2.8465	2.7690	2.6955	2.6256	2.5591	2.4959
27	3.2074	3.1100	3.0181	2.9312	2.8490	2.7711	2.6972	2.6271	2.5604	2.4969
28	3.2112	3.1132	3.0208	2.9334	2.8509	2.7727	2.6985	2.6282	2.5613	2.4977
29	3.2143	3.1158	3.0229	2.9352	2.8523	2.7739	2.6996	2.6290	2.5620	2.4983
30	3.2167	3.1178	3.0245	2.9366	2.8535	2.7748	2.7003	2.6297	2.5626	2.4988
31	3.2186	3.1193	3.0258	2.9376	2.8543	2.7755	2.7009	2.6301	2.5630	2.4991
32	3.2201	3.1206	3.0268	2.9384	2.8550	2.7761	2.7014	2.6305	2.5633	2.4993
33	3.2214	3.1215	3.0276	2.9391	2.8555	2.7765	2.7017	2.6308	2.5635	2.4995
34	3.2223	3.1223	3.0282	2.9396	2.8559	2.7768	2.7019	2.6310	2.5636	2.4996
35	3.2231	3.1229	3.0287	2.9399	2.8562	2.7770	2.7021	2.6311	2.5638	2.4997
36	3.2236	3.1234	3.0291	2.9402	2.8564	2.7772	2.7023	2.6312	2.5638	2.4998
37	3.2241	3.1237	3.0293	2.9404	2.8566	2.7774	2.7024	2.6313	2.5639	2.4999
38	3.2245	3.1240	3.0296	2.9406	2.8567	2.7775	2.7025	2.6314	2.5640	2.4999
39	3.2248	3.1242	3.0297	2.9407	2.8568	2.7775	2.7025	2.6314	2.5640	2.4999
40	3.2250	3.1244	3.0299	2.9408	2.8569	2.7776	2.7026	2.6315	2.5640	2.4999
41	3.2252	3.1245	3.0300	2.9409	2.8570	2.7776	2.7026	2.6315	2.5640	2.5000
42	3.2253	3.1246	3.0300	2.9410	2.8570	2.7777	2.7026	2.6315	2.5641	2.5000
43	3.2254	3.1247	3.0301	2.9410	2.8570	2.7777	2.7026	2.6315	2.5641	2.5000
44	3.2255	3.1248	3.0301	2.9411	2.8571	2.7777	2.7027	2.6315	2.5641	2.5000
45	3.2256	3.1248	3.0302	2.9411	2.8571	2.7777	2.7027	2.6316	2.5641	2.5000
46	3.2256	3.1249	3.0302	2.9411	2.8571	2.7777	2.7027	2.6316	2.5641	2.5000
47	3.2257	3.1249	3.0302	2.9411	2.8571	2.7778	2.7027	2.6316	2.5641	2.5000
48	3.2257	3.1249	3.0302	2.9411	2.8571	2.7778	2.7027	2.6316	2.5641	2.5000
49	3.2257	3.1249	3.0303	2.9411	2.8571	2.7778	2.7027	2.6316	2.5641	2.5000
50	3.2257	3.1250	3.0303	2.9412	2.8571	2.7778	2.7027	2.6316	2.5641	2.5000

Table 8 Annuités équivalentes à une série de montants à croissance arithmétique

Période	41%	42%	43%	44%	45%	46%	47%	48%	49%	50%
1	0.0000	0.0000	0.0000	0.0000	0.0000	0.0000	0.0000	0.0000	0.0000	0.0000
2	0.4149	0.4132	0.4115	0.4098	0.4082	0.4065	0.4049	0.4032	0.4016	0.4000
3	0.7753	0.7709	0.7665	0.7621	0.7578	0.7535	0.7493	0.7451	0.7410	0.7368
4	1.0843	1.0763	1.0684	1.0605	1.0528	1.0452	1.0376	1.0301	1.0227	1.0154
5	1.3457	1.3335	1.3215	1.3097	1.2980	1.2864	1.2750	1.2638	1.2527	1.2417
6	1.5641	1.5474	1.5310	1.5148	1.4988	1.4831	1.4676	1.4524	1.4373	1.4226
7	1.7446	1.7232	1.7021	1.6815	1.6612	1.6412	1.6216	1.6024	1.5834	1.5648
8	1.8919	1.8659	1.8403	1.8153	1.7907	1.7667	1.7431	1.7200	1.6974	1.6752
9	2.0110	1.9805	1.9507	1.9215	1.8930	1.8651	1.8378	1.8112	1.7851	1.7596
10	2.1063	2.0717	2.0379	2.0049	1.9728	1.9414	1.9108	1.8810	1.8519	1.8235
11	2.1820	2.1435	2.1062	2.0698	2.0344	2.0000	1.9665	1.9339	1.9022	1.8713
12	2.2415	2.1997	2.1592	2.1199	2.0817	2.0446	2.0086	1.9737	1.9398	1.9068
13	2.2880	2.2433	2.2001	2.1582	2.1176	2.0783	2.0402	2.0033	1.9675	1.9329
14	2.3240	2.2769	2.2313	2.1873	2.1447	2.1035	2.0637	2.0252	1.9880	1.9519
15	2.3519	2.3026	2.2551	2.2093	2.1650	2.1224	2.0811	2.0413	2.0029	1.9657
16	2.3732	2.3222	2.2731	2.2258	2.1802	2.1363	2.0939	2.0531	2.0137	1.9756
17	2.3895	2.3370	2.2866	2.2381	2.1915	2.1466	2.1033	2.0616	2.0215	1.9827
18	2.4019	2.3482	2.2967	2.2473	2.1998	2.1541	2.1101	2.0678	2.0271	1.9878
19	2.4112	2.3566	2.3043	2.2541	2.2059	2.1596	2.1151	2.0723	2.0311	1.9914
20	2.4183	2.3629	2.3099	2.2591	2.2104	2.1636	2.1186	2.0755	2.0339	1.9940
21	2.4236	2.3676	2.3141	2.2628	2.2136	2.1665	2.1212	2.0778	2.0360	1.9958
22	2.4275	2.3711	2.3172	2.2655	2.2160	2.1686	2.1231	2.0794	2.0374	1.9971
23	2.4305	2.3737	2.3194	2.2675	2.2178	2.1701	2.1244	2.0805	2.0384	1.9980
24	2.4327	2.3756	2.3211	2.2689	2.2190	2.1712	2.1253	2.0814	2.0391	1.9986
25	2.4344	2.3771	2.3223	2.2700	2.2199	2.1720	2.1260	2.0819	2.0396	1.9990
26	2.4356	2.3781	2.3232	2.2707	2.2206	2.1725	2.1265	2.0824	2.0400	1.9993
27	2.4365	2.3789	2.3239	2.2713	2.2210	2.1729	2.1268	2.0827	2.0402	1.9995
28	2.4372	2.3794	2.3243	2.2717	2.2214	2.1732	2.1271	2.0829	2.0404	1.9997
29	2.4377	2.3798	2.3247	2.2720	2.2216	2.1734	2.1273	2.0830	2.0405	1.9998
30	2.4380	2.3801	2.3249	2.2722	2.2218	2.1736	2.1274	2.0831	2.0406	1.9998
31	2.4383	2.3804	2.3251	2.2723	2.2219	2.1737	2.1275	2.0832	2.0407	1.9999
32	2.4385	2.3805	2.3252	2.2725	2.2220	2.1737	2.1275	2.0832	2.0407	1.9999
33	2.4386	2.3806	2.3253	2.2725	2.2221	2.1738	2.1276	2.0833	2.0408	1.9999
34	2.4387	2.3807	2.3254	2.2726	2.2221	2.1738	2.1276	2.0833	2.0408	2.0000
35	2.4388	2.3808	2.3255	2.2726	2.2221	2.1739	2.1276	2.0833	2.0408	2.0000
36	2.4389	2.3808	2.3255	2.2727	2.2222	2.1739	2.1276	2.0833	2.0408	2.0000
37	2.4389	2.3809	2.3255	2.2727	2.2222	2.1739	2.1276	2.0833	2.0408	2.0000
38	2.4389	2.3809	2.3255	2.2727	2.2222	2.1739	2.1276	2.0833	2.0408	2.0000
39	2.4390	2.3809	2.3255	2.2727	2.2222	2.1739	2.1276	2.0833	2.0408	2.0000
40	2.4390	2.3809	2.3256	2.2727	2.2222	2.1739	2.1277	2.0833	2.0408	2.0000
41	2.4390	2.3809	2.3256	2.2727	2.2222	2.1739	2.1277	2.0833	2.0408	2.0000
42	2.4390	2.3809	2.3256	2.2727	2.2222	2.1739	2.1277	2.0833	2.0408	2.0000
43	2.4390	2.3809	2.3256	2.2727	2.2222	2.1739	2.1277	2.0833	2.0408	2.0000
44	2.4390	2.3809	2.3256	2.2727	2.2222	2.1739	2.1277	2.0833	2.0408	2.0000
45	2.4390	2.3809	2.3256	2.2727	2.2222	2.1739	2.1277	2.0833	2.0408	2.0000
46	2.4390	2.3809	2.3256	2.2727	2.2222	2.1739	2.1277	2.0833	2.0408	2.0000
47	2.4390	2.3809	2.3256	2.2727	2.2222	2.1739	2.1277	2.0833	2.0408	2.0000
48	2.4390	2.3810	2.3256	2.2727	2.2222	2.1739	2.1277	2.0833	2.0408	2.0000
49	2.4390	2.3810	2.3256	2.2727	2.2222	2.1739	2.1277	2.0833	2.0408	2.0000
50	2.4390	2.3810	2.3256	2.2727	2.2222	2.1739	2.1277	2.0833	2.0408	2.0000

Index